U0415705

石墨烯基燃烧催化材料及应用

Graphene-Based Combustion Catalytic Materials and Their Applications

赵凤起　张　明　杨燕京　徐抗震　著

国防工业出版社

·北京·

图书在版编目（CIP）数据

石墨烯基燃烧催化材料及应用/赵凤起等著．—北京：国防工业出版社，2023.3

ISBN 978-7-118-12609-9

Ⅰ．①石…　Ⅱ．①赵…　Ⅲ．①石墨-纳米材料-催化燃烧-研究　Ⅳ．①TB383

中国国家版本馆 CIP 数据核字（2023）第 017989 号

※

国防工業出版社出版发行

（北京市海淀区紫竹院南路 23 号　邮政编码 100048）

三河市腾飞印务有限公司印刷

新华书店经售

*

开本 710×1000　1/16　**插页** 11　**印张** 16¾　**字数** 292 千字

2023 年 3 月第 1 版第 1 次印刷　**印数** 1—2000 册　**定价** 118.00 元

国防书店：（010）88540777　　书店传真：（010）88540776

发行业务：（010）88540717　　发行传真：（010）88540762

国防科技图书出版基金
2020 年度评审委员会组成人员

致 读 者

本书由中央军委装备发展部**国防科技图书出版基金**资助出版。

为了促进国防科技和武器装备发展，加强社会主义物质文明和精神文明建设，培养优秀科技人才，确保国防科技优秀图书的出版，原国防科工委于1988年初决定每年拨出专款，设立国防科技图书出版基金，成立评审委员会，扶持、审定出版国防科技优秀图书。这是一项具有深远意义的创举。

国防科技图书出版基金资助的对象是：

1. 在国防科学技术领域中，学术水平高，内容有创见，在学科上居领先地位的基础科学理论图书；在工程技术理论方面有突破的应用科学专著。

2. 学术思想新颖，内容具体、实用，对国防科技和武器装备发展具有较大推动作用的专著；密切结合国防现代化和武器装备现代化需要的高新技术内容的专著。

3. 有重要发展前景和重大开拓使用价值，密切结合国防现代化和武器装备现代化需要的新工艺、新材料内容的专著。

4. 填补目前我国科技领域空白并具有军事应用前景的薄弱学科和边缘学科的科技图书。

国防科技图书出版基金评审委员会在中央军委装备发展部的领导下开展工作，负责掌握出版基金的使用方向，评审受理的图书选题，决定资助的图书选题和资助金额，以及决定中断或取消资助等。经评审给予资助的图书，由国防工业出版社出版发行。

国防科技和武器装备发展已经取得了举世瞩目的成就，国防科技图书承担着记载和弘扬这些成就，积累和传播科技知识的使命。开展好评审工作，使有限的基金发挥出巨大的效能，需要不断摸索、认真总结和及时改进，更需要国防科技和武器装备建设战线广大科技工作者、专家、教授，以及社会各界朋友的热情支持。

让我们携起手来，为祖国昌盛、科技腾飞、出版繁荣而共同奋斗！

国防科技图书出版基金

评审委员会

前言

固体推进剂是火箭导弹战术武器的动力能源，其性能直接影响导弹和火箭的射程、运载能力和生存能力。燃烧催化剂是固体推进剂配方中不可或缺的功能组分，当固体推进剂基本配方确定后，燃烧催化剂的选择便成为制约推进剂性能的技术关键因素。石墨烯基燃烧催化材料是一类十分重要的燃烧催化剂，其优异的催化活性可改善固体推进剂的燃烧性能，同时石墨烯材料优异的导热、导电、润滑以及力学等性能使得其在固体推进剂中可起到降感及补强材料的作用。

纳米级金属氧化物以及有机金属配合物是固体推进剂中常用的燃烧催化剂。但是，纳米级金属氧化物在使用以及存储过程中易于团聚，团聚后催化活性显著降低，而有机金属配合物的使用会引起固体推进剂化学稳定性降低以及感度升高等问题。随着碳纳米材料的发展，石墨烯基材料由于具有众多优异特性而在固体推进剂领域中备受关注，附着于二维石墨烯基材料表面可显著改善纳米级催化剂易于团聚的特性，显著提高其催化活性。配位金属离子于功能化石墨烯基材料表面不仅可在催化过程中原位生成催化活性物质金属及金属氧化物，且结合的石墨烯材料在降低感度、提升力学性能以及改善抗迁移性能等方面也表现出了突出作用。本书系统研究了单金属负载型、双金属负载型以及配位型石墨烯基燃烧催化材料的制备、表征、催化热分解以及在复合和双基系推进剂中的应用，可为相关领域的科研人员提供有益的参考。

本书共分 7 章：第 1 章主要介绍了石墨烯基燃烧催化材料的概念和基本特性，并简要叙述了石墨烯基材料在含能材料领域中的应用概况；第 2 章和第 3 章分别介绍了单金属氧化物和金属复合氧化物负载型燃烧催化材料及其在双基系推进剂中的应用，涵盖了单金属氧化物 CuO、Cu_2O、Bi_2O_3、PbO、Fe_2O_3、Fe_3O_4 以及多金属氧化物 Cu_2O-PbO、Cu_2O-Bi_2O_3、MWO_4、$PbSnO_3$、MFe_2O_4、Al-$CuFe_2O_4$ 负载型燃烧催化材料的制备、表征、催化热分解以及催化燃烧性能；第 4 章阐述了石墨烯-有机酸金属配合物的制备、表征、催化热分解性能以及在 AP-HTPB 复合和 HMX-CMDB 推进剂中的应用；第 5 章介绍了石墨烯-席夫碱金属配合物及在双基系推进剂中的应用，讨论了其对推进剂高能组分热分解、燃烧特性等的影响；第 6 章针对二茂铁类催化剂易于迁移、挥发且会引起推进剂静电感度提升的问题，设计、合成了系列石墨烯–二茂铁配合物，讨论了石墨烯–二茂铁配合物对AP–HTPB复合推进剂热分解性能、燃烧性能、抗迁移性能、安全性能和力学性能等的影响，并揭示了多种石墨烯基燃烧催化材料的作用机理；第7章介绍了石墨烯基材料在新能源、催化、环境处理以及复合材料领域中的应用。

本书第1章和第4章由赵凤起撰写，第2、5、6章由张明撰写，第7章由杨燕京撰写，第3章由张明和徐抗震共同撰写，安亭和张建侃参与了部分章节的实验和数据分析工作，全书由赵凤起和张明统稿和审校。

本书的出版得到了各方面的支持与帮助。值此书出版之际，作者在此特别感谢国防科工局专项项目、国家自然科学基金以及国防科技图书出版基金的资助，还要感谢国防工业出版社编辑为本书出版付出的辛勤劳动。燃烧与爆炸技术国家级重点实验室的李辉等副研究员以及郝宁、高红旭、仪建华、徐司雨、冯昊等研究员在本书相关科研工作的开展以及撰写和整理过程中也给予了支持与帮助，在此表示衷心感谢。

感谢西北工业大学魏炳波院士审阅本书并提出宝贵意见。

由于作者水平有限，书中不免有疏漏和不妥之处，恳请读者不吝指正。

作者
2022年10月

目录

Contents

第1章

概　述

石墨烯基燃烧催化材料是以石墨烯（graphene）作为基材，与固体推进剂主要燃烧催化组分进行复合而形成的一种石墨烯基燃烧催化复合物，它是一类新型的功能化燃烧催化剂。燃烧催化剂主要是通过改变推进剂的燃烧波结构来改变燃速，从而达到调节燃速、降低压强的目的。近年来，固体推进剂燃烧催化剂引起了国内外的广泛关注，并得到了快速发展。石墨烯基燃烧催化材料是当前重点研究的一类具有发展前景的前沿性燃烧催化剂。

石墨烯的优异性能，使其应用到固体火箭推进剂中备受青睐。石墨烯是目前最强的材料，断裂强度达40N/m、杨氏模量为1.0TPa（10倍于钢），这对改善固体推进剂的力学性能是非常有益的；石墨烯的比表面积理论预测值为$2600m^2/g$，且导热率比大部分晶体高［$(5.3\pm0.4)\times10^3$W/(m·K)］，因此石墨烯应用于固体推进剂中，不仅可以提高推进剂的燃速，而且因其热导率高可以降低推进剂的机械感度。显然，石墨烯在推进剂中具有重要的应用价值。

1.1 石　墨　烯

石墨烯是由一层碳原子构成的二维碳纳米材料，其原子排列与石墨的单原子层相同，是碳原子以sp^2杂化轨道按蜂巢晶格排列构成的单层二维晶体。石墨烯可想象为由碳原子和其共价键所形成的原子尺寸网，被认为是平面多环芳香烃原子[1-3]。石墨烯材料还兼有石墨和碳纳米管等材料的一些优良性质，具有超薄、超坚固和超强导电性能等特性，具有优异的电学、热学和力学性能，可望在高性能纳电子器件、复合材料、场发射材料、催化、气体传感器及能量存储等领域获得广泛应用。因此，石墨烯具有非常广阔的应用前景，受到了全世界科学家的广泛关注[4-7]。

1.1.1　石墨烯的基本性质

石墨烯是碳原子以 sp^2 杂化轨道按蜂巢晶格排列构成的单层二维晶体，被认为是平面多环芳香烃原子晶体。石墨烯及其相关材料的发现和研究历史，Ruoff 和 Dujardin 在其综述中有详尽和权威的描述，简单回顾如下。20 世纪 60 年代至 70 年代，有关石墨烯的研究包含理论研究、石墨插层和石墨氧化物在化学与材料方面的研究和利用显微电镜对碳薄膜材料的研究三个方面。富勒烯和碳纳米管自 20 世纪 80 年代至 90 年代发现后，人们开始对碳同素异形体进行大规模的探索研究。2004 年，Geim 团队利用 taping 方法获得了单原子厚度的石墨烯，且观测到了石墨烯前所未有的电学性质。这一标志性发现引起了科学家巨大的兴趣，预示着石墨烯实验物理和化学的兴起。石墨烯优异的性质掀起了科学家继富勒烯和碳纳米管之后对碳同素异性材料探索研究的第三次浪潮。

1. 电子特性

石墨烯最令人惊奇的是其非常特殊的电子（电学）性质。和其他绝大多数二维结构不同，它是一个零带隙半导体，该性质取决于其特殊的能带结构。石墨烯具有超强的导电性，导电性比纳米碳管或硅晶体高，是硅的 100 倍。理想石墨烯的能带结构是，完全对称的锥形价带和导带对称地分布在费米能级上下，导带和价带的交叉点即为狄拉克点。和普通金属或半导体不同，石墨烯中电子运动不遵循 Schrodinger 方程，而是遵循狄拉克方程。这是因为：每一个 C—C 键都有一个成键轨道和反键轨道，且以 C—C 键为平面完全对称；整个石墨烯分子结构中的每个 π 键相互共轭形成了巨大的、共轭的大 π 键，电子或空穴在如此巨大的共轭体系中可以以很高的电子费米速率移动，表现出零质量行为，从根本上说，石墨烯（层数 1~3）中许多电子行为类似于二维电子气，质量只有自由电子的 1/10。

由于上述性质，石墨烯中的载流子（也称为狄拉克费米子）具有非同一般的传输性能。载流子可以以近似光速的速度移动，因此石墨烯具有很高的电荷迁移率。实验表明，石墨烯室温下具有大于 $15000cm^2/(V \cdot s)$ 的载流子迁移率，该迁移率基本不受温度影响，且最高可达 $200000cm^2/(V \cdot s)$，电阻率比 Al、Cu 和 Ag 低得多，只有 $10^{-6}\Omega \cdot cm$ 左右，使石墨烯成为目前已知物质中室温电阻率最低的材料。除了超低的电阻率，石墨烯还具有突出的电子性质，包括室温量子霍尔效应和自旋传输性质。量子霍尔效应使石墨烯在量子储存和计算、标准电阻及其他基本物理常数的准确测量等方面具有重要的意义。而得益于石墨烯中碳原子的自旋和轨道动量之间很小的相互作用，石墨烯上的自旋特性可传递超过微米。因此，目前石墨烯被视为一种理想的自旋材料，有可能成为下一代基础电子元器件。

2. 表面特性

石墨烯比表面积高达2630m^2/g[3]，可以作为基底附着金属或金属氧化物形成纳米复合物，与碳纳米管附着纳米颗粒类似，用作固体推进剂的燃烧调节剂，利用基底与附着物的协同作用提高催化效果。近年来，石墨烯基材料已被用作载体附着金属及金属氧化物，通过附着于石墨烯表面可显著提升纳米级催化剂的分散性，在催化过程中提供更多的催化活性位点，使其催化性能显著提升。

3. 导热性能

实际上，碳的几种同素异形体都具有较高的热导率，其中石墨烯的热导率在已知材料中是最高的，常温下导热率可达5300W/(m·K)[7]，在室温下略高于金刚石和石墨，优于碳纳米管，是Cu、Al等金属的数十倍。在石墨烯结构中，每一层的石墨骨架之间相距较远并且相互之间的作用力相对较弱，因此，石墨烯沿平面方向的导热率为1000W/(m·K)，而在垂直方向的热导率仅为该数值的1%。石墨烯极高的热导率，结合它的稳定性和高的电荷传输能力使其在许多微热电器件方面具有很好的应用前景。

4. 光学性能

石墨烯具有超强的透光性，悬浮单层石墨烯在较宽波长范围内的可见光吸收率为2.3%，反射率可忽略不计（0.1%），该吸收率随层数从1至5线性增加。石墨烯的吸光率非常小，但是透光率高达97.7%。石墨烯还表现出很好的非线性光学吸收特性，即当强烈的光照射时，石墨烯对可见和红外波段的光具有良好的吸收，加之其零带隙的特征，使石墨烯很容易变得对光饱和。因此，石墨烯对光具有较低的饱和通量，这一性质使其在许多光学领域如激光开关、光子晶体等方面具有良好的应用前景。

5. 力学性能

石墨、金刚石和碳纳米管都具有很好的机械性质，特别是它们都具有极高的杨氏模量。石墨烯是目前发现的机械强度最高的材料，硬度超过金刚石，断裂强度达到钢铁的100倍，杨氏模量可达1TPa，断裂强度可达130GPa[8]。且分散性和稳定性好，可以作为增强剂分散在推进剂基体中，使固体推进剂的力学性能得到提高。

石墨烯氧化物是目前唯一可以降低成本大规模制备的石墨烯材料，虽然有许多缺陷，但力学性能并没有降低太多，如基于石墨烯氧化物的薄膜，杨氏模量仍可高达0.25TPa。利用石墨烯氧化物中的功能化基团与其他基体材料之间的强相互作用，可显著改善石墨烯复合材料的力学性能。石墨烯突出的力学性能，使它成为复合材料增强剂的理想选择。由于石墨烯极低的密度，它在许多方面比金属和其他无机材料都具有明显的优势。

6. 化学性质

石墨烯中最基本的化学键为碳碳双键（C ═C），苯环是其基本结构单元，同时，石墨烯还含有边界基团和平面缺陷。因此，其化学性质体现在这些可能的反应位点上。首先，石墨烯的基本结构骨架非常稳定，一般化学方法很难破坏其苯环结构；另外，大 π 键共轭体系使它成为相对负电体系，可以和许多亲电试剂如氧化剂或卡宾试剂反应。石墨烯主骨架参与的反应通常需要比较剧烈的条件，因此它的反应活性更多地集中在缺陷和边缘官能团上。目前，最多的是利用石墨烯氧化物中的羟基和羧基等官能团对其进行修饰。这些官能团以及相应的修饰，也为石墨烯的溶剂处理和性质修饰提供了简易的手段。

1.1.2 石墨烯的制备

自从 Geim 小组用微机械剥离法首次制得单层氧化石墨烯以来，至今已发展出了多种石墨烯制备技术[9]。不同的应用对石墨烯的性能要求也不同：作为推进剂分散型填料的石墨烯，强调热学性能和力学性能，因此制备方法应保持石墨烯的完整结构，避免缺陷的产生；附着纳米颗粒作为燃烧催化剂的石墨烯，要求较低的层数，从而满足更高的比表面积。

目前，根据二维结构形成的方式，石墨烯的制备方法分为两种：三维石墨剥离得到石墨烯的自上而下（top-down）法、零维碳源在基底上生成石墨烯的自下而上（bottom-up）法。在实际应用中，根据制备的环境体系不同，自上而下法又可分为机械剥离和湿法剥离，自下而上法一般是在基底上生长石墨烯。

用于制备大规模单晶石墨烯的基底生长制备手段（化学气相沉积[10]、SiC 热解外延[11]）由于成本高且产量较低，主要应用于电子器件和光电领域，不适合规模化应用。机械剥离和湿法剥离的多种手段虽然会对石墨烯结构造成一定破坏，但对石墨烯的力学性能影响较小，同时这些结构缺陷可为石墨烯的改性和复合材料制备提供便利。

1. 机械剥离法

机械剥离法是使用摩擦力、拉力等机械力，克服石墨烯层间的范德华作用力使其相互分离的方法，由于机械剥离法对石墨材料进行的处理不涉及化学变化，所得石墨烯结构完整，缺陷较少。机械剥离分为微机械剥离法和普通机械剥离法，其中微机械剥离法的产量和产率极低，不适合规模化制备；普通机械剥离法作为微机械法的放大，虽然无法精确控制石墨烯片层的形状、大小和层数，但是成本低、产量大且工艺简单，适合大规模生产。

2. 微机械剥离法

目前，微机械剥离法中制得石墨烯质量较高的主要有胶带法、AFM（Atomic

Force Microscope，原子力显微镜）探针法（摩擦法）。

胶带法是首次制得稳定的单层石墨烯的方法[9]，Geim 等把高定向热解石墨（Highy Oriented Pyrolytic Graphite，HOPG）作为材料，在光刻胶保护下使用干法阳离子刻蚀出石墨柱后，把石墨柱转移到带有光刻胶层的玻璃上，用透明胶带反复粘贴剥离，最后把剥离衬底放入丙酮中溶解光刻胶，使石墨烯悬浮于丙酮中，加入单晶硅吸附石墨烯片，得到片径可达 10μm 的单层和多层石墨烯。

与胶带法不同的是，AFM 探针法在制得石墨柱后，把石墨柱转移到 AFM 的悬臂上，以石墨柱为针尖在衬底上进行接触模式的扫描，通过精确控制悬臂施加的压力实现对石墨烯的剥离[12]。

3. 普通机械剥离法

普通机械剥离法目前比较成熟的主要有连续胶黏法[13]、球磨法[14-15]。连续胶黏法使用涂料行业常用规模化设备三辊机，选择适当的黏性聚合物涂覆在三辊机的辊筒上，利用聚合物的黏性和三辊机的连续滚动将鳞片逐层剥离得到石墨烯。连续胶黏法本质上是对胶带法的放大，可以制得单层或双层石墨烯。球磨法是在球磨机中加入石墨材料、磨球，利用球磨机和磨球转动提供的冲击力和剪切力剥离石墨。因为球磨法中石墨烯受到法向冲击力较大，会造成一些边缘缺陷，而石墨烯之间的范德华力较弱，受到切向作用力时更容易滑移从而剥离，因此球磨法制备石墨烯时应设法减小冲击力，增加剪切力。

石墨烯的机械剥离法不涉及化学变化，制得的石墨烯没有含氧官能团且缺陷较少，优点是热学性质和力学性质可以得到较好保持，作为填料时对固体推进剂的增强效果更好；机械剥离法的能量主要由机械力提供，分散剂的选择比较灵活，后续改性与复合方法的选择较多。

机械剥离中微机械剥离法产量过低，普通机械剥离法作为微机械剥离法的放大，可以实现大规模制备，其中球磨法设备和工艺简单，是目前石墨烯大规模制备的一个研究热点。

4. 湿法剥离

相对于机械剥离，湿法剥离是由插层物和分散剂共同提供剥离石墨烯的能量。因为制备体系为液相，可以直接制得石墨烯的分散液，适合大规模制备。湿法剥离分为液相直接剥离法、插层剥离法、氧化还原法，前两种方法不涉及石墨的氧化反应，可以得到结构较为完整的单晶石墨烯；氧化还原法中石墨上的含氧官能团难以全部还原，而且还原石墨烯的六元环结构会出现缺陷，但是氧化基团的插层效果好，制备方法简单，成本低，不考虑电学性能和光电性能的情况下规模化的可行性最高。湿法剥离通常使用一些物理方法，如超声[16]、快速加热进行辅助剥离。

1）液相直接剥离法和超临界剥离法

液相直接剥离法中，石墨作为原料加在具有一定表面张力的有机溶剂（如DMF、NMP）或者含有表面活性剂（如SDBS）的水溶液中，如果溶剂的表面能与石墨烯相匹配，溶剂和石墨烯的相互作用可以部分平衡石墨烯层间的范德华力，用超声、加热辅助可以直接制备石墨烯分散液。

超临界剥离法是近年发展起来的一种类似液相直接剥离的方法，该方法以超临界CO_2（Supercritical，$scCO_2$）为溶剂，由于表面张力极小的CO_2小于石墨烯层间距（0.335nm）的尺寸，在其插入石墨烯片层中，只需进行泄压操作就可以除去CO_2，制得高质量的少层石墨烯分散液[17]。

2）插层剥离法

石墨的碳原子层间结合力很弱，空隙中容易插入电离能小的碱金属与电子亲和能大的卤素和酸，形成石墨层间化合物（Graphite Intercalation Compounds，GICs），根据GICs插层物为酸或碱金属，采用的剥离方法不同。

GICs可以直接加入满足液相直接剥离法的溶剂中进行超声辅助剥离，但是超声会对石墨烯片层造成破坏使片层尺寸变小。为对此进行改进，Vallés使用碱金属K插层的GICs加入NMP中，可以实现石墨烯的自动剥离，制得单层或少层的石墨烯，避免了超声对石墨烯的破坏[18]。插层物为Li的GICs在水溶剂中超声可导致水与Li接触产生氢气[19]，从而辅助剥离。

插层物为硫酸的GICs称为可膨胀石墨（Expanded Graphite，EG），加热后会在层间产生大量气体使石墨的层间距扩大形成膨胀石墨。膨胀石墨仍然是多层堆叠状态，制得单层或少层的石墨烯需要进一步处理，如加入发烟硫酸二次插层，随后再插入体积更大的四丁基氢氧化铵（TBA），可以完成石墨烯的剥离[20]。

5. 氧化剥离法（氧化插层后辅助剥离）

石墨制备氧化石墨，首先使用强质子酸处理石墨，将具有极性的酸作为插入剂插入石墨层平面，形成GICs，之后加入强氧化剂与碳原子反应在石墨层间形成含氧官能团，π键断裂导致范德华力削弱并扩大层间距得到氧化石墨，最后利用超声等方法剥离氧化石墨制得氧化石墨烯。制备氧化石墨的经典方法有Brodie法[21]、Staudenmaier法[22]、Hummers法[23]。

最早的Brodie法使用发烟HNO_3作为插入剂处理石墨后，以$KClO_3$作为氧化剂进行氧化；后来Staudenmaier改进了该方法，使用浓H_2SO_4加入发烟HNO_3中增强了插入剂的酸度，并分次加入氧化剂$KClO_3$；如今使用最多的是Hummers法，插入剂使用浓H_2SO_4和$NaNO_3$，氧化剂使用$KMnO_4$取代$KClO_3$，$KMnO_4$在浓H_2SO_4的作用下转化为氧化能力更强的Mn_2O_7，减少了有毒气体的产生，且反应时间短、过程安全。

Hummers 法的制备工艺对所得氧化石墨烯的组成和结构有较大影响，如插入剂和氧化剂的选择和加入方式、氧化时间和氧化剂的量、石墨原料的不同。很多研究者在 Hummers 法的基础上进行了改进：Marcano 使用浓 H_2SO_4和 H_3PO_4的混合酸作为插入剂，避免了硝酸的使用和氮氧化物气体的放出[24]；韩志东和王建祺以可膨胀石墨为原料，缩短了反应时间，提高了氧化度[25]。

综上所述，湿法剥离中的液相直接剥离法不涉及化学反应，拥有和机械法同样的优点，但是液相直接剥离法和插层剥离法需要使用大量有毒且高价的有机溶剂，不利于低成本大规模制备；使用水作为溶剂时表面活性剂难以除去，不利于后续的改性和复合。由液相直接剥离法发展得到的超临界法虽然工艺复杂，但是可以减少有机溶剂的使用，作为剥离试剂的 $scCO_2$可以循环使用，是一种有发展前景的绿色剥离新方法。

湿法剥离中的氧化剥离法较为特殊，在强氧化剂的作用下，石墨烯被引入大量含氧基团，并且含有较多的缺陷，因此氧化石墨烯的力学强度较低，作为填料对推进剂的增强效果不如机械剥离法和液相直接剥离法制得的非氧化石墨烯；但石墨烯表面和边缘的含氧基团提高了氧化石墨烯在水中的分散性和稳定性，避免了表面活性剂的使用，同时对这些基团共价改性后的石墨烯在水和多种有机溶剂中的分散能力进一步提高，有利于提高石墨烯负载型复合材料的产量。

1.1.3 氧化石墨烯和还原石墨烯

1. 氧化石墨烯

化学氧化还原法是目前应用最为广泛的制备石墨烯的方法之一，基本原理是以石墨为原料，先在溶液中用强酸处理形成石墨插层化合物，然后加入强氧化剂对其进行氧化，破坏石墨完整的晶体结构，从而在石墨表面引入含氧官能团，形成能够在溶液中分散的氧化石墨或氧化石墨烯，最后通过各种还原方法将氧化石墨（烯）还原，得到不同大小和厚度的石墨烯。该方法所需的原料石墨价廉易得、制备过程简单，是目前唯一可以低成本大规模制备的石墨烯材料，虽然有很多缺陷，但是其力学性能并没有降低太多，利用氧化石墨烯的功能化基团与其他基体材料之间的强的相互作用，可赋予石墨烯基材料更多的功效性能。

化学氧化法是制备氧化石墨烯的有效方法，目前最常用的是 Hummers 法，即通过将石墨粉和无水硝酸钠置于冰浴内的浓硫酸中，以高锰酸钾为氧化剂进行氧化处理，最后过滤、洗涤、真空脱水得到氧化石墨烯。实验表明，Hummers 法得到的氧化石墨烯含氧量比较高时呈现黄色，含氧量低时呈现黑色。为了制备具有特殊性能的石墨烯基材料，研究者们又进一步对 Hummers 法进行了改性，发现随着氧化剂与反应时间的增加，所得单层氧化石墨烯的平均片层面积变小，并且粒径呈现高斯分布[26-28]。

2. 还原石墨烯

目前，虽然化学氧化法是大量制备石墨烯材料最有效的方法之一，但是由于在制备过程中引入了大量的官能团，较为严重地破坏了石墨烯材料本身优异的物理性能（如高导电性），因此在某些应用中，还需对其进行还原。

常用的还原方法是使用还原剂对氧化石墨烯进行还原，或在水热或溶剂热的条件下对其进行还原。常用的还原剂有水合肼、硼氢化钠、强碱等。研究发现，氧化石墨烯经还原后会产生不饱和的、共轭的碳原子，使电导率显著增加，具有和初始石墨相似的性质，且比表面积高。在惰性气体保护下，对石墨烯材料进行高温焙烧处理也可使其还原。除此之外，微波溶剂热、电化学还原等方法也被用于石墨烯材料的还原。由于强的疏水性，将氧化石墨烯还原制备的还原氧化石墨烯通常溶解性较差，并且会不可逆地聚集，导致难于进一步处理和应用，通常采取先修饰再还原的方法改善上述问题。

虽然采用氧化石墨烯还原法会使得石墨烯的电子结构及晶体完整性收到强氧化剂作用而产生严重的破坏，进而使电子性质受到影响，这在一定程度上限制了其在精密微电子领域的应用，但是氧化石墨烯还原法简便且成本较低，可以制备出大量的石墨烯，且有助于石墨烯衍生物的制备，拓宽了石墨烯的应用领域[29-31]。

1.2 燃烧催化材料

推进剂燃烧催化材料，又称为燃速调节剂，国外有文献也称弹道改良剂（Ballistic Modifier）。根据提高和降低推进剂燃速的作用，燃烧催化剂可以分为正催化剂和负催化剂，它们的作用机理主要是通过改变推进剂的燃烧波结构来改变燃速。与工业催化剂不同，固体推进剂燃烧催化剂是指以化学方法改变推进剂燃速的物质，在催化燃烧过程中，化学结构可以发生改变，它的主要作用是：①改变推进剂在低压燃烧时的化学反应速度；②降低推进剂燃速受压力、温度影响的敏感程度；③改善推进剂的点火性能；④提高推进剂的燃烧稳定性；⑤调节推进剂燃速，实现发动机设计的不同推力方案。

鉴于固体推进剂配方的多样性和成分的复杂性，因而燃烧催化剂也具有选择性，即某一种催化剂只对某一个（或某一类）推进剂有较好的催化作用，同一种催化剂在不同的燃烧体系中表现出不同的催化效果。另外，催化剂的种类和结构是影响其催化作用的主要因素。因此，在设计燃烧催化剂时要综合权衡，针对所研究的推进剂，一方面认真考虑所选择催化剂的种类，另一方面根据发动机装药工作压力范围和燃速大小的要求，选择研究燃烧催化剂的结构和加入量。新配方的推进剂需要研究新的催化剂，为此持续研究推进剂中燃烧催化剂是科技工作者必须要面对和解决的问题。

燃烧催化剂虽应用近70年，已由单一的金属氧化物发展到复合纳米催化剂，由惰性催化剂发展到含能催化剂，由单金属有机配合物发展到具有多功能的复合金属有机配合物，量化计算和分子模拟手段也在燃烧催化剂研究中得到应用，但至今并没有研究者对其类别和特性进行梳理与划分。因此，现在的燃烧催化剂还没有形成系列化。燃烧催化剂的种类和结构是影响其催化作用的主要因素之一，因此，必须对催化剂的种类有一个清楚的认识。固体推进剂燃烧催化剂的品种繁多，但从国内外研究现状来看，可以归纳为以下几大类[32-34]。

1.2.1 金属氧化物、金属复合氧化物和无机金属盐

金属氧化物催化剂是传统的燃烧催化剂，研究人员在20世纪90年代前就对其进行了广泛而深入的研究，催化原理一般认为是由于金属氧化物表面的吸附性及酸碱性对推进剂本身或其分解产物起到了吸附和催化作用，进而催化了推进剂的分解与燃烧。此类金属氧化物主要有PbO、Pb_3O_4、CuO、Cu_2O_2、Cr_2O_3、Fe_2O_3、Fe_3O_4、Co_2O_3、Al_2O_3、ZrO_2、Bi_2O_3、MgO、La_2O_3、TiO_2、CeO_2、SiO_2、Ni_2O_3、SnO_2、CaO等[35-42]。

金属复合氧化物是指两种以上金属（包括有两种以上氧化态的同种金属）共存的氧化物。该种催化剂在催化过程中因存在协同催化作用，催化活性往往比同种的单一金属氧化物及混合氧化物的催化活性更高。这类催化剂主要有$PbSnO_3$、$CuSnO_3$、$PbTiO_3$、$CuCrO_4$、$CuCr_2O_4$、$CuFeO_3$、PbO · CuO、PbO · SnO_2、Cuo · Bi_2O_3、Cuo · Fe_2O_3、Cuo · NiO等[43-46]。另外，近几年稀土钙钛矿型复合氧化物及稀土与金属形成的钙钛矿复合氧化物也引起了有关研究者的关注，如$LaFeO_3$、$LaMnO_3$、$LaCoO_3$、$La_{0.8}Sr_{0.2}MnO_3$、$La_{0.8}Sr_{0.2}CoO_{3-8}$等[47-48]。

无机金属盐作为燃烧剂主要是碳酸盐和草酸盐，如$PbCO_3$、$CuCO_3$、$CaCO_3$、$MgCO_3$、BaC_2O_4、MgC_2O_4、CuC_2O_4等。刘浩以微米级$PbCO_3$和CuO为原料，采用湿法球磨粉碎技术制备出纳米级$PbCO_3$/CuO复合粒子，并探究了最佳球磨复合工艺[49]。纳米$PbCO_3$/CuO复合粒子分别使硝化棉/硝化甘油（NC/NG）和硝基胍（NQ）的最大热分解峰温分别提前了29.35℃和13.73℃，表观分解热分别增加了606J/g和235J/g。结果表明，复合后对NC/NG和NQ都具有更为明显的催化效果。

金属氧化物、金属复合氧化物和无机金属盐作为燃烧催化剂现已由传统的催化剂发展成为纳米尺寸的催化剂。纳米尺寸的燃烧催化剂由于具有表面效应、量

子尺寸效应、小尺寸效应和宏观量子效应等特性，从而具有较高的化学活性，或为高效燃烧催化剂。但是，纳米粒子比表面积大，表面活性高，且纳米粉体极容易形成团聚而影响分散均匀性。因此，纳米催化剂要非常注意储存条件和分散均匀性问题，否则影响应用。

1.2.2 金属有机化合物燃烧催化材料

金属有机化合物燃烧催化剂是指没有含能基团的金属有机盐及配合物，催化的本质是：金属盐或配合物在燃烧过程中分解，原位产生对反应体系有催化作用的相应纳米或微米级金属氧化物或金属，从而起到催化作用。

金属有机催化剂种类众多，如水杨酸、雷索辛酸、没食子酸、酒石酸、柠檬酸、3，4-二羟基苯甲酸等都可以作为配体或有机阴离子形成金属有机化合物。有较好催化作用的金属元素主要是 Pb、Cu、Bi、Fe、Co、Ni、Ba、Mg 等。近年来，有较多双金属有机化合物的报道，如没食子酸铋铜、没食子酸铋锆、酒石酸铅铜、酒石酸铜锆、β-雷索辛酸铅铜、甲撑双水杨酸铅铜等[50-57]。

环戊二烯基铁（又称为二茂铁）是最重要的金属茂基配合物，包含两个环戊二烯负离子以 π 电子与铁原子成键。二茂铁及其衍生物是一类可较大幅度提高端羟聚丁二烯（HTPB）推进剂燃速，并获广泛应用的燃烧催化剂。但是，二茂铁本身在催化剂燃烧过程中存在易迁移、易挥发的问题，因此一般通过合成其衍生物来解决：一是通过增长茂环上取代基的碳链或引入极性基团增大分子极性，以期增加催化剂与推进剂各组分之间的范德华力，降低挥发性和迁移；二是引入羟基、氮杂环等活性基团，参与推进剂固化系统，进入黏合剂基体网格中，从而降低挥发性和迁移性；三是合成双核二茂铁衍生物，既降低挥发性和迁移量，又使铁含量增高，增强了燃烧催化活性[58-62]。

1.2.3 含能燃烧催化剂

含能燃烧催化剂一般是在有机金属基催化剂分子中引入含能基团（$=N-NO_2$、$-O-NO_2$、$-N_3$、$-N=N-$、$\equiv C-NO_2$等）制备而得到的含能盐或配合物。由于含有大量生成焓较高的 N=N、C—N 键和较高的密度及氧平衡，导致生成焓较高，从而具有很高的能量，催化原理与金属有机催化剂相同，起催化作用的物质仍是原位分解出的相应纳米或微米金属氧化物或金属。

含能催化剂的品种日益增多，研究日趋广泛。从含能基团上区分，目前含能化合物的主要种类有唑类、呋咱类、吡啶类、嗪类、二茂铁含能衍生物和富氮直链化合物及其衍生物等。从结构上看，含能化合物可分为含能配合物和含能离子盐，含能配合物以金属离子为中心离子，以具有含能基团的有机物作为配位体，从而结合形成配合物；含能离子盐是由金属离子与无机/有机阴离子形成的[63-65]。

1. 唑基含能化合物

五元环中含 2 个或 2 个以上杂原子（至少有一个氮原子）的体系称为唑，其中 2 个氮原子的称为咪唑，3 个氮原子的称为三唑，4 个氮原子的称为四唑。四唑类化合物是一类低感度含能化合物，燃烧产物不污染环境，含四唑类组分可降低推进剂的特征信号，有望成为推进剂的一个良好组分而加以利用。对四唑类化合物的研究主要集中在高能钝感炸药、取代 RDX（黑索今）和 HMX（奥克托今）用于低特征信号低感度推进剂、发展新型无毒高效低温气体发生剂、新型观赏性的低烟或无烟烟火技术，以及无焰低温灭火剂等含能材料领域。近年来，国内外许多科研工作者把四唑类含能化合物用作固体推进剂的含能催化剂，这方面研究也取得很大进展[66-70]。

在唑类含能催化剂中，研究最多且获得应用的是 3-硝基-1，2，4-三唑-5-酮（NTO）的金属盐，如 $Pb(NTO)_2$、$Cu(NTO)_2$、$Fe(NTO)_3$、$Bi(NTO)_3$等。它们是一类高能、耐热、致密、钝感的炸药，加入推进剂中，不仅大大提高了燃速和比冲，而且可使压强指数降低。报道的咪唑类含能催化剂主要有 4-硝基咪唑铅、4-硝基咪唑铜、2，4-二硝基咪唑铅、5（乙）-氨基-2-苯基-1H-咪唑-5（2H）-酮-3-氧化物为配体的系列金属（Cu、Ni、Cr、Fe、Pb）含能配合物、1-二茂铁基甲基-2-二茂铁基-3-甲烷基苯并咪唑六氟磷酸盐等。四唑类化合物有含氮量高、能量密度高、机械感度低、环境友好等特点，是含能催化剂研究的热点之一。这类催化剂主要有 5-苯基四唑铅、5-亚甲基二四唑铜、四唑配合物 $[Cu(tza)_2]_n$、$[Bi(tza)_3]_n$ 和四唑类衍生物为阴离子的系列金属（Cs、Cu、Ag）盐。

2. 吖嗪类化合物

吖嗪是含有一个或几个氮原子的不饱和六元杂环化合物的总称，六元环中含有一个氮原子的称为吡啶，4 个氮原子的称为四嗪。目前，关于吖嗪类含能化合物用作燃烧催化剂以吡啶类和四嗪类化合物居多。吡啶类硝基化合物多数都具有高氮含量，高生成焓的特征，且这些氮杂芳环体系一般都能形成类苯结构的大 π 键，具有钝感、热稳定的性质，对热、摩擦、火花、撞击等外部作用具有良好的钝感性，因此成为该研究领域的一个重要分支，在含能催化剂的研究中具有很大的潜力[71]。

羟基吡啶（互变异构体为吡啶酮）环上的羟基使得合成相应的金属盐变得较容易，因此选择多硝基吡啶酮类含能材料作为合成含能金属盐的原料，设计制备了一系列多硝基吡啶酮类含能金属盐作为燃烧催化剂。吡啶类含能催化剂主要有4-羟基-3，5-二硝基吡啶铅盐或铜盐、2-羟基-3，5-二硝基吡啶铅盐或铜盐、4-羟基-3，5-二硝基吡啶氮氧化物铜盐或铅盐、以2，6-二氨基-3，5-二硝基吡啶-1-氧化物（ANPYO）为配体的金属（Cu、Fe、Pb、Co、Ni）含能配合物。目前，研究的四嗪类含能催化剂主要是3，6-双（1-氢-1，2，3，4-四唑-5-氨基）-1，2，4，5-四嗪（BTATz）的铅盐、铜盐、镁盐、钡盐、钴盐等。

3. 硝基苯类含能催化材料

目前，在双基/改性推进剂中大量使用的燃烧催化剂为2，4-二羟基苯甲酸铅铜、3，5-二羟基苯甲酸铅铜等惰性苯环类化合物，该类燃烧催化剂能够很好地调节固体推进剂的燃烧性能，但由于其为惰性化合物，势必造成固体推进剂能量的损失，因此，研究者试图在苯环结构中引入硝基、呋咱等含能基团，以期不损失推进剂的能量。由于苯环类含能燃烧催化剂结构中含有硝基等能量基团及反应性羟基或羧基，一方面硝基基团可提供能量，另一方面羧基或羟基利用其反应性，可形成金属化合物作为燃烧催化剂。另外，由于苯环主要由碳原子组成，分解或燃烧后能形成大量碳元素，可起到辅助催化作用，进一步改善推进剂的燃烧性能。

近年来，国内外许多科研工作者将硝基、氧化呋咱等含能基团引入苯环类燃烧催化剂结构中，作为含能燃烧催化剂使用，这方面研究也取得很大进展。印度研究者J. P. Agrawal等利用4，6-二硝基苯并氧化呋咱结构中配位氧的活性，制备了4，6-二硝基苯并氧化呋咱的金属盐[72-74]。宋秀铎等以2，4-二硝基氯苯为原料，经缩合、复分解反应，制备了5-（2，4-二硝基苯胺基）水杨酸铅化合物[75]。

4. 蒽醌类含能催化材料

有研究表明，在固体推进剂中加入含羰基化合物，可吸收推进剂燃烧产生的红外光，提高固体推进剂的燃速，基于这个特点，结合芳香性酸盐燃烧催化剂的催化特性和含能特点，设计了新型结构1，8-二羟基-4，5-二硝基蒽醌母体，利用羟基与碱性化合物的可反应性，在结构中引入可催化的铅或铜等金属元素，合成新型燃烧催化剂[76-79]。其一般合成步骤为：在100mL三口瓶中加入40mL去离子水和3.31g（0.01mol）1，8-二羟基蒽醌，搅拌下滴加0.84g（0.021mol）NaOH的20mL水溶液，至pH为9~10，50℃下搅拌1h后，再加入0.01mol的二价金属硝酸盐水溶液，75℃下搅拌2h后，减压除水，残留物干燥后即为所需产物盐。

5. 富氮直链化合物及其衍生物

富氮直链含能化合物及其衍生物是近几年开发的新型化合物，用它们作燃烧催化剂才刚刚起步。涉及的催化剂主要有：1-氨基-1-肼基-2，2-二硝基乙烯

(AHDNE) 的铅盐、铜盐、铋盐和锶盐，硝酸碳酰肼类配合物、$Co(CHZ)_3(NO_3)_2$、$Ni(CHZ)_3(NO_3)_2$、$Cu(CHZ)_3(NO_3)_2$等。

1.2.4　纳米金属粉、纳米复合金属粉和功能化纳米金属粉

金属粉作为燃料在含能材料体系中已得到广泛应用，是提高体系能量性能的重要途径之一。理论上可用于固体推进剂中的活性金属粉主要有铍、铝、锆、镁、镍等。近年来，研究者们发现某些纳米金属粉具有很好的燃烧催化性能，如纳米铝粉、纳米镍粉、纳米铁粉、纳米铜粉、纳米钴粉等。这些纳米金属粉与推进剂常用催化剂共同使用，可以促进推进剂组分的快速放热分解，显著提高推进剂的燃速，是很好的助燃烧催化剂[80-81]。

由于单一的纳米金属粉体较难均匀分散，易团聚，研究者提出了复合金属粉的概念，即将纳米金属进行复合处理，这不仅有效改善了纳米粒子分散性，而且大大提高了实际使用效果，还能协同多种金属的性能，从而在某些方面表现出比单一金属粉更好的性能特点。这类复合金属粉有 NiCu、CoNi、Ni-B/Al、Ag-Cu-Ni、Al-Cu-Fe、Mg-Ni-B、Fe-Zr-B、Al-Cu-Fe、Fe-Ni-B、Fe-Ni-Co 等。

功能化纳米金属粉是将纳米金属粉与其他功能化材料进行复合或组装，使之更好地发挥纳米粒子的大比表面、高表面能、高表面活性的优点。这些材料主要有超级铝热剂（如 Al/PbO、Al/Bi_2O_3、Al/CuO、Al/Fe_2O_3等）、纳米金属粉/碳纳米管（如 Ag/CNTs、Ni/CNTs、Cu/CNTs 等）和纳米金属粉/石墨烯（Ni/石墨烯纳米复合催化剂、Pd/氧化石墨烯复合催化剂、Cu/氧化石墨烯复合催化剂等）。

1.3　石墨烯基燃烧催化材料

石墨烯（GE）是单原子厚度的二维碳原子晶体，被认为是富勒烯、碳纳米管和石墨的基本结构单元，理论上完美的石墨烯是指碳原子六边形网格形成的单层石墨片层，多层石墨烯按一定次序平行排列就可构成三维石墨结构。在石墨烯中碳原子以 sp^2 杂化轨道与其他原子通过强 σ 键相连接，这些高强度的 σ 键使石墨烯具有优异的结构刚性，平行片层方向具有很高的强度。石墨烯具有突出的导热性能和导电性能，可以作为助燃烧催化剂，也可以将其表面氧化生成氧化石墨烯（GO），在表面产生较多的功能基团，然后其附着金属化合物形成负载型氧化石墨烯催化剂[82-84]。

1.3.1　石墨烯与催化剂的混合物

双基系固体推进剂的燃烧中，碳物质不仅可用于调节推进剂的燃速[25-28]，

而且也与平台或麦撒燃烧现象的产生密不可分，炭黑与铅、铜盐复配催化剂是一种高效的推进剂燃烧性能调控手段。石墨烯材料作为一种新型轻碳材料，相对碳纳米管而言具有结构简单、制备易调控等优点，同时石墨烯超高的比表面积、氧化石墨烯上的含氧活性基团为金属化合物的附着提供了可能。

催化活性物质纳米级金属和金属氧化物由于具有小尺寸效应与表面效应，在燃烧催化过程中可提供更多的催化活性位点，具有更佳的催化作用。但是，大的表面能使得纳米级催化剂易于团聚，团聚后催化性能大幅降低[85-87]。附着于具有巨大理论比表面积的石墨烯材料可有效地抑制纳米级催化剂的团聚，提供更多的催化活性位点以获得更佳的催化性能。同时，石墨烯材料优异的导电、导热以及力学性能可提升固体推进剂的综合性能。

但是，由于相互作用力较弱，纳米级催化剂更倾向于团聚，通过机械混合方式制备的石墨烯与催化剂的混合物对燃烧催化性能的改善作用有限。此外，物理混合方式添加石墨烯材料使得其与推进剂其他组分间的相互作用较差，难以充分体现出石墨烯基材料优异的润滑、导热和力学性能，对推进剂机械感度、静电感度和力学性能的改善作用。因此，设计、合成石墨烯与催化剂的复合物，结合石墨烯和催化剂的优异性能，进而提升固体推进剂的综合性能是石墨烯基催化材料在固体推进剂中应用的基础。

1.3.2 石墨烯基负载型燃烧催化材料

石墨烯基负载型燃烧催化剂的设计和制备可以使催化活性物质金属氧化物等以纳米粒子的形式高度分散在石墨烯表面，石墨烯作为载体可以阻止纳米金属氧化物之间的团聚；另外，由于石墨烯片层的 sp^2 杂化结构，电子可以沿石墨烯片层流动，加速了电子的转移，利于所附着纳米金属氧化物催化能力的进一步加强，为提高燃烧催化效果提供了可能性。

研究者们已经通过还原法、水热法、电化学沉积、溶胶-凝胶法等多种手段制备了负载型石墨烯基催化材料，并研究其对推进剂热分解、燃烧、安全和力学性能的影响。研究证实了附着于石墨烯材料后，纳米级催化剂的分散性提高，提升了对推进剂含能组分热分解的催化性能，进而促进 AP-HTPB 和 HMX-CMDB 推进剂燃速的提升与压强指数的降低[88-90]。对于 AP-HTPB 复合推进剂，石墨烯基催化剂对 AP 热分解的催化作用与其催化 AP-HTPB 推进剂燃烧性能密切相关。相较于单金属负载型石墨烯基催化剂，双金属负载型石墨烯基催化剂由于不同金属间的协调相互作用，通常表现出不同的催化活性。此外，石墨烯材料固有的优异导热、润滑和力学性能还有助于固体推进剂机械感度、静电感度和力学性能的改善。

1.3.3　石墨烯基金属配合物

石墨烯基金属配合物附着于石墨烯表面可有效降低纳米级金属氧化物的团聚，但是仍不可避免地出现团聚现象，进而影响催化性能。有机金属配合物虽然对固体推进剂的燃烧性能具有一定的改善作用，但是也会引起固体推进剂化学稳定性降低等问题。针对燃烧催化剂的应用问题，近年来，研究者们从结构设计出发，开展了新型石墨烯基燃烧催化材料的制备及其在固体推进剂中的应用研究。石墨烯基金属配合物可结合石墨烯、配体和活性金属的优异性能，赋予固体推进剂更多的功效性能[91-93]。

1.3.4　含能石墨烯基催化材料

含能燃烧催化剂通常是指在有机金属化合物中引入硝基、氨基或叠氮基等含能基团，使其在催化固体推进剂燃烧的同时，提高能量和比冲，以满足固体推进剂的发展需求[61,94-95]。含能燃烧催化剂为研制高能固体推进剂提供了必要的技术支持，作为燃烧催化剂的一个重要方向，含能燃烧催化剂的设计、合成及其在固体推进剂中的应用研究受到了广泛的关注。目前，研究的含能燃烧催化剂包含3-硝基-1，2，3-三唑-5-酮（NTO）类、硝基吡啶类、硝基咪唑类和硝基苯类，而四唑、硝基吡唑等小分子氮杂环含能催化剂也有涉及[95]。

近年来，石墨烯材料由于具有独特的二维结构和众多优异性能也被用作载体与含能燃烧催化剂结合，合成的含能石墨烯基催化剂表现出较好的热稳定性和催化性能[96-100]。Qilong Yan 团队通过两种反应途径，即氧化石墨烯先与金属离子复合再与多氮含能配体配位反应或是氧化石墨烯先与带氨基的高氮化合物进行羧氨偶联再与金属离子配位反应，合成了一系列石墨烯-三氨基胍盐[98-100]。通过DSC（Differential Scanning Calorimeter，差示扫描量热仪）和 DTA（Differential Thermal Analysis，差热分析）等手段研究了这些石墨烯基含能化合物的热稳定性、分解残留质量及催化性能。研究表明，这些石墨烯含能化合物在促进含能化合物热分解和固体推进剂燃烧领域具有潜在的应用前景。

1.4　石墨烯基材料在含能材料应用中的最新进展

1.4.1　石墨烯基材料对含能材料热分解性能的影响

含能组分的热分解特性在很大程度上影响着推进剂等含能材料的性能，明确添加剂对含能组分热分解特性的影响是探究其对推进剂燃烧性能影响的基础[95,101]。本节从氧化剂和高能添加剂两个方面，系统综述了石墨烯（Gr）、氧化石墨烯（GO）、还原氧化石墨烯（rGO）、功能化石墨烯（FGSs）、石墨烯气凝胶（GA）和石墨烯-金属配合物等多种石墨烯基材料的引入对含能组分热分解特性的影响。

1. 石墨烯基材料对氧化剂热分解性能的影响

氧化剂是推进剂的重要组分，提供推进剂自持燃烧所需要的氧。高氯酸铵（AP）在大气环境下是不吸湿的，不含金属、含氧量高（氧的质量分数为0.545），分解后可产生大量气体，是固体火箭推进剂中常用的氧化剂[102-103]。AP的热分解包含一个吸热和两个放热过程，吸热过程对应于AP由斜方晶到立方晶的晶型转变过程，该过程无质量损失，放热反应发生在607~720K，伴随有质量损失。

目前，石墨烯基材料影响AP热分解性能的相关研究较多，如表1-1所列，石墨烯基材料的引入对AP的晶型转变峰没有影响，但会显著降低AP的高、低温分解峰温，甚至使低温分解放热峰消失，在DSC曲线上表现为一个放热峰。这表明，石墨烯基材料的引入可有效促进AP的热分解，归因于二维石墨烯基材料所具有的巨大理论比表面积，可有效分散所附着的纳米级催化剂，提供更多的催化活性位点，因而对AP的热分解具有显著的促进作用[17]。此外，石墨烯基材料所具有的优异导电、导热性能以及独特的能带结构可加速AP低温及高温分解过程中速率控制步骤（速控步）的电子转移（AP低温分解的速控步为电子由ClO_4^-转移到NH_4^+，高温分解的速控步为电子由O_2转移到超氧化物O_2^-），有效提高反应速率。因此，石墨烯基材料（Gr和GO等）的引入有助于AP的热分解。

表1-1　石墨烯基材料对AP热分解特性的影响

材　料	制备方法	结合方式	对AP热分解性能的影响	参考文献
GO	快速碰撞法	重结晶法	GO可提升传热，促进AP热分解	[95]
GA	溶胶-凝胶法	自燃干燥、冷冻干燥、超临界CO_2干燥	GA对AP的热分解过程具有明显的促进作用	[103]
	改良Hummers法、超临界CO_2干燥	溶胶-凝胶法	GA/AP复合材料表现为一个放热峰，低温分解峰消失，高温分解峰温降低，总表观分解热增加	[1]
	溶液自组装、溶胶-凝胶法、超临界CO_2干燥	溶胶-凝胶法	GA对AP的热分解具有显著的促进作用，使AP的高温热分解速率加快，放热量剧烈增加	[104]
rGO/Ni	溶剂热法	物理混合	高温分解峰温显著降低，低温和高温分解放热峰重叠	[105]

续表

材　料	制备方法	结合方式	对 AP 热分解性能的影响	参考文献
Gr/Mn_3O_4	溶剂热法	—	Gr-Mn_3O_4显著促进 AP 的低温及高温热分解过程	[106]
Gr/Fe_2O_3	水热法	—	Fe_2O_3/Gr 复合材料较单独 Fe_2O_3、Gr 对 AP 热分解具有更高的催化活性	[107]
Gr/Fe_2O_3	溶胶-凝胶法、超临界 CO_2 干燥	—	Gr-Fe_2O_3气凝胶显著增加了 AP 的放热量并使分解温度降低	[108]
Gr/CuO	原位合成法	—	Gr/CuO 和 Al/Gr/CuO 显著降低了 AP 的高温分解温度和活化能	[109]
Al/Gr/CuO	超声分散法			
Gr/TiO_2 (GTNC)	超声、微波法	—	GTNC 加速了 AP 的分解	[101]
GO/Fe_2O_3	—	溶胶-凝胶法、溶剂反溶剂法、超临界流体干燥技术	Fe_2O_3/GO/AP 复合材料的高温分解放热峰温降低了 93.8℃，表明 GO/Fe_2O_3对 AP 的热分解具有较好的催化作用	[110]
GO/$MgFe_2O_4$	装载	—	GO/$MgFe_2O_4$使 AP 的高温热分解温度显著降低，能量释放增加	[111]
	涂覆			
GO-CoO	物理混合	物理混合	其中，GO/CoO 复合物对 AP 热分解反应的催化性能最好，GO/Co_3O_4和 GO/$CoFe_2O_4$对 AP 的热分解也具有较好的催化效果	[112]
GO/CoO	溶剂热法			
GO/Co_3O_4	溶剂热法			
GO/$CoFe_2O_4$	溶剂热法			

除 AP 外，还有一些研究涉及于石墨烯基材料对硝酸铵（AN）和硝酸钾（KNO_3）等氧化剂热分解性能的影响。这些研究表明，石墨烯基材料的引入可有效促进 AN 和 KNO_3的热分解，使它们的热分解峰温降低[113-114]。兰元飞和罗运军通过溶胶-凝胶法和超临界二氧化碳干燥法制备了 GA/AN 纳米复合含能材料，复合后 AN 的热分解峰温提前了 33.68℃，表观分解热增加了 532.78J/g，说明 GA 对 AN 的热分解具有明显的促进作用[113]。

2. 石墨烯基材料对高能添加剂热分解性能的影响

六硝基六氮杂异伍兹烷（CL-20，HNIW）、1，1-二羟基-5，5-联四唑二羟铵盐（TKX-50）、环四亚甲基四硝胺（奥克托今，HMX）和环三次甲基三硝胺（黑索今，RDX）等是炸药、推进剂和发射药的重要能量组分，有助于能量特性的提升，这些高能组分的热分解特性对炸药、推进剂和发射药的性能具有显著影响[114-118]。研究表明，石墨烯基材料的引入可有效促进这些高能组分的热分解（表 1-2），赵凤起等通过水热法和溶剂热法制备了 rGO/Fe_2O_3复合材料，rGO/

Fe_2O_3对 CL-20 的热分解具有显著的促进作用，使 CL-20 的低温分解峰温降低，表观分解热增加，这是因为 Fe_2O_3附着于石墨烯后，分散性显著提升，在催化过程中可提供更多的活性位点以促进 CL-20 分解[118]。Lan Y 等的研究表明与 GA 复合后，RDX 的热分解温度降低、分解速度加快，这是因为高比表面积的 GA 可吸附许多还原性气相产物，有助于 RDX 完全反应[119]。

表 1-2　石墨烯基材料对高能组分热分解特性的影响

<table>
<tr><th>石墨烯基材料</th><th>制备方法</th><th>推进剂组分</th><th>结合方式</th><th>对推进剂组分热分解特性的影响</th><th>参考文献</th></tr>
<tr><td>GO</td><td>市售</td><td>CL-20</td><td>超声</td><td>CL-20 的起始分解温度、峰值分解温均降低，GO 起到较好的催化作用</td><td>[117]</td></tr>
<tr><td>Fe_2O_3-rGO</td><td>水热法、溶剂热法</td><td>TKX-50</td><td>物理混合</td><td>溶剂热法制备的 Fe_2O_3-rGO 对 TKX-50 的热分解具有更好的催化活性</td><td>[118]</td></tr>
<tr><td>GA</td><td>溶胶-凝胶、超临界 CO_2干燥</td><td rowspan="3">RDX</td><td>溶胶-凝胶法</td><td>GA 对 RDX 的热分解具有优异的催化效果</td><td>[119]</td></tr>
<tr><td>GO-Bi_2WO_6</td><td>超声</td><td>—</td><td>GO-Bi_2WO_6对 RDX 分解具有较好的催化活性</td><td>[121]</td></tr>
<tr><td>$MgWO_4$/GO</td><td rowspan="2">超声混合</td><td rowspan="2">超声、干燥</td><td>$MgWO_4$/GO 可有效促进 RDX 热分解</td><td rowspan="2">[115]</td></tr>
<tr><td>$MgWO_4$/GO</td><td rowspan="2">HMX</td><td>$MgWO_4$/GO 可有效促进 HMX 热分解</td></tr>
<tr><td>GO</td><td>改良 Hummers 法</td><td>超声混合法</td><td>GO 对 HMX 的热分解具有明显的催化作用</td><td>[116]</td></tr>
<tr><td>GO</td><td>改良 Hummers 法</td><td>硝化棉 NC</td><td>溶剂混合真空干燥</td><td>GO 的添加不改变 NC 的分解机理，但使 NC 的分解活化能和热稳定性增加</td><td>[121]</td></tr>
<tr><td rowspan="2">FGSs</td><td rowspan="2">—</td><td rowspan="2">硝基甲烷 NM</td><td>Ab 初始动力学模拟</td><td>FGSs 可显著促进 NM 及其衍生物的热分解</td><td>[123]</td></tr>
<tr><td>从头算分子动力学模拟 AIMD 研究</td><td>催化活性来自石墨烯片中的晶格缺陷，特别是含氧官能团功能化的空位</td><td>[122]</td></tr>
</table>

附着纳米金属钨酸盐的石墨烯基材料也被用于催化 RDX 和 HMX 等含能材料的热分解。Zhang Y 等将 GO 作为活性纳米金属氧化物钨酸铋（Bi_2WO_6）的载体，GO 与 Bi_2WO_6复合后可有效抑制 Bi_2WO_6聚结，并且形成的优异电荷转移路径促使 RDX 的放热分解峰温和活化能降低、放热量增加[120]。Zu Y 等的研究表明钨酸镁/氧化石墨烯复合物（$MgWO_4$/GO）对 RDX 和 HMX 的催化特性优于单

组分 GO 或 $MgWO_4$，归因于 GO 与 $MgWO_4$间的协同效应[115]。

基于石墨烯基材料促进单质含能材料热分解的相关研究（表 1-1 和表 1-2）可见，在石墨烯基材料中，GO、GA 和 FGSs 更适用于作为反应的前驱体附着纳米金属氧化物。这是因为 GO 和 FGSs 表面与边缘含有大量的含氧官能团，这些官能团有助于其与纳米金属氧化物复合，复合后可显著提升纳米金属氧化物的分散性，提供更多活性位点以促进含能材料热分解，并且 FGSs 的缺陷结构和 GA 的纳米孔结构也有助于含能组分的分解[119]；而 Gr、rGO 与纳米金属氧化物间的结合力较弱（静电引力），不利于纳米金属氧化物的附着和分散，因此通常不作为反应的前驱体[120]。

此外，研究还表明，与石墨烯基材料不同的结合方式对含能组分的热分解性能具有较大的影响。相较于简单的机械混合，通过重结晶或溶胶-凝胶等方法制备的石墨烯/含能组分复合物的热分解峰温显著降低，表明形成复合物后可有效促进含能组分的热分解。李家宽等研究表明，与 GO 不同的混合方式对 KNO_3的热分解特性具有较大的影响，相较于中和法与溶剂反溶剂法，通过重结晶法制备的 KNO_3/GO 复合材料的热分解反应最剧烈[114]。

1.4.2 石墨烯基材料对 AP/HTPB 复合推进剂性能的影响

固体推进剂是火箭和导弹发动机的动力源，其性能直接影响导弹武器的作战效能和生存能力[94,124]。由晶态 AP 颗粒和端羟基聚丁二烯（HTPB）组成的复合推进剂是目前应用最广泛的一类，这主要是因为该类推进剂具有较高的能量，同时还具有很好的物理化学稳定性。相关研究表明（表 1-3），石墨烯基材料的引入有助于 AP/HTPB 复合推进剂燃速的提升以及燃速压强指数的降低，这是因为石墨烯基材料对复合推进剂主要组分 AP 热分解的促进作用[103]。此外，石墨烯基材料的引入也可提升 AP/HTPB 复合推进剂的延展性及点火延迟时间，添加 1%的边缘功能化氧化石墨烯（EFGO）到含塑化剂和不含塑化剂的 AP/HTPB 复合推进剂（AP 含量 85%）中，燃速相较于基准推进剂分别提升 3.9%（含塑化剂）和 6.4%（不含塑化剂），点火延迟时间分别增加 81.4%（含塑化剂）和 120%（不含塑化剂）[125]。

研究也表明，AP 与石墨烯基材料不同的混合方式（包覆、物理混合）对 AP/HTPB 复合推进剂的燃速具有较大的影响，包覆方法较简单的物理混合可更好地提升复合推进剂的燃速。Isert S 等制备了 NH_2 和 SO_3H 功能化的石墨烯（SO_3H-Gr、NH_2-Gr），并通过静电自组装附着了氨丙基三乙氧基硅烷（APS）改性的 Fe_3O_4纳米粒子（APS-Fe_3O_4），所制备的 SO_3H-Gr/APS-Fe_3O_4和 NH_2-Gr/APS-Fe_3O_4可有效提高 AP/HTPB 复合推进剂的燃速[102]。但他们也指出，虽然石墨烯/金属氧化物复合材料对 AP/HTPB 复合推进剂的燃烧具有较好的催化效果，但由于降低了金属氧化物的含量，包覆石墨烯基复合物在 AP/HTPB 推进剂中不如直接包覆金属氧化物的效果好。

表 1-3 石墨烯基材料对 AP/HTPB 复合推进剂燃烧性能的影响

<table>
<tr><th>石墨烯基材料</th><th>制备方法</th><th>结合方式</th><th>AP/HTPB 复合推进剂的燃烧性能</th><th>参考文献</th></tr>
<tr><td>GO</td><td>快速碰撞法</td><td>重结晶法</td><td>GO 可提升传热，进而提高推进剂的总燃速</td><td>[95]</td></tr>
<tr><td>TiO_2/Gr (GTNC)</td><td>超声、微波法</td><td>—</td><td>GTNC 使 AP/HTPB 推进剂的活化能、最终分解温度降低，机械性能增加</td><td>[102]</td></tr>
<tr><td>SO_3H-Gr/APS-Fe_3O_4</td><td rowspan="2">静电自组装</td><td>包覆</td><td rowspan="2">包覆石墨烯/Fe_3O_4 于细晶粒 AP 中所得到的燃速最高</td><td rowspan="2">[102]</td></tr>
<tr><td>NH_2-Gr/APS-Fe_3O_4</td><td>物理混合</td></tr>
<tr><td>Gr/Fe_2O_3</td><td>超声、微波法</td><td>—</td><td>复合推进剂的燃速增加、活化能降低、压强指数降低</td><td>[103]</td></tr>
<tr><td>EFGO</td><td>—</td><td>物理混合</td><td>添加 EFGO 显著提升延展性及点火延迟时间</td><td>[125]</td></tr>
</table>

虽然 AP 类复合推进剂具有众多优异的特性，但是 AP 燃烧时会产生大量的氯化氢气体，对发动机喷管具有极大的腐蚀性，并且该气体排出后会与空气中的水蒸气反应形成对环境有很大危害的盐酸。因此，使用新型高能无氯氧化剂（二硝酰胺铵 ADN 等）替代 AP 制备燃气清洁的新型推进剂，即绿色推进是必然的发展趋势[126]，而目前石墨烯基材料较少地应用于 ADN 等新型绿色氧化剂的热分解中，这可作为下一步的研究方向。

1.4.3 石墨烯基材料对炸药性能的影响

1. 石墨烯基材料与炸药相容性研究

除了能量指标，热稳定性、机械感度及力学性能等均是评估炸药性能的重要指标。石墨烯基材料引入高能混合炸药后，对炸药的热稳定性、机械感度和力学性能等均会产生影响，如表 1-4 所列。而探究石墨烯基材料影响炸药的性能之前，需明确它们与炸药组分间的相容性，通过表征石墨烯基材料添加前后炸药的热分解温度变化可判断它们与炸药组分间的相容性（热分解温度相差 2℃以内表示具有较好的相容性）[127]。

表 1-4　石墨烯基材料对炸药性能的影响

石墨烯基材料	制备方法	炸药	结合方式	炸药性能	参考文献
rGO、GO	液相剥离法	CL-20	重结晶法	rGO 更适用于作为 PBXs 配方的钝感剂	[128]
富勒烯、碳纳米管、石墨烯	—	CL-20	机械共混	石墨烯对 CL-20 感度降低的程度最高，还原氧化石墨烯可降低炸药感度，硝化石墨烯可降低点火药的静电感度并避免能量输出降低	[129]
石墨烯泡沫 GF	—	CL-20	重结晶法	CL-20/GF 复合材料的感度显著降低，爆炸能量和速率略有降低，但仍高于 HMX 和 RDX	[130]
GO	—	CL-20	球磨法	由球磨法制备了 GO/CL-20 复合物，可降低晶粒尺寸，提升热稳定性，降低冲击感度	[131]
UDD、Gr	—	RDX	机械混合法	撞感：UDD/RDX>Gr/RDX 摩感：UDD/RDX>Gr/RDX	[132]
GO	改良 Hummers 法	HMX	重结晶法	GO 可提升 HMX 的分解活化能和热稳定性	[133]
石墨烯	—	TATB	计算	石墨烯通过强的π-π堆积作用分散单分子层的 TATB 炸药	[134]
Gr/NPBA	—	TATB 基 PBXs	—	NPBA 提升了 TATB 基 PBXs 的抗蠕变性以及抗拉、抗压强度	[135]
GNPs	—	三硝基间苯二酚铅（LS）	改性	在 1% 的 GNPs 含量下，GNPs 改性 LS 复合材料（GLS）具有最佳的热稳定性	[136]
硝化石墨烯（NGO）	硝化 GO	NC	溶剂-非溶剂法	NC 的表观分解热和放热峰提高，改善了热稳定性	[137]

2. 石墨烯基材料对炸药热稳定性的影响

炸药的热稳定性与其生产、运输和使用过程中的安全性密切相关。Li R 等通过计算研究了 GO 对 HMX 热稳定性的影响，结果表明 GO 的引入可显著增加 HMX 的活化能，使 HMX 的热稳定性提升[133]。这可能是因为 GO 和 rGO 的阻燃特性，归因于制备 GO 的过程中使用了大量的 $KMnO_4$ 和 $NaNO_3$[129]。Lan Yu 等的研究表明，CL-20/551 胶/GO 和 CL-20/551 胶/ rGO 基高聚物黏结炸药（PBXs）表现出适当增加的分解热和优异的热稳定性，而 rGO 更适用于作为 CL-20/551 胶基 PBXs 的钝感剂，归因于还原后减少的含氧官能团使得 rGO 的热稳定性增加[128]。

3. 石墨烯基材料对炸药机械感度的影响

炸药的感度较高会造成在生产、储存及运输过程中的危险。目前，多通过添加不敏感物质，如石蜡、硬脂酸、聚合物和石墨等来降低炸药的感度[127]，但是这些钝感剂的钝感效果并不理想，同时由于非含能物质的比例增加使炸药的输出性能降低。Lan Yu 等通过再结晶方法制备了不同粒度的 CL-20，并通过乳液聚合法涂覆黏结剂 551 胶，黏结剂与 CL-20 具有较好的相容性，使 CL-20 的机械感度降低，但同时分解焓也会降低[128]。掺杂石墨、GO 或 rGO 到 CL-20/551 胶 PBXs 配方中，均可使 CL-20/551 胶的机械感度降低，但掺杂石墨会使 CL-20 的能量输出减弱，而掺杂 GO 不仅促进了 PBXs 分解，还显著提升了分解热。

随着碳纳米材料的发展，富勒烯、碳纳米管、纳米金刚石和石墨烯等纳米材料均被用于降低炸药感度。研究表明，相较于富勒烯、碳纳米管和纳米金刚石，石墨烯基材料可有效降低 CL-20 和 RDX 等炸药的感度，使 RDX 的撞击感度和摩擦感度显著降低[129]。Ye B 等在 CL-20 的水相悬浮液中将石墨剥离为石墨烯，并通过球磨法制备了 CL-20/石墨烯基复合材料（CL-20/GEMs）[131]。相较于 CL-20，CL-20/GEMs 的冲击感度降低，这是因为石墨烯基材料优异的导热和润滑作用可有效降低 CL-20 内部的折叠、位错和热点。此外，不同石墨烯基材料的作用效果也不相同，rGO 可降低炸药感度，硝化石墨烯可降低点火药的静电感度并避免能量输出降低。

4. 石墨烯基材料对炸药力学性能的影响

石墨烯是已知强度最高的材料，同时还具有很好的韧性，理论杨氏模量高达 1.07TPa，固有的拉伸强度为 130GPa[138-139]。基于石墨烯的优异力学性能，将石墨烯基材料应用于炸药中可能会对炸药的力学性能产生影响。Lin C 等的研究证实了石墨烯和聚合物黏结剂（NPBA）的引入可显著提升三氨基三硝基苯（TATB）基 PBXs 的抗蠕变性以及抗拉、抗压强度，这可能是因为石墨烯降低了聚合物链的可移动性，NPBA 提升了 TATB 与聚合物之间的相互作用[135]。

1.4.4 基于石墨烯基材料的爆炸物检测

随着人们对反恐怖主义的重视程度不断提高，有选择性的超敏感炸药感应器受到了越来越多的关注[140-141]。通过光致发光（PL）猝灭效应，许多发光材料（石墨烯、聚芳香族碳氢化合物、过渡金属二硫化物量子点等）被用于炸药的检测。然而具有低检测限、高选择性的 PL 猝灭仍然缺乏，掺杂异质原子是获得高选择性的一种有效方法[116]。

掺杂异质原子后，石墨烯的电化学特性显著提升，产生了更多的缺陷催化位点，可用于爆炸物的检测（表 1-5）[114]。Xu Y 等的研究表明，硼掺杂石墨烯（B-GE）的优异特性（大比表面积、高导电性以及硼掺杂碳片与多氮化合物之间的强吸引力）可加速从电解质到电极界面的电子转移过程，对 HMX 具有显著的催化活性，故硼掺杂石墨烯改性剥离碳电极（B-GE/GCE）可用于 HMX 的检测，这种电极具有低成本、可重复使用、高选择性及稳定的优异特性[142]。

表 1-5　基于石墨烯基材料的爆炸物检测

石墨烯基材料	制备方法	炸药种类	检测限	效率/%	参考文献
N、S 共掺杂石墨烯量子点（N，S-GQD）	溶剂热法	硝基炸药 苦味酸、TNP	90μM	92	[140]
三维纳米石墨烯基三蝶烯	—	硝基苯类炸药 TNP	2.4ng/mm^2	70	[141]
B-GE/GCE	B-GE 由水热法制备	HMX	0.83μM	—	[142]

1.5　石墨烯基材料的发展与展望

石墨烯基材料众多的优异性能使其作为催化剂载体或添加剂时可有效促进单质含能组分的热分解，提升复合含能材料（推进剂的燃烧性能以及混合炸药的热稳定性、安全性能和力学性能等）的应用性能。此外，石墨烯基材料独特的电子能带结构赋予其作为爆炸物传感器的特殊应用。石墨烯基材料在含能材料领域中的应用前景不可小觑，今后研究的重点方向包括以下几个方面：

（1）石墨烯基材料附着纳米级金属和金属氧化物可起到很好的催化作用，但制备方法及最佳制备条件仍需扩展和探究。

（2）功能化和氧化石墨烯的表面含有大量的含氧官能团，可作为活性位点接枝含能基团，制备含能纳米石墨烯基材料。

（3）深入研究石墨烯基催化材料的结构、形貌、金属含量与催化性能间的关系，剖析石墨烯引入后对催化燃烧性能起到的作用。

参考文献

[1] 王学宝，李晋庆，罗运军．高氯酸铵/石墨烯纳米复合材料的制备及热分解行为［J］．火炸药学报，2012，35（6）：76-80.

[2] ZHANG W W，LUO Q P，DUAN X H，et al. Nitrated graphene oxide and its catalytic activity in thermal decomposition of ammonium perchlorate［J］. Materials Research Bulletin，2014，50：73-78.

[3] STOLLER M D，PARK S，ZHU Y，et al. Graphene-based ultracapacitors［J］. Nano Letters，2008，8（10）：3498-3502.

[4] 傅强，包信和．石墨烯的化学研究进展［J］．科学通报，2009，54（18）：2657-2666.

[5] GEIM A K. Graphene：Status and prospects［J］. Science，2009，324：1530-1534.

[6] BRUMFIEL G. Graphene gets ready for the big time [J]. Nature, 2009, 458: 390-391.

[7] BALANDIN A A, GHOSH S, BAO W Z, et al. Superior thermal conductivity of single-layer graphene [J]. Nano Letters, 2008, 8 (3): 902-907.

[8] LEE C G, WEI X D, Kysar J W, et al. Measurement of the elastic properties and intrinsic strength of monolayer graphene [J]. Science, 2008, 321 (5887): 385-388.

[9] NOVOSELOV K S, GEIM A K, MOROZOV S V, et al. Electric field effect in atomically thin carbon films [J]. Science, 2004, 306 (5696): 666-669.

[10] WINTTERLIN J, BOCQUET M. Graphene on metal surfaces [J]. Surface Science, 2009, 603 (10-12SI): 1841-1852.

[11] SUTTER P. Epitaxial graphene: how silicon leaves the scene [J]. Nature Materials, 2009, 8 (3): 171-172.

[12] ZHANG Y B, SMALL J P, PONTIUS W V, et al. Fabrication and electric-field-dependent transport measurements of mesoscopic graphite devices [J]. Applied Physics Letters, 2005, 86 (0731047).

[13] CHEN J F, DUAN M, CHEN G H. Continuous mechanical exfoliation of graphene sheets via three-roll mill [J]. Journal of Materials Chemistry, 2012, 22 (37): 19625-19628.

[14] KNIEKE C, BERGER A, VOIGT M, et al. Scalable production of graphene sheets by mechanical delamination [J]. Carbon, 2010, 48 (11): 3196-3204.

[15] ZHAO W F, FANG M, WU F R, et al. Preparation of graphene by exfoliation of graphite using wet ball milling [J]. Journal of Materials Chemistry, 2010, 20 (28): 5817-5819.

[16] 吉莉, 张天友, 张东. 超声波频率和作用方式对剥离氧化石墨的影响 [J]. 材料开发与应用, 2011, 26 (1): 42-44, 55.

[17] PU N W, WANG C A, SUNG Y, et al. Production of few-layer graphene by supercritical CO_2 exfoliation of graphite [J]. Materials Letters, 2009, 63 (23): 1987-1989.

[18] VALLÉS C, DRUMMOND C, SAADAOUI H, et al. Solutions of negatively charged graphene sheets and ribbons [J]. Journal of the American Chemical Society, 2008, 130 (47): 15802-15804.

[19] VICULIS L M, MACK J J, MAYER O M, et al. Intercalation and exfoliation routes to graphite nanoplatelets [J]. Journal of Materials Chemistry, 2005, 15 (9): 974-978.

[20] LI X L, ZHANG G Y, BAI X D, et al. Highly conducting graphene sheets and Langmuir-Blodgett films [J]. Nat. Nano., 2008, 3 (9): 538-542.

[21] BRODIE B C. On the atomic weight of graphite [J]. Philosophical Transactions of the Royal Society of London, 1859 (149): 249-259.

[22] STAUDENMAIER L. Verfahren zur darstellung der graphitsaure [J]. Berichte der Deutschen Botanischen Gesellschaft, 1898, 31 (2): 1481-1487.

[23] HUMMERS W S, OFFEMAN R E. Preparation of graphitic oxide [J]. Journal of the American Chemical Society, 1958, 80 (6): 1339.

[24] MARCANO D C, KOSYNKIN D V, BERLIN J M, et al. Improved synthesis of graphene oxide [J]. Acs Nano, 2010, 4 (8): 4806-4814.

[25] 韩志东, 王建祺. 氧化石墨的制备及其有机化处理 [J]. 无机化学学报, 2003, 19 (5): 459-461.

[26] PAREDES J I, VILLAR-RODIL S, MARTÍNEZ-ALONSO A, et al. Graphene oxide dispersions in organic solvents [J]. Langmuir, 2008, 24 (19): 10560-10564.

[27] GHOSH A, RAO K V, GEORGE S J, et al. Noncovalent functionalization, exfoliation, and solubilization

of graphene in water by employing a fluorescent coronene carboxylate [J]. Chemistry-A European Journal, 2010, 16 (9): 2700-2704.

[28] QI X Y, PU K Y, LI H, et al. Amphiphilic graphene composites [J]. Angewandte Chemie-International Edition, 2010, 122 (49): 9416-9419.

[29] STANKOVICH S, DIKIN D A, DOMMETT G H B, et al. Graphene-based composite materials [J]. Nature, 2006, 442 (7100): 282-286.

[30] ZHANG D D, ZU S Z, HAN B H. Inorganic-organic hybrid porous materials based on graphite oxide sheets [J]. Carbon, 2009, 47 (13): 2993-3000.

[31] PHAM T A, KUMAR N A, JEONG Y T. Covalent functionalization of graphene oxide with polyglycerol and their use as templates for anchoring magnetic nanoparticles [J]. Synthetic Metals, 2010, 160 (17/18): 2028-2036.

[32] 王雅乐，卫芝贤，康丽．固体推进剂用燃烧催化剂的研究进展 [J]. 含能材料，2015，23（1）：89-98.

[33] 裴江峰，赵凤起，宋秀铎，等．轻质碳材料及其复合物在固体推进剂中的应用研究进展 [J]. 火炸药学报，2014，37（2）：1-6.

[34] 姜菡雨，李鑫，姚二岗，等．固体推进剂用高活性纳米（非）金属粉的研究进展 [J]. 化学推进剂与高分子材料，2014，12（6）：58-65.

[35] 洪伟良，赵凤起，刘剑洪，等．制备纳米氧化铜粉体的新方法 [J]. 火炸药学报，2000，23（3）：7-8，3.

[36] 洪伟良，赵凤起，刘剑洪，等．纳米 PbO 和 Bi_2O_3 粉的制备及对推进剂燃烧性能的影响 [J]. 火炸药学报，2001，24（3）：7-9.

[37] 徐宏，刘剑洪，陈沛，等．纳米氧化镧对黑索今热分解的催化作用 [J]. 推进技术，2002，23（4）：329-331.

[38] 徐宏，刘剑洪，陈沛，等．纳米氧化镧对吸收药热分解的催化作用 [J]. 化学试剂，2004，26（2）：93-94，118.

[39] 张纪光，马林，徐燕．溶胶-凝胶法制备超细氧化镧粉体及其表征 [J]. 复旦学报（自然科学版），1999，38（1）：24-28.

[40] 姚超，马江权，林西平，等．纳米氧化镧的制备 [J]. 高校化学工程学报，2003，17（6）：685-688.

[41] 朱俊武，陈海群，谢波，等．纳米 Cu_2O 的制备及其对高氯酸铵热分解的催化性能 [J]. 催化学报，2004，25（8）：637-640.

[42] 李上文，赵凤起，刘所思，等．惰性与含能催化剂对 Al-RDX-CMDB 推进剂燃烧性能的影响 [J]. 含能材料，1997，5（2）：49-54.

[43] 洪伟良，刘剑洪，赵凤起，等．纳米 CuO · PbO 的制备及对 RDX 热分解的催化作用 [J]. 含能材料，2003，11（2）：76-80.

[44] 洪伟良，刁立惠，刘剑洪，等．纳米 SnO_2-CuO 粉体的制备、表征及对环三次甲基硝胺热分解的催化性能 [J]. 应用化学，2004，21（8）：775-778.

[45] 洪伟良，赵凤起，刘剑洪，等．纳米 $Bi_2O_3 \cdot SnO_2$ 的制备及对 RDX 热分解特性的影响 [J]. 火炸药学报，2003，26（1）：37-39，46.

[46] 安亭，赵凤起，肖立柏．高反应活性纳米含能材料的研究进展 [J]. 火炸药学报，2010，33（3）：55-62，67.

[47] 单文刚，李上文，赵凤起．稀土化合物作为无烟推进剂燃速催化剂的研究［J］．兵工学报．1990（1）：13-19.
[48] 单文刚，赵凤起，李上文．二元稀土化合物对双基推进剂燃烧催化作用研究［J］．推进技术，1997，18（4）：69-74.
[49] 刘浩．纳米 $PbCO_3$/CuO 复合粒子的制备及其催化性能的研究［D］．南京：南京理工大学，2017.
[50] BERTELEAU G. Compositions modifying ballistic properties and propellants containing such compositions：US5639987［D］．1997-06-17.
[51] 宋秀铎．绿色有机铋盐的合成及其在双基系固体推进剂中的应用［D］．西安：西安近代化学研究所，2005.
[52] 张衡．双功能弹道改良剂的制备及其在微烟推进剂中的应用研究［D］．西安：西安近代化学研究所，2009.
[53] 赵凤起，张衡，安亭，等．没食子酸铋锆的制备、表征及燃烧催化作用［J］．物理化学学报，2013，29（4）：777-784.
[54] 张衡，安亭，赵凤起，等．没食子酸锆铜的制备及其在双基系推进剂中的燃烧催化作用［J］．兵工学报，2013，34（6）：690-697.
[55] 汪营磊，赵凤起，高福磊，等．一种酒石酸铜锆双金属化合物及其制备方法和应用：CN 201410379542.4［P］．2017-01-18.
[56] 赵凤起，张衡，安亭，等．酒石酸铅锆的制备、表征及燃烧催化作用［J］．无机化学学报，2013，29（1）：24-30.
[57] 赵凤起，汪营磊，仪建华，等．3，4-二羟基苯甲酸铜锆双金属盐及其制备方法和应用：CN 201210554465.2［P］．2014-10-22.
[58] LIU X L，ZHAO D M，BI F Q，et al. Synthesis，characterization，migration studies and combustion catalytic performances of energetic ionic binuclear ferrocene compounds［J］．Journal of Organometallic Chemistry，2014，762（7）：1-8.
[59] LIU X L，ZHANG W Q，ZHANG G F，et al. Low-migratory ionic ferrocene-based burning rate catalysts with high combustion catalytic efficiency［J］．New journal of chemistry，2015，39（1）：155-162.
[60] LIU X L，LI J Z，BI F Q，et al. Ionic ferrocene-based burning-rate catalysts with polycyano anions：synthesis，structural characterization，migration，and catalytic effects during combustion［J］．European Journal of Inorganic Chemistry，2015（9）：1496-1504.
[61] SHAO E S，LI D D，LI J Z，et al. Mono and dinuclear ferrocenyl ionic compounds with polycyano anions. characterization，migration，and catalytic effects on thermal decomposition of energetic compounds［J］．Zeitschrift Für Anorganische Und Allgemeine Chemie，2016，642（16），871-881.
[62] ZHANG N，ZHANG G F，LI J Z，et al. Ionic ferrocenyl coordination compounds derived from imidazole and 1，2，4-triazole ligands and their catalytic effects during combustion［J］．Zeitschrift Für Anorganische and Allgemeine Chemie，2018，644（6），337-345.
[63] 汪营磊，赵凤起，仪建华．固体火箭推进剂用燃烧催化剂研究新进展［J］．火炸药学报，2012，35（5）：1-8.
[64] 李文，任莹辉，赵凤起，等．BTATz-Pb 复合物对双基和 RDX-改性双基推进剂的热行为、非等温动力学及燃烧性能的影响［J］．物理化学学报，2013，29（10）：2087-2094.
[65] 李上文，赵凤起，袁潮，等．国外固体推进剂研究与开发的趋势［J］．固体火箭技术，2002，25（2）：36-42.

[66] 赵凤起，高红旭，胡荣祖，等．4-羟基-3，5-二硝基吡啶铅盐在固体推进剂剂燃烧中的催化作用 [J]. 含能材料，2006，14（2）：86-88，98.

[67] 赵凤起，陈沛，罗阳，等．含能羟基吡啶铅铜盐用作 RDX-CMDB 推进剂燃烧催化剂 [J]. 火炸药学报，2003，26（3）：1-4.

[68] ZHAO F Q，GAO H X，LUO Y，et al. Constant-volume combustion energy of the lead salts of 2HDNPPb and 4HDNPPb and their effect on combustion characteristics of RDX-CMDB propellant [J]. Chinese Journal of Explosives and Propellants，2006，85（3）：791-794.

[69] 赵凤起，高红旭，罗阳，等．2HDNPPb 恒容燃烧能的测定及其在 RDX-CMDB 推进剂中的应用 [J]. 固体火箭技术，2005，28（4）：280-283.

[70] 赵凤起，陈沛，李上文，等．四唑类化合物的金属盐作为微烟推进剂燃烧催化剂的研究 [J]. 兵工学报，2004，25（1）：30-33.

[71] 佘江波．3，5-二硝基羟基吡啶含能催化剂的合成、表征及热分析研究 [D]，西安：陕西师范大学，2007.

[72] JONES D E G，LIGHTFOOT P D，FOUCHARD R C，et al. Hazard characterization of KDNBF usinga variety of different techniques [J]. Thermochim. Acta，2002，384（1/2）：57-60.

[73] SHINDE P D，SALUNKE M R B，AGRAWAL J P. Some transition metal salts of 4，6-dinitrobenzofuroxan：synthesis，characterization and evaluation of their properties [J]. Propellants，Explos.，Pyrotech.，2003，28（2）：77-82.

[74] NAIR J K，TALAWAR M B，MUKUNDAN T. Transition metal salts of 2，4，6-trinitroanilinobenzoic acid-potential energetic ballisticmodifiers for propellants [J]. Journal of Energetic Materials，2001，19（2）：155-162.

[75] 宋秀铎，赵凤起，王江宁，等．5-（2，4-二硝基苯胺基）-水杨酸铅的合成及其对双基推进剂的催化作用 [J]. 含能材料，2007，15（4）：310-312.

[76] WANG Y L，ZHAO F Q，JI Y P，et al. Synthesis and thermal behaviors of 1，8-dihydroxy-4，5-dinitroanthraquinone manganese salt [J]. Chemical Research in Chinese Universities，2014，30（3）：468-471.

[77] Wang Ying-lei，Zhao Feng-qi，Ji Yue-ping，et al. Synthesis and thermal behaviors of 1，8-dihydroxy-4，5-dinitroanthraquinone barium salt [J]，Journal of Analytical and Applied Pyrolysis，2014，105：295-300.

[78] 汪营磊，姬月萍，赵凤起．等．一种 1，8-二羟基-4，5-二硝基蒽醌铅化合物及其制备方法和应用：CN201410455301.3 [P]. 2016-09-14.

[79] 汪营磊，赵凤起，姬月萍．等．一种 1，8-二羟基-4，5-二硝基蒽醌铜化合物及其制备方法和应用：CN201310637571.1 [P]. 2016-12-07.

[80] 赵凤起，覃光明，蔡炳源．纳米材料在火炸药中的应用研究现状及发展方向 [J]. 火炸药学报，2001，24（4）：61-65.

[81] 洪伟良，刘剑洪，陈沛，等．纳米 CuO 的制备及其对 RDX 热分解特性的影响 [J]. 推进技术，2001，22（3）：254-257.

[82] ZHANG M，ZHAO F Q，YANG Y J，et al. Catalytic activity of ferrates（$NiFe_2O_4$，$ZnFe_2O_4$ and $CoFe_2O_4$）on the thermal decomposition of ammonium perchlorate [J]. Propellants，Explosives，Pyrotechnics. 2020，45（3），463-471.

[83] ZHANG M，ZHAO F Q，YANG Y J，et al. Shape-dependent catalytic activity of Nano-Fe_2O_3 on the thermal decomposition of TKX-50 [J]. Acta Phys. -Chim. Sin.，2020，36（6），1904027.

[84] 张明，赵凤起，杨燕京，等．石墨烯基材料对含能材料性能影响的研究进展［J］．含能材料，2018，26（12）：1074-1082.（EI 收录）
[85] ZHANG M，ZHAO F Q，YANG Y J，et al. Effect of rGO-Fe_2O_3 nanocomposites fabricated in different solvents on the thermal decomposition properties of ammonium perchlorate［J］. CrystEngComm，2018，20（13）：7010-7019.
[86] ZHANG M，ZHAO F Q，AN T，et al. Catalytic effects of rGO-MFe_2O_4（M=Ni，Co and Zn）nanocomposites on the thermal decomposition performance and mechanism of energetic FOX-7［J］. The Journal of Physical Chemistry A. 2020，124（9），1673-1681.
[87] ZHANG M，ZHAO F Q，YANG Y J，et al. Synthesis，characterization and catalytic behavior of MFe_2O_4（M=Ni，Zn and Co）nanoparticles on the thermal decomposition of TKX-50［J］. Journal of Thermal Analysis and Calorimetry，2020，141（4）：1413-1423.
[88] ZU Y Q，ZHAO Y Q，XU K Z，et al. Preparation and comparison of catalytic performance for nano $MgFe_2O_4$，GO-loaded $MgFe_2O_4$，and GO-coated $MgFe_2O_4$，nanocomposites［J］. Ceramics International，2016，42（16）：18844-18850.
[89] SHI R N，ZHAO J X，LIU S S，et al. Nitrogen-doped graphene supported copper catalysts for methanol oxidative carbonylation：Enhancement of catalytic activity and stability by nitrogen species［J］. Carbon，2018，130（1）：185-195.
[90] MENDIL R，AYADI Z B，DJESSAS K. Effect of solvent medium on the structural，morphological and optical properties of ZnS nanoparticles synthesized by solvothermal route［J］. Journal of Alloys and Compounds，2016，678（C）：87-92.
[91] JAIN S，PARK W，CHEN Y P，et al. Flame speed enhancement of a nitrocellulose monopropellant using graphene microstructures［J］. Journal of Applied Physics，2016，120（17）：174902.
[92] MEMON N K，MCBAIN A W，SON S F. Graphene oxide/ammonium perchlorate composite material for use in solid propellants［J］. Journal of Propulsion and Power，2016，32（3）：682-686.
[93] 赵刘明，陈腾，李万辉，等．改性氧化石墨烯/聚氨酯复合包覆层的制备与性能测试［J］．火炸药学报，2018，41（6）：567-572.
[94] 邵重斌，李吉祯，吴淑新，等．高效含能燃烧催化剂对双基推进剂燃烧性能的影响［J］．化学推进剂与高分子材料，2011，9（4）：67-69，72.
[95] 汪营垒．新型燃烧催化剂的设计、合成及其催化作用规律研究［D］．北京：中国兵器科学研究院，2014.
[96] 张雪雪，吕杰尧，何伟，等．石墨烯基联四唑含能配位聚合物的制备、表征及催化活性［J］．含能材料，2019，27（9）：749-758.
[97] CHEN S W，HE W，LUO C J，et al. Thermal behavior of graphene oxide and its stabilization effects on transition metal complexes of triaminoguanidine［J］. Hazard Mater，2019，368：404-411.
[98] YAN Q L，LIU P J，HE A F，et al. Photosensitive but mechanically insensitive graphene oxide-carbohydrazide-metal hybrid crystalline energetic nanomaterials［J］. Chem. Eng. J.，2018，338（15）：240-247.
[99] COHEN A，YANG Y Z，YAN Q L，et al. Highly thermostable and insensitive energetic hybrid coordination polymers based on graphene oxide-cu（II）complex［J］. chem. Mater.，2016，28（17）：6118-6126.
[100] YAN Q L，COHEN A，PETRUTIK N，et al. Highly insensitive and thermostable energetic coordination nanomaterials based on functionalized graphene oxides［J］. Journal of Materials Chemistry A，2016，4

(25): 9941-9948.

[101] DEY A, NANGARE V, MORE P V, et al. A graphene titanium dioxide nanocomposite (GTNC): one pot green synthesis and its application in a solid rocket propellant [J]. Rsc Advances, 2015, 5 (78): 63777-63785.

[102] ISERT S, XIN L, XIE J, et al. The effect of decorated graphene addition on the burning rate of ammonium perchlorate composite propellants [J]. Combustion and Flame, 2017, 183: 322-329.

[103] DEY A, ATHAR J, VARMA P, et al. Graphene-iron oxide nanocomposite (GINC): an efficient catalyst for ammonium perchlorate (AP) decomposition and burn rate enhancer for AP based composite propellant [J]. RSC Advances, 2015, 5 (3): 1950-1960.

[104] WANG X B, LI J Q, LUO Y J, et al. A novel ammonium perchlorate/graphene aerogel nanostructured energetic composite: preparation and thermal decomposition [J]. Science of Advanced Materials, 2014, 6 (3): 530-537.

[105] LI N, CAO M H, WU Q Y, et al. A facile one-step method to produce Ni/graphene nanocomposites and their application to the thermal decomposition of ammonium perchlorate [J]. Crystengcomm, 2011, 14 (2): 428-434.

[106] LI N, GENG Z F, CAO M H, et al. Well-dispersed ultrafine Mn_3O_4, nanoparticles on graphene as a promising catalyst for the thermal decomposition of ammonium perchlorate [J]. Carbon, 2013, 54 (2): 124-132.

[107] YUAN Y, JIANG W, WANG Y J, et al. Hydrothermal preparation of Fe_2O_3/graphene nanocomposite and its enhanced catalytic activity on the thermal decomposition of ammonium perchlorate [J]. Applied Surface Science, 2014, 303 (6): 354-359.

[108] LAN Y F, LI X Y, LI G P, et al. Sol-gel method to prepare graphene/Fe_2O_3 aerogel and its catalytic application for the thermal decomposition of ammonium perchlorate [J]. Journal of Nanoparticle Research, 2015, 17 (10): 1-9.

[109] FERTASSI M A, ALALI K T, LIU Q, et al. Catalytic effect of CuO nanoplates, a graphene (G) /CuO nanocomposite and an Al/G/CuO composite on the thermal decomposition of ammonium perchlorate [J]. Rsc Advances, 2016, 6 (78): 74155-74161.

[110] 兰元飞，邓竞科，罗运军. 高氯酸铵/Fe_2O_3/石墨烯纳米复合材料篚制备及其热性能研究 [J]. 纳米科技，2015 (6): 14-18.

[111] ZU Y Q, ZHAO Y Q, XU K Z, et al. Preparation and comparison of catalytic performance for nano $MgFe_2O_4$, GO-loaded $MgFe_2O_4$, and GO-coated $MgFe_2O_4$, nanocomposites [J]. Ceramics International, 2016, 42 (16): 18844-18850.

[112] 兰兴旺. 石墨烯基复合物制备及其催化性能研究 [D]. 南京：南京理工大学，2013.

[113] 兰元飞，罗运军. GA/AN 纳米复合含能材料的制备与表征 [J]. 火炸药学报，2015, 35 (2): 15-18, 38.

[114] 李家宽，马小霞，胡艳，等. KNO_3/GO 复合含能材料的制备与表征 [J]. 爆破器材，2016, 45 (2): 1-5.

[115] ZU Y Q, ZHANG Y, XU K Z, et al. A graphene oxide-$MgWO_4$ nanocomposite as an efficient catalyst for the thermal decomposition of RDX, HMX [J]. Rsc Advances, 2016, 6 (37): 31046-31052.

[116] ZENG G Y, ZHOU J H, LIN C M. The thermal decomposition behavior of graphene oxide/HMX composites [J]. Key Engineering Materials, 2015, 645/646: 110-114.

[117] 于佳莹，王建华，刘玉存，等. CL-20/GO 纳米复合含能材料的制备与性能研究 [J]. 科学技术与工程，2017，17 (12)：93-96.

[118] 张建侃，赵凤起，徐司雨，等. 两种 Fe_2O_3/rGO 纳米复合物的制备及其对 TKX-50 热分解的影响 [J]. 含能材料，2017，25 (7)：564-569.

[119] LAN Y F，WANG X B，LUO Y J. Preparation and characterization of GA/RDX nanostructured energetic composites [J]. Bulletin of Materials Science，2016，39 (7)：1701-1707.

[120] ZHANG Y，XIAO L B，XU K Z，et al. Graphene oxide-enveloped Bi_2WO_6 composites as a highly efficient catalyst for the thermal decomposition of cyclotrimethylenetrinitramine [J]. Rsc Advances，2016，6 (48)：42428-42434.

[121] ZHANG X，HIKAL W M，ZHANG Y，et al. Direct laser initiation and improved thermal stability of nitrocellulose/graphene oxide nanocomposites [J]. Applied Physics Letters，2013，102 (14)：5428.

[122] CHEHROUDI B. Applications of graphene in fuel propellant combustion chehroudi [M] // Graphene Science Handbook Applications and Industrialization，Boca Raton：CRC Press，2016.

[123] LIU L M，CAR R，SELLONI A，et al. Enhanced thermal decomposition of nitromethane on functionalized graphene sheets：ab initio molecular dynamics simulations [J]. Journal of the American Chemical Society，2012，134 (46)：19011-19016.

[124] SABOURIN J L，DABBS D M，YETTER R A，et al. Functionalized graphene sheet colloids for enhanced fuel/propellant combustion [J]. Acs Nano，2009，3 (12)：3945-3954.

[125] DILLIER C A，DEMKO A R，SAMMET T，et al. Burning rate and ignition delay times of AP/HTPB-based solid rocket propellants containing graphene [C]// 52nd Aiaa/SAE/ASEE Joint Propulsion Conference，2016.

[126] GUAN H S，LI G X，ZHANG N Y. Experimental investigation of atomization characteristics of swirling spray by ADN gelled propellant [J]. Acta Astronautica，2018，144 (1)：119-125.

[127] LI R，WANG J，SHEN J P，et al. Preparation and characterization of insensitive HMX/graphene oxide composites [J]. Propellants，Explosives，Pyrotechnics，2013，38 (6)：798-804.

[128] YU L，REN H，GUO X Y，et al. A novel ε-HNIW-based insensitive high explosive incorporated with reduced graphene oxide [J]. Journal of Thermal Analysis and Calorimetry，2014，117 (3)：1187-1199.

[129] 金振华. 碳纳米材料改性 HNIW 的对比研究 [D]. 北京：北京理工大学，2016.

[130] LI Z M，WANG Y，ZHANG Y Q，et al. CL-20 hosted in graphene foam as a high energy material with low sensitivity [J]. Rsc Advances，2015，5 (120)：98925-98928.

[131] YE B Y，AN C W，ZHANG Y R，et al. One-step ball milling preparation of nanoscale CL-20/graphene oxide for significantly reduced particle size and sensitivity. [J]. Nanoscale Research Letters，2018，13 (1)：42.

[132] 胡菲. 添加剂对 RDX 感度和性能的影响研究 [D]. 太原：中北大学，2014.

[133] MA Z Y，LI F S，BAI H P. Effect of Fe_2O_3 in Fe_2O_3/AP composite particles on thermal decomposition of AP and on burning rate of the composite propellant [J]. Propellants，Explosives，Pyrotechnics，2006，31 (6)：447-451.

[134] ZHANG C Y，CAO X，XIANG B. Sandwich complex of TATB/graphene：an approach to molecular monolayers of explosives [J]. Journal of Physical Chemistry C，2010，114 (51)：22684-22687.

[135] LIN C M，HE G S，LIU J H，et al. Enhanced non-linear viscoelastic properties of polymer bonded explosives based on graphene and a neutral polymeric bonding agent [J]. Central European Journal of Energetic

Materials, 2017, 14 (4): 788-805.

[136] LI Y, ZHAO W Y, MI Z H, et al. Graphene-modified explosive lead styphnate composites [J]. Journal of Thermal Analysis and Calorimetry, 2016, 124 (2): 683-691.

[137] 袁申，李兆乾，段晓惠，等. NGO/NC 复合含能材料的制备及热分解性能 [J]. 含能材料，2017, 25 (3): 203-208.

[138] ZHANG R Z, ADSETTS J R, NIE Y T, et al. Electrochemiluminescence of nitrogen- and sulfur-doped graphene quantum dots [J]. Carbon, 2018, 129: 45-53.

[139] KUMAR H G P, XAVIOR M A, JOEL A P, et al. Effect of flake reinforcement on mechanical properties of AA 6061 nano composite with secondary nano platelet-Graphene processed through powder metallurgy [J]. Materials Today Proceedings, 2018, 5 (2): 6626-6634.

[140] MONDAL T K, DINDA D, SAHA S K. Nitrogen, sulphur co-doped graphene quantum dot: An excellent sensor for nitro explosives [J]. Sensors and Actuators B Chemical, 2018, 257: 586-593.

[141] ZHU P C, LUO L N, CEN P Q, et al. Three-dimensional nanographene based on triptycene for detection of nitroaromatic explosives [J]. Tetrahedron Letters, 2014, 55 (45): 6277-6280.

[142] XU Y J, LEI W, HAN Z, et al. Boron-doped graphene for fast electrochemical detection of HMX explosive [J]. Electrochimica Acta, 2016, 216 (1): 219-227.

第2章

单金属氧化物负载型燃烧催化材料及应用

2.1 引　言

相较于微米级的燃烧催化剂，纳米级金属氧化物由于具有小尺寸效应和表面效应，在燃烧催化过程中可提供更多的催化活性位点而具有更佳的催化活性[1-5]。但是，大的表面能使得纳米级催化剂易于团聚，团聚后催化性能将大幅降低[6-10]。通过附着于具有巨大理论比表面积的石墨烯材料可有效抑制纳米级金属氧化物的团聚，进而提供更多的催化活性位点以提升催化性能[11-14]。同时，石墨烯材料替代炭黑等助燃烧催化剂也可有进一步提升推进剂的燃烧性能[15-17]。

基于负载型燃烧催化材料众多的优异性能，本章中合成了系列纳米级单金属氧化物负载型燃烧催化材料，研究其对固体推进剂高能添加剂热分解性能的影响，同时设计、制备了含单金属氧化物负载型燃烧催化材料的双基和改性双基推进剂，研究催化材料对推进剂燃烧等性能的影响，为相关领域的研究者提供了参考[18-19]。

2.2 单金属氧化物负载型燃烧催化材料的制备与表征

2.2.1 CuO/GO 燃烧催化材料的制备与表征

1. CuO/GO 复合物的制备

称取一定量的氧化石墨烯于烧杯中，加入适量的去离子水，超声分散 1h 后加入 5mL 聚乙二醇-400，搅拌均匀。随后缓慢加入硫酸铜溶液，混合均匀，搅拌 2h 后静置 1h。用氢氧化钠溶液调节反应液 pH 值，恒温搅拌 1h。室温静置冷却，抽滤、洗涤、干燥。在氮气保护下 150℃煅烧 2h，即可制得 CuO/GO 复合粉体。

2. 表征方法

本书中未经特别说明，表征方法和主要测试设备参见本节所述（表2-1）。

表2-1　表征设备

仪器名称	生产厂家	规格型号
扫描电子显微镜	荷兰FEI公司	QUANTA 600
X射线能谱仪	英国OXFORD	INCAPentalFET×3
透射电子显微镜	美国FEI公司	Tecnai G2 F20
X-射线粉末衍射仪	荷兰帕纳科公司	EMPYREAN
X-射线光电子能谱仪	英国赛默飞	Nexsa
红外分析光谱仪	德国Bruker	Tensor 27
激光显微拉曼光谱仪	英国RESHAW公司	InVia
差示扫描量热仪	德国NETZSCH	204HP
热重分析-差示扫描量热联用仪	德国NETZSCH	STA449F3

（1）扫描电子显微镜（SEM）：采用荷兰FEI公司QUANTA 600型场发射环境扫描电镜对石墨烯、氧化铁及石墨烯-氧化铁复合物的形貌进行表征，30万倍下分辨率为1.2nm。

（2）X射线能谱仪（EDS）：采用英国OXFORD公司INCAPentalFET×3型能谱分析仪对石墨烯、功能化石墨烯材料的元素组成进行表征，分辨率为138eV。

（3）透射电子显微镜（TEM）：采用美国FEI公司Tecnai G2 F20型高分辨场发射透射电子显微镜对石墨烯、氧化铁及石墨烯-氧化铁复合物的形貌和晶格条纹进行表征，样品粉末超声分散于无水乙醇中，之后滴到铜网微栅上，干燥后进行表征。

（4）X射线粉末衍射仪（XRD）：采用荷兰帕纳科公司EMPYREAN型X射线粉末衍射仪测试石墨烯、氧化铁及石墨烯-氧化铁复合物的晶体结构，射线源采用Cu Kα，波长为0.154nm。

（5）X射线光电子能谱仪（XPS）：采用英国赛默飞公司的Nexsa光电子能谱仪对石墨烯、氧化铁及石墨烯-氧化铁复合物的表面元素种类及化学状态进行表征，激发源为Al Kα。

（6）红外分析光谱仪（FTIR）：红外分析采用KBr压片法，在德国Bruker Tensor 27型FTIR仪上进行测试，光谱测试范围为4000～400cm^{-1}，扫描次数为32次，图谱分辨率为4cm^{-1}。

（7）激光显微拉曼光谱仪（RAMAN）：采用英国RESHAW公司的InVia型激光显微拉曼光谱仪进行表征，激光源为514nm激光器，光谱测试范围为

$100\sim2000cm^{-1}$。

（8）差示扫描量热仪（DSC）：采用德国 NETZSCH 公司的 204HP 型 DSC 表征 TKX-50 的热分解特性，测试条件 N_2氛围下，N_2流速 50mL/min。

（9）热重分析-差示扫描量热联用仪（TG-DSC）：采用德国 NETZSCH 公司 STA449F3 型 TG-DSC 联用仪表征与石墨烯、氧化铁及石墨烯-氧化铁复合物混合前后 AP 的热分解特性，测试条件 N_2氛围下，N_2流速 50mL/min。

3. 表征

图 2-1 所示为不同 pH 值的溶液制得 CuO/GO 复合物的 XRD 图。由图可以看出，当 pH 值为 8.0、9.0 时，复合催化剂在 2θ 角为 35.65°处出现特征衍射峰，其对应的晶面指数为（202），与 $Cu_{16}O_{14.5}$的 PDF 标准卡（PDF No. 71-0521）上的特征峰基本相符。当 pH 值为 10.0、11.0 时，复合催化剂在 2θ 角为 35.50°和 38.69°处出现特征衍射峰，其对应的晶面指数分别为（-111）及（111），与属于 CuO 单斜晶系 PDF 标准卡（PDF No. 80-1916）上的特征峰相符。由此可见，当 pH 值为 8.0、9.0 时，所得产物是 $Cu_{16}O_{14.5}$和氧化石墨烯的复合物；当 pH 值为 10.0、11.0 时，所得产物是 CuO 和氧化石墨烯的复合物。说明 pH 值较低时可能存在含 Cu 的盐，导致 Cu 的分子数比 O 的分子数大，而当 pH 值大于 10.0 时含 Cu 的盐全部被转化生成了 CuO。

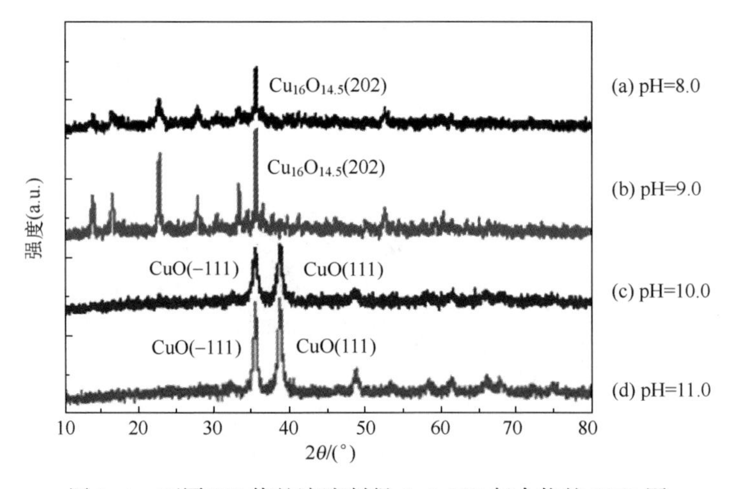

图 2-1　不同 PH 值的溶液制得 CuO/GO 复合物的 XRD 图

对比 pH 值为 10.0 和 11.0 的产物，特征衍射峰的强度随 pH 值的增大而增强，这是由于随着 pH 值的增大，Cu 充分沉淀、CuO 附着量增加导致的。

$$Cu^{2+} + 2OH^{-} \longrightarrow 2Cu(OH)_2\downarrow$$

$$Cu(OH)_2 \longrightarrow CuO + H_2O$$

图 2-2 所示为不同 pH 值的溶液制得 CuO/GO 复合物的 SEM 照片。从图 2-2（a）可看出，pH 值为 8.0 时，氧化石墨烯的表面已经附着了一些颗粒，但是附着量很少，同时观察到氧化石墨烯的表面还覆盖了一层物质，导致叶片状颗粒模糊不清。从图 2-2（b）可看出，pH 值为 9.0 时，有长条粒状颗粒覆盖在氧化石墨烯表面，这些颗粒较大，粒径宽 100～200nm、长 200～250nm，分布均匀且疏松，有团聚现象。从图 2-2（c）可看出，pH 值为 10.0 时，在氧化石墨烯的表面附着有大量呈针叶状的颗粒，且分散情况很好，粒径宽 100～200nm、长 200～250nm，分布均匀且密集。从图 2-2（d）可看出，pH 值为 11.0 时，氧化石墨烯表面上有大量 CuO 附着，粒径宽 70～100nm、长 200～250nm，分布比较均匀且疏松。

(a) pH=8.0　　(b) pH=9.0

(c) pH=10.0　　(d) pH=11.0

图 2-2　不同 pH 值的溶液制得 CuO/GO 复合物的 SEM 照片

由此可见，当溶液的 pH 值在 8.0～11.0 时，复合物中 CuO 附着量随着 pH 值的增大而增加，粒径则随 pH 值的增大而略有减小。在低 pH 值时，由于 Cu 盐未被全部转化成氧化铜，所以附着量较小，氧化石墨烯表面有 $CuSO_4$覆盖，随着 pH 值增大，Cu 盐被完全转化成氧化铜。对比不同 pH 值的溶液制备产物的形貌可得出，当 pH 值控制在 11.0 时，附着的 CuO 粒子较多，且粒径较小。

图 2-3 所示为 GO 与 CuO 质量比为 1∶1、1∶2、1∶3、1∶4 时制得 CuO/GO 的

XRD 图。由图可见，不同质量比时制备的产物均在 2θ 角为 35.49°及 38.68°处出现了特征衍射峰，其对应的晶面指数分别为（-111）晶面及（111）晶面，与单斜晶系 CuO 的标准（PDF No. 80-1916）相一致。在 GO 与 CuO 质量比为 1∶1、1∶2、1∶3 时，特征衍射峰的强度随质量比的增加而增强，这是因为 CuO 的附着量增加造成的。但当 GO 与 CuO 质量比为 1∶4 时，CuO 的特征峰强度反而降低，说明 CuO 的结晶质量有所下降，这应是晶核数量过多导致的。

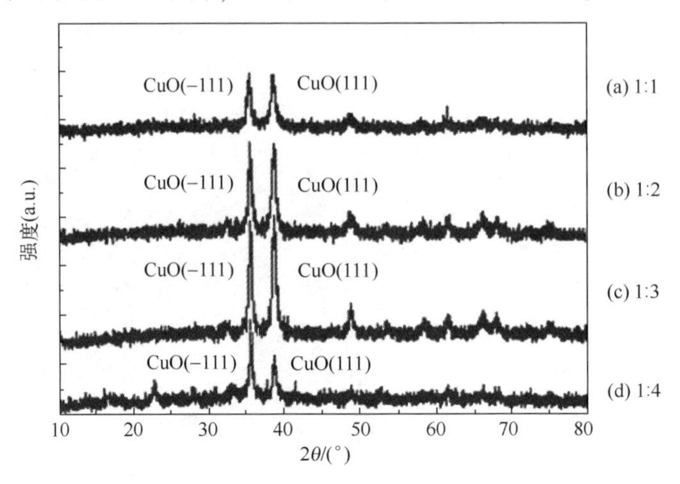

图 2-3　不同 GO 和 CuO 配比制得 CuO/GO 的 XRD 图

图 2-4 所示为 GO 与 CuO 不同质量比制得 CuO/GO 的 SEM 照片。由图可见，不同质量比时制备的产物中所附着 CuO 粒子均呈针叶状，只是粒径不同而已。当质量比为 1∶1 时，附着 CuO 的粒径宽 70~150nm、长 200~250nm，氧化石墨烯片边缘粒子比较密集，中间比较疏散，分布不均匀，无团聚，但附着量较少；当质量比为 1∶2 时，附着 CuO 的粒径宽 100~200nm、长 200~250nm，分布均匀，未出现团聚现象，但附着量仍然较少；当质量比为 1∶3 时，附着 CuO 的粒径宽 100~200nm、长 200~250nm，氧化石墨烯边缘粒子分布很密集，分布相对均匀，未出现团聚现象，附着量较多；当质量比为 1∶4 时，附着 CuO 的粒径宽 100~200nm、长 200~250nm，粒子很密集，附着量很多，出现部分团聚堆积。

由此可见，当 GO 与 CuO 质量比为 1∶1、1∶2、1∶3 时，随着质量比的增大，氧化石墨烯附着 CuO 粒子的量增加。当 GO 与 CuO 质量比为 1∶4 时，附着的 CuO 出现团聚现象，这是由于石墨烯片附着量达到饱和造成的。由于氧化石墨烯上的活性位点已完全被 CuO 占据，易导致 CuO 粒子生长过程受到影响，结晶度降低，这与 XRD 测试结果一致。综上所述，氧化石墨烯与 CuO 质量比为 1∶3 时附着效果最佳，CuO 分布均匀，无团聚，很好地附着在氧化石墨烯表面上，并平整覆盖整片的氧化石墨烯。

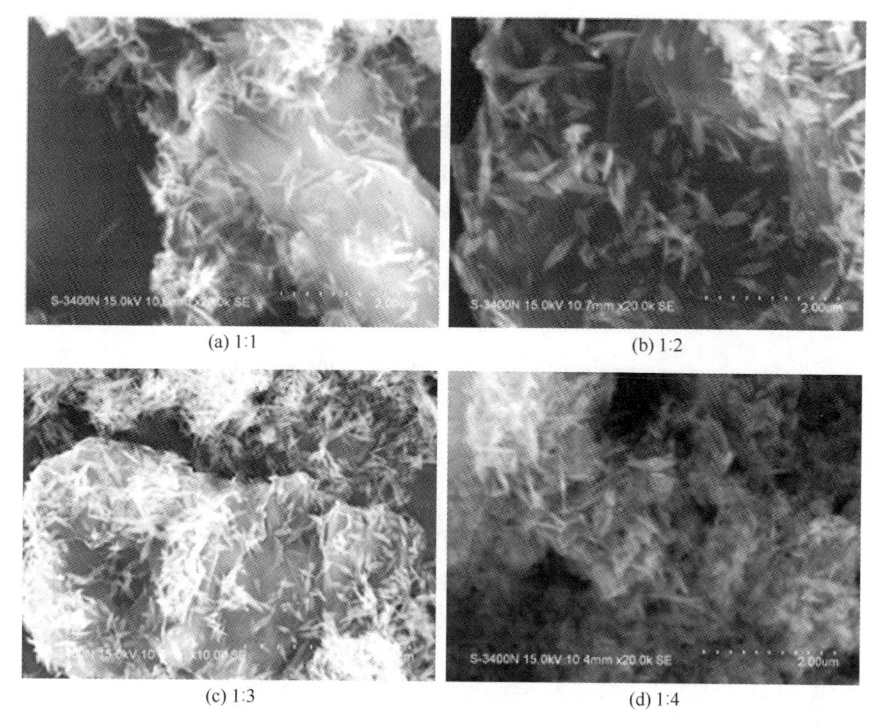

(a) 1:1　(b) 1:2　(c) 1:3　(d) 1:4

图 2-4　不同 GO 和 CuO 配比制得 CuO/GO 的 SEM 照片

图 2-5 所示为在不同浸渍温度下，制备得到的 CuO/GO 的 XRD 图。由图可见，在 70~85℃范围内制备产物的特征衍射峰均为目标产物 CuO/GO 的特征峰，即所得产物是 CuO 和氧化石墨烯的复合结构。当浸渍温度分别为 70℃、75℃和 80℃时，产物特征衍射峰的强度随浸渍温度升高而增强，这是因为 CuO 的附着量增加的缘故。但是，浸渍温度达到 85℃时，CuO 的第一个特征峰强度略微降低，这说明 CuO 的结晶性有所降低，可能是因为在较高温度下，形成了大量的晶核，导致溶液中晶体的数量增加而结晶性减弱。

图 2-6 所示为不同浸渍温度下制得 CuO/GO 的 SEM 照片。GO 和 CuO 的质量比为 1:3，pH 为 11.0，其中（a）、（b）、（c）、（d）的浸渍温度分别为 70℃、75℃、80℃、85℃。由图可见，不同浸渍温度下的产物附着的 CuO 均为针叶状，但粒径和附着量不同。70℃制备的产物 SEM 照片显示，在氧化石墨烯的表面上，密集地附着有较多的颗粒，粒径宽 150~250nm、长 250~400nm；75℃制备的产物中，大量颗粒很密集地覆盖在氧化石墨烯表面，分布较为均匀，粒径宽 70~200nm、长 200~400nm；80℃制备的产物中，大量的颗粒很密集地镶嵌在氧化石墨烯表面，分布均匀，粒径宽 70~150nm、长 200~300nm，粒子间粒径相差不大；85℃制备的产物中，同样可以看到大量颗粒附着在氧化石墨烯表面，但可观

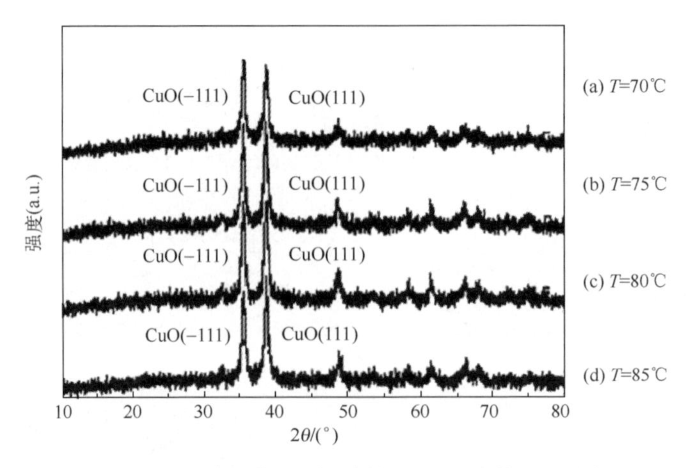

图 2-5　浸渍温度不同时制得 CuO/GO 的 XRD 图

察到明显的团聚现象。由此可见，CuO/GO 复合物附着量随浸渍温度的升高而增加，85℃时粒子出现团聚现象。浸渍温度在 80℃时附着效果最佳，粒子分布均匀、无团聚，很好地镶嵌在氧化石墨烯表面上。

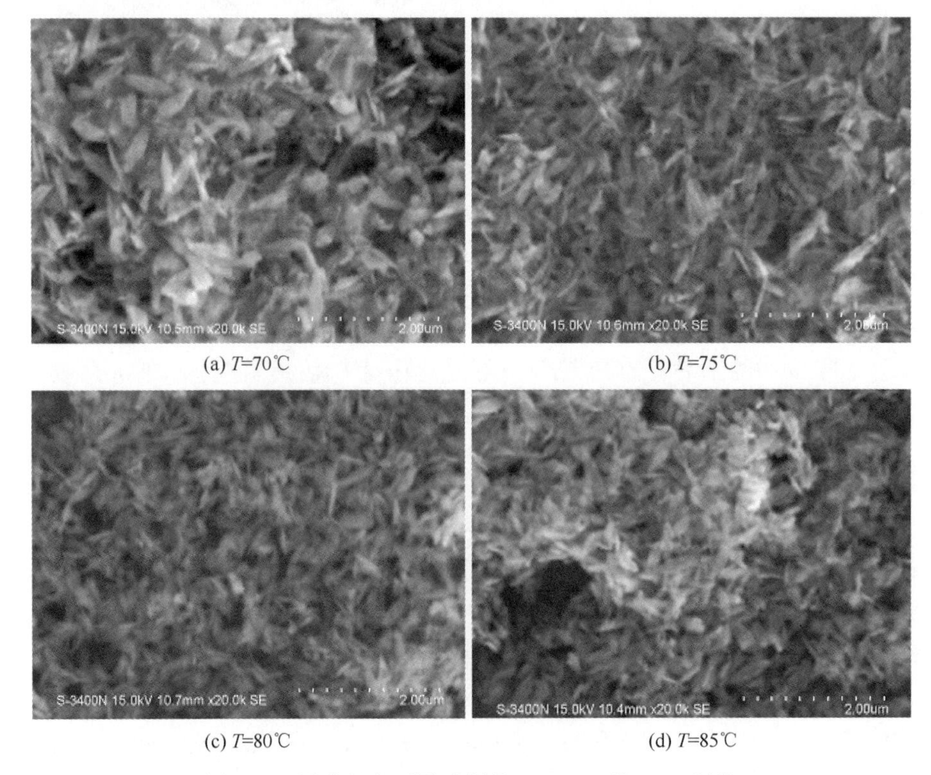

(a) T=70℃　(b) T=75℃

(c) T=80℃　(d) T=85℃

图 2-6　浸渍温度不同时制得 CuO/GO 的 SEM 照片

2.2.2　Cu_2O/rGO 燃烧催化材料的制备与表征

1. Cu_2O/rGO 复合物的制备

在 30mL 蒸馏水中加入 20mg GO 粉末，剧烈搅拌 30min 后，超声处理 2h，得到 GO 在水中的分散液。将 0.125g $Cu(Ac)_2 \cdot H_2O$ 和 0.25g 葡萄糖加入 GO 的水分散液，搅拌 10min 后，加入 5mL 溶有 0.05g 氢氧化钠的 NaOH 水溶液。剧烈搅拌 4h 后，将混合物过滤并用蒸馏水清洗沉淀，将沉淀加入 30mL 蒸馏水中，搅拌 10min，封入 50mL 聚四氟乙烯内衬的反应釜中，在 90℃ 下反应 12h。自然冷却到室温后，生成物离心分离，用蒸馏水和无水乙醇洗涤数次，将得到的样品 50℃ 干燥 4h 即得 Cu_2O/rGO。

2. Cu_2O/rGO 复合物的表征

1）XRD 分析

图 2-7 所示为 Cu_2O/rGO 的 XRD 谱图。Cu_2O/rGO 的 XRD 谱图的所有衍射峰与 JCPDS 卡（05-0667）上的 Cu_2O 一致，2θ=29.6°、36.4°、42.3°、61.3°和 73.5°的衍射峰分别对应 Cu_2O 的（110）、（111）、（200）、（220）和（311）晶面。说明与 rGO 复合后，Cu_2O 并没有改变其晶型。

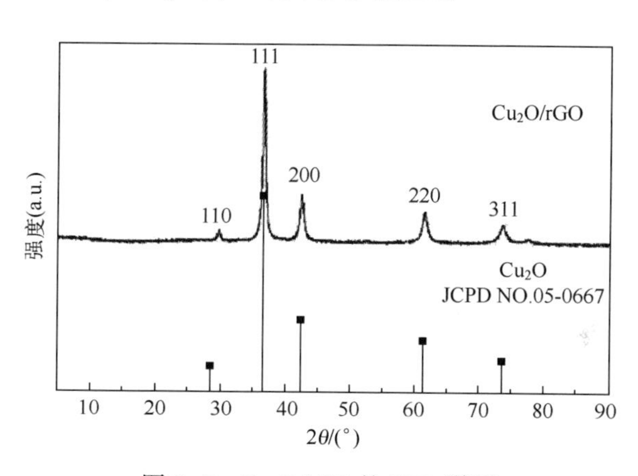

图 2-7　Cu_2O/rGO 的 XRD 谱图

2）SEM 分析

图 2-8 展示了 Cu_2O/rGO 的 SEM 图像。Cu_2O 纳米颗粒是粒径为 400～500nm 的类球形颗粒，分散性相对于 CuO 有所降低，出现一定程度的团聚，可能是由于合成中 NaOH 溶液的碱性较氨水高，铜氧化物的前驱物生成速率过快所致。

图 2-8 Cu_2O/rGO 的 SEM 图像

2.2.3 Bi_2O_3/GO 燃烧催化材料的制备与表征

1. Bi_2O_3/GO 复合物的制备

称取一定量的氧化石墨烯于烧杯中，加入适量的去离子水，超声分散 1h 后加入 5mL 聚乙二醇-400，搅拌均匀。随后缓慢加入硝酸铋溶液，超声分散 10min 后，搅拌 2h。用氢氧化钠溶液调节反应液 pH 值为 9.5，搅拌 1h。在 65℃下恒温反应 1h 后，抽滤、洗涤、干燥。在氮气保护下 400℃煅烧 2h，即可制得 Bi_2O_3/GO 复合粉体。

2. Bi_2O_3/GO 复合物的表征

采用液相化学沉积法制得的 Bi_2O_3/GO 复合催化剂的 SEM 照片和 TEM 照片如图 2-9 所示。由图 2-9（a）可见，氧化铋粒子均匀地附着在氧化石墨烯表面，分散效果很好。从图 2-9（b）可以看出，附着的粒子为椭球型，粒径为 15～70nm，平均粒径约为 40nm。

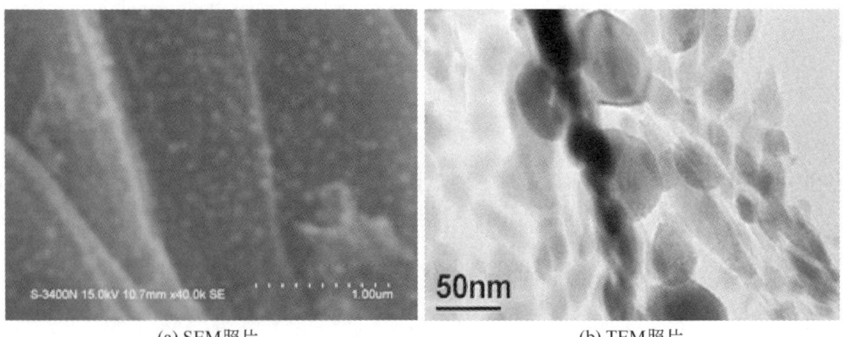

(a) SEM照片　　(b) TEM照片

图 2-9 Bi_2O_3/GO 复合物的 SEM 照片和 TEM 照片

图 2-10 所示为 Bi_2O_3/GO 复合物的 XRD 图。由图可见，在 2θ 角为 27.86°、31.70°、32.16°、46.16°、46.92°、54.24°、55.44°和 57.72°等处出现了较强的特征衍射峰，与属于 Bi_2O_3 单斜晶系 PDF 标准卡上的特征峰相符，表明氧化石墨烯上附着了 Bi_2O_3 粒子。

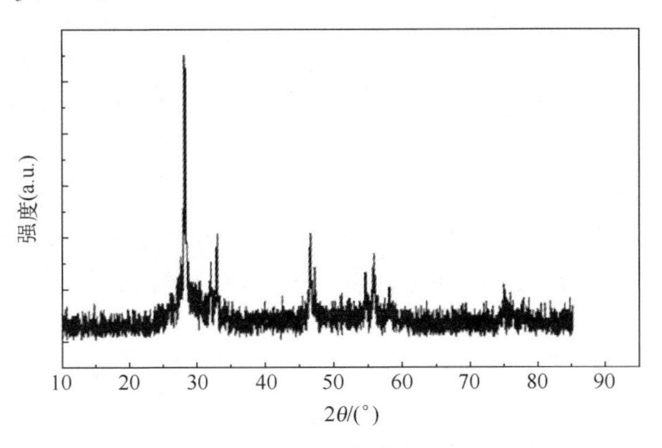

图 2-10　Bi_2O_3/GO 复合物的 XRD 图

分别选用 NaOH 和 $NH_3 \cdot H_2O$ 调节 pH 值，得到 Bi_2O_3/GO 复合催化剂的 SEM 照片如图 2-11 所示。图 2-11（a）所示为用 NaOH 调节 pH 值得到的样品，氧化铋粒子呈球状，平均粒径约 40nm，分布均匀度较好，无团聚现象；图 2-11（b）所示为用 $NH_3 \cdot H_2O$ 调节 pH 值得到的样品，与前一样品相似，氧化铋粒子呈球状，平均粒径约 40nm，但分散不均匀，部分呈现团聚现象，且氧化石墨烯表面上 Bi_2O_3 的负载量较少。由此可见，选用 NaOH 调节 pH 值，所制得 Bi_2O_3/GO 的负载效果较好。

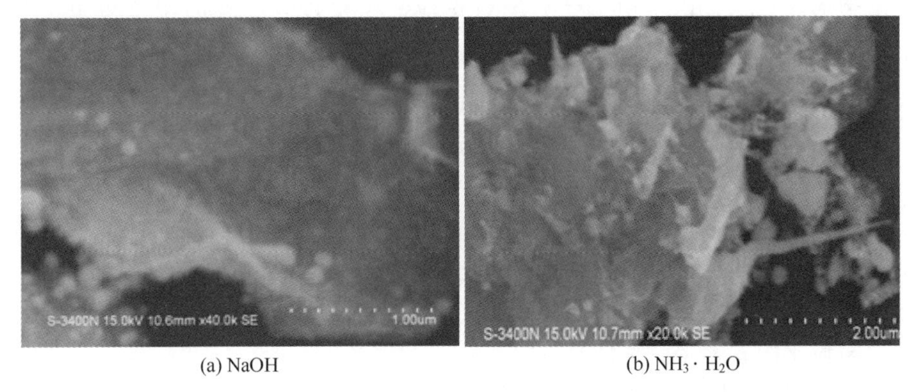

(a) NaOH　　(b) $NH_3 \cdot H_2O$

图 2-11　在 NaOH 和 $NH_3 \cdot H_2O$ 中制得的 Bi_2O_3/GO 复合物的 SEM 照片

此外，研究了氧化铋在氧化石墨烯表面的分布情况，控制其他条件不变，通过调节 GO：Bi_2O_3 的配比分别为 1:2、1:3、1:4 和 1:5，制备氧化石墨烯附着 Bi_2O_3 的复合催化剂，其 SEM 照片如图 2-12 所示。

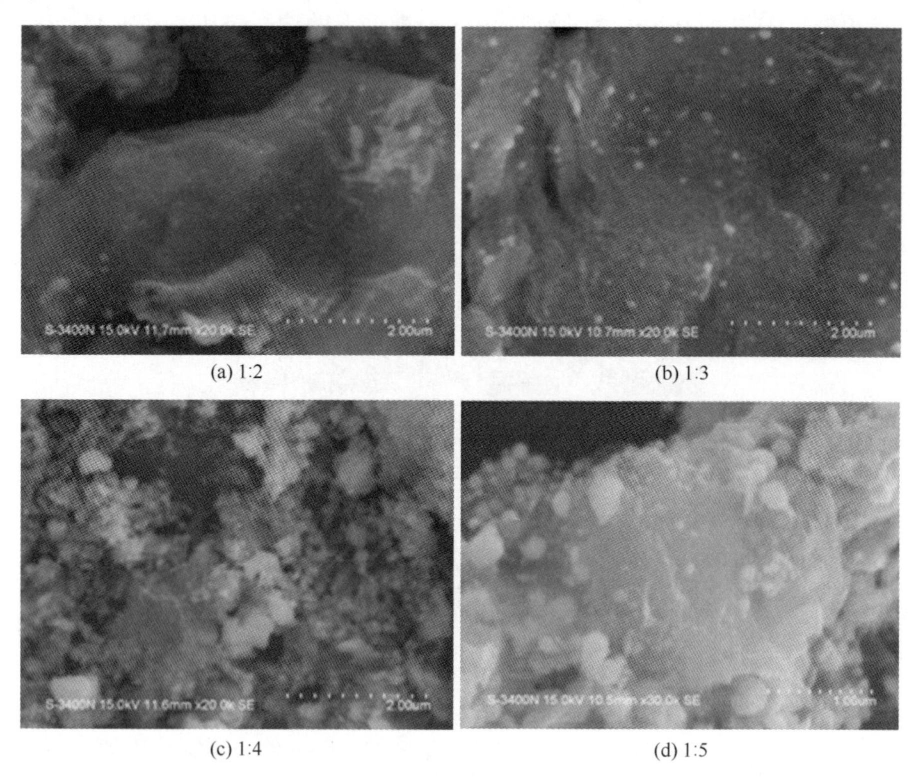

(a) 1:2　(b) 1:3

(c) 1:4　(d) 1:5

图 2-12　不同 GO 和 Bi_2O_3 配比制得 Bi_2O_3/GO 的 SEM 照片

由图 2-12（a）可看出，样品中氧化铋粒子呈球状，平均粒径约 40nm，粒径很小，分布均匀，无团聚，但是附着量较少。图 2-12（b）样品中，粒子的分布明显增多，氧化铋粒子呈球状，平均粒径约 40nm，分布均匀，氧化石墨烯表面粒子附着密集，无团聚。图 2-12（c）样品中，氧化铋粒子呈球状，粒径为 100~200nm，大小不一，分布均匀度较差，出现局部团聚现象。图 2-12（d）样品中，氧化铋粒子呈球状，粒径为 80~300nm，分布很不均匀，团聚现象最明显，附着效果较差。由此可见，图 2-12（b）样品附着效果最好，氧化石墨烯与氧化铋质量比 1:3，氧化铋粒子呈球状，粒径在 50nm 左右，分布均匀，氧化石墨烯表面粒子附着密集，无团聚。

图 2-13 所示为在不同 pH 值制得 Bi_2O_3/GO 的 SEM 照片。图 2-13（a）样品中氧化石墨烯表面很平整，但几乎没有氧化铋粒子吸附在上面，说明其基本未能附着。图 2-13（b）样品中附着的 Bi_2O_3 粒子明显增多，且粒子呈球状，平均粒

径约 40nm，分布均匀，无团聚，很好地附着在氧化石墨烯表面。图 2-13（c）样品中氧化铋粒子呈球状，粒径变化明显，为 100~200nm，分布不均匀，团聚现象明显，附着效果较差。图 2-13（d）样品中，团聚现象更加明显，粒径显著增大，附着效果差。由此可见，控制 pH 值在 9.04 附近，制得的样品附着效果最好。

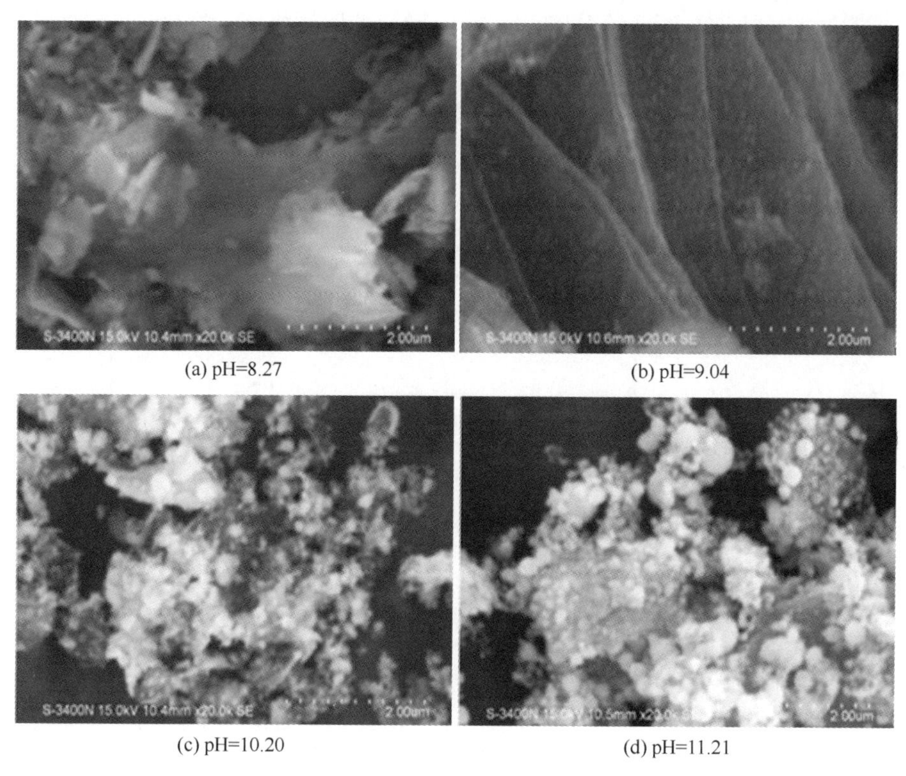

(a) pH=8.27　　(b) pH=9.04

(c) pH=10.20　　(d) pH=11.21

图 2-13　不同 pH 值制得 Bi_2O_3/GO 的 SEM 照片

煅烧温度是影响纳米催化剂晶型的重要因素，因此，保持其他条件一致，考察了 300℃、350℃、400℃、450℃和 500℃等不同温度对样品晶型的影响，XRD 分析结果如图 2-14 所示。图 2-14（a）和（b）中，在 2θ 为 27.01°、27.48°、33.35°和 46.50°等处出现较强的特征衍射峰，与 PDF 标准卡上单斜晶系 Bi_2O_3 的特征衍射峰相符，说明氧化石墨烯上附着的 Bi_2O_3 粒子属于单斜晶系。而在 27.17°、37.95°、39.62°处出现的特征衍射峰，则与 PDF 标准卡上六方晶系 Bi 的特征衍射峰相符，表明氧化石墨烯上附着的 Bi_2O_3 经煅烧后，有小部分的 Bi_2O_3 与 GO 中还原性的 C 发生反应，被还原生成 Bi 单质。

图 2-14（c）中，样品经 400℃煅烧，在 2θ 为 27.86°、31.69°、32.17°、

46.16°、46.92°、54.23°、55.44°、57.72°等处都出现了较强的特征衍射峰，和属于 Bi_2O_3 单斜晶系 PDF 标准卡上的特征衍射峰相符，Bi 单质的衍射峰基本没有，说明 400℃煅烧时基本没有单质 Bi 产生，制得的产物纯度较高。而图 2-14（d）和（e）中，除了 Bi_2O_3 单斜晶系的衍射峰，出现了 Bi 单质的衍射特征峰，且强度较强，峰型明显，即有较多的 Bi_2O_3 被还原成了单质 Bi，表明此煅烧温度过高。XRD 的结果表明，制备 Bi_2O_3/GO 复合物的最佳煅烧温度应控制在 400℃。

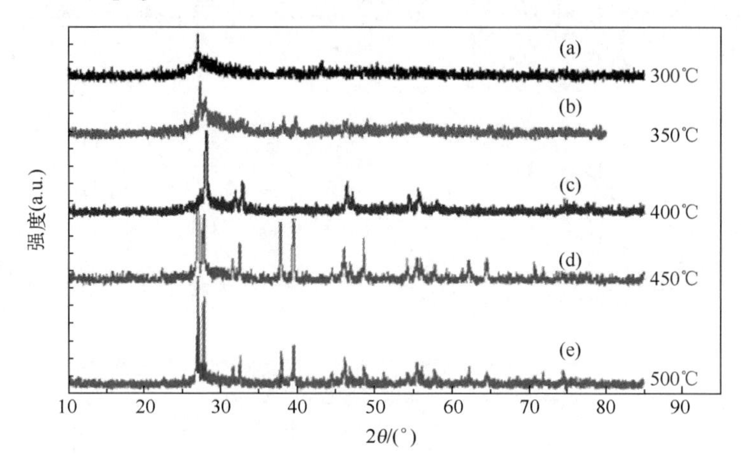

图 2-14　不同煅烧温度制得 Bi_2O_3/GO 的 XRD 图

2.2.4　PbO/GO 燃烧催化材料的制备与表征

1. PbO/GO 复合物的制备

称取一定量的氧化石墨烯于烧杯中，加入蒸馏水，超声分散后缓慢加入乙酸铅溶液，搅拌 1h，静置 1h。然后，滴加适量的氨水调节反应液 pH 值，继续搅拌 2h。静置约 1h 后，抽滤、洗涤、干燥。在氮气保护下 300℃煅烧 2h，即可制得 PbO/GO 复合粉体。

2. PbO/GO 复合物的表征

图 2-15 所示为 PbO/GO 复合物的 SEM 形貌图和 EDS 能谱图。从图中可看出，大量类似“花瓣”状的薄层晶体均匀地附着在氧化石墨烯表面，厚度为 20~30nm。为进一步确定 PbO/GO 复合催化剂附着的成分，用 EDS 对样品的组成进行分析。从图 2-15 可看出，复合物由 C、O 和 Pb 三种元素组成，其中铅的质量比是最大的，达到 68.55%。因为 PbO 中 Pb 和 O 的原子比为 1∶1，所以氧化铅中含有氧的原子百分比也为 12.32%，其余 17.46%的氧为氧化石墨烯中的含氧官能团，如—OH、—COOH 等的含量。复合物中附着上的氧化铅重量可以达到 73.79%。

(a) 形貌图

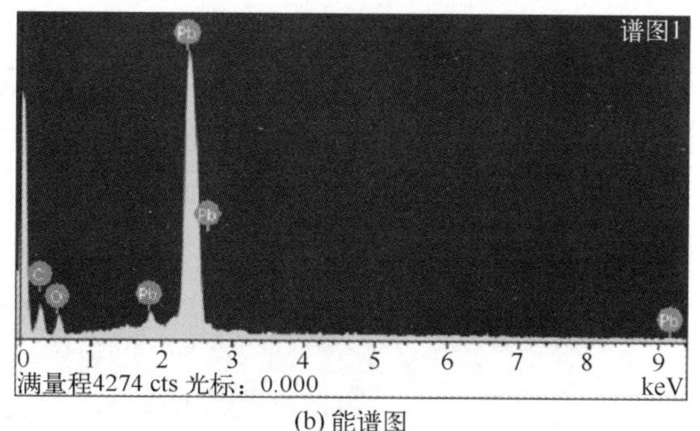

(b) 能谱图

图 2-15　PbO/GO 复合物的 SEM 形貌图和 EDS 能谱图

图 2-16 所示为 PbO/GO 复合物的 XRD 图。由图可见，在 2θ 角为 29.02°、30.35°、32.64°、37.84°、45.09°、49.02°、50.77°、53.18°、55.98°、60.21°和 62.97°等处出现了较强的 PbO 的特征衍射峰，与 PbO 的 PDF 标准卡上的特征衍射峰完全吻合，表明获得的产物为 PbO/GO 复合物。

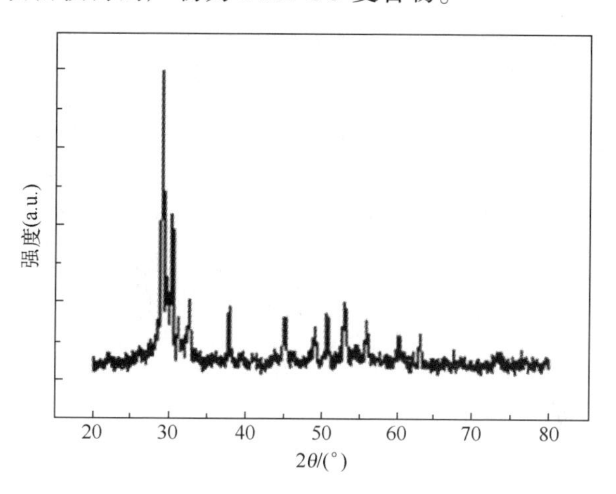

图 2-16　PbO/GO 复合物的 XRD 图

图 2-17 所示为不同 Pb^{2+} 浓度的溶液制得 PbO/GO 复合物的 SEM 照片。在 Pb^{2+} 浓度最低的 SEM 图中，氧化石墨烯团聚严重，表面粗糙，几乎看不到有东西黏附。随着 Pb^{2+} 浓度增加为 0.03mol/L，有一些颗粒状的物质附着在氧化石墨烯上面，粒径约为 200nm，团聚现象仍比较严重，如果加入分散剂或许会缓解这种团聚，进一步提升 Pb^{2+} 的浓度至 0.05mol/L，SEM 照片出现了很大变化，有大量类似“花瓣”状的薄层晶体附着到氧化石墨烯表面，且分散情况良好，厚度为 20~30nm，继续增加 Pb^{2+} 浓度，也可以看到薄层附着在氧化石墨烯表面，但是片状薄层的晶型没有图 2-17（c）明显，片状的面也变得很宽。这表明，Pb^{2+} 的浓

度对 PbO/GO 的附着和晶核的生长有很大影响，且 Pb^{2+} 浓度为 0.05mol/L 时是最合适的，得到的复合物为纳米级片层状，而且使氧化石墨烯对氧化铅的吸附趋于饱和。低于此浓度时附着量将减少，影响产物的催化效果；高于此浓度时会使片状晶面变宽，易导致团聚现象，而且浪费原材料 Pb 盐，含铅的废液排放后，会造成地下水及土壤等环境污染。

(a) 0.01mol/L (b) 0.03mol/L

(c) 0.05mol/L (d) 0.10mol/L

图 2-17 不同 Pb^{2+} 浓度的溶液制得 PbO/GO 复合物的 SEM 照片

图 2-18 所示为不同 pH 值的溶液制得 PbO/GO 复合物的 SEM 照片。从图 2-18（a）中可以看出，pH 值为 8.5 时，氧化石墨烯表面已经附着了部分 PbO 颗粒，但是附着量很少，颗粒是无定形的，而且团聚严重；图 2-18（b）中，一些呈球形的颗粒覆盖在氧化石墨烯表面，且颗粒粒径较大，为 100~200nm；在图 2-18（c_1）中，附着情况发生了很大变化，氧化石墨烯表面附着有大量类似“花瓣”状的片状薄层晶体，且分散均匀，厚度为 10~20nm；图 2-18（c_2）是对图 2-18（c_1）的放大，以便更好地观察 PbO 附着情况，在更高的放大倍数下，可清晰地看到大量片状薄层无序地附着在一起，薄层厚度为纳米级，片状近似为二维晶体；相比于图 2-18（c_1）和图 2-18（c_2），图 2-18（d）中产物的形貌基本没有变化，

附着情况也没有发生质的变化；图 2-18（e）的附着情况发生了较大变化，虽然也可以看到片状薄层，但是附着量明显减少。由此可见，当溶液的 pH 值为 9.5~10.0 时，可以获得较佳的附着效果。

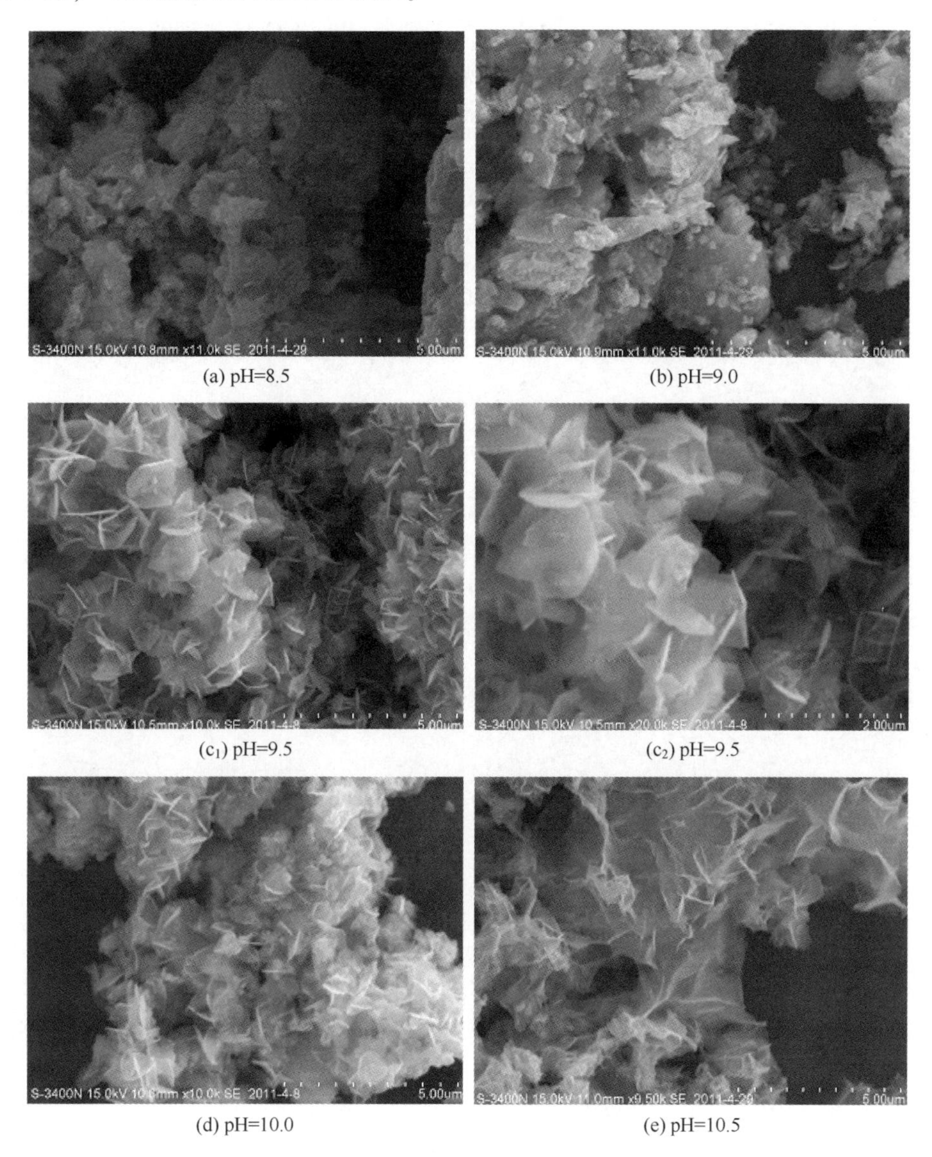

(a) pH=8.5　(b) pH=9.0

(c_1) pH=9.5　(c_2) pH=9.5

(d) pH=10.0　(e) pH=10.5

图 2-18　不同 pH 值的溶液制得 PbO/GO 复合物的 SEM 照片

图 2-19 所示为不同浸渍温度下制得 PbO/GO 复合物的 SEM 照片。从图 2-19（a）可见，15℃时氧化石墨烯的表面附着了一些球形颗粒，粒径约为 100nm；图 2-19（b）

中有较多的物质覆盖在氧化石墨烯表面，呈现薄片状，厚度在100nm以下，附着效果较佳；图2-19（c）中有很多小球状颗粒附着在氧化石墨烯表面，粒径约为200nm；图2-19（d）在氧化石墨烯表面观察到很多颗粒，只是团聚现象更为严重，粒径更大，在500nm以上。浸渍温度对制备PbO/GO复合物的附着量和PbO颗粒大小影响较大，较低的温度有利于减小PbO颗粒尺寸，但温度过低将会使附着量减少；随着温度的升高，颗粒粒径增大。需要指出的是，样品的XRD图也会出现PbO特征衍射峰变宽的情况，说明PbO的颗粒尺寸增大但晶粒尺寸降低。因此，为了制得附着效果最好的PbO/GO级复合物，浸渍温度应控制为20~25℃。

图2-19　不同浸渍温度下制得PbO/GO复合物的SEM照片

2.2.5　Fe_2O_3(或Fe_3O_4)/rGO燃烧催化材料的制备与表征

1. Fe_2O_3/rGO复合物的制备与表征

1）颗粒状氧化铁及其石墨烯复合物的制备

颗粒状氧化铁Fe_2O_3(s)采用溶剂热法合成，将0.5mmol九水硝酸铁搅拌溶解于 30mL 去离子水中，滴加氨水调节 pH 值至 9~10。将上述溶液倒入 50mL 高压反应釜的内衬中，在 180℃ 的环境中反应 24h，之后冷却到室温，使用去离子水和乙醇离心、洗涤多次，在 60℃ 环境下真空干燥 24h 得到 Fe_2O_3(s)。

石墨烯-颗粒状氧化铁 rGO-Fe_2O_3(s) 复合物采用溶剂热合成方法[18-19]，分别将氧化石墨烯（1mg/mL）超声分散于去离子水（H_2O）、乙醇（EA）、乙二醇（EG）、N，N-二甲基甲酰胺（DMF）、异丙醇（NBA）和 N-甲基吡咯烷酮中（NMP）中，制备氧化石墨烯分散液。之后将 0.75mmol 九水硝酸铁 $Fe(NO_3)_3 \cdot 9H_2O$ 加入 30mL 上述氧化石墨烯分散液中，搅拌溶解后，滴加氨水（25%）调节溶液 pH 值介于 9~10。将上述溶液倒入 50mL 高压反应釜的内衬中，在 180℃ 的环境中反应 24h，之后冷却到室温，使用去离子水和乙醇洗涤多次，在 60℃ 环境下真空干燥 24h，得到不同反应溶剂中制备的 rGO-Fe_2O_3(s) 复合物（Fe_2O_3 的理论附着量质量分数为 66.7%）。

2）中空微球状氧化铁及其石墨烯复合物的制备

中空微球状氧化铁 Fe_2O_3(h) 采用溶剂热合成方法，将 0.7mmol 六水氯化铁 $FeCl_3 \cdot 6H_2O$ 搅拌溶解于 15mL 去离子水中。之后加入 15mL 浓度为 2.5mmol/L 的磷酸二氢钠 NaH_2PO_4 水溶液，将上述溶液搅拌混合均匀，倒入 50mL 高压反应釜的内衬中，在 200℃ 的环境中反应 48h，之后冷却到室温，使用去离子水和乙醇离心、洗涤多次，在 60℃ 环境下真空干燥 24h，最终得到 Fe_2O_3(h)。

石墨烯-中空微球状氧化铁 rGO-Fe_2O_3(h) 复合物采用溶剂热合成方法，将 20mg 的 Fe_2O_3(h) 超声分散于 20mL 去离子水中，之后加入 10mL 氧化石墨烯的 DMF 分散液，搅拌均匀后倒入 50mL 高压反应釜的聚四氟乙烯内衬中，在 180℃ 的环境中反应 24h，之后冷却到室温，使用去离子水和乙醇洗涤多次，在 60℃ 环境下真空干燥 24h，得到 rGO-Fe_2O_3(h) 复合物（Fe_2O_3 的理论附着量质量分数为 66.7%）。

3）管状氧化铁及其石墨烯复合物的制备

管状氧化铁 Fe_2O_3(t) 采用溶剂热合成方法。将 0.8mmol 六水氯化铁 $FeCl_3 \cdot 6H_2O$ 搅拌溶解于 15mL 去离子水中。之后加入 15mL 浓度为 1.92mmol/L 的磷酸二氢钠 NaH_2PO_4 水溶液，将上述溶液搅拌混合均匀，倒入 50mL 高压反应釜的聚四氟乙烯内衬中，在 200℃ 的环境中反应 48h，之后冷却到室温，使用去离子水和乙醇洗涤多次，在 60℃ 环境下真空干燥 24h，得到 Fe_2O_3(t)。

石墨烯-管状氧化铁 rGO-Fe_2O_3(t) 复合物采用溶剂热合成方法，将所制备的管状氧化铁（20mg）超声分散于 20mL 去离子水中，之后加入 10mL 氧化石墨烯的 DMF 分散液，搅拌均匀后倒入 50mL 高压反应釜的内衬中，在 180℃ 的环境中反应 24h，之后冷却到室温，使用去离子水和乙醇洗涤多次，在 60℃ 环境下真空干燥24h，得到rGO-Fe_2O_3(t)复合物（Fe_2O_3的理论附着量质量分数为66.7%）。

4）石墨烯-氧化铁复合物的表征

原料GO及所制备的rGO的SEM及TEM形貌图如图2-20所示。SEM和TEM图中可以看到GO展现出二维平面结构，且TEM图可见其褶皱结构，表明GO层数较少，通过水热法还原后的rGO保留了较好的层状结构。通过溶剂热法制备的颗粒状、中空球状和管状氧化铁的SEM、TEM和高分辨透射电镜图（HRTEM）如图2-21所示，图中可见Fe_2O_3(s)呈现出较为均匀的实心球结构，平均颗粒尺寸为130nm。空心微球状和管状氧化铁均呈现中空结构，但是长径比却有较大的差异，Fe_2O_3(h)的平均直径约为120nm，长度约为200nm，Fe_2O_3(t)的平均直径约为100nm，长度约为340nm。三种形貌氧化铁的HRTEM图中，出现的0.368nm的晶格条纹对应于Fe_2O_3的（012）晶面，晶格条纹清晰可见并且规则而连续，说明所制备的Fe_2O_3（s、h和t）具有良好的结晶性。

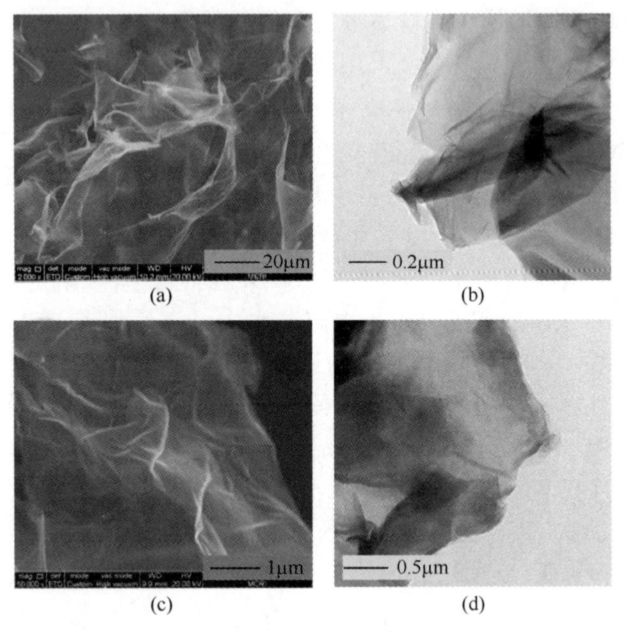

图2-20 氧化石墨烯（(a)和(b)）及还原氧化石墨烯（(c)和(d)）的SEM和TEM形貌图

选用EG、EA、H_2O、DMF、NMP和NBA作为反应介质，通过溶剂热法制备了rGO-Fe_2O_3(s)，SEM照片如图2-22所示。反应介质对所制备的rGO-Fe_2O_3(s)复合物的微观形貌具有较大的影响。相较于其他溶剂，使用DMF作为反应介质制备的rGO-Fe_2O_3(s)复合物呈现出较好的分散性，Fe_2O_3(s)均匀地分布于石墨烯表面，且石墨烯保留了较薄的层状结构。这可归因于DMF对氧化石墨烯及还原氧化石墨烯较好的分散性，在原位还原过程中，有助于石墨烯及氧化铁的相互作用。而还原氧化石墨烯在 H_2O、EA 和 EG 中较差的分散性，使得其在溶剂热反应过程中易于团聚。上述研究表明，DMF 作为溶剂有助于 Fe_2O_3(s)在石墨烯表面的均匀分布，提供更多的催化活性位点促进 AP 热分解。

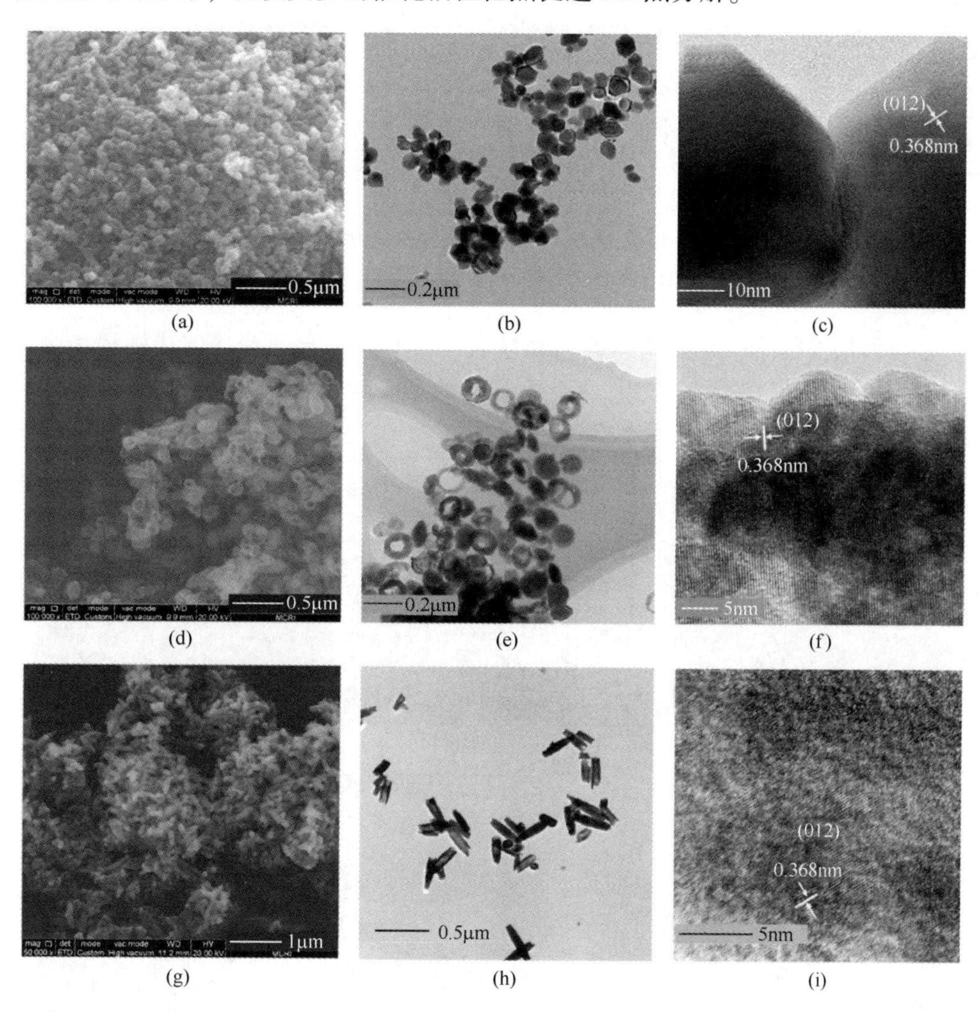

图 2-21　颗粒状（(a)~(c)）、中空微球状（(d)~(f)）和管状（(g)~(i)）氧化铁的 SEM（(a)、(d) 和 (g)）、TEM（(b)、(e) 和 (h)）和 HRTEM（(c)、(f) 和 (i)）图

基于 DMF 作为反应介质制备的 rGO-Fe_2O_3(s)所表现出的优异分散性，进一步使用 DMF 作为溶剂制备了 rGO-Fe_2O_3（t 和 h）复合物。通过 SEM、TEM 对 Fe_2O_3（s、t 和 h）和 rGO-Fe_2O_3（s、t 和 h）复合物的微观形貌进行表征，结果如图 2-21 和图 2-23 所示。使用 DMF 作为反应介质制备的 rGO-Fe_2O_3（s、t 和

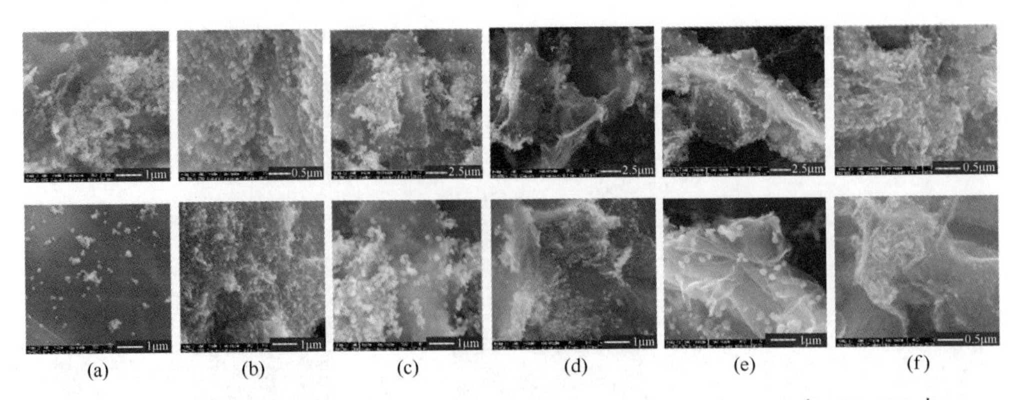

图 2-22　在（a）NBA、（b）H_2O、（c）EA、（d）NMP、（e）DMF 和（f）EG 中合成的 rGO-Fe_2O_3(s)复合物的 SEM 照片

h）复合物均保留了较好的均匀性，颗粒状、中空微球状和管状氧化铁均匀地锚定于还原氧化石墨烯表面，还原氧化石墨烯的透明度和边缘褶皱证实了石墨烯较好的分散性。

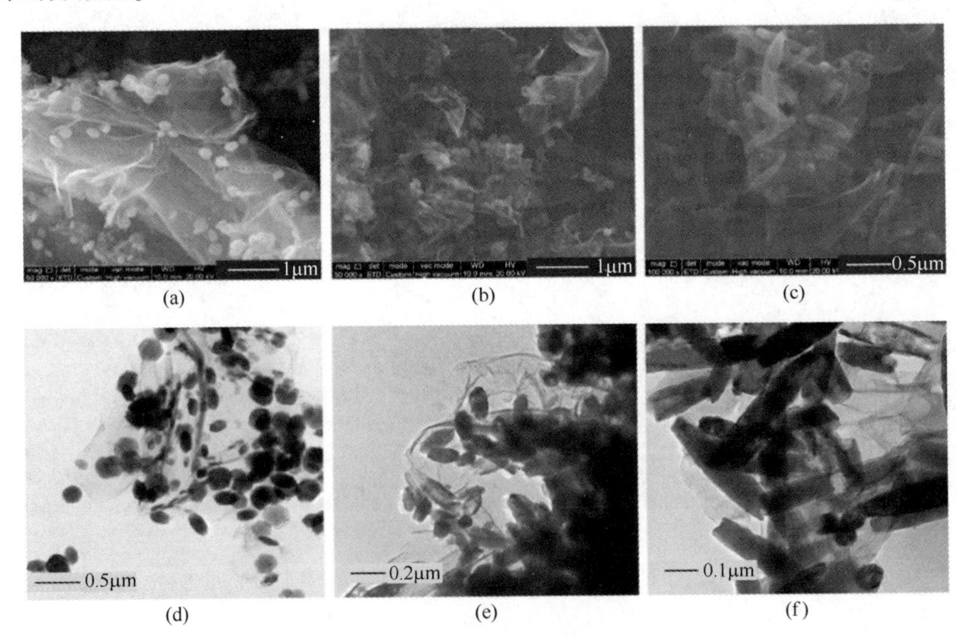

图 2-23　颗粒状（(a) 和 (d)）、中空微球状（(b) 和 (e)）和管状（(c) 和 (f)）氧化铁-石墨烯复合物的 SEM（(a)~(c)）和 TEM（(d)~(f)）形貌图

氧化石墨烯、还原氧化石墨烯、Fe_2O_3（s、t 和 h）以及 rGO-Fe_2O_3（s、t 和 h）复合物的 XRD 谱图如图 2-24 所示。GO 图谱中出现于 $2\theta=11°$的衍射峰为石

墨的（002）特征峰，而在 rGO 和 rGO-Fe_2O_3（s、t 和 h）复合物中并未观察到该峰，表明 GO 在溶剂热过程中被还原为 rGO。对于 Fe_2O_3（s、t 和 h）样品，出现于 24.2°、33.2°、35.6°、40.9°、49.5°、54.1°、62.4°和 64.0°的衍射峰对应于赤铁矿（JCPDS No. 33-0664）的（012）、（104）、（110）、（113）、（024）、（116）、（214）和（300）晶面[20]。

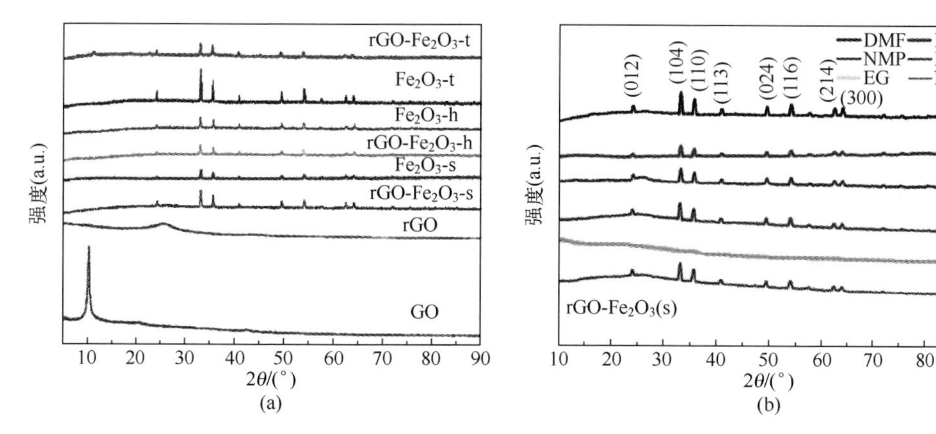

图 2-24 GO、rGO、Fe_2O_3（s、t 和 h）和 rGO-Fe_2O_3（s、t 和 h）复合物的 XRD 谱图（见彩插）

氧化铁的上述特征峰也出现在 rGO-Fe_2O_3（s、t 和 h）复合物中，证实了 rGO-Fe_2O_3（s、t 和 h）复合物的成功制备。此外，除了乙二醇作为反应介质不能成功制备 rGO-Fe_2O_3(s)复合物，其余 5 种溶剂均可成功制备 rGO-Fe_2O_3(s)复合物，这可能是因为乙二醇具有的还原性不利于 Fe_2O_3 的形成。XRD 结果证实了 Fe_2O_3（s、t 和 h）以及 rGO-Fe_2O_3（s、t 和 h）复合物的成功制备。

GO、rGO、Fe_2O_3（s、t 和 h）以及 rGO-Fe_2O_3（s、t 和 h）复合物的 FTIR 谱图如图 2-25 所示。图中出现于 3420cm^{-1}的强宽峰对应于 OH 基团的伸缩振动峰，1625cm^{-1}的峰为吸附水分子的 OH 基团的弯曲振动峰。此外，位于 1730cm^{-1}的峰为氧化石墨烯表面和边缘的羧基基团—COOH 中羰基 C ═O 的伸缩振动峰。对于颗粒状 Fe_2O_3，位于 637cm^{-1}和 478cm^{-1}处的红外峰为 Fe—O 键的伸缩振动峰。

溶剂热处理后，rGO 和 rGO-Fe_2O_3（s、t 和 h）复合物中位于 1625cm^{-1}、1730cm^{-1}和 3420cm^{-1}处的峰强度显著降低归因于溶剂热反应后 GO 还原为 rGO。位于 580cm^{-1}和 470cm^{-1}附近的峰对应于 Fe—O 键的伸缩振动峰，这些峰的出现证实了 Fe_2O_3（s、t 和 h）的成功制备[21]。而在 Fe_2O_3（t 和 h）样品中还出现了位于 1040cm^{-1}的峰，对应于 Fe—O 键的弯曲振动峰[22]。此外，rGO-Fe_2O_3（s、t

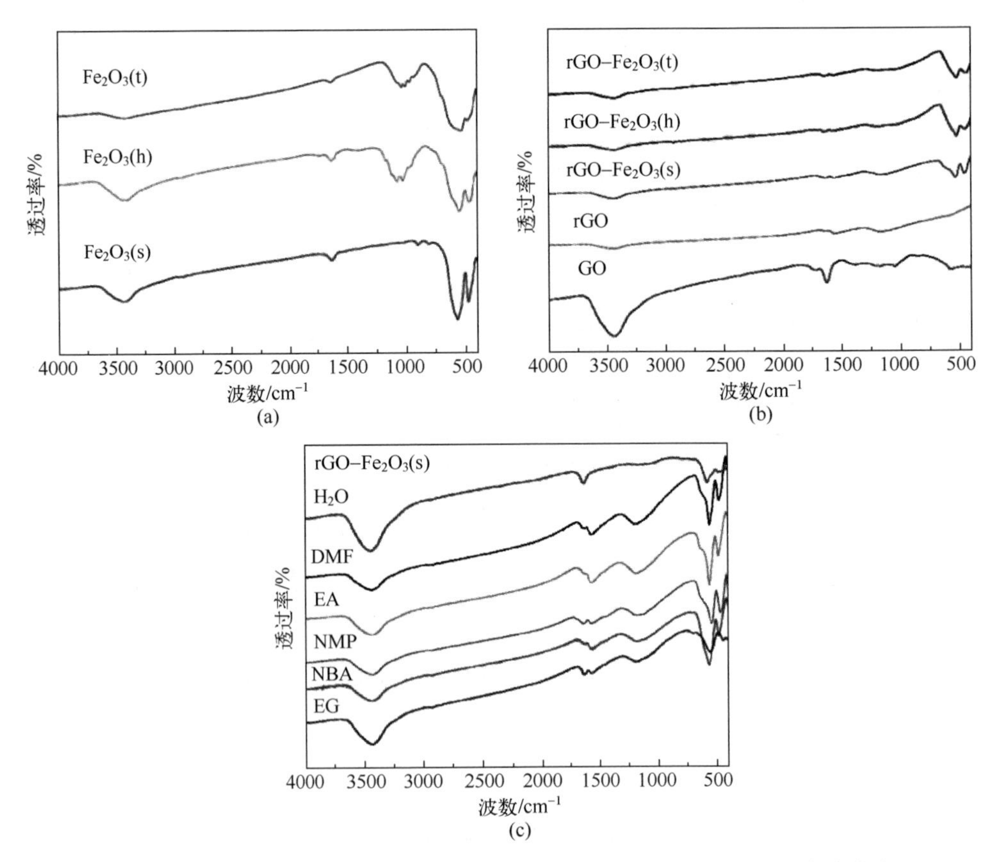

图 2-25　GO、rGO、Fe_2O_3（s、t 和 h）和 rGO-Fe_2O_3（s、t 和 h）复合物的 FTIR 谱图（见彩插）

和 h）复合物中 Fe—O 键的吸收峰相比 Fe_2O_3（s、t 和 h）有所偏移证实了 Fe_2O_3 与石墨烯间的化学相互作用。因此，可以推论在 rGO-Fe_2O_3 复合物中，强的化学键和弱的范德华力同时存在于 Fe_2O_3 和 rGO 之间[15]。

GO、rGO、Fe_2O_3（s、t 和 h）和 rGO-Fe_2O_3（s、t 和 h）复合物的 XPS 谱图如图 2-26 所示，GO 的 C1s 谱图可分为 4 个主要的峰，分别位于 284.4eV、287.2eV、289.5eV 和 290.8eV，对应于 sp^2杂化 C、C—OH 基团、羰基 C ═O 和羧基基团。然而，溶剂热处理后，rGO 的谱图中仅出现 sp^2杂化 C 和 C—O 基团的两个峰，且 sp^2杂化碳的峰强度显著增加，表明 GO 还原为 rGO。此外，在 rGO-Fe_2O_3（s、t 和 h）复合物中，C—C 峰的强度显著增加，而 C—OH、C—O 和羧基基团的峰强度显著降低，也表明经过溶剂热反应后 GO 被还原为 rGO[23]。在 Fe_2O_3（s、t 和 h）和 rGO-Fe_2O_3（s、t 和 h）中出现的 711eV、720eV 和 725eV 的峰对应于 $Fe2p_{3/2}$、卫星峰和 $Fe2p_{1/2}$，表明石墨烯表面存在 Fe^{3+}。XPS 结

果证实了 Fe_2O_3（s、t 和 h）和 rGO-Fe_2O_3（s、t 和 h）复合物的成功制备，也表明在溶剂热反应后 GO 还原为 rGO。

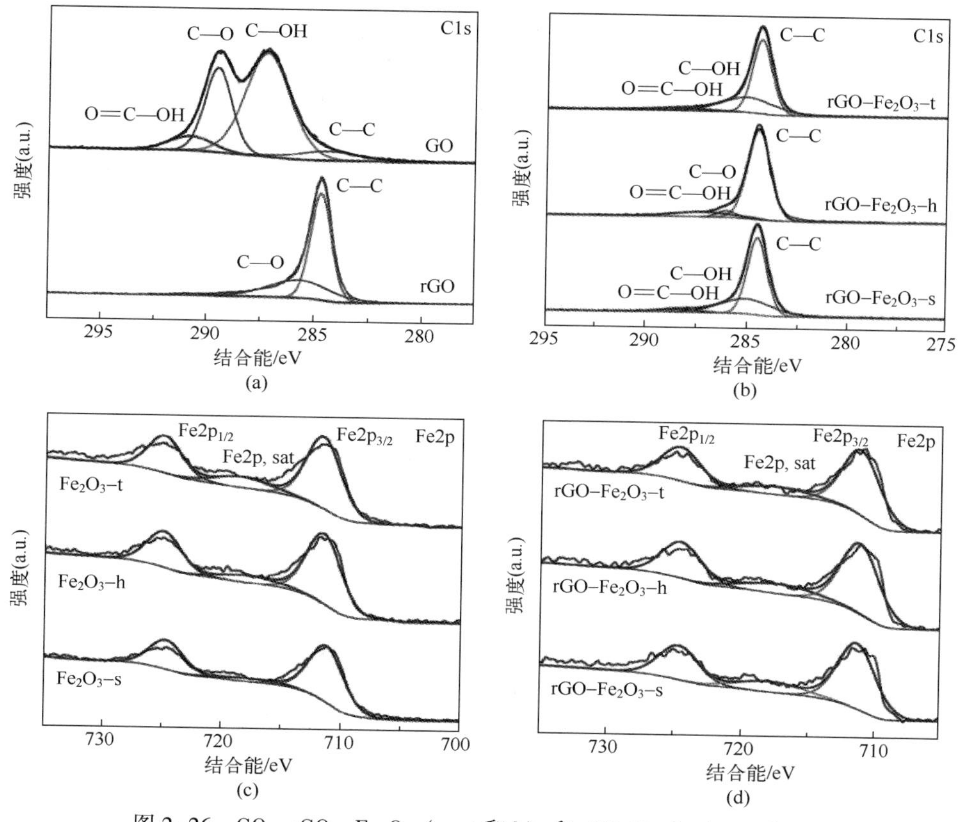

图 2-26　GO、rGO、Fe_2O_3（s、t 和 h）和 rGO-Fe_2O_3（s、t 和 h）复合物的 XPS 谱图（见彩插）

GO、rGO、Fe_2O_3 和 rGO-Fe_2O_3（s、t 和 h）复合物的 RAMAN 谱图如图 2-27 所示。出现于 1340cm^{-1}（D 带）的峰与蜂窝石墨层结构的缺陷和无序相关，而出现于 1580cm^{-1}（G 带）的峰对应于石墨的 E_{2g} 模式，与二维蜂窝晶格中 sp^2 碳原子的振动相关[15]。位于 214cm^{-1} 和 271cm^{-1} 的峰对应于 Fe_2O_3 的 A_{1g} 和 E_g 模式，这些峰在 rGO-Fe_2O_3（s、t 和 h）复合物中出现，证实了复合物的成功制备。计算结果表明，GO、rGO 和 rGO-Fe_2O_3（s、t 和 h）复合物的 I_D/I_G 值分别为 1.90、1.53、2.45、1.81 和 1.60。I_D/I_G 值的变化说明溶剂热反应后 GO 还原为 rGO，无序度降低，这与 XRD、FTIR 和 XPS 的结果一致[24]。而所制备的三种 rGO-Fe_2O_3（s、t 和 h）复合物的 I_D/I_G 值大于 rGO 归因于与 Fe_2O_3 的相互作用使得无序度增加，而 rGO-Fe_2O_3(s) 的 I_D/I_G 值最高也表明其无序度最大，归因于其原位合成过程使得 rGO 与 Fe_2O_3(s) 间的相互作用更强。

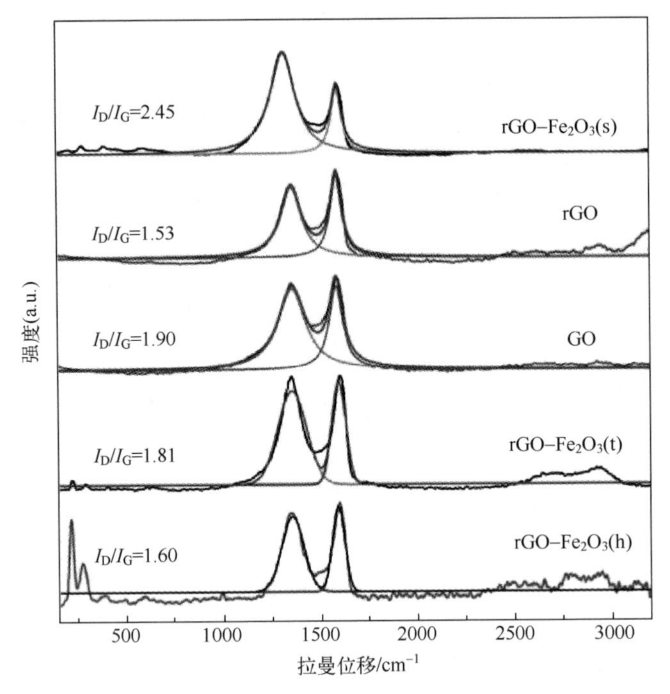

图 2-27　GO、rGO、Fe_2O_3 和 rGO-Fe_2O_3 复合物的 RAMAN 谱图（见彩插）

2. Fe_3O_4/rGO 复合物的制备与表征

1）Fe_3O_4/rGO 复合物的制备

在 15mL 乙二醇（EG）中加入 40mg GO 粉末，剧烈搅拌 30min 后，超声处理 2h，得到 GO 在 EG 中的分散液。将 0.1g $Fe(NO_3)_3 \cdot 9H_2O$ 加入 GO 的 EG 分散液，搅拌 30min 后，将混合物加入 25mL 的水热釜内衬中。在另一个 100mL 的水热釜内衬中加入 5mL 浓氨水和 10mL 蒸馏水后，将装有 GO 分散液的 25mL 的釜衬放入该 100mL 釜衬中后密闭水热釜。最后在 200℃下反应 24h。自然冷却到室温后，将生成物离心分离，用蒸馏水和无水乙醇洗涤数次。将得到的样品 50℃干燥 4h 即得 Fe_3O_4/rGO。在以上制备步骤的基础上不添加 GO 粉末则制得 Fe_3O_4 纳米颗粒。

2）Fe_3O_4/rGO 复合物的表征

GO、rGO、Fe_3O_4 和 Fe_3O_4/rGO 纳米复合物的 XRD 谱图如图 2-28 所示。GO 在 2θ=11.3°处的峰对应堆叠的氧化石墨（001）峰，层间距为 0.78nm；在溶剂热反应后，所得 rGO 的这个特征峰移动到了 24.8°，说明氧化石墨被还原后由于含氧基团的减少，堆叠的石墨烯层间距降低为 0.36nm（稍大于天然石墨的 0.335nm）。Fe_3O_4 的 XRD 谱图的所有衍射峰与 JCPDS 卡（19-0629）上的 Fe_3O_4

一致，$2\theta = 24.1°$、$33.2°$、$35.6°$、$40.9°$、$49.5°$、$54.1°$、$62.4°$和 $64.0°$的衍射峰分别对应 Fe_3O_4 的（012）、（104）、（110）、（113）、（024）、（116）、（214）和（300）晶面。在 Fe_3O_4/rGO 的谱图中，观察到了同样的衍射峰，说明与 rGO 复合后，Fe_3O_4 并没有改变其晶型；同时，Fe_3O_4/rGO 在 24.8°处的峰消失，说明使用溶剂热法制备的 Fe_3O_4/rGO 减少了 rGO 层间的接触，降低了其堆叠程度，使其石墨晶体结构消失，同时说明了 Fe_3O_4 的成功附着。

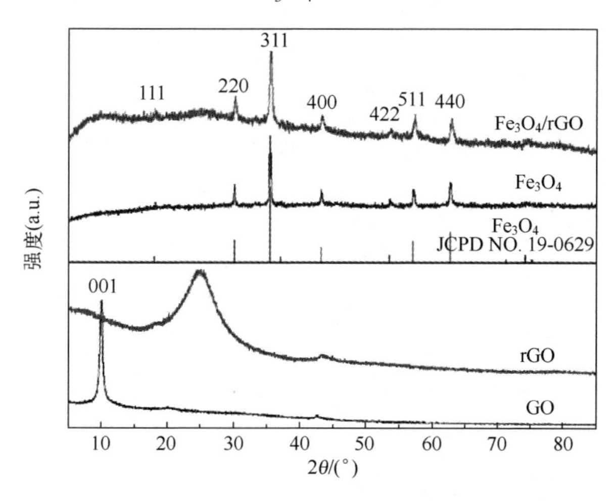

图 2-28　GO、rGO、Fe_3O_4 和 Fe_3O_4/rGO 纳米复合物的 XRD 谱图

图 2-29 所示的 SEM 和 TEM 图像展示了 GO、rGO、Fe_3O_4 和 Fe_3O_4/rGO 纳米复合物的微观结构。Fe_3O_4 纳米颗粒存在严重的团聚，形成了直径约为 1μm 的小球（图 2-29（a）、（d））。图 2-29（b）展示了 rGO 的褶皱且接近透明的膜状结构，说明存在单层结构，并没有发生严重堆叠。在 Fe_3O_4/rGO 纳米复合物的 SEM 和 TEM 图像（图 2-29（c）、（e））中，直径为 100~130nm 的 Fe_3O_4 纳米颗粒均匀地分散在 rGO 片层的表面上。rGO 上的含氧基团和缺陷提供了 Fe_3O_4纳米颗粒的成核位点，使得 Fe_3O_4 纳米颗粒的团聚程度降低。图 2-29（f）是 Fe_3O_4/rGO 纳米复合物上的 Fe_3O_4纳米颗粒的 HRTEM 图像。Fe_3O_4 纳米颗粒展示了明显的晶面，间距为 0.253nm、0.297nm 和 0.485nm 的晶面对应了 Fe_3O_4 的（311）、（220）和（111）晶面，这一结果与 XRD 的分析结果相符合。

图 2-30 所示为 GO、rGO 和 Fe_3O_4/rGO 的红外光谱图。在 3408cm^{-1}处为石墨烯层间吸收水的羟基收缩振动峰。相对于 GO 的红外光谱，rGO 在 1734cm^{-1}、1225cm^{-1}和 1051cm^{-1}处消失的峰分别对应于羰基峰 C ═O，芳香族的碳碳双键 C ═C，环氧基的碳氧单键 C—O 和石墨烯表面的碳氧单键 C—O [25-27]。1618cm^{-1}处的峰红移至 1556cm^{-1}是由于 GO 上含氧基团被还原，石墨烯层间 π—π 作用力增

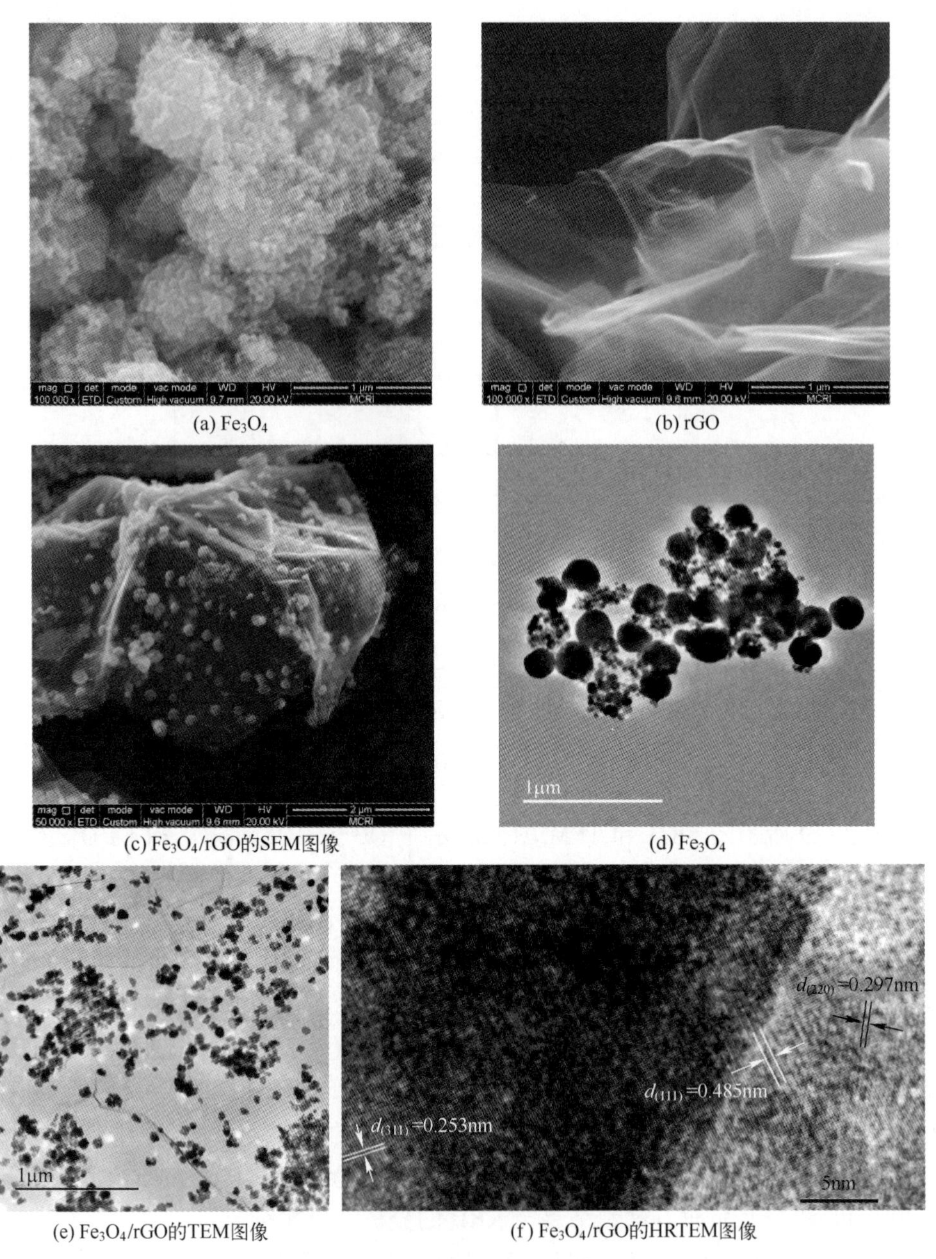

图 2-29　Fe_3O_4、rGO、Fe_3O_4/rGO 的 SEM 图像以及 Fe_3O_4、Fe_3O_4/rGO 的 TEM 图像

强所致。Fe_3O_4/rGO 在 565cm^{-1}处的吸收峰是 Fe—O 的形成所致[28]。从红外图谱中可以得出结论：GO 被还原成了 rGO 并成功附着上了 Fe_3O_4 纳米颗粒。

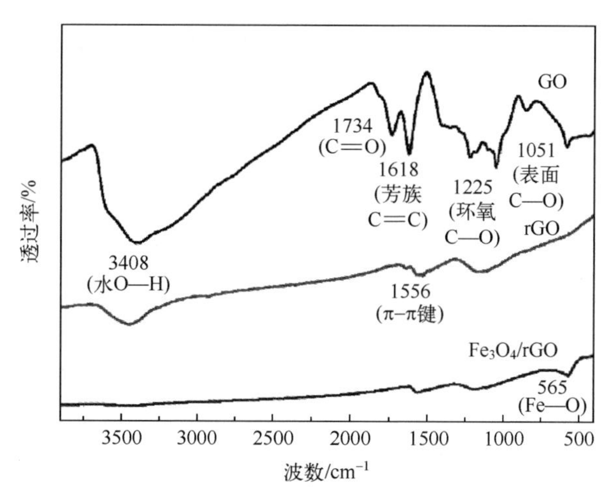

图 2-30 GO、rGO 和 Fe_3O_4/rGO 的红外光谱图

图 2-31 所示为 rGO 和 Fe_3O_4/rGO 的 X 射线光电子能谱图，用于展现 Fe_3O_4 纳米颗粒和 rGO 片层之间可能的成键情况（如 Fe—O—C 键）。rGO 的 O1s 谱图（图 2-31（a））由 530.9eV、532.3eV 和 533.5eV 三个峰组成，分别对应羰基（C ═O）、羟基（C—OH）和环氧基（C—O—C）上的氧原子。Fe_3O_4/rGO 的 O1s 谱图由 530.3eV、531.7eV、532.6eV 和 533.5eV 4 个峰组成，相比于 rGO 多出来的 530.3eV 峰属于纯 Fe_3O_4 上的晶格氧；由于环氧基（C—O—C）上的氧原子在附着中不参与成键，因此 533.5eV 的峰归属于环氧基；531.7eV（羰基（C ═O））和 532.6eV（羟基（C—OH））相对于 rGO 分别向高结合能位移了 0.8eV 和 0.3eV，分析原因是 Fe—O—C 键的形成使 O 原子外层电子的屏蔽效应减弱，导致了结合能的增加。图 2-31（b）为 rGO 和 Fe_3O_4/rGO 的 C1s 谱图。羰基（C ═O）和羟基（C—OH）碳的结合能增加同样证明了零位上的 O 原子与 Fe 原子形成了化学键。

根据文献［29］，Fe—C 键中的 Fe 应在 707.5eV 处存在特征峰，Fe_3O_4/rGO 的 Fe2p 图谱（图 2-31（c））中该位置峰并不存在，证明了附着过程中没有 Fe—C 键的形成。同时，Fe2p 图谱中的 709.0eV 和 712.0eV 对应了铁的+2 和+3 价态，再次证实了 Fe_3O_4 的形成。

图 2-32 所示为 rGO 和 Fe_3O_4/rGO 的 RAMAN 光谱图。位于 $1352cm^{-1}$ 和 $1586cm^{-1}$ 的峰分别对应 rGO 的 D 带和 G 带。D 带是由于碳平面结构中的边缘和缺陷造成的谷间振动引起的，而 G 带是 sp^2 碳的振动引起的。G 带的位置往往用于表征纳米颗粒和石墨烯片层之间的相互作用如电荷移动。如图中所示，Fe_3O_4/rGO 的 G 带由 $1580cm^{-1}$（rGO）位移到了 $1583cm^{-1}$，这 $3cm^{-1}$ 的蓝移表明在石墨

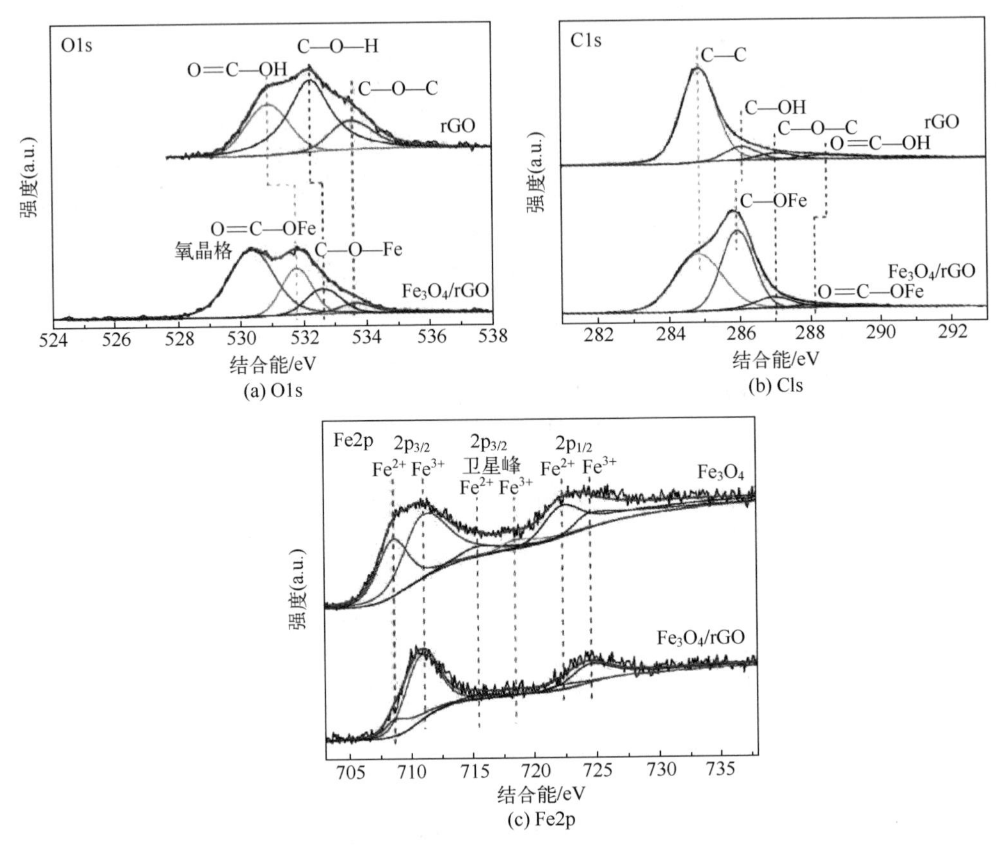

图 2-31 rGO 和 Fe_3O_4/rGO 的 O1s 和 C1s XPS 谱图
以及 Fe_3O_4 和 Fe_3O_4/rGO 的 Fe2p XPS 谱图（见彩插）

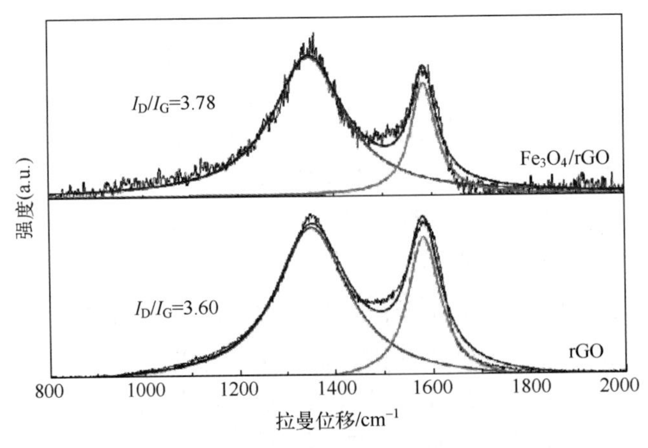

图 2-32 rGO 和 Fe_3O_4/rGO 的 RAMAN 谱图（见彩插）

烯片层向 Fe_3O_4 纳米颗粒间存在微弱的电荷转移。I_D/I_G（D 带和 G 带的峰强度比值）往往用于衡量碳材料的无序程度，Fe_3O_4/rGO 的 I_D/I_G 由 3.60(rGO) 增加到了 3.78，说明 Fe_3O_4 与 rGO 之间的化学键在 rGO 片层上造成了更多的缺陷。

2.3　单金属氧化物负载型燃烧催化材料对推进剂高能添加剂热分解的影响

2.3.1　对 CL-20 热分解峰峰温的影响

单金属氧化物负载型燃烧催化材料对 CL-20 热分解峰温的影响如表 2-2 所列。纯的 CL-20 在 DSC 上只有一个分解峰，其峰温为 247.6℃。

表 2-2　单金属氧化物负载型燃烧催化材料对 CL-20 热分解峰温的影响

混　合　物	分解峰温/℃	
	T_p	ΔT_p
CL-20	247.6	—
CL-20+h-Fe_2O_3/rGO	246.9	-0.7
CL-20+s-Fe_2O_3/rGO	246.2	-1.4
CL-20+CuO/rGO	249.5	+1.9
CL-20+Cu_2O/rGO	247.7	+0.1

含 Fe 的复合催化剂均能降低 CL-20 的分解峰峰温，h-Fe_2O_3/rGO 和 s-Fe_2O_3/rGO 的添加可以分别降低峰温 0.7℃和 1.4℃；含 Cu 的复合催化剂对 CL-20 的影响为提高分解峰温，CuO/rGO 和 Cu_2O/rGO 分别提高了该峰峰温 1.9℃和 0.1℃。根据分解峰温降低的程度，所研究的单金属氧化物负载型燃烧催化材料对 CL-20 热分解的催化效果排序为 s-Fe_2O_3/rGO>h-Fe_2O_3/rGO>Cu_2O/rGO>CuO/rGO。

2.3.2　Fe_2O_3/rGO 复合物的催化热分解性能

1. 反应介质对 Fe_2O_3/rGO 复合物催化性能的影响

1）DSC 分析

通过差示扫描量热（DSC）法研究 GO、rGO、Fe_2O_3(s)及不同溶剂中制备的 rGO-Fe_2O_3(s)复合物对 AP 热分解性能的影响（催化剂与 AP 的质量比为 1∶5），DSC 曲线如图 2-33 所示。纯 AP 的分解包含一个吸热和两个放热过程，出现在 244℃的吸热峰对应于 AP 由斜方到立方的转晶峰，放热峰出现于 324℃和 440℃，分别对应于 AP 的高温和低温分解放热峰。

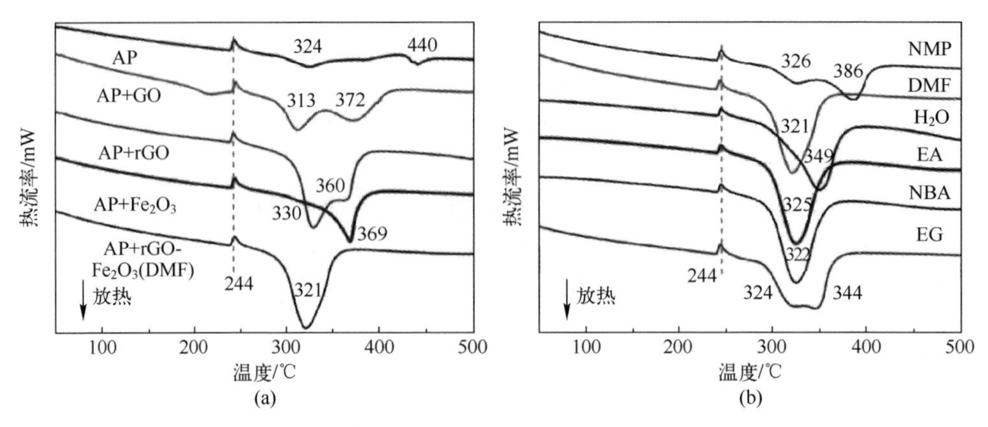

图 2-33　与 GO、rGO、Fe_2O_3(s) 和 rGO-Fe_2O_3(s) 复合物混合前后 AP 的 DSC 曲线（见彩插）

添加 GO、rGO、Fe_2O_3(s) 和 rGO-Fe_2O_3(s) 复合物对 AP 的吸热峰没有明显的影响，表明催化剂不会影响 AP 的相转变过程，但对 AP 的低温和高温分解过程具有明显的影响，对应的分解峰温如表 2-3 所列。GO 及 rGO 均可使 AP 的分解峰温降低，归因于石墨烯材料优异的导电性有助于 AP 分解过程中的电子转移。Fe_2O_3(s) 对 AP 表现出较好的催化活性，使得 AP 的低温分解峰消失，高温分解峰温降低。与石墨烯复合后使得 Fe_2O_3(s) 的催化活性提升，除了 NMP 作为溶剂制备的 rGO-Fe_2O_3(s) 复合物，其余复合物均可有效降低 AP 的高温分解峰温。此外，DMF 作为溶剂制备的 rGO-Fe_2O_3(s) 复合物表现出最佳的催化性能，归因于 Fe_2O_3(s) 在石墨烯表面更好的分散性，可提供更多的催化活性位点促进 AP 分解。

表 2-3　与 GO、rGO、Fe_2O_3(s) 和 rGO-Fe_2O_3(s) 复合物混合前后 AP 的 DSC 峰温

含能化合物	β/(℃/min)	催化剂	T_{LTP}/℃	T_{HTP}/℃
AP	10	—	324.8	440.8
		GO	313.5	372.5
		rGO	330.5	360.8
		Fe_2O_3	—	369.4
		rGO-Fe_2O_3（DMF）	—	321.2
		rGO-Fe_2O_3（NMP）	326.5	386.5
		rGO-Fe_2O_3（H_2O）	—	349.8
		rGO-Fe_2O_3（EA）	—	325.2
		rGO-Fe_2O_3（NBA）	—	322.8
		rGO-Fe_2O_3（EG）	324.7	344.7

2）TG 分析

与 GO、rGO、Fe_2O_3(s)、rGO-Fe_2O_3（H_2O）和 rGO-Fe_2O_3（DMF）复合物混合前后 AP 的 TG 曲线如图 2-34 所示。AP 的热分解过程包含两个失重阶段，对应于 AP 的高温和低温分解过程。而与 Fe_2O_3(s)和 rGO-Fe_2O_3(s)混合后，表现为一个失重阶段，这与 DSC 的结果相符，即低温分解峰消失。与 rGO-Fe_2O_3(DMF)复合物混合后，AP 的残留质量最少，而与 rGO-Fe_2O_3(H_2O)复合物混合后，AP 的残留质量较多，这也证实了 rGO-Fe_2O_3(DMF)复合物优异的催化性能以及 rGO-Fe_2O_3(H_2O)复合物较差的催化活性。

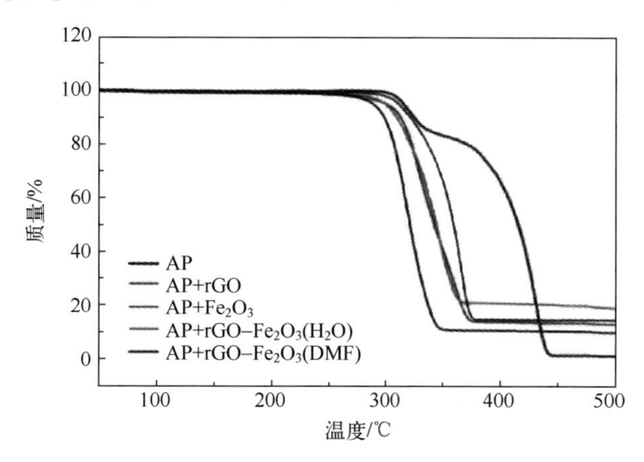

图 2-34　与 GO、rGO、Fe_2O_3(s)和 rGO-Fe_2O_3(s)复合物混合前后 AP 的 TG 曲线（见彩插）

2. 氧化铁形貌对石墨烯-氧化铁复合物催化 AP 热分解性能的影响

上述研究表明，DMF 作为反应介质有助于 rGO-Fe_2O_3(s)复合物催化性能的提升，归因于 DMF 对氧化石墨烯和还原氧化石墨烯优异的分散性。进一步使用 DMF 作为溶剂合成 rGO-Fe_2O_3（s、h 和 t）复合物，探究氧化铁形貌对 rGO-Fe_2O_3（s、h 和 t）复合物催化热分解性能的影响。

1）DSC 分析

与 Fe_2O_3（s、h 和 t）和 rGO-Fe_2O_3（s、h 和 t）复合物混合前后 AP 的 DSC 曲线如图 2-35（a）所示（催化剂与 AP 的质量比为 1∶5），分解温度如表 2-4 所列。混合催化剂后 AP 的高温分解峰温显著降低，三种形貌的氧化铁均可使 AP 的低温分解峰消失，高温分解峰温降低。与石墨烯复合后，氧化铁的催化活性增强，使得 AP 的高温分解峰温降低更多，表明石墨烯和氧化铁之间的相互作用对其催化性能具有较为显著的影响。此外，rGO-Fe_2O_3(s)复合物表现出最为优异的催化活性，这可能是因为 Fe_2O_3(s)原位生长于氧化石墨烯表面，与石墨烯间的相互作用强于 rGO-Fe_2O_3（h 和 t）复合物，这也说明催化活性位点不是影响催化 AP 热分解性能的最主要因素，氧化铁与石墨烯间的相互作用对催化性能的作用更显著。

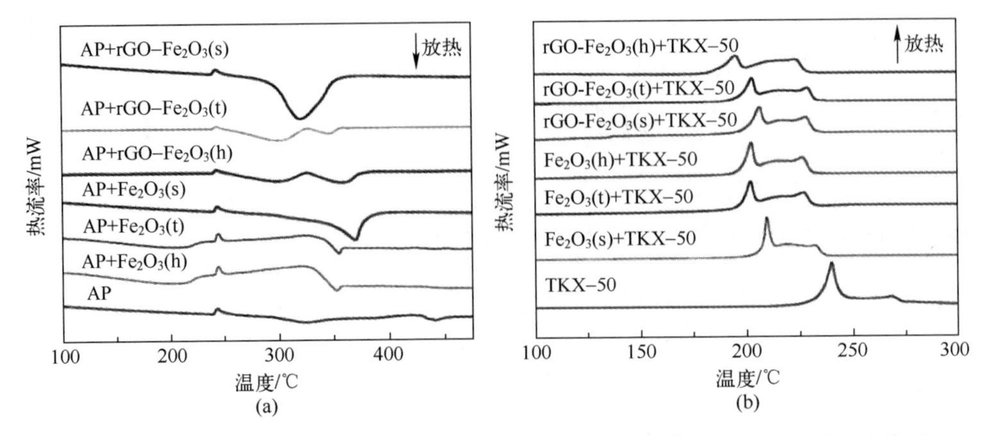

图 2-35　在 10℃/min 的升温速率下与 Fe_2O_3（s、h 和 t）和 rGO-Fe_2O_3（s、h 和 t）复合物混合前后 AP 和 TKX-50 的 DSC 曲线

表 2-4　混合 GO、rGO、Fe_2O_3 和 rGO-Fe_2O_3 前后 AP 的 DSC 峰温

催化剂	T_p/℃	T_p/℃			
		β=5℃/min	β=10℃/min	β=15℃/min	β=20℃/min
—	T_{LTP}	307.9	324.8	329.0	339.3
	T_{HTP}	432.9	440.8	447.0	452.3
GO	T_{LTP}	300.2	313.5	329.0	339.3
	T_{HTP}	360.2	372.5	378.7	379.6
rGO	T_{LTP}	315.1	330.5	342.7	347.1
	T_{HTP}	346.8	361.6	375.6	377.7
Fe_2O_3(s)	T_{LTP}	—	—	—	—
	T_{HTP}	358.1	369.4	379.3	383.8
rGO-Fe_2O_3(s)	T_{LTP}	—	—	—	—
	T_{HTP}	310.2	321.2	332.2	341.0
Fe_2O_3(h)	T_{LTP}	—	—	—	—
	T_{HTP}	339.6	353.5	361.6	370.6
rGO-Fe_2O_3(h)	T_{LTP}	291.5	301.0	311.0	314.4
	T_{HTP}	337.7	358.2	362.7	369.3
Fe_2O_3(t)	T_{LTP}	—	—	—	—
	T_{HTP}	341.6	355.3	364.0	368.6
rGO-Fe_2O_3(t)	T_{LTP}	282.0	296.5	302.1	304.8
	T_{HTP}	329.3	347.7	352.7	358.9

2）动力学分析

通过 Kissinger 法和 Ozawa 法计算与 GO、rGO、Fe_2O_3（s、h 和 t）和 rGO-Fe_2O_3（s、h 和 t）复合物混合前后 AP 热分解的表观活化能，所用 DSC 数据见表 2-4，计算得到的动力学参数如表 2-5 所列。相较于 AP 的活化能，AP+GO、AP+rGO、AP+Fe_2O_3（s、h 和 t）和 AP+rGO-Fe_2O_3（s、h 和 t）的活化能均降低。其中，rGO-Fe_2O_3(s)复合物表现出最佳的降低活化能的效果，使得 AP 的高温分解活化能降低 173.3kJ/mol。这是因为原位合成法制备的 rGO-Fe_2O_3(s)复合物中，氧化铁与石墨烯间的相互作用可显著促进 AP 热分解，表现为降低的高温分解峰温和表观活化能。

表 2-5　混合 GO、rGO、Fe_2O_3 和 rGO-Fe_2O_3 后 AP 的动力学参数

催化剂	T_p/℃	Kissinger 法			Ozawa 法	
		E_a/(kJ/mol)	$\lg A$/s^{-1}	r	E_a/(kJ/mol)	r
—	T_{LDP}	124.2	8.7	0.986	127.5	0.988
	T_{HDP}	293.1	19.5	0.995	290.0	0.995
GO	T_{LDP}	91.0	5.8	0.985	95.9	0.988
	T_{HDP}	216.2	15.6	0.981	215.8	0.983
rGO	T_{LDP}	116.7	7.9	0.996	120.5	0.997
	T_{HDP}	128.7	8.4	0.987	132.5	0.989
Fe_2O_3(s)	T_{HDP}	170.3	11.7	0.996	172.1	0.997
rGO-Fe_2O_3(s)	T_{HDP}	119.8	8.3	0.982	123.4	0.984
Fe_2O_3(h)	T_{HDP}	138.7	9.4	0.996	141.9	0.996
rGO-Fe_2O_3(h)	T_{LDP}	149.4	11.5	0.991	151.2	0.992
	T_{HDP}	130.6	8.7	0.980	134.1	0.983
Fe_2O_3(t)	T_{HDP}	155.3	10.8	0.998	157.6	0.999
rGO-Fe_2O_3(t)	T_{LDP}	146.0	11.4	0.985	147.7	0.987
	T_{HDP}	136.9	9.42	0.986	139.9	0.988

3）催化热分解作用机理分析

AP 的低温分解过程是一个固-气多相反应过程，包含分解和升华过程，高温分解阶段包含 HNO 和 NO 之间反应生成 N_2O 的过程，高温分解反应主要的分解产物有 N_2O、O_2、Cl_2、H_2O 和少量的 NO。由 ClO_4^- 到 NH_4^+ 的电子转移过程为低温分解过程的速率控制步骤，而由 O_2 到超氧离子（O_2^-）的电子转移为高温分解过程的速率控制步骤[15]。根据传统的电子转移理论，Fe^{3+}部分填充的 3d 轨道有助于电子转移，因此，所制备的 Fe_2O_3（s、h 和 t）和 rGO-Fe_2O_3（s、h 和 t）复

合物可促进 AP 的热分解。

与石墨烯复合后可有效阻止 Fe_2O_3（s、h 和 t）的团聚，提供更多的催化活性位点促进 AP 的热分解。此外，rGO-Fe_2O_3(s)复合物表现出更为优异的催化性能，这可能是因为 Fe_2O_3(s)原位生长于氧化石墨烯表面，与石墨烯间的相互作用强于 rGO-Fe_2O_3（t 和 h）的复合物，两者间的相互作用更有助于促进 AP 热分解。

3. 氧化铁形貌对石墨烯-氧化铁复合物催化 TKX-50 热分解性能的影响

1）DSC 分析

通过 DSC 研究与不同形貌的氧化铁及其石墨烯复合物混合前后 TKX-50 的热分解特性（催化剂与 TKX-50 的质量比为 1∶10），结果如图 2-35 和表 2-6 所示。所制备的催化剂均可有效降低 TKX-50 的低温和高温分解温度。与石墨烯结合后有助于 Fe_2O_3（s 和 h）催化性能的提升，这是因为增加的 Fe_2O_3（s 和 h）的分散性可提供更多的催化活性位点，促进 TKX-50 热分解。DSC 结果表明，不同形貌的 Fe_2O_3 表现出不同的催化作用，相较于 Fe_2O_3(s)，Fe_2O_3（h 和 t）表现出更为优异的催化活性，可显著降低 TKX-50 的高温和低温分解峰温，这是因为 Fe_2O_3（h 和 t）的中空结构可提供更多的催化活性位点。

表 2-6　混合 Fe_2O_3（s、h 和 t）和 rGO-Fe_2O_3（s、h 和 t）前后 TKX-50 的热分解峰温

催 化 剂	T_p/℃	T_p/℃			
		β=5℃/min	β=10℃/min	β=15℃/min	β=20℃/min
—	T_{LDP}	232.3	239.9	245.1	248.5
	T_{HDP}	260.8	268.0	272.9	275.1
Fe_2O_3(s)	T_{LDP}	203.1	210.5	215.2	218.3
	T_{HDP}	223.3	230.7	235.7	240.1
rGO-Fe_2O_3(s)	T_{LDP}	198.5	206.4	211.4	215.0
	T_{HDP}	218.7	228.0	232.9	237.6
Fe_2O_3(h)	T_{LDP}	194.8	202.5	206.7	209.3
	T_{HDP}	217.4	226.3	230.8	234.0
rGO-Fe_2O_3(h)	T_{LDP}	188.5	195.4	199.0	202.9
	T_{HDP}	210.0	223.3	227.5	231.8
Fe_2O_3(t)	T_{LDP}	195.4	202.1	206.4	209.4
	T_{HDP}	218.7	226.7	231.5	234.6
rGO-Fe_2O_3(t)	T_{LDP}	195.4	203.1	207.6	211.1
	T_{HDP}	220.0	228.9	233.4	237.5

此外，rGO-Fe_2O_3（s、h 和 t）表现出不同的催化作用，长径比较小的 Fe_2O_3(h)与石墨烯复合后表现出显著提升的催化活性，而长径比较大的 Fe_2O_3(t)与石墨烯复合后催化活性没有明显改变，这是因为与石墨烯复合后，Fe_2O_3(t)的内表面被石墨烯包覆，不能作为有效的催化活性位点，催化活性没有进一步提升。因此，rGO-Fe_2O_3(h)复合物表现出最为优异的催化活性，使得 TKX-50 的低温与高温分解峰温分别降低 44.1℃和 44.6℃。

2）动力学分析

通过 Kissinger 法和 Ozawa 法对 TKX-50 的动力学参数进行计算，结果如表 2-7 所列。结果表明，添加 Fe_2O_3（s、h 和 t）和 rGO-Fe_2O_3（s、h 和 t）复合物均可有效降低 TKX-50 的高温分解表观活化能。在不同的氧化铁中，Fe_2O_3(h)降低 TKX-50 分解表观活化能的作用最佳，归因于其较大的表面可提供更多的催化活性位点。此外，与石墨烯复合后氧化铁的催化作用增强，尤其是 rGO-Fe_2O_3(h)复合物，使得 TKX-50 高温分解表观活化能由 221.3kJ/mol 降低为 119.6kJ/mol。

表 2-7　与 Fe_2O_3（s、h 和 t）和 rGO-Fe_2O_3（s、h 和 t）混合前后 TKX-50 的动力学参数

催化剂	T_p/℃	Kissinger 法			Ozawa 法	
		E_a/(kJ/mol)	$\lg A/s^{-1}$	r	E_a/(kJ/mol)	r
—	T_{LDP}	178.2	16.2	0.999	177.5	0.999
	T_{HDP}	221.3	19.4	0.998	219.0	0.998
Fe_2O_3(s)	T_{LDP}	168.7	16.4	0.999	168.1	0.999
	T_{HDP}	167.8	15.5	0.998	167.5	0.998
rGO-Fe_2O_3(s)	T_{LDP}	152.9	14.8	0.999	153.0	0.999
	T_{HDP}	146.7	13.4	0.989	147.5	0.999
Fe_2O_3(h)	T_{LDP}	169.8	16.8	0.998	169.0	0.998
	T_{HDP}	163.7	15.3	0.998	163.6	0.998
rGO-Fe_2O_3(h)	T_{LDP}	171.2	17.3	0.998	170.2	0.998
	T_{HDP}	119.6	10.6	0.990	121.6	0.991
Fe_2O_3(t)	T_{LDP}	178.0	17.6	0.999	176.8	0.999
	T_{HDP}	171.7	16.1	0.999	171.2	0.999
rGO-Fe_2O_3(t)	T_{LDP}	159.2	15.6	0.999	158.9	0.999
	T_{HDP}	159.0	14.7	0.999	159.2	0.999

3）催化作用机理分析

添加 Fe_2O_3（s、h 和 t）和 rGO-Fe_2O_3（s、h 和 t）复合物均可有效降低 TKX-50 的分解峰温和活化能。相较于 Fe_2O_3（s 和 t），Fe_2O_3(h)表现出更佳的催化活性，归因于其可提供更多的催化活性位点有助于 TKX-50 热分解。与石墨烯复合后，Fe_2O_3（s 和 h）降低 TKX-50 分解峰温的作用提升，这是因为附着于石墨烯表面促进了 Fe_2O_3（s 和 h）的分散。而与石墨烯复合后，Fe_2O_3(t)的部分内表面被包覆，因此催化活性没有出现明显的提升。同时，在不同的复合物中，rGO-Fe_2O_3(h)复合物表现出最为优异的催化活性，可显著降低 TKX-50 的高温分解表观活化能，归因于 Fe_2O_3(h)与石墨烯间的协同相互作用有助于 TKX-50 分解表观活化能的降低，该推断与动力学计算结果一致。

2.3.3 Fe_3O_4/rGO 复合物的催化热分解性能

1. 对 TKX-50 热分解的影响

Fe_3O_4/rGO 催化剂对 TKX-50 热分解峰温的影响如表 2-8 所列。TKX-50 的分解存在两个连续的放热阶段：低温放热（220～250℃）和高温放热（250～270℃），其峰温分别为 240.7℃和 264.3℃。Fe_3O_4/rGO 使 TKX-50 的两个分解峰温分别降低了 47.1℃和 44.5℃，提前至 197.2℃和 222.2℃。

表 2-8 Fe_3O_4/rGO 催化剂对 TKX-50 热分解峰温的影响

材料	T_p/℃	ΔT_p/℃
TKX-50	240.7，264.3	—
TKX-50+Fe_3O_4/rGO	193.6，219.8	47.1，44.5

在不同升温速率下（5.0℃/min、10.0℃/min、15.0℃/min 和 20.0℃/min）的 TKX-50 和 TKX-50/Fe_3O_4/rGO 的 DSC 曲线如图 2-36 所示。根据 TKX-50 第一个分解峰峰温，由 Kissinger 法和 Ozawa 法计算得到的表观活化能（E）、指前因子（A）和线性相关系数（r）等动力学参数列于表 2-9 中，由于 r>0.98，结果可信。

表 2-9 根据 Kissinger 法和 Ozawa 法计算得到的动力学参数

样品	Kissinger 法			Ozawa 法	
	E_k/(kJ/mol)	$\lg A_k/s^{-1}$	r_k	E_o/(kJ/mol)	r_o
TKX-50	157.8	12.93	0.9882	158.1	0.9893
TKX-50/Fe_3O_4/rGO	162.6	15.15	0.9923	162.0	0.9985

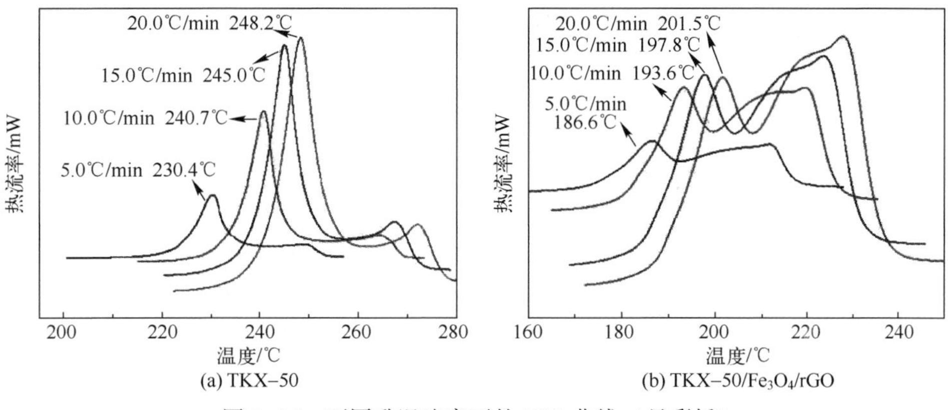

图 2-36　不同升温速率下的 DSC 曲线（见彩插）

使用 Fraser-Suzuki 方程[30]对 TKX-50 的 DSC 图像进行分峰处理，可以得到三个子峰（图 2-37）。将三个子峰的对称性参数分别固定为-0.5、-0.01 和-0.8（TKX-50/Fe_3O_4/rGO 的三个子峰对称性参数分别固定为-0.5、-0.1 和-0.5），对不同升温速率下的 DSC 曲线分别分峰拟合，并对第一个放热峰进行累积积分计算和进一步分析。

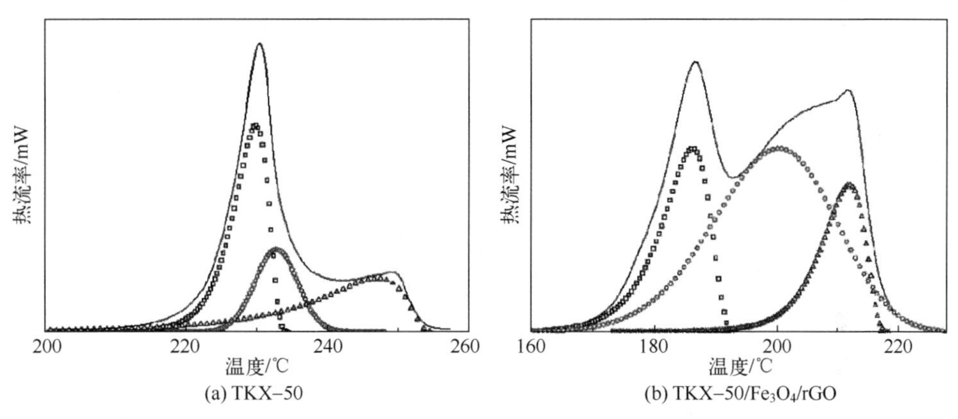

图 2-37　升温速率为 5.0℃/min 时的 DSC 谱图分峰

经过分析计算，得到不同升温速率下反应分数 α_1 与对应任意时刻的 T_1 的关系，如图 2-38 和表 2-10 所示。使用 Ozawa-Flynn-Wall 法，计算不同反应程度下活化能 E_a 与反应分数 α_1 之间的关系，如图 2-39 所示。

从这些数据可以看出，TKX-50 的 α_1 值为 0.05～0.95 时，E_a 为 157.3～159.9，平均值为 158.0；加入 Fe_3O_4/rGO 的 TKX-50 的 α_1 值为 0.05～0.95 时，E_a 为 168.2～176.0，平均值为 170.2。这与表 2-9 中由 Kissinger 法和 Ozawa 法计算得到的结果接近，说明结果比较合理。

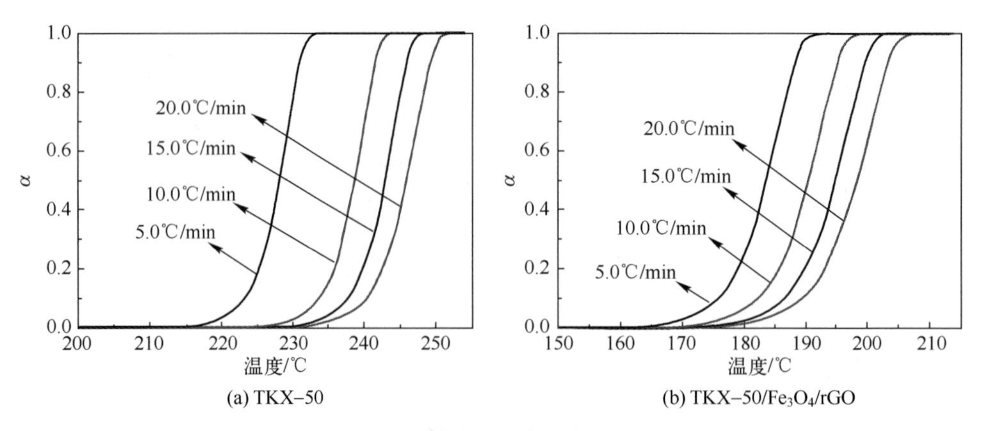

(a) TKX-50　　(b) TKX-50/Fe_3O_4/rGO

图 2-38　不同升温速率下的 α_1-T_1图

表 2-10　不同反应分数下 TKX-50 与 TKX-50/Fe_3O_4/rGO 的表观活化能

α	TKX-50		TKX-50/Fe_3O_4/rGO	
	E_a/(kJ/mol)	r	E_a/(kJ/mol)	r
0.05	159.63	0.9920	175.98	0.9811
0.10	158.98	0.9907	173.99	0.9798
0.15	158.48	0.9895	172.85	0.9787
0.20	158.13	0.9886	172.05	0.9779
0.25	157.88	0.9880	171.43	0.9772
0.30	157.69	0.9874	170.93	0.9766
0.35	157.55	0.9868	170.50	0.9761
0.40	157.44	0.9864	170.14	0.9757
0.45	157.37	0.9859	169.82	0.9753
0.50	157.33	0.9855	169.54	0.9749
0.55	157.32	0.9852	169.28	0.9745
0.60	157.34	0.9848	169.05	0.9741
0.65	157.40	0.9844	168.85	0.9737
0.70	157.50	0.9841	168.67	0.9733
0.75	157.66	0.9837	168.50	0.9729
0.80	157.88	0.9833	168.37	0.9725
0.85	158.27	0.9830	168.28	0.9720
0.90	158.77	0.9823	168.23	0.9714
0.95	159.93	0.9827	168.22	0.9701

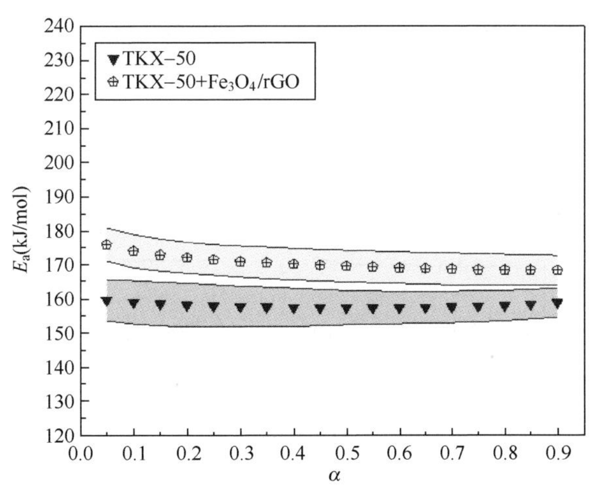

图 2-39　计算得到的 E_a-α 曲线

将计算得到的热力学数据代入联合动力学函数，即

$$f(a)=ca^{m_1}(1-a)^{n_1}$$

得出 TKX-50 相应参数为 $m_1=0.826$，$n_1=0.457$，$c=9.164\times10^{17}$，$E=159.4$kJ/mol；加入 Fe_3O_4/rGO 的 TKX-50 相应参数为 $m_1=0.556$，$n_1=0.526$，$c=4.675\times10^{20}$，$E=174.1$kJ/mol。根据这些参数可以得到 TKX-50 的热分解反应机理函数为

$$f(\alpha)=9.164\times10^{17}\times\alpha^{0.826}(1-\alpha)^{0.457}$$

加入 Fe_3O_4/rGO 的 TKX-50 的热分解反应机理函数为

$$f(\alpha)=4.675\times10^{20}\times\alpha^{0.556}(1-\alpha)^{0.526}$$

如图 2-40 所示，rGO 的添加使 TKX-50 的两个放热峰变宽而且间隔变大；未负载的 Fe_3O_4 纳米颗粒的添加使 TKX-50 的两个分解峰温提前至 197.2℃和 222.2℃，从峰形上来看，Fe_3O_4 纳米颗粒使 TKX-50 的第二个分解峰变强，同时使得表观分解热从 2021J/g 提升至 2342J/g。Fe_3O_4/rGO 纳米复合物拥有比 Fe_3O_4 纳米颗粒更好的催化效果，使 TKX-50 的两个分解峰温提前至 197.2℃和 222.2℃，表观分解热从 2021J/g 提升至 2854J/g。

在升温速率分别为 5.0℃/min、10.0℃/min、15.0℃/min 和 20.0℃/min 的条件下研究了纯 TKX-50 与 TKX-50+Fe_3O_4、TKX-50+Fe_3O_4/rGO（质量 5∶1 混合物）的分解特性，如表 2-11 所列。利用 Kissinger 法和 Ozawa 法取分解峰峰温 T_p 计算 TKX-50 分解反应的活化能（表 2-12），由 Kissinger 法得到的纯 TKX-50 的表观活化能为 157.8kJ/mol，Fe_3O_4 的加入使 TKX-50 的表观活化能变为 172.4kJ/mol，Fe_3O_4/rGO 能使 TKX-50 的表观活化能变为 162.6kJ/mol（由

Ozawa 法得到的活化能分别是 173. 1kJ/mol 和 162. 0kJ/mol)。

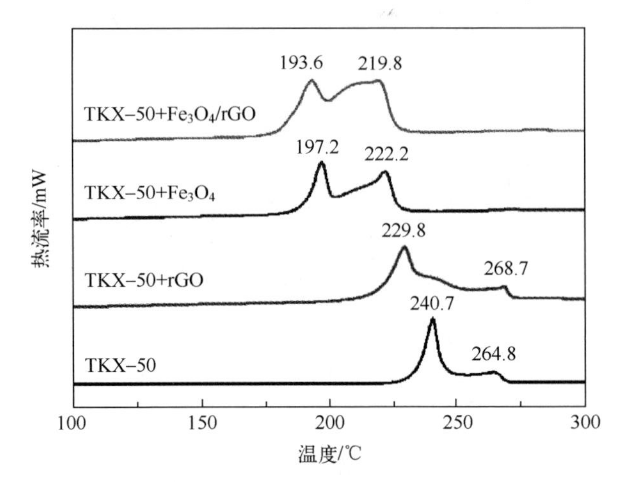

图 2-40 纯 TKX-50 与加入 Fe_3O_4、rGO 和 Fe_3O_4/rGO 的 TKX-50 的 DSC 曲线

表 2-11 Fe_3O_4 和 Fe_3O_4/rGO 加入后的 TKX-50 的不同升温速率下的低温分解峰温

β/(℃/min)	T_p/℃	
	TKX-50/Fe_3O_4	TKX-50/Fe_3O_4/rGO
5	189. 6	186. 6
10	197. 2	193. 6
15	201. 5	197. 8
20	203. 0	201. 5

表 2-12 根据 Kissinger 法和 Ozawa 法计算得到的动力学参数

样　　品	Kissinger 法			Ozawa 法	
	E_k/(kJ/mol)	$\lg A_k$/s^{-1}	r_k	E_o/(kJ/mol)	r_o
TKX-50/Fe_3O_4	174. 2	16. 34	0. 987	173. 1	0. 988
TKX50/Fe_3O_4/rGO	162. 6	15. 15	0. 998	162. 0	0. 999

2. 对 DNTF 热分解的影响

由于 DNTF 在常压（0. 1MPa）下分解不剧烈，而随着压强的升高，DNTF 分解的气相产物不能马上离开凝聚相并且对凝聚相的分解有催化作用，从而使二次分解峰逐渐明显。本书主要研究在 2MPa 压强下 DNTF 及在催化剂存在的条件下的分解规律（表 2-13）。

表 2-13 不同单金属氧化物负载型催化材料对 DNTF 热分解峰温的影响

材　料	压强/MPa	熔化峰温/℃		分解峰温/℃	
		T_m	ΔT_m	T_p	ΔT_p
DNTF	2.0	110.2	—	283.6	—
DNTF+h-Fe_2O_3-rGO	2.0	110.8	+0.6	277.6	-6.0
DNTF+s-Fe_2O_3-rGO	2.0	110.3	+0.1	276.3	-7.3
DNTF+Fe_3O_4-rGO	2.0	110.1	-0.1	272.8	-10.8
DNTF+CuO-rGO	2.0	111.2	+1.0	277.8	-5.8
DNTF+Cu_2O-rGO	2.0	110.5	+0.3	280.7	-2.9

DNTF 在 DSC 上有一个熔化峰和一个分解峰，峰温分别为 110.2℃ 和 283.6℃。本书中研究的催化剂对 DNTF 熔化峰几乎没有影响，熔化峰温的改变都在 1.0℃ 以内；另外，所有催化剂都能降低 DNTF 的分解峰峰温，h-Fe_2O_3/rGO、s-Fe_2O_3/rGO 和 Fe_3O_4/rGO 的添加分别降低峰温 6.0℃、7.3℃ 和 10.8℃；含 Cu 的复合催化剂中，CuO/rGO 和 Cu_2O/rGO 分别降低峰温 5.8℃ 和 2.9℃。根据分解峰温降低的程度，单金属氧化物负载型石墨烯基材料对 DNTF 热分解的催化效果排序为 Fe_3O_4/rGO>s-Fe_2O_3/rGO>h-Fe_2O_3/rGO>CuO/rGO>Cu_2O/rGO。可见，Fe_3O_4/rGO 对 DNTF 热分解峰温的降低效果最显著，进一步研究 Fe_3O_4/rGO 对 DNTF 热分解动力学参数的影响。

在不同升温速率下（5.0℃/min、10.0℃/min、15.0℃/min 和 20.0℃/min）的 DNTF 和 DNTF/Fe_3O_4/rGO 的 DSC 曲线如图 2-41 所示。由 Kissinger 法和 Ozawa 法计算得到的表观活化能（E）、指前因子（A）和线性相关系数（r）等动力学参数列于表 2-14 中（舍去误差过大的 DNTF/Fe_3O_4/rGO 的 15.0℃/min 升温数据）。

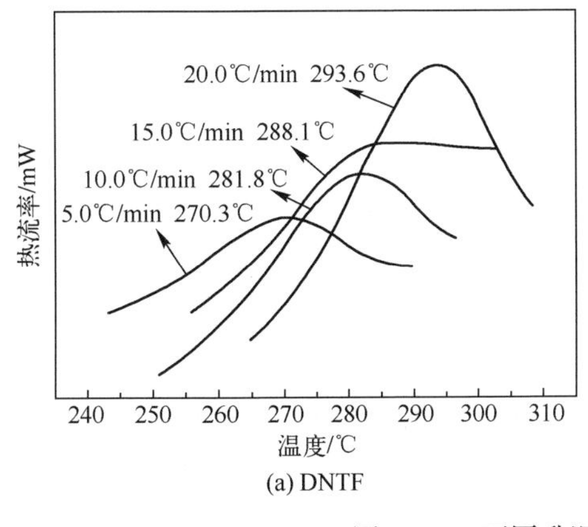

(a) DNTF

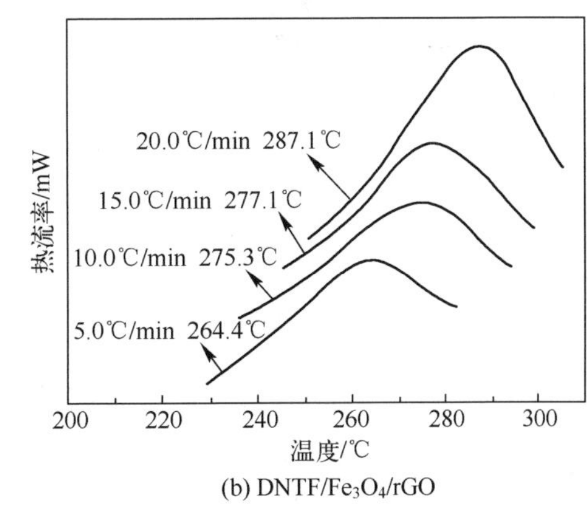

(b) DNTF/Fe_3O_4/rGO

图 2-41 不同升温速率下的 DSC 曲线

表 2-14 根据 Kissinger 法和 Ozawa 法计算得到的动力学参数

样品	Kissinger 法			Ozawa 法	
	E_k/(kJ/mol)	$\lg A_k$/s^{-1}	r_k	E_o/(kJ/mol)	r_o
DNTF	144.4	10.35	0.9993	146.1	0.9994
DNTF/(Fe_3O_4/rGO)	143.8	13.45	0.9999	145.4	0.9999

2.4 单金属氧化物在双基系推进剂中的应用效果

2.4.1 对双基推进剂燃烧的催化作用

本书设计了含 CuO/GO、Bi_2O_3/GO 和 PbO/GO 复合催化剂的双基推进剂的配方（表 2-15），其中硝化棉（NC）59.0%，硝化甘油（NG）30.0%，邻苯二甲酸二乙酯（DEP）8.5%，其他助剂 2.5%。药料按 500g 配料，CuO/GO 复合催化剂为外加量，加入量为 2.5%；对照空白推进剂样品不含燃烧催化剂。

表 2-15 含氧化石墨烯附着单金属氧化物双基推进剂的配方

配方编号	NC/%	NG/%	DEP/%	其他助剂/%	催化剂/%
No. 1	59.0	30.0	8.5	2.5	—
No. 2	59.0	30.0	8.5	2.5	CuO/GO（3.0）
No. 3	59.0	30.0	8.5	2.5	Bi_2O_3/GO（3.0）
No. 4	59.0	30.0	8.5	2.5	PbO/GO（3.0）

推进剂样品按“吸收—驱水—放熟—压延—切成药条”的常规无溶剂压伸成型工艺制备。在“吸收”前，将石墨烯负载型燃烧催化剂和推进剂的其他组分预先干混，在提高催化剂于推进剂中分散性的同时，也可有效防止其在推进剂样品制备工艺吸收过程中的流失。

燃速压强指数，根据公式 $u=ap^n$（u 为燃烧速率，p 为燃烧时的压强，n 为燃速压强指数）拟合求出。为了比较不同催化剂的催化效果，计算了不同催化剂的催化效率 η_r（$\eta_r=u_c/u_0$，u_c为催化剂催化推进剂的燃速，u_0为不含催化剂的推进剂的燃速），计算结果如表 2-16 所列，相应的燃速-压强曲线如图 2-42 所示。

此外，对催化效率也进行了计算，结果如表 2-17 所示。实验结果表明，三种催化剂均能大幅提高双基推进剂的燃速，显著降低燃速压强指数。CuO/GO 使双基推进剂 4MPa 的燃速提高了 143%，10~20MPa 压强范围的燃速压强指数从 0.62 降低为 0.31，降低了 50%。Bi_2O_3/GO 使双基推进剂 4MPa 的燃速提高了 139%，14~20MPa 压强范围的燃速压强指数从 0.62 降低为 0.25，降低了 60%。

表 2-16　含氧化石墨烯附着单金属氧化物双基推进剂的燃速测试结果

配方编号	不同压强（MPa）下的燃速 μ/(mm/s)									
	2	4	6	8	10	12	14	16	18	20
No. 1	2. 15	3. 19	5. 20	6. 49	7. 81	8. 99	9. 77	10. 30	11. 22	12. 24
No. 2	4. 30	7. 75	10. 80	12. 63	14. 22	15. 24	16. 38	16. 97	17. 24	17. 70
No. 3	3. 93	7. 63	10. 65	12. 74	14. 67	15. 97	17. 26	18. 05	18. 58	18. 9
No. 4	5. 32	8. 55	10. 45	11. 35	11. 14	10. 66	11. 54	12. 57	13. 52	14. 43

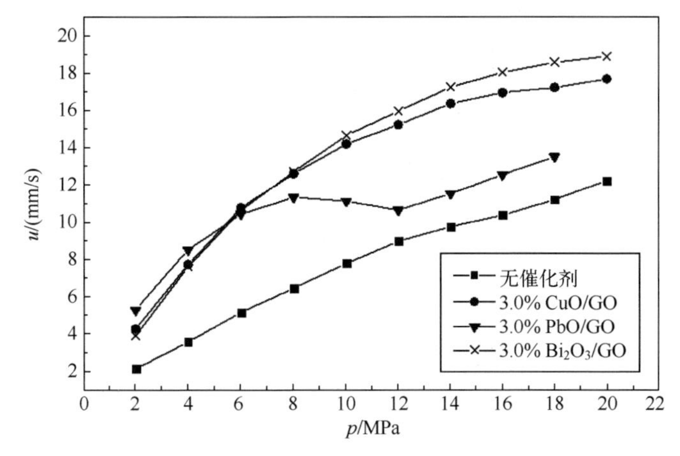

图 2-42　含氧化石墨烯附着单金属氧化物双基推进剂的燃速-压强曲线

表 2-17　燃速压强指数和氧化石墨烯附着单金属氧化物催化双基推进剂的催化效率

编号	不同压强（MPa）下的催化效率 η_r										低 n 区 /MPa	n
	2	4	6	8	10	12	14	16	18	20		
No. 1	1	1	1	1	1	1	1	1	1	1	10~20	0. 62
No. 2	2. 00	2. 43	2. 08	1. 95	1. 82	1. 70	1. 68	1. 65	1. 54	1. 45	10~20	0. 31
No. 3	1. 83	2. 39	2. 05	1. 96	1. 88	1. 78	1. 77	1. 75	1. 66	1. 54	14~20	0. 25
No. 4	2. 47	2. 68	2. 01	1. 75	1. 43	1. 19	1. 18	1. 22	1. 20	1. 18	6~14	0. 07

PbO/GO 使双基推进剂在 2~8MPa 压强范围内燃速显著增加，催化效率 η_r 分别为 2. 47、2. 68、2. 01、1. 75。高于 10MPa 后推进剂的燃速开始下降，在 6~14MPa 压强范围出现“平台”燃烧效应，燃速压强指数 n 为 0. 07，8~14MPa 压强范围更是出现“麦撒”燃烧效应（n 为-0. 15）。可见，PbO/GO 能够显著降低双基推进剂的燃速压强指数，表现出强烈的燃烧催化作用能力，是一种高效的平台燃烧催化剂。

2.4.2 对改性双基推进剂燃烧的催化作用

本节研究了 CuO/GO、Bi_2O_3/GO、PbO/GO 对 RDX-CMDB 推进剂的燃烧催化作用，推进剂的配方如表 2-18 所列，燃速测试结果如表 2-19 所列，实验数据处理结果如表 2-20 所列，燃速-压强曲线如图 2-43 所示。

表 2-18 含氧化石墨烯附着单金属氧化物 RDX-CMDB 推进剂的配方

配方编号	NC/%	NG/%	RDX/%	DINA/%	其他助剂/%	催化剂/%
No. 1	38.0	28.0	26.0	5.0	3.0	—
No. 2	38.0	28.0	26.0	5.0	3.0	CuO/GO（3.0）
No. 3	38.0	28.0	26.0	5.0	3.0	Bi_2O_3/GO（3.0）
No. 4	38.0	28.0	26.0	5.0	3.0	PbO/GO（3.0）

表 2-19 含氧化石墨烯附着单金属氧化物 RDX-CMDB 推进剂的燃速测试结果

配方编号	不同压强（MPa）下的燃速 μ/(mm/s)										
	2	4	6	8	10	12	14	16	18	20	22
No. 1	3.09	5.34	7.42	9.85	11.88	14.04	15.75	17.54	19.54	20.92	22.65
No. 2	4.21	6.82	8.96	11.19	13.19	15.38	17.35	18.90	20.73	22.60	24.10
No. 3	7.20	10.81	13.61	14.16	17.75	19.38	21.34	22.29	23.71	25.41	25.10
No. 4	6.88	10.71	12.63	13.66	14.6	15.64	16.98	18.62	20.41	22.35	24.30

表 2-20 压强指数和氧化石墨烯附着单金属氧化物催化 RDX-CMDB 推进剂的催化效率

编号	不同压强（MPa）下的催化效率 η_r										低 n 区 /MPa	n
	2	4	6	8	10	12	14	16	18	20		
No. 1	1	1	1	1	1	1	1	1	1	1	10~20	0.81
No. 2	1.36	1.28	1.21	1.14	1.11	1.10	1.10	1.08	1.06	1.08	14~20	0.75
No. 3	2.33	2.02	1.83	1.44	1.49	1.38	1.35	1.27	1.21	1.21	10~20	0.51
No. 4	2.23	2.01	1.70	1.39	1.23	1.11	1.08	1.06	1.04	1.07	10~20	0.27

实验结果表明，三种催化剂均能提高 RDX-CMDB 推进剂的燃速，降低燃速压强指数。相比较而言，PbO/GO 和 Bi_2O_3/GO 对推进剂燃烧的催化效果更为明显。其中，PbO/GO 使 RDX-CMDB 推进剂的燃速显著提高，燃速压强指数明显下降，在 2MPa 下，含 PbO/GO 的推进剂燃速从 3.09mm/s 提高到 6.88mm/s，增

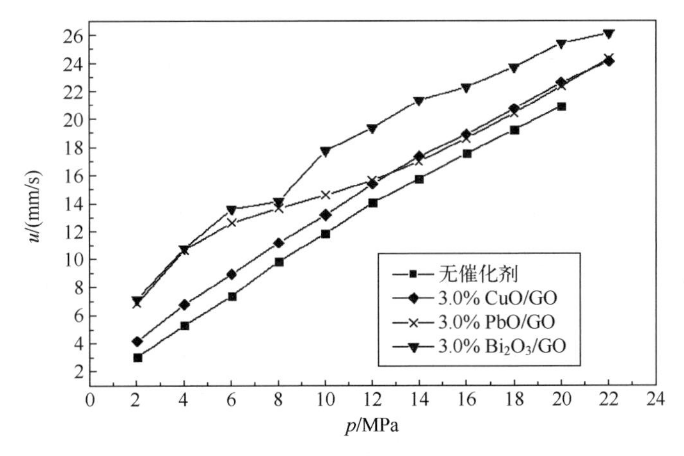

图 2-43　含氧化石墨烯附着单金属氧化物 RDX-CMDB 推进剂的燃速-压强曲线

幅高达 123%；在 10~20MPa 超宽压强范围出现“平台”燃烧效应，燃速压强指数 n 为 0.27。可见，PbO/GO 对 RDX-CMDB 推进剂表现出了强烈的燃烧催化作用能力，是一种高效的中高压宽平台燃烧催化剂。

参考文献

[1] DAVE P N, RAM P N, CHATURVEDI S. Transition metal oxide nanoparticles: Potential nano-modifier for rocket propellants [J]. Particulate Science and Technology, 2015, 34 (6): 676-680.

[2] DUBEY R, CHAWLA M, SIRIL P F, et al. Bi-metallic nanocomposites of Mn with very high catalytic activity for burning rate enhancement of composite solid propellants [J]. Thermochimica Acta, 2013, 572 (43): 30-38.

[3] ISERT S, XIN L, XIE J, et al. The effect of decorated graphene addition on the burning rate of ammonium perchlorate composite propellants [J]. Combustion and Flame, 2017, 183: 322-329.

[4] ISERT S, GROVEN L J, LUCHT R P, et al. The effect of encapsulated nanosized catalysts on the combustion of composite solid propellants [J]. Combustion and Flame, 2014, 162 (5): 1821-1828.

[5] TIAN S Q, LI N, ZENG D W, et al. Hierarchical ZnO hollow microspheres with exposed (001) facets as promising catalysts for the thermal decomposition of ammonium perchlorate [J]. Crystengcomm, 2015, 17 (45): 8689-8696.

[6] LI S F, JIANG Z, ZHAO F Q, et al. The effect of nano metal powders on the thermal decomposition kinetics of ammonium perchlorate [J]. Chinese Journal of Chemical Physics, 2004, 17 (5): 623-628.

[7] CHEN Y, MA K F, WANG J X, et al. Catalytic activities of two different morphological nano-MnO_2, on the thermal decomposition of ammonium perchlorate [J]. Materials Research Bulletin, 2018, 101: 56-60.

[8] DEY A, NANGARE V, MORE P V, et al. A graphene titanium dioxide nanocomposite (GTNC): one pot green synthesis and its application in a solid rocket propellant [J]. Rsc Advances, 2015, 5 (78): 63777-

63785.

[9] LI N, GENG Z F, CAO M H, et al. Well-dispersed ultrafine Mn_3O_4, nanoparticles on graphene as a promising catalyst for the thermal decomposition of ammonium perchlorate [J]. Carbon, 2013, 54 (2): 124-132.

[10] ZHAO Y J, ZHANG X W, XU X M, et al. Synthesis of NiO nanostructures and their catalytic activity on the thermal decomposition of ammonium perchlorate [J]. CrystEngComm, 2016, 18 (25): 4836-4843.

[11] TANG G, WEN Y W, PANG A, et al. The atomic origin of high catalytic activity of ZnO nanotetrapods for decomposition of ammonium perchlorate [J]. CrystEngComm, 2014, 16 (4): 570-574.

[12] MEMON N K, MCBAIN A W, SON S F. Graphene oxide/ammonium perchlorate composite material for use in solid propellants [J]. Journal of Propulsion and Power, 2016, 32 (3): 1-5.

[13] WANG X B, LI J Q, LUO Y J, et al. A novel ammonium perchlorate/graphene aerogel nanostructured energetic composite: preparation and thermal decomposition [J]. Science of Advanced Materials, 2014, 6 (3): 530-537.

[14] YUAN Y, JIANG W, WANG Y J, et al. Hydrothermal preparation of Fe_2O_3/graphene nanocomposite and its enhanced catalytic activity on the thermal decomposition of ammonium perchlorate [J]. Applied Surface Science, 2014, 303 (6): 354-359.

[15] LAN Y F, LI X Y, LI G P, et al. Sol-gel method to prepare graphene/Fe_2O_3 aerogel and its catalytic application for the thermal decomposition of ammonium perchlorate [J]. Journal of Nanoparticle Research, 2015, 17 (10): 1-9.

[16] LI Y, ZHAO W Y, MI Z H, et al. Graphene-modified explosive lead styphnate composites [J]. Journal of Thermal Analysis and Calorimetry, 2016, 124 (2): 683-691.

[17] MA Z Y, LI F S, BAI H P. Effect of Fe_2O_3 in Fe_2O_3/AP composite particles on thermal decomposition of AP and on burning rate of the composite propellant [J]. Propellants Explosives Pyrotechnics, 2006, 31 (6): 447-451.

[18] ZHANG M, ZHAO F Q, YANG Y J, et, al. Effect of rGO-Fe_2O_3 nanocomposites fabricated in different solvents on the thermal decomposition properties of ammonium perchlorate [J]. CrystEngComm. 2018, 20 (13): 7010-7019.

[19] ZHANG M, ZHAO F Q, YANG Y J, et, al. Shape-Dependent Catalytic Activity of Nano-Fe_2O_3 on the Thermal Decomposition of TKX-50 [J]. Acta Phys. -Chim. Sin., 2020, 36 (6): 1904027.

[20] 张建侃，赵凤起，徐司雨，等. 两种 Fe_2O_3/rGO 纳米复合物的制备及其对 TKX-50 热分解的影响[J]. 含能材料，2017, 25 (7): 564-569.

[21] WANG Y, ZHANG M M, PAN D H, et al. Nitrogen/sulfur co-doped graphene networks uniformly coupled N-Fe_2O_3 nanoparticles achieving enhanced supercapacitor performance [J]. Electrochimica Acta, 2018, 266: 242-253.

[22] ZHANG T, ZHAO N N, LI J C, et al. Thermal behavior of nitrocellulose-based superthermites: effects of nano-Fe_2O_3 with three morphologies [J]. RSC Advances, 2017, 7 (38): 23583-23590.

[23] AZMAN N H N, MAMAT M S, LIM H N, et al. High-performance symmetrical supercapacitor based on poly (3, 4) -ethylenedioxythiophene/graphene oxide/iron oxide ternary composite [J]. Journal of Materials Science Materials in Electronics, 2018, 29 (8): 6916-6923.

[24] DEY A, ATHAR J, VARMA P, et al. Graphene-iron oxide nanocomposite (GINC): an efficient catalyst for ammonium perchlorate (AP) decomposition and burn rate enhancer for AP based composite propellant [J]. Rsc Advances, 2015, 5 (3): 1950-1960.

[25] CHANDRA V, PARK J, CHUN Y, et al. Water-Dispersible Magnetite-Reduced Graphene Oxide Composites for Arsenic Removal [J]. Acs Nano, 2010, 4 (7): 3979-3986.

[26] RUI S, YAN L H, XU T G, et al. Graphene oxide bound silica for solid-phase extraction of 14 polycyclic aromatic hydrocarbons in mainstream cigarette smoke [J]. J. Chromatogr. A, 2015, 1375 (1): 1-7.

[27] ZHOU G M, WANG D W, YIN L C, et al. Oxygen bridges between NiO nanosheets and graphene for improvement of lithium storage. [J]. Acs Nano, 2012, 6 (4): 3214-3223.

[28] ZAITSEV V S, FILIMONOV D S, PRESNYAKOV L A, et al, Physical and Chemical Properties of Magnetite and Magnetite-Polymer Nanoparticles and Their Colloidal Dispersions [J]. J. Colloid Interf. Sci. , 1999, 212 (1): 49-57.

[29] ZHOU J S, SONG H H, MA L L, et al. Magnetite/graphene nanosheet composites: interfacial interaction and its impact on the durable high-rate performance in lithiumion batteries [J]. RSC Adv. , 2011, 1 (5): 782-791.

[30] SVOBODA R, MáLEK J. Applicability of Fraser-Suzuki function in kinetic analysis of complex crystallization processes [J]. Journal of Thermal Analysis and Calorimetry, 2013, 111 (2): 1045-1056.

第3章

金属复合氧化物负载型燃烧催化材料及应用

3.1 引　言

单金属氧化物负载型燃烧催化材料在促进固体推进剂用高能化合物热分解以及固体推进剂燃烧过程中表现出了优异的催化活性[1-4]，铁氧化物负载型催化材料（rGO/Fe_2O_3 和 rGO/Fe_3O_4）的使用可显著降低 AP、TKX-50 的热分解峰温及表观活化能[5-10]，进而提升 AP-HTPB 复合推进剂的燃速[11-13]，而CuO/GO、Bi_2O_3/GO 和 PbO/GO 复合催化材料在双基系推进剂中表现出了很好的应用前景。

相较于单金属氧化物，双金属氧化物由于不同金属间的协同相互作用往往表现出不同于单金属氧化物的催化性能。近年来，已制备出许多双金属氧化物并用于固体推进剂燃烧催化领域，正向协同作用使得双金属氧化物的催化活性显著提升[14-21]。基于此，本章设计、合成了系列金属复合氧化物负载型燃烧催化材料，研究其对固体推进剂高能组分热分解性能的影响，并将其用作催化剂改善固体推进剂的燃烧性能，阐明了金属与金属、金属与石墨烯间的相互作用，筛选出在推进剂中具有较好应用潜质的催化材料[22-25]。

3.2 金属复合氧化物负载型燃烧催化材料制备与表征

3.2.1 Cu_2O-PbO/GO 复合物的制备与表征

1. Cu_2O-PbO/GO 复合物的制备

将化学计量的硝酸铅和硝酸铜溶于蒸馏水中，并加入适量的稀硝酸配制成混合溶液。称取一定量的氧化石墨烯于烧杯中，加入去离子水，超声分散 1h，加入适量的聚乙二醇-400，搅拌混合均匀。室温下，在磁力搅拌下缓慢加入铅盐和铜盐的混合溶液，搅拌 1h 后静置 2h；在搅拌下滴加稀的氢氧化钠溶液，调节溶液的 pH 值至 10，继续搅拌 1.5h；然后在 65℃下恒温搅拌 1h。静置后抽滤、洗涤、干燥，在氮气保护下 300℃煅烧 2h，即可制得 Cu_2O-PbO/GO 复合粉体。

2. Cu_2O-PbO/GO 复合物的表征

图 3-1 所示为 Cu_2O-PbO/GO 复合物的 XRD 图。由图可见，2θ 角为 28.63°、31.83°、48.60°及 54.76°处出现的特征衍射峰，对应的晶面指数分别为（101）、（110）、（112）及（211），这与标准 PDF No.05-0561 相一致，说明复合粉体中存在四方晶系结构的 PbO。而 2θ 角为 36.36°、42.24°、61.28°及 73.47°处出现的特征衍射峰，对应的晶面指数分别为（111）、（200）、（220）及（311），与属于 Cu_2O 标准立方晶系的 PDF（No.05-0667）标准卡上特征峰相符。结果表明，所得产物中含有 PbO、Cu_2O 和氧化石墨烯。

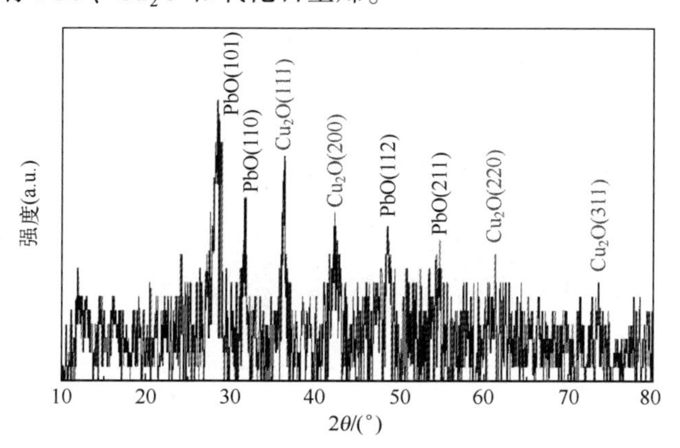

图 3-1　Cu_2O-PbO/GO 复合物的 XRD 图（见彩插）

图 3-2 所示为 Cu_2O-PbO/GO 复合物的 SEM 照片和 TEM 照片。从图 3-2（a）中可以看出，附着物均匀地分散在氧化石墨烯表面，颗粒很小且呈球状；从图 3-2（b）中可以更清晰地观察到附着物的颗粒形貌，颗粒为球形，均匀附着在氧化石墨烯表面，粒径约为 40nm。

为了更进一步确定 Cu_2O-PbO/GO 复合物附着的成分，用 EDS 对样品的成分进行分析，结果如图 3-3 所示。由图可见，产物仅含有 C、O、Cu 和 Pb 4 种元素，其中铅的质量比是最大的，达到 51.59%。因为 PbO 中 Pb 和 O 的原子比为 1∶1，所以氧化铅中含有氧的原子百分比为 8.9%。铜的质量比为 17.22%，因为 Cu_2O 中 Cu 和 O 的原子比为 2∶1，所以氧化铜中含有氧的原子百分比为 9.68%，其余 15.61%的氧为氧化石墨烯中的含氧官能团，如—OH、—COOH 等的含量。复合物中附着上的氧化铅和氧化铜对氧化石墨烯的质量比可以达到 3.24，有大量的氧化铅附着在氧化石墨烯表面。

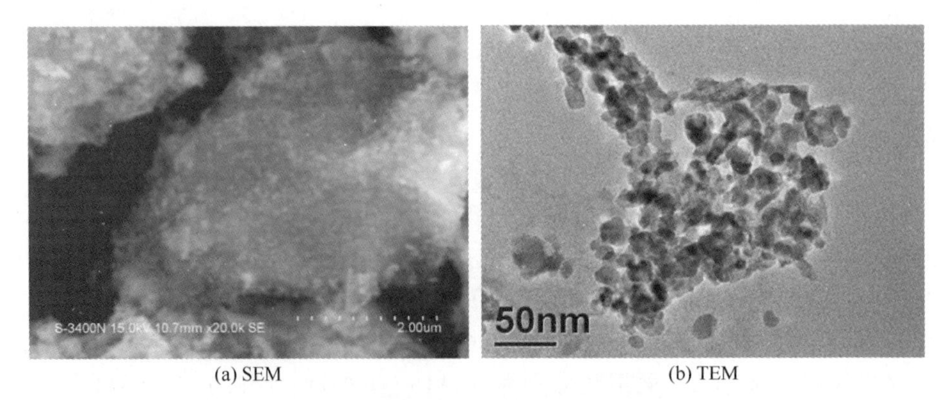

(a) SEM (b) TEM

图 3-2 Cu_2O-PbO/GO 复合物的 SEM 照片和 TEM 照片

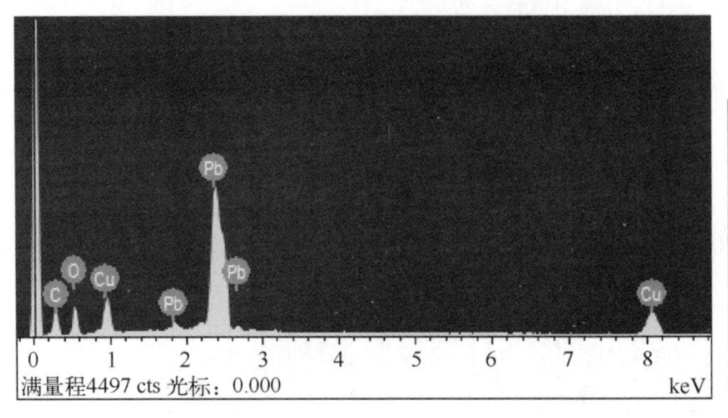

元素	质量百分比/%
C	15.88
O	15.31
Cu	17.22
Pb	51.59
总量	100.00

图 3-3 Cu_2O-PbO/GO 复合物的 EDS 微区分析图

在不改变其他反应条件的前提下，通过改变 GO 与 Cu_2O-PbO 的质量比，分别为 1∶1、1∶2、1∶3、1∶4、1∶5，制备得到 5 种产物，研究了不同质量比对氧化石墨烯附着双金属氧化物的影响。图 3-4 所示为 GO 与 Cu_2O-PbO 不同质量比制得 Cu_2O-PbO/GO 复合物的 SEM 照片。由图可见，质量比为 1∶1 时，产物中氧化石墨烯附着的颗粒较少；质量比为 1∶2 的产物中，一些颗粒状的物质附着在氧化石墨烯表面，附着量明显比 1∶1 的多，粒径约为 100nm；质量比为 1∶3 时，产物的微观形貌发生了很大变化，大量颗粒状的物质附着在氧化石墨烯的表面，且分散均匀，颗粒粒径 50nm 左右；质量比为 1∶4 时，颗粒在氧化石墨烯表面的附着量继续增大，但与 1∶3 的样品相比，分布不均匀且有部分颗粒团聚；质量比为 1∶5 时，由于质量比增大，大量颗粒附着在氧化石墨烯表面，尤其是氧化石墨烯层与层叠加在一起，导致严重的团聚现象。由此可见，随着 GO 与 Cu_2O-PbO 质量比的增加，附着物的量也随之增加，但团聚现象也越发严重，因此最佳制备条件是 GO 与 Cu_2O-PbO 质量比为 1∶3。

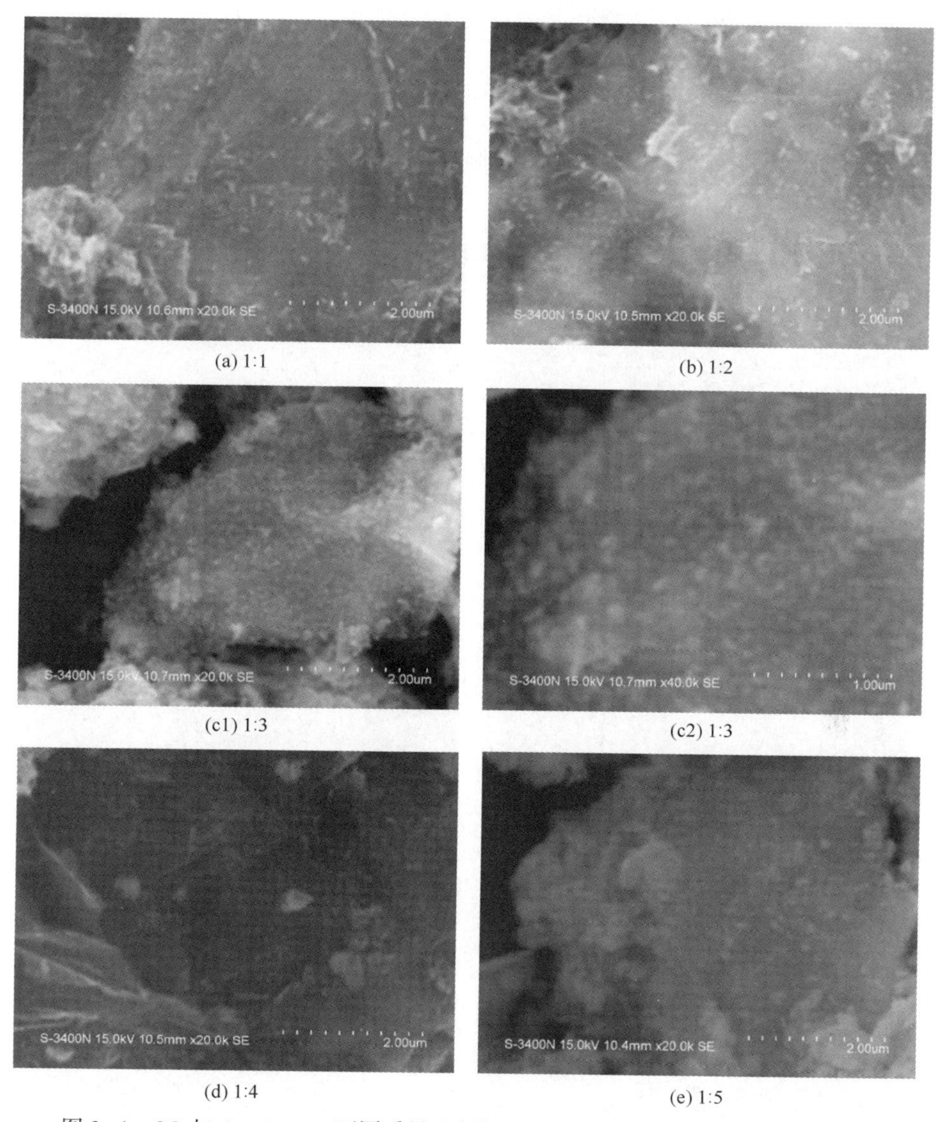

(a) 1:1　(b) 1:2

(c1) 1:3　(c2) 1:3

(d) 1:4　(e) 1:5

图3-4　GO与Cu_2O-PbO不同质量比制得Cu_2O-PbO/GO复合物的SEM照片

图3-5所示为不同pH值溶液制得Cu_2O-PbO/GO复合物的SEM照片。从图3-5（a）中可以看出，pH值为8.0时，氧化石墨烯表面已经附着了一些颗粒，但是附着量很少，颗粒形状不均匀；pH值为8.5时，图3-5（b）中可观察到一些呈球形的较大颗粒覆盖在氧化石墨烯表面，粒径为100~200nm，但分布仍不均匀；在图3-5（c）中，pH值为9.0时，附着情况发生了很大变化，氧化石墨烯表面附着了大量呈球形的颗粒，且分散情况良好，粒径为50~60nm；图3-5（d）与（c）相似，氧化石墨烯上有大量氧化物附着，分布均匀，粒径约

为60nm，但也有个别达到100nm；图3-5（e）中附着情况也较为均匀，但由于氧化石墨烯层与层重叠在一起，导致部分区域有类似颗粒团聚的现象；图3-5（f）的变化与图3-5（e）相似，虽然也可以看到有大量的颗粒附着在氧化石墨烯表面，但也存在氧化石墨烯层的重叠，附着物重叠在一起，呈现大面积的团聚现象。

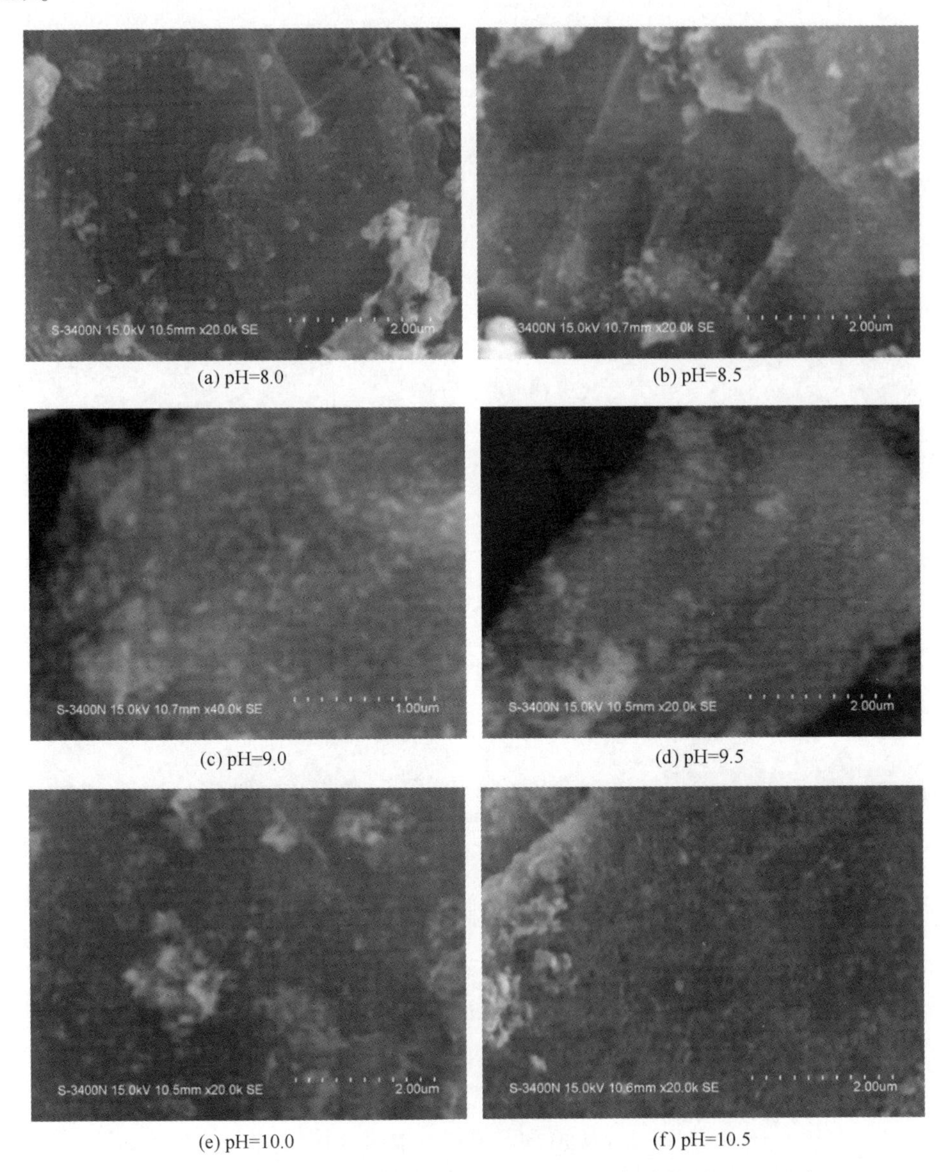

(a) pH=8.0　(b) pH=8.5　(c) pH=9.0　(d) pH=9.5　(e) pH=10.0　(f) pH=10.5

图3-5　不同pH值的溶液制得Cu_2O-PbO/GO复合物的SEM照片

由此可见，在溶液 pH 值为 8.0~10.5，复合物的附着量随 pH 值的增大而增加。在 pH 值较低时，由于 Pb、Cu 不能完全沉淀，所以附着量较少；随 pH 值增大，Pb、Cu 逐渐达到充分沉淀，溶液中铅、铜离子转化成氧化铅、氧化铜的比例变大，附着量增加。

图 3-6 所示为溶液 pH 值为 8.0、8.5、9.0、9.5、10.0、10.5 时制得 Cu_2O-PbO/GO 复合物的 XRD 图。由图可见，复合物在 2θ 角为 28.64°及 31.83°处出现特征衍射峰，对应的晶面指数分别为（101）及（110），与 PDF 标准卡上四方晶系 PbO（PDF No. 05-0561）的特征峰相符。而 2θ 角在 36.36°及 42.24°处出现的特征衍射峰，对应的晶面指数分别为（111）及（200），与属于 Cu_2O 标准立方晶系的 PDF（No. 05-0667）标准卡上特征峰相符。结果表明，所得产物是 Cu_2O、PbO 和氧化石墨烯的复合物。特征衍射峰的强度随 pH 值的增大而增强，这是因为 pH 值增大可使 Cu 和 Pb 的无机盐充分沉淀，使其更易转化成金属氧化物，造成 Cu_2O、PbO 附着量增加。

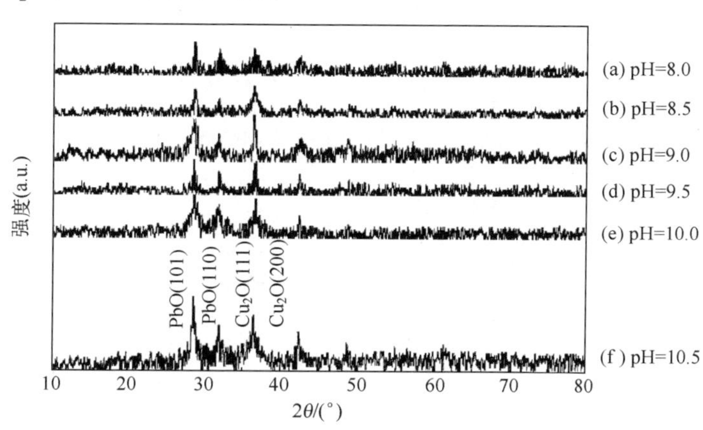

图 3-6　不同 pH 值的溶液制得 Cu_2O-PbO/GO 复合物的 XRD 图

在其他反应条件不变的前提下，研究了煅烧温度变化对附着效果的影响。煅烧温度分别为 250℃、300℃、350℃、400℃、450℃，制备得到 5 种产物，采用 XRD 对其进行了表征。图 3-7 所示为不同煅烧温度制得 Cu_2O-PbO/GO 的 XRD 图。图 3-7（a）的煅烧温度为 250℃，在 2θ 角为 36.35°及 42.23°出现了不强的特征衍射峰，与 PDF 标准卡中标准立方晶系 Cu_2O（PDF No. 05-0667）的特征峰一致，说明有 Cu_2O 生成；但未发现 PbO 的特征峰，说明在该煅烧温度下没有形成 PbO。图 3-7（b）的煅烧温度为 300℃，在 2θ 角为 28.63°及 31.83°处都出现了特征衍射峰，其对应的晶面指数分别为（101）及（110），与 PDF 标准卡中四方晶系 PbO（PDF No. 05-0561）的特征峰一致，说明该煅烧温度下已经形成了 PbO，同时 Cu_2O 的特征峰依然存在并且增强。图 3-7（c）的煅烧温度为 350℃，

在 2θ 角为 43.29° 和 50.43° 处出现了特征衍射峰，其对应的晶面指数分别为（111）及（200），与 Cu 单质标准图（PDF No. 04-0836）相符，说明该煅烧温度下 Cu_2O 被氧化石墨烯的碳还原出 Cu 单质。相比于图 3-7（b），图 3-7（c）中 PbO 的特征峰增强了，但 Cu_2O 的特征峰减弱了。图 3-7（d）的煅烧温度为 400℃，此时 PbO 的特征峰还在，但 Cu_2O 的特征峰很弱，同时 Cu 单质特征峰增强。图 3-7（e）的煅烧温度为 450℃，此时 Cu_2O、PbO 的特征峰消失了，Cu 单质的特征峰依然存在，在 2θ 角为 26.34°及 34.03°处出现的特征衍射峰，晶面指数分别为（211）及（202），与 Pb_3O_4 标准图（PDF No. 08-0019）相符。由此可见，在制备 Cu_2O-PbO/GO 复合物时，为了确保 Cu_2O 不会被还原，应将煅烧温度控制在 300℃。

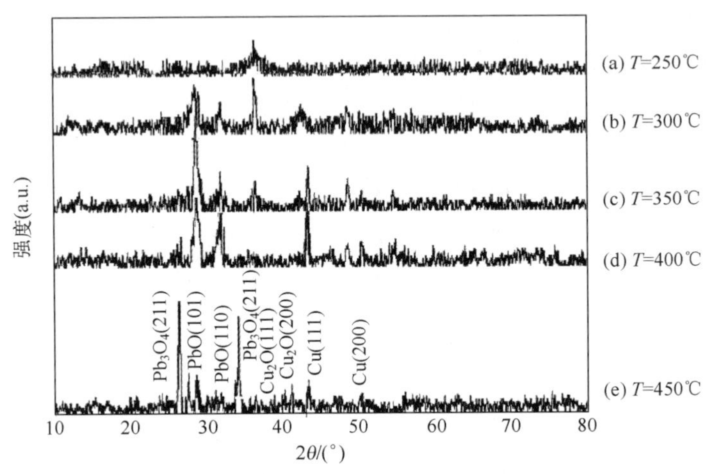

图 3-7　不同煅烧温度制得 Cu_2O-PbO/GO 的 XRD 图

3.2.2　Cu_2O-Bi_2O_3/GO 复合物的制备与表征

1. Cu_2O-Bi_2O_3/GO 复合物的制备

将 850mg 化学计量的纯 $Bi(NO_3)_2 \cdot 5H_2O$ 和 600mg $Cu(NO_3)_2 \cdot 3H_2O$ 置于圆瓶中，用 50mL 稀释硝酸超声振动溶解。取 200mg GO 粉末，用去离子水分散在烧杯中，加入 5mL 聚乙二醇-400（PEG-400）作为表面活性剂。然后，将上述含 $Bi(NO_3)_2$/$Cu(NO_3)_2$ 的硝酸溶液添加到 GO 分散液中，在室温下搅拌 1h。通过逐滴添加稀释的氢氧化钠溶液将该混合物的 pH 调节至 10.5，然后在室温下继续搅拌 1h。随后，将所得混合物在 65℃下混合 1h，之后过滤、洗涤、干燥、研磨，然后在 250℃氮气氛围下煅烧 2h，得到 Cu_2O-Bi_2O_3/GO 复合纳米粉体。

2. Cu_2O-Bi_2O_3/GO 复合物的表征

图 3-8 所示为氧化石墨烯及 Cu_2O-Bi_2O_3/GO 复合物的 XRD 图。由图可见，

在 2θ 角为 27.95°、32.68°、46.21°、46.90°、54.26°、55.48°、57.75°处出现的特征衍射峰，与单斜晶系 Bi_2O_3 标准图（PDF No.65-1209）一致；在 2θ 角为 35.54°、38.70°处出现的特征衍射峰，则与 Cu_2O 的 PDF 标准卡（PDF No.65-3288）上的特征峰基本相符，表明附着在氧化石墨烯表面的是 Cu_2O 和 Bi_2O_3。另外，原氧化石墨烯在 2θ 角为 11.60°处的特征峰消失，说明附着 Cu_2O-Bi_2O_3 的过程中，氧化石墨烯被还原成为还原型氧化石墨烯，即制备的产物为 Cu_2O-Bi_2O_3/石墨烯。

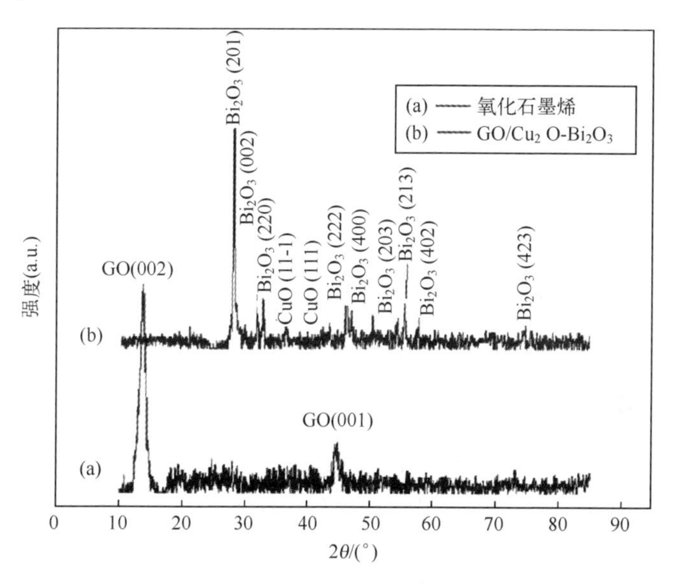

图 3-8　氧化石墨烯和 Cu_2O-Bi_2O_3/GO 复合物的 XRD 图

图 3-9（a）、（b）所示分别为 Cu_2O-Bi_2O_3/GO 复合物的 SEM 和 TEM 照片。从图 3-9（a）中可清晰地看到，两片错开的、边沿轮廓相近的 Cu_2O-Bi_2O_3/GO

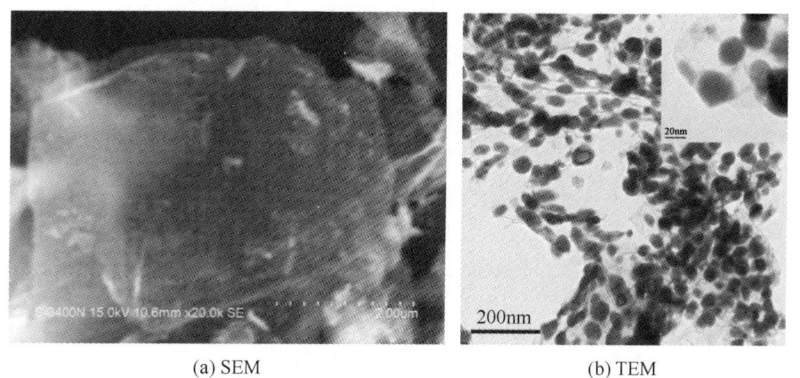

(a) SEM　　(b) TEM

图 3-9　Cu_2O-Bi_2O_3/GO 复合物的 SEM 和 TEM 照片

片，表明经附着后，氧化石墨烯更容易被剥离；氧化物颗粒附着于氧化石墨烯片上，粒径分布均匀，平均约为 40nm，均匀分散在氧化石墨烯的表面或层间，排布较为紧密。图 3-9（b）为 $Cu_2O-Bi_2O_3$/GO 的 TEM 照片，可以更清晰地观察到样品中附着颗粒的形貌为球形，粒径范围为 20~50nm，排列紧密。

采用 EDS 对样品的组成成分进行了分析，结果如图 3-10 所示。由图可见，样品仅含 C、O、Cu 和 Bi 4 种元素，说明样品单一，组分纯度较高，无其他杂质。

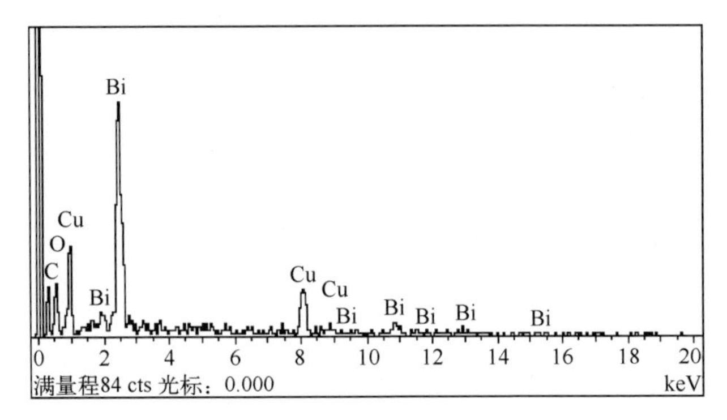

图 3-10　$Cu_2O-Bi_2O_3$/GO 复合物的 EDS 微区分析图

图 3-11 所示为氧化石墨烯、未经煅烧的前驱体及 $Cu_2O-Bi_2O_3$/GO 在氮气气氛条件下的 TG 曲线。本实验的附着量设计值为 $m(GO):m(Cu_2O):m(Bi_2O_3)=1:0.75:2.25$。

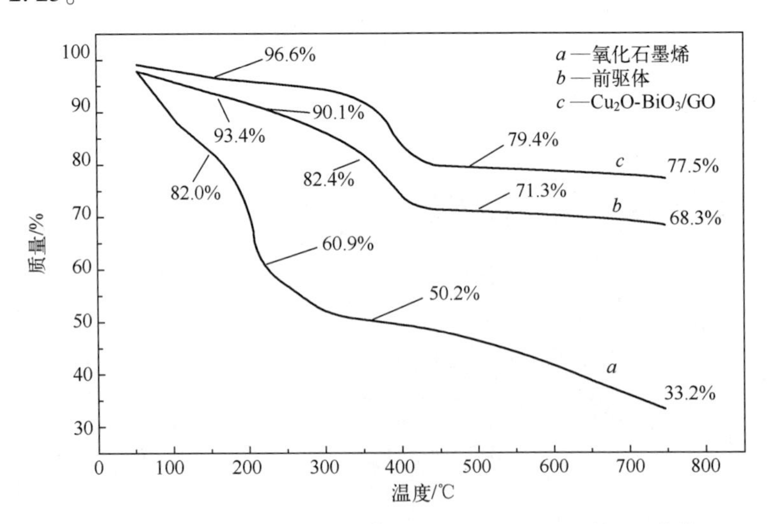

图 3-11　氧化石墨烯、前驱体及 $Cu_2O-Bi_2O_3$/GO 的 TG 曲线

图 3-11 中曲线 a 为 GO 的热失重曲线，其受热分解主要分为三个阶段：第一阶段为 150℃之前，主要是吸附的水与有机溶剂受热挥发；第二阶段为 150~300℃，主要是 GO 中不稳定的含氧官能团受热分解脱氧；第三阶段为 300℃以后，主要是 GO 中较为稳定的含氧官能团受热分解。从图 3-11 中曲线 b、c 中可以看出，未经煅烧的前驱体及 $Cu_2O-Bi_2O_3/GO$ 热稳定性大大增加，只出现两个明显的失重阶段，其原因是经碱性条件反应后，GO 被还原成还原石墨烯，含氧官能团较少，故在 300℃之前的失重量大大减小；从 450℃开始，质量变化曲线基本为平台，表明成分已趋于稳定。残留质量百分数分别为：曲线 a 为 33.2%，曲线 b 为 68.3%，曲线 c 为 77.5%，曲线 c 的残留质量略大于曲线 b 的，质量差值部分主要由高温煅烧过程中脱去的表面和层间吸附水、金属氢氧化物转化为氧化物时脱去的水的质量、氧化石墨烯部分官能团消去等构成。综上分析表明，在 $Cu_2O-Bi_2O_3/GO$ 产物中，GO∶($Cu_2O-Bi_2O_3$) ≈ 1∶3，这与原料添加量也比较吻合，金属原子附着转移到了复合催化剂中。

调节液相化学沉积的 pH 值分别为 8.5、9.5、10.5、11.5、12.5，本书研究了 pH 对附着效果的影响。对所制得的产物采用 SEM 进行了分析，结果如图 3-12 所示。从图 3-12（a）中可看出，pH 值为 8.5 时，氧化石墨烯片上金属氧化物附着量少，颗粒粒径小，平均粒径约为 20nm。图 3-12（b）对应的 pH 值为 9.5，氧化石墨烯片上附着的颗粒分散均匀，但分散稀疏，平均粒径约为 40nm。图 3-12（c）对应的 pH 值为 10.5，此条件下氧化石墨烯片上附着的颗粒较多，分散均匀，分布密集，粒径分布均匀，平均约为 40nm。图 3-12（d）、（e）对应的 pH 值分别为 11.5、12.5，均出现了附着颗粒团聚的现象，图 3-12（d）中部分附着颗粒粒径达 300nm，图 3-12（e）中部分附着颗粒粒径达 400nm，pH 值为 12.5 时产物中的较大附着颗粒数量比 pH 值为 11.5 时的多。由此可见，控制 pH 值在 10.5 时附着效果最佳。

在其他反应条件不变的前提下，本书研究了煅烧温度对附着效果的影响。控制煅烧温度分别为 200℃、250℃、300℃、350℃、400℃。所制得的产物采用 XRD 进行分析，结果如图 3-13 所示。图 3-13（a）为 200℃煅烧制得产物的 XRD 图，在 2θ 角为 35.54°、38.71°处出现的特征衍射峰，与立方晶系 CuO（PDF No. 48-1548）吻合，表明附着的铜氢氧化物已经分解成为 CuO；但并未发现任何铋化合物及金属铋的特征峰，说明该温度下铋的氢氧化物仍未分解。从图 3-13（b）制得产物（250℃煅烧）的 XRD 图可看出，在 2θ 角为 27.95°、32.68°、46.21°、46.90°、54.26°、55.48°和 57.75°的位置出现了明显的特征衍射峰，与单斜晶系 Bi_2O_3 标准图（PDF No. 65-1209）一致；在 2θ 角为 35.54°、38.70°处出现的特征衍射峰，与 Cu_2O 的 PDF 标准卡（PDF No. 65-3288）上的

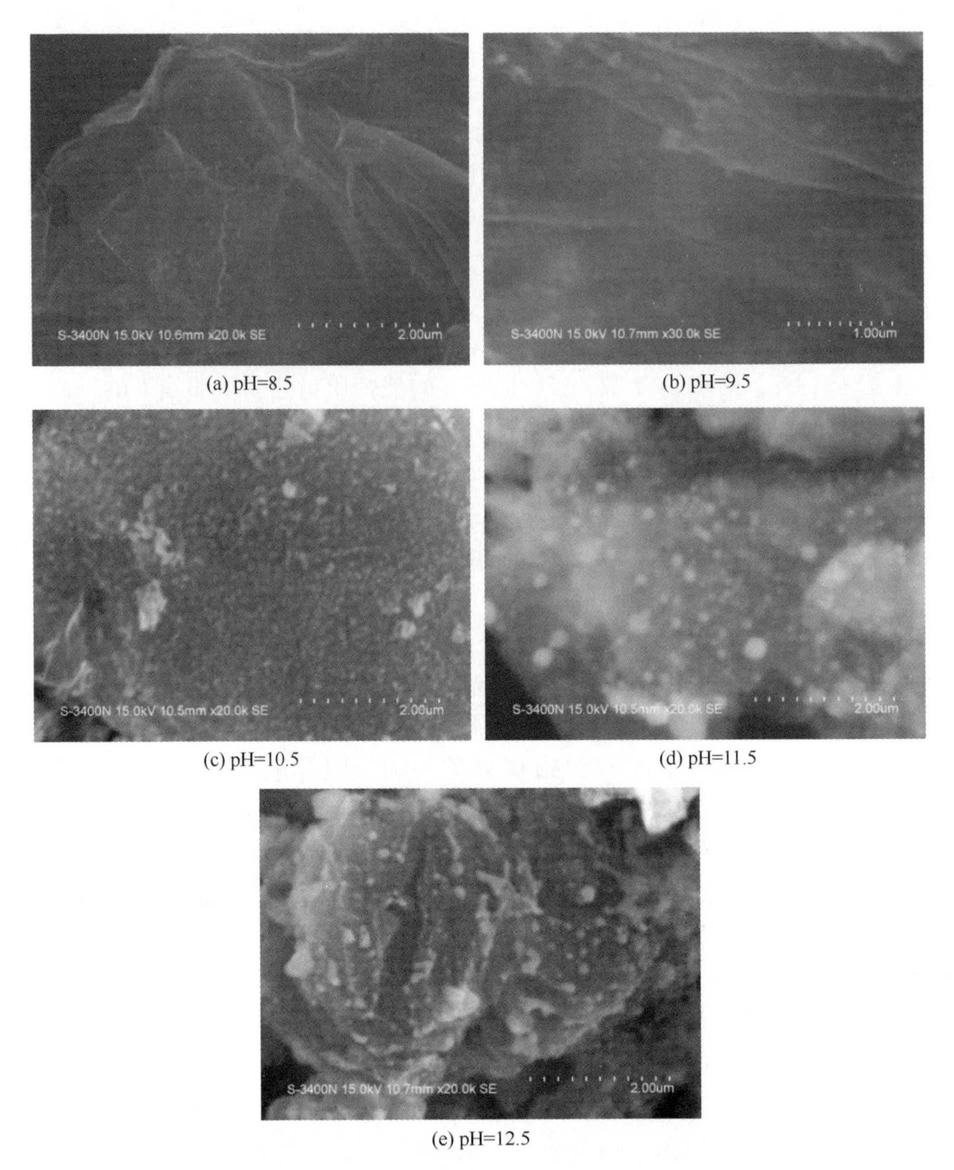

(a) pH=8.5　(b) pH=9.5

(c) pH=10.5　(d) pH=11.5

(e) pH=12.5

图 3-12　不同 pH 值的溶液制得 $Cu_2O-Bi_2O_3/GO$ 复合物的 SEM 照片

特征峰基本相符，说明该温度下，煅烧产物为 $Cu_2O-Bi_2O_3/GO$。图 3-13（c）为 300℃煅烧制得产物的 XRD 图，由图可见，Bi_2O_3 的特征衍射峰宽而弥散，表明产物中 Bi_2O_3 结晶度较差。图 3-13（d）、（e）中，铜元素均只以铜单质形式存在，说明煅烧温度过高。由此可见，在制备 $Cu_2O-Bi_2O_3/GO$ 复合物时，为了确保 Cu_2O 不会被还原，应将煅烧温度控制在 250℃。

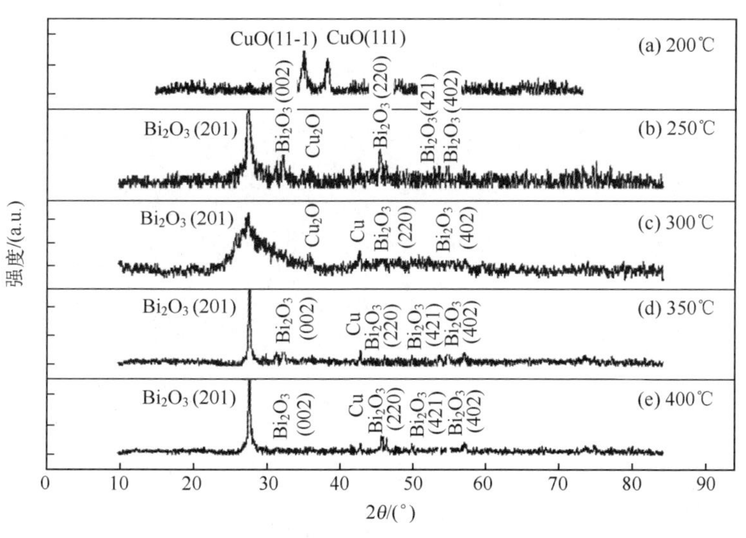

图 3-13 不同煅烧温度制得 $Cu_2O-Bi_2O_3$/GO 复合物的 XRD 图

3.2.3 MWO_4/rGO 复合物的制备与表征

1. MWO_4/rGO 复合物的制备

采用溶剂热法制备石墨烯-钨酸铅（rGO-$PbWO_4$）、石墨烯-钨酸铋（rGO-Bi_2WO_6）、石墨烯-钨酸钴（rGO-$CoWO_4$）、石墨烯-钨酸铁（rGO-$FeWO_4$）和石墨烯-钨酸锰（rGO-$MnWO_4$）复合物。将氧化石墨烯（1mg/mL）超声分散于乙二醇中，在 35mL 氧化石墨烯乙二醇分散液中加入 0.2mmol 二水合钨酸钠（$Na_2WO_4 \cdot 2H_2O$），搅拌溶解后分别加入 0.2mmol 的硝酸铅、醋酸锰、硝酸钴、氯化亚铁或 0.4mmol 的硝酸铋，搅拌至完全溶解。之后将上述反应溶液转移到 50mL 的聚四氟乙烯内衬中，于特氟龙反应釜中 200℃下反应 24h，之后冷却到室温，使用去离子水和乙醇洗涤多次，于 60℃真空干燥 24h 得到石墨烯-铁酸盐复合物。

2. MWO_4/rGO 复合物的表征

1）SEM 分析

本书通过扫描电镜显微镜测试了 rGO-$PbWO_4$、rGO-Bi_2WO_6、rGO-$CoWO_4$、rGO-$FeWO_4$和 rGO-$MnWO_4$5 种石墨烯-钨酸盐复合物的形貌图，它们的 SEM 图如图 3-14 所示。从图中可见，5 种石墨烯-钨酸盐复合物中，石墨烯均保留了较好的层状结构，表面分散有钨酸盐颗粒，表明石墨烯-钨酸盐复合物的成功制备。此外，不同的石墨烯-钨酸盐复合物中，钨酸盐的颗粒尺寸有较大的差异。其中，钨酸钴和钨酸锰的颗粒尺寸较小，在 40nm 左右，钨酸铁颗粒尺寸约为 100nm，而钨酸铅和钨酸铋的颗粒尺寸较大，均在微米尺度。这也表明，不同的金属氧化物在相同的制备条件下的结晶性不同，所形成的颗粒尺寸和形貌也会有一定的差异。众所周知，催化剂的尺寸会对其催化性能产生较为显著的影响，在分析石墨烯-钨酸盐复合物催化性能时，需结合其颗粒尺寸进行综合分析。

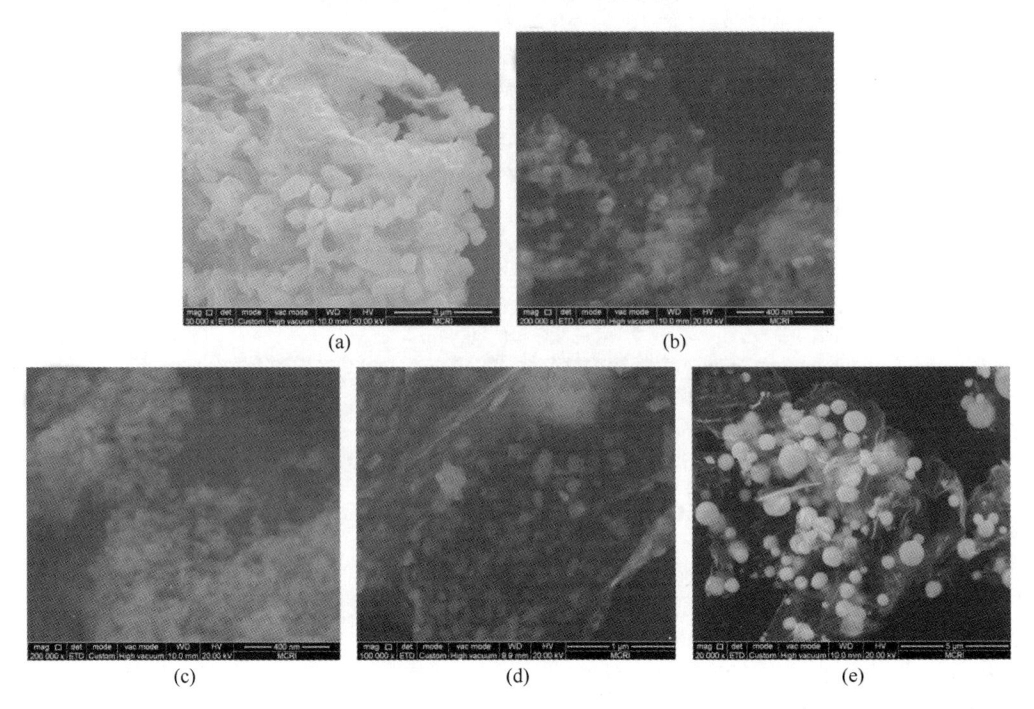

图 3-14 （a）石墨烯-钨酸铅、（b）石墨烯-钨酸钴、（c）石墨烯-钨酸锰、（d）石墨烯-钨酸铁和（e）石墨烯-钨酸铋复合物的 SEM 图

2）XRD 分析

石墨烯-钨酸盐复合物 rGO-$PbWO_4$、rGO-Bi_2WO_6、rGO-$CoWO_4$、rGO-$FeWO_4$和 rGO-$MnWO_4$的 XRD 谱图如图 3-15 所示，对应的钨酸盐的标准 XRD 谱图也绘于图中，石墨烯-钨酸盐复合物的衍射峰与相应的钨酸盐的峰较好地吻合，证实了钨酸盐成功附着于石墨烯表面。

出现于 27.4°、29.6°、32.7°、44.7°、47.0°、51.2°、55.2°、56.5°、71.4°、72.0°和 85.7°的衍射峰分别对应于钨酸铅（JCPDS No. 19-0708）的（112）、（004）、（200）、（204）、（220）、（116）、（312）、（224）、（208）、（316）和（424）晶面，证实了 rGO-$PbWO_4$的成功制备[13]。出现于 28.5°、33.0°、36.1°、47.3°、56.0°、58.3°、68.4°、76.0°、78.3°和 87.8°的衍射峰分别对应于钨酸铋（JCPDS No. 26-1044）的（103）、（200）、（202）、（220）、（303）、（107）、（400）、（109）、（307）和（318）晶面，证实了 rGO-Bi_2WO_6的成功制备[26]。位于 18.9°、23.8°、24.6°、30.6°、36.2°、36.4°、41.2°、

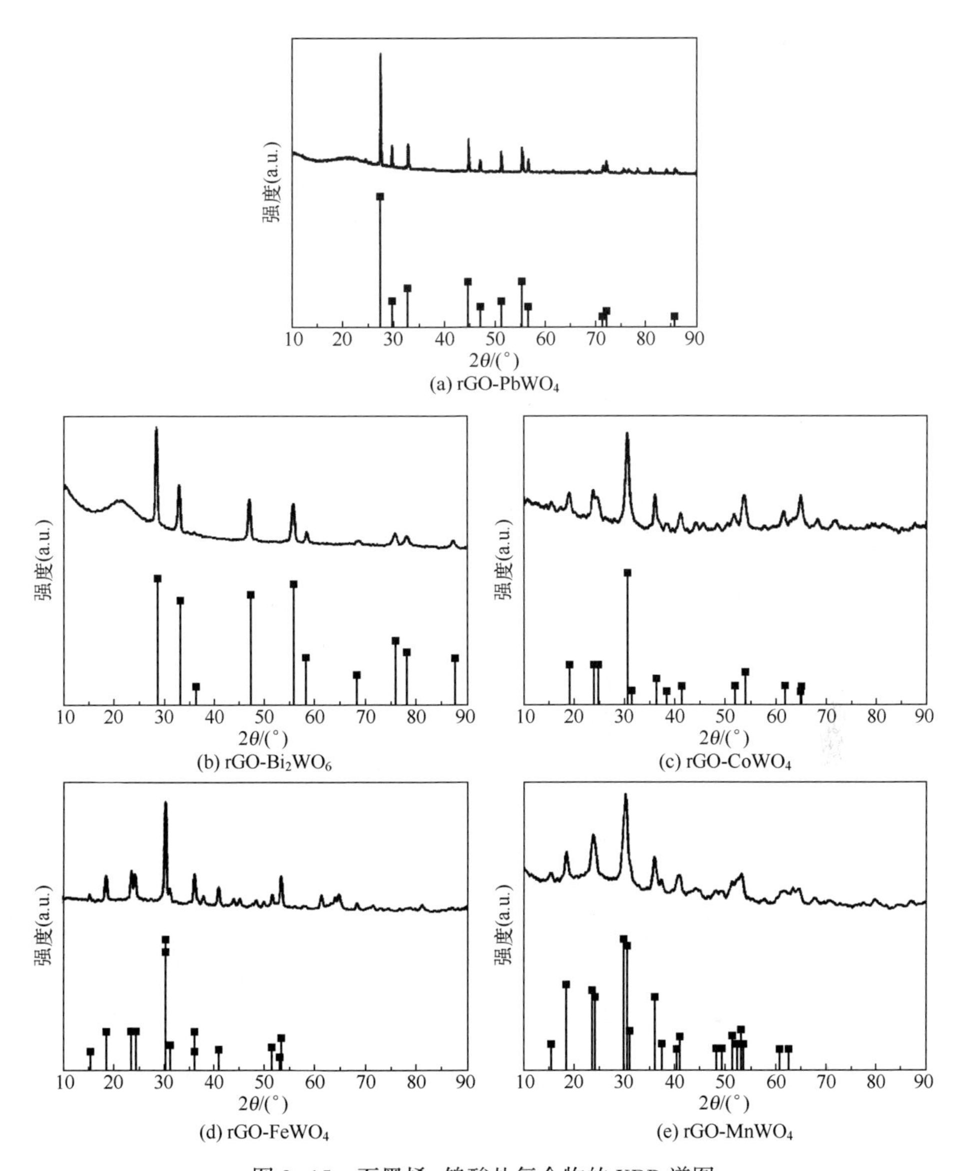

(a) rGO-$PbWO_4$

(b) rGO-Bi_2WO_6

(c) rGO-$CoWO_4$

(d) rGO-$FeWO_4$

(e) rGO-$MnWO_4$

图 3-15　石墨烯-钨酸盐复合物的 XRD 谱图

41.3°、52.0°、53.9°、54.0°、61.7° 和 65.0° 的衍射峰分别对应于钨酸钴（JCPDS No. 15-0867）的（001）、（-110）、（011）、（-111）、（200）、（120）、（-201）、（-121）、（031）、（-202）、（-122）、（-311）和（-231）晶面，证实了 rGO-$CoWO_4$的成功制备[27]。

此外，出现于 15.4°、18.6°、23.7°、24.3°、30.3°、30.4°、31.2°、36.1°、36.2°、41.0°、51.6°、53.4°和 53.5°的衍射峰分别对应于钨酸铁（JCPDS No.

46-1446）的（010）、（100）、（011）、（110）、（-111）、（111）、（020）、（002）、（021）、（-121）、（130）、（-221）和（221）晶面，证实了 rGO-$FeWO_4$的成功制备[28]。而位于 15.3°、18.3°、23.5°、24.0°、29.7°、30.2°、31.0°、35.9°、37.1°、40.2°、40.8°、48.1°、49.1°、51.1°、52.1°、52.4°、52.9°、53.2°、60.5°和 62.3°的衍射峰分别对应于钨酸锰（JCPDS No. 13-0434）的（010）、（100）、（011）、（110）、（-111）、（111）、（020）、（002）、（200）、（-102）、（121）、（022）、（220）、（130）、（-202）、（-221）、（221）、（202）、（-113）和（-311）晶面，证实了 rGO-$MnWO_4$的成功制备[29]。这些峰的出现证实了 5 种石墨烯-钨酸盐复合物的成功制备，没有其他衍射峰出现也表明了石墨烯-钨酸盐复合物较好的纯度。

3）FTIR 分析

氧化石墨烯和所制备的石墨烯-钨酸盐复合物的 FTIR 谱图如图 3-16 所示。图中出现于 3420cm^{-1}的强宽峰对应于 OH 基团的伸缩振动峰，1625cm^{-1}的峰为 OH 基团的弯曲振动峰，OH 基团来自吸附的水分子[30]。此外，位于 1730cm^{-1}的峰为氧化石墨烯表面和边缘的羧基基团—COOH 中羰基 C ═O 的伸缩振动峰。溶剂热处理后，石墨烯-钨酸盐复合物中位于 1625cm^{-1}、1730cm^{-1}和 3420cm^{-1}处的峰强度显著降低甚至消失是因为经过溶剂热过程后 GO 还原为 rGO[31]。此外，出现在低波数的峰来自金属-氧键，证实了石墨烯-钨酸盐复合物的成功制备[32-33]。

4）XPS 分析

氧化石墨烯和所制备的石墨烯-钨酸盐复合物的 XPS 谱图如图 3-17～图 3-22 所示，石墨烯-钨酸盐复合物中可检测到 C、O、W 元素，且 Pb、Bi、Co、Fe 和 Mn 元素分别出现于 rGO-$PbWO_4$、rGO-Bi_2WO_6、rGO-$CoWO_4$、rGO-$FeWO_4$和 rGO-$MnWO_4$中，没有其他元素被检测到，也表明了石墨烯-钨酸盐复合物较好的纯度。如图 3-17 所示，氧化石墨烯的 C1s 谱图可分为 4 个主要的峰，位于 284.4eV、

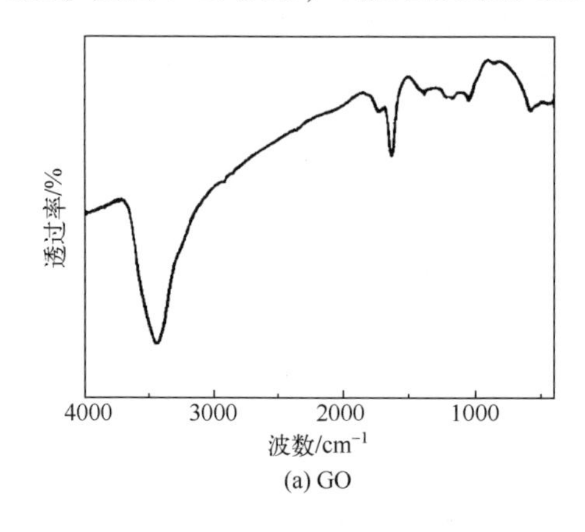

(a) GO

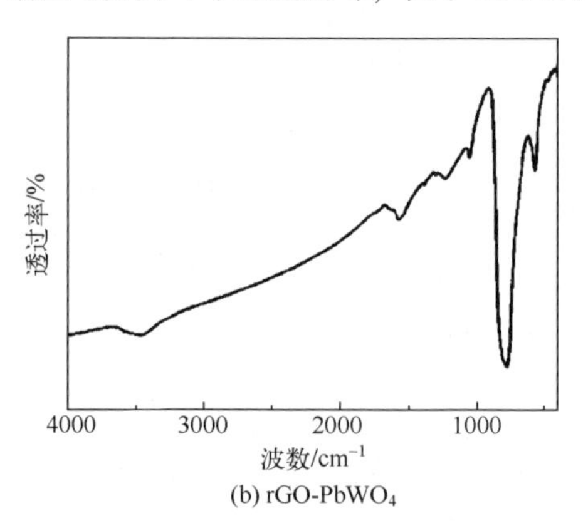

(b) rGO-$PbWO_4$

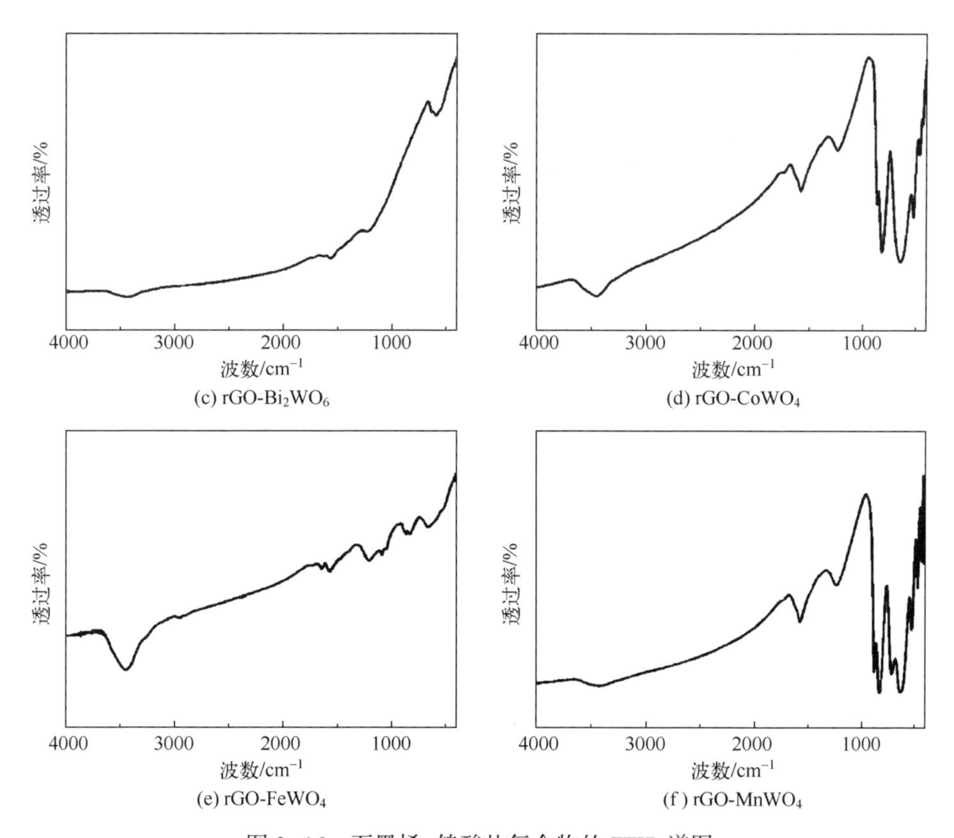

图 3-16　石墨烯-钨酸盐复合物的 FTIR 谱图

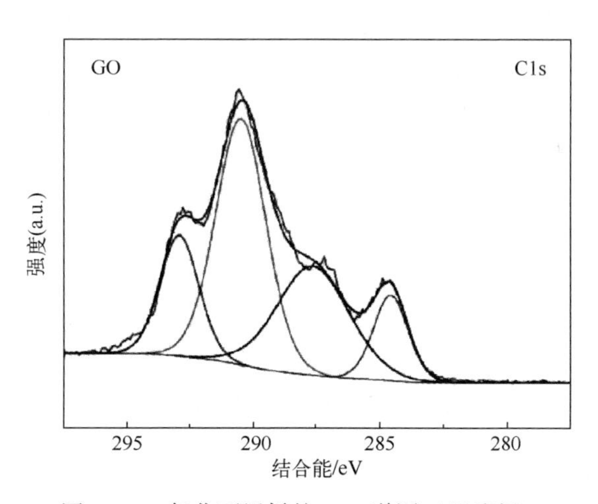

图 3-17　氧化石墨烯的 XPS 谱图（见彩插）

287.2eV、289.5eV 和 290.8eV，这 4 个峰分别对应于 sp^2杂化 C、C—OH 基团、羰基 C ═O 和羧基基团[34]。

然而，溶剂热处理后，石墨烯-钨酸盐复合物的 C1s 谱图中仅出现 sp^2杂化 C 和 C—O 基团的两个峰，且 sp^2杂化碳的峰强度显著增加，表明 GO 还原为 rGO。此外，位于 138.6eV 和 143.5eV 的峰为 Pb4f 的峰，位于 164.2eV 和 158.9eV 的峰位可归因于 Bi4f，出现于 781eV 和 787eV 的双峰峰为 Co2p 的峰，出现于 710.3eV 和 714.7eV 的峰为 Fe2p 的峰，而位于 641.2eV 和 653.0eV 的峰归属于 Mn2p，上述峰的出现也证实了这些石墨烯-钨酸盐复合物的成功制备[35-36]。

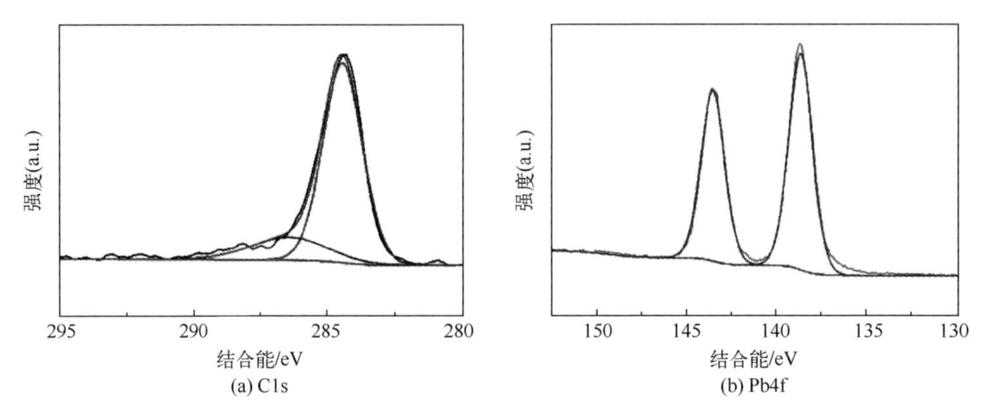

图 3-18　石墨烯-钨酸铅复合物的 XPS 谱图（见彩插）

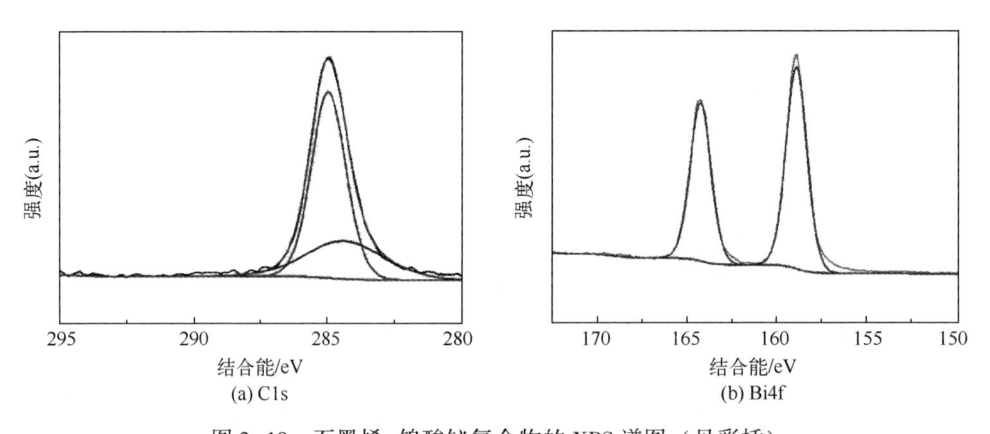

图 3-19　石墨烯-钨酸铋复合物的 XPS 谱图（见彩插）

5）RAMAN 分析

氧化石墨烯和石墨烯-钨酸盐复合物的 RAMAN 谱图如图 3-23 所示。出现于 $1340cm^{-1}$（D 带）的峰与蜂窝石墨层结构的缺陷和无序相关，而出现于 $1580cm^{-1}$（G 带）的峰对应于石墨的 E_{2g}模式，与二维蜂窝晶格中 sp^2碳原子的振动相关[8]。

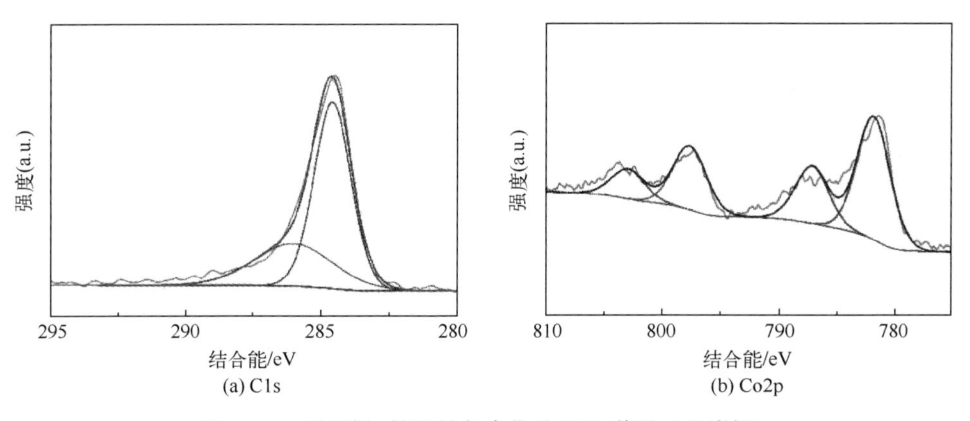

图 3-20　石墨烯-钨酸钴复合物的 XPS 谱图（见彩插）

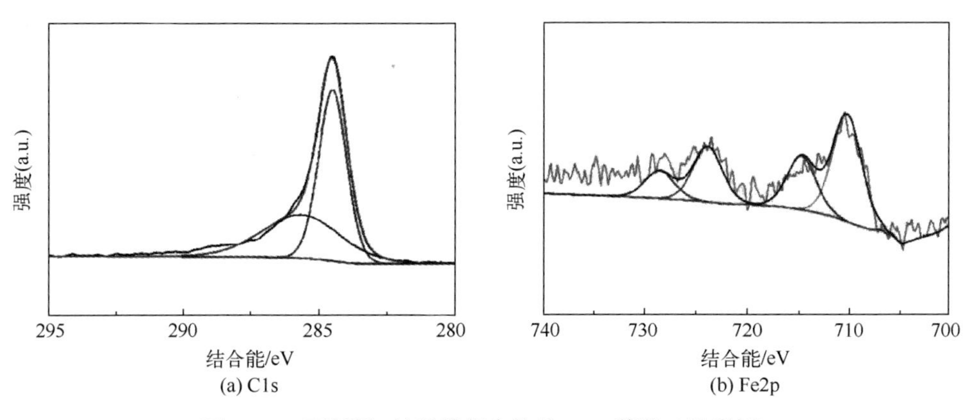

图 3-21　石墨烯-钨酸铁复合物的 XPS 谱图（见彩插）

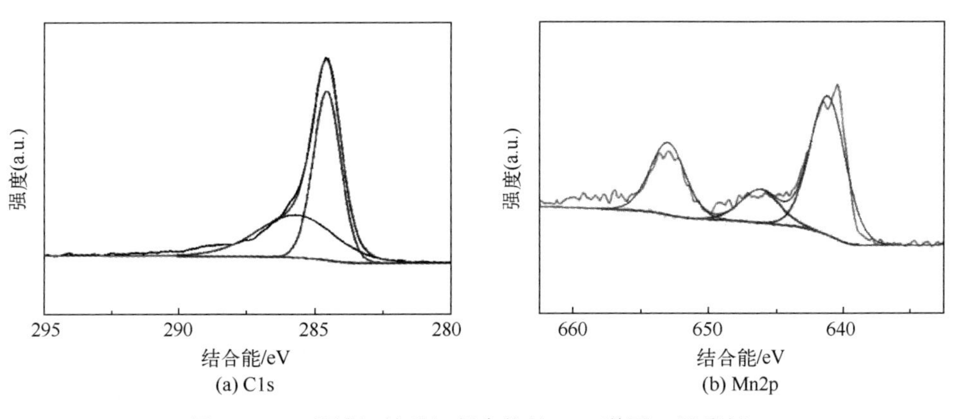

图 3-22　石墨烯-钨酸锰复合物的 XPS 谱图（见彩插）

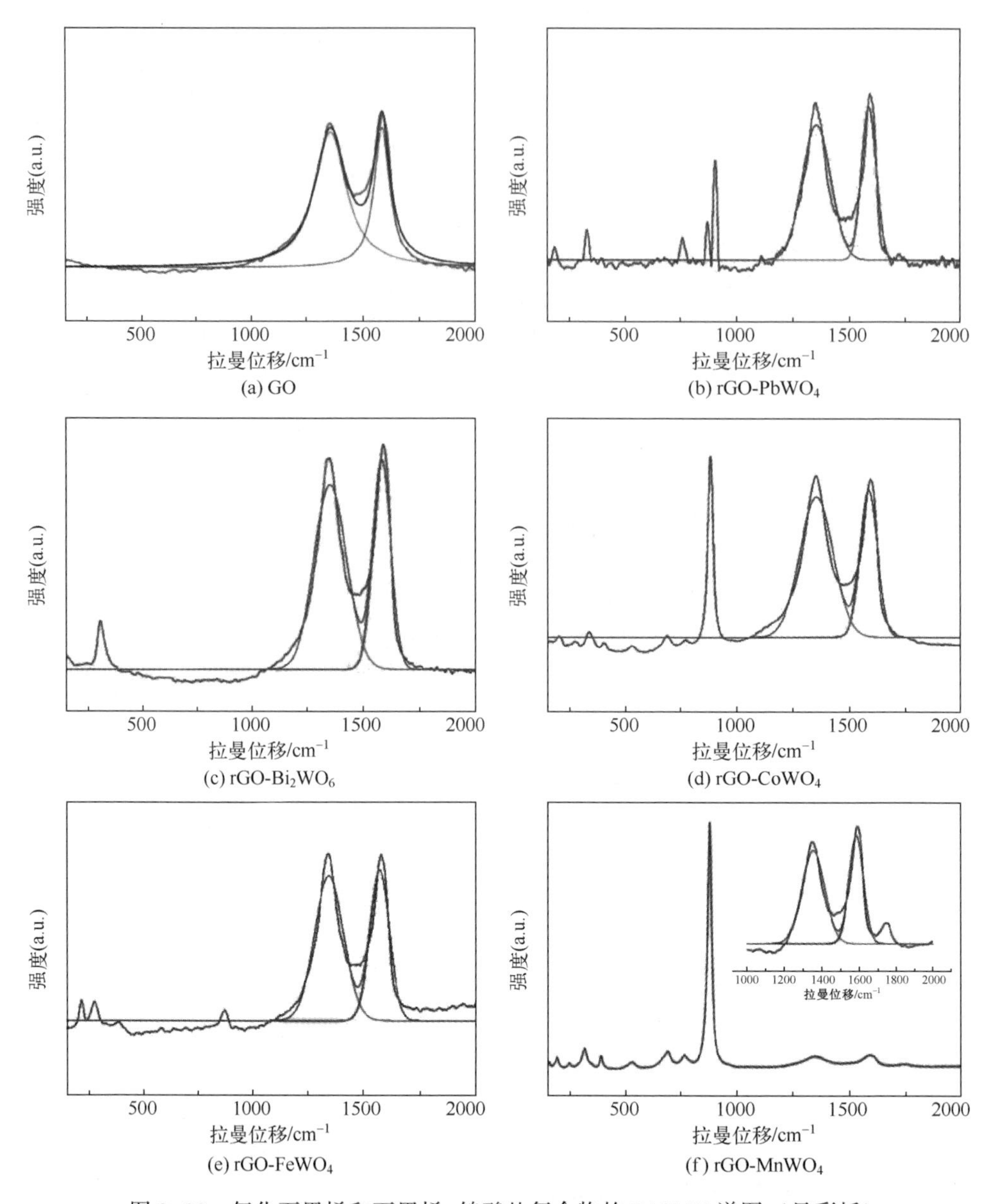

图 3-23 氧化石墨烯和石墨烯-钨酸盐复合物的 RAMAN 谱图（见彩插）

计算结果表明，rGO-$PbWO_4$、rGO-Bi_2WO_6、rGO-$CoWO_4$、rGO-$FeWO_4$和 rGO-$MnWO_4$的 I_D/I_G值分别为 1.67、1.61、1.81、1.48 和 1.40，相比氧化石墨烯的 1.90 有所降低，表明溶剂热过程使得氧化石墨烯还原，无序度有所降低[13]。此外，出现于低波数的峰对应于 O 和金属的运动，证实了石墨烯-钨酸盐复合物的成功制备。

3.2.4　$PbSnO_3$/rGO 复合物的制备与表征

1. $PbSnO_4$/rGO 复合物的制备

在 30mL 蒸馏水中加入 60mg GO 粉末，剧烈搅拌 30min 后，超声处理 2h，得到 GO 在水中的分散液。将 0.116g $SnCl_4 \cdot 5H_2O$ 和 0.110g $Pb(NO_3)_2$ 依次加入 GO 的水分散液，搅拌 10min 后，滴加氨水至 pH = 10。最后将所得到的液体加入 50mL 聚四氟乙烯内衬的反应釜中，在 180℃下反应 24h。自然冷却到室温后，将生成物离心分离，用蒸馏水和无水乙醇洗涤数次。将得到的样品 50℃干燥 4h 即得 $PbSnO_3$/rGO。

2. $PbSnO_4$/rGO 复合物的表征

$PbSnO_3$/rGO 的 XRD 谱图（图 3-24）的所有衍射峰与 JCPDS 卡（17-0607）上的 $PbSnO_3$ 一致，$2\theta = 28.9°$、33.5°、48.1°、57.1°、59.9°、77.8°和 80.2°的衍射峰分别对应 $PbSnO_3$ 的（222）、（400）、（440）、（622）、（444）、（662）和（840）晶面。

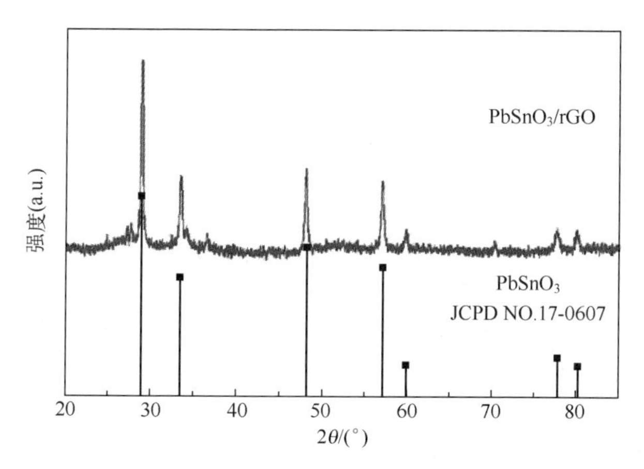

图 3-24　$PbSnO_3$/rGO 的 XRD 谱图

图 3-25 展示了 $PbSnO_3$/rGO 的微观结构。在 $PbSnO_3$/rGO 的低倍放大图像中（图 3-25（a），25000 倍）只能看到石墨烯的褶皱状结构，但是石墨烯片层的透明度较低，由 XRD 分析可知石墨烯并未发生严重堆叠（没有出现 24.8°的石墨峰）。在将图像放大到 600000 倍时发现 $PbSnO_3$ 以粒径约为 10nm 的大小附着在石墨烯上，拥有非常优异的分散性。

(a) 25000倍

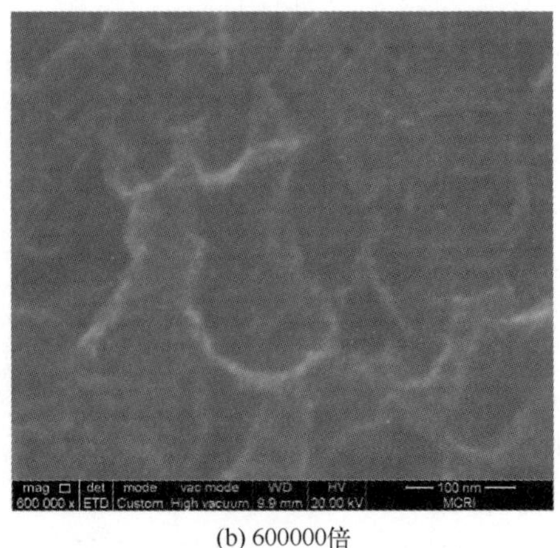

(b) 600000倍

图 3-25　$PbSnO_3$/rGO 的 SEM 图像

3.2.5　MFe_2O_4/rGO 复合物的制备与表征

1. MFe_2O_4/rGO 复合物的制备

铁酸盐 MFe_2O_4（M=Ni、Zn 或 Co）采用溶剂热法制备，将 5mmol 六水氯化铁（$FeCl_3 \cdot 6H_2O$）分别与 2.5mmol 六水氯化镍（$NiCl_2 \cdot 6H_2O$）、六水氯化钴（$CoCl_2 \cdot 6H_2O$）和氯化锌（$ZnCl_2$）搅拌溶解于 60mL 乙二醇中。之后加入 3.6g 的醋酸钠和 1.0g 的聚乙二醇到上述溶液中，搅拌至完全溶解。将反应溶液置于 100mL 聚四氟乙烯内衬中，于 Teflon 反应釜中 180℃下反应 24h，之后冷却到室温，使用去离子水和乙醇洗涤多次，于 60℃真空干燥 24h 得到铁酸盐颗粒。

石墨烯-铁酸盐复合物 rGO-MFe_2O_4（M=Ni、Zn 或 Co）采用溶剂热法制备。氧化石墨烯（1mg/mL）超声分散于乙醇中，在 60mL 氧化石墨烯乙醇分散液中加入 1mmol 九水硝酸铁 $Fe(NO_3)_3 \cdot 9H_2O$，之后在上述溶液分别加入 0.5mmol 的六水硝酸镍 $Ni(NO_3)_2 \cdot 6H_2O$、六水硝酸锌 $Zn(NO_3)_2 \cdot 6H_2O$ 或六水硝酸钴 $Co(NO_3)_2 \cdot 6H_2O$，搅拌溶解。之后使用氢氧化钠水溶液（6mol/L）调节上述溶液的 pH 值为 10。将上述反应溶液转移到 100mL 的聚四氟乙烯内衬中，于 Teflon 反应釜中 180℃下反应 24h，之后冷却到室温，使用去离子水和乙醇洗涤多次，于 60℃真空干燥 24h 得到石墨烯-铁酸盐复合物。

2. MFe_2O_4/rGO 复合物的表征

1）形貌和尺寸分析

铁酸钴（$CoFe_2O_4$）、铁酸镍（$NiFe_2O_4$）和铁酸锌（$ZnFe_2O_4$）的 SEM、TEM 和 HRTEM 形貌图如图 3-26 所示。SEM 结果表明，铁酸盐 $NiFe_2O_4$、$ZnFe_2O_4$

和 $CoFe_2O_4$微球的颗粒尺寸为(70±10)nm、(300±70)nm 和(220±50)nm。TEM 结果表明，$NiFe_2O_4$、$ZnFe_2O_4$和 $CoFe_2O_4$样品由纳米颗粒团聚成中空微球结构。HRTEM 结果表明，$NiFe_2O_4$、$ZnFe_2O_4$和 $CoFe_2O_4$样品中出现了面间距分别为 0.250nm、0.247nm 和 0.248nm 的清晰晶格条纹，分别对应于 $NiFe_2O_4$、$ZnFe_2O_4$和 $CoFe_2O_4$的（311）晶面，证实了铁酸盐的成功制备。

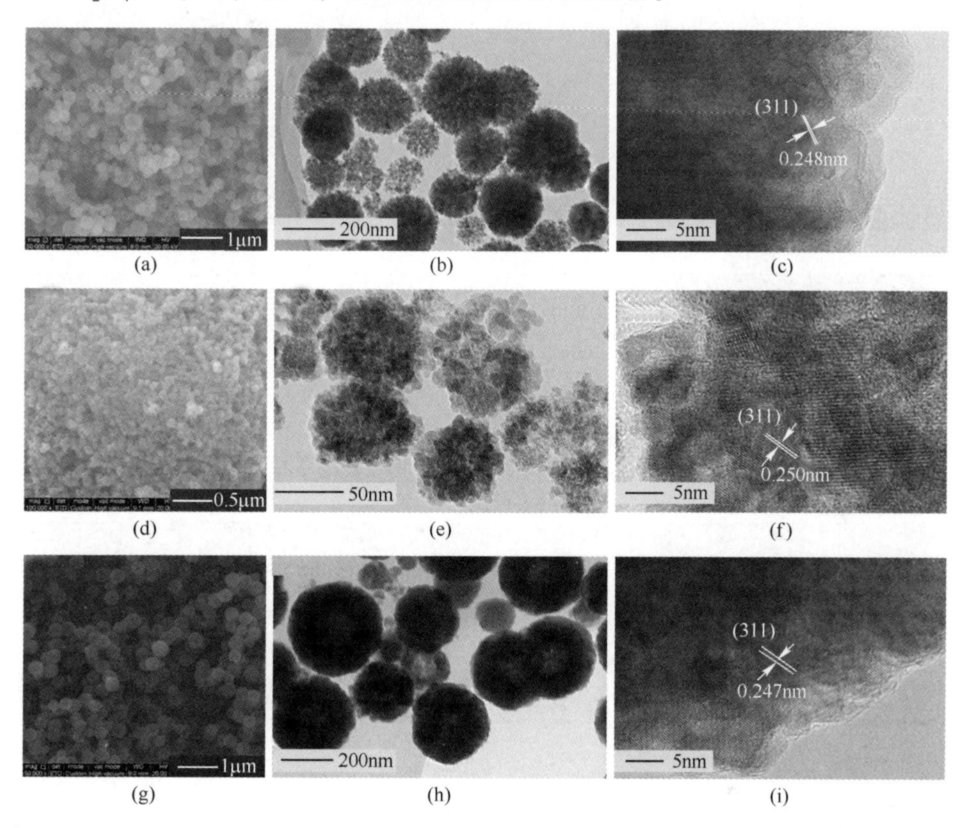

图 3-26　$CoFe_2O_4$（(a)~(c)）、$NiFe_2O_4$（(d)~(f)）和 $ZnFe_2O_4$（(g)~(i)）的 SEM（(a)、(d) 和(g)）、TEM（(b)、(e) 和(h)）和 HRTEM（(c)、(f) 和 (i)）形貌图

此外，对所制备的石墨烯-铁酸钴（rGO-$CoFe_2O_4$）、石墨烯-铁酸锌（rGO-$ZnFe_2O_4$）和石墨烯-铁酸镍（rGO-$NiFe_2O_4$）复合物进行了 SEM、TEM 和 HRTEM 表征，结果如图 3-27 所示。SEM 结果表明，铁酸盐颗粒成功制备并锚定于石墨烯表面，不同于所制备的铁酸盐，石墨烯-铁酸盐复合物中铁酸盐的颗粒尺寸较小。同时，在所制备的石墨烯-铁酸盐复合物中，石墨并未表现出较好的单层及少层结构，说明在溶剂热及后处理过程中，石墨烯发生了团聚。而 TEM 图中纳米铁酸盐颗粒均匀地分散在石墨烯表面，这是因为超声过程有助于铁酸盐

在石墨烯表面的分散。HRTEM 结果表明，rGO-$NiFe_2O_4$、rGO-$ZnFe_2O_4$和 rGO-$CoFe_2O_4$出现清晰晶格条纹，这些条纹分别对应于$NiFe_2O_4$、$ZnFe_2O_4$和$CoFe_2O_4$的（311）晶面，也表明石墨烯-铁酸盐复合物的成功制备。

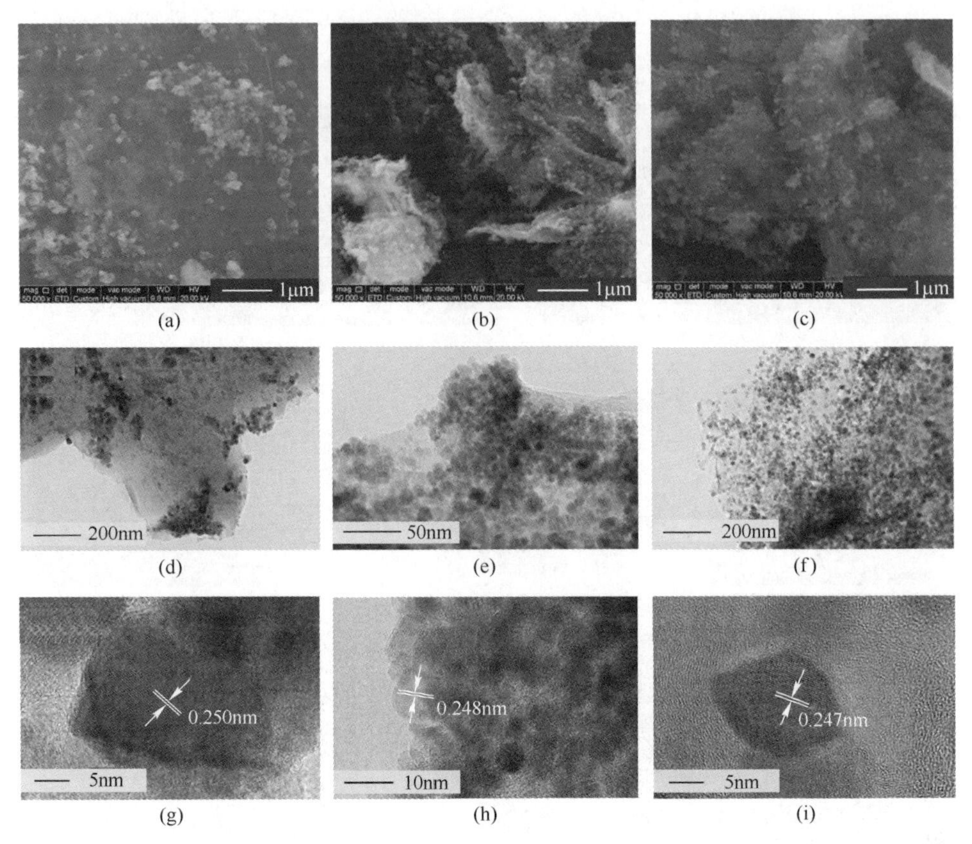

图 3-27　rGO-$NiFe_2O_4$（(a)、(d) 和 (g)）、rGO-$CoFe_2O_4$（(b)、(e) 和 (h)）和 rGO-$ZnFe_2O_4$（(c)、(f) 和 (i)）复合物的 SEM（(a)~(c)、TEM (d) ~ (f) 和 HRTEM（(g)~(i)）图

2）XRD 分析

$CoFe_2O_4$、$NiFe_2O_4$和 $ZnFe_2O_4$的 XRD 谱图如图 3-28 所示。出现于 $2\theta=18.2°$、30.0°、35.4°、37.0°、43.0°、53.4°、56.9°、62.5°和 74.0°的衍射峰分别对应于$CoFe_2O_4$的（111）、(220)、(311)、(222)、(400)、(422)、(511)、(440) 和（533）晶面（JCPDS No. 22-1086）。此外，$NiFe_2O_4$（JCPDS No. 54-0964）和$ZnFe_2O_4$（JCPDS No. 22-1012）的（111）、（220）、（311）、（222）、(400)、(422)、（511）、（440）和（533）晶面的衍射峰也出现于$NiFe_2O_4$和

$ZnFe_2O_4$样品的 XRD 图谱中。上述衍射峰的出现证实了 MFe_2O_4（M=Co、Ni 和 Zn）的成功制备。此外，根据 Scherrer 方程计算了平均晶粒尺寸，$NiFe_2O_4$、$CoFe_2O_4$和 $ZnFe_2O_4$的平均晶粒尺寸分别为 13.17nm、18.14nm 和 26.16nm。

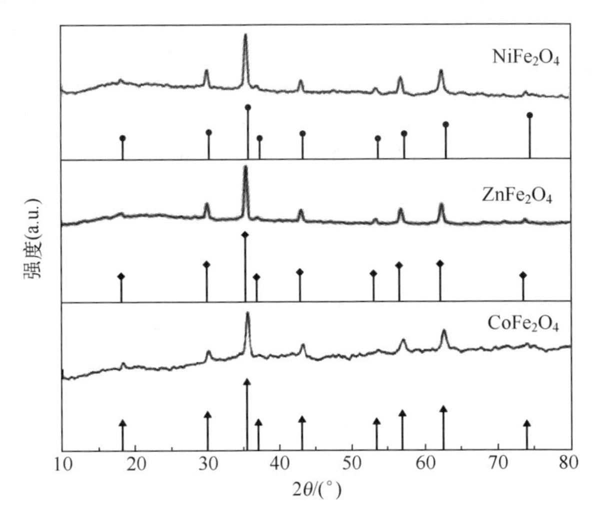

图 3-28　$CoFe_2O_4$、$NiFe_2O_4$和 $ZnFe_2O_4$的 XRD 谱图

rGO-MFe_2O_4（M=Ni、Zn 和 Co）复合物的 XRD 谱图如图 3-29 所示。上述 $NiFe_2O_4$、$CoFe_2O_4$和 $ZnFe_2O_4$的衍射峰分别出现在 rGO-$NiFe_2O_4$、rGO-$CoFe_2O_4$和 rGO-$ZnFe_2O_4$复合物的 XRD 图谱中，证实了石墨烯-铁酸盐复合物的成功制备。

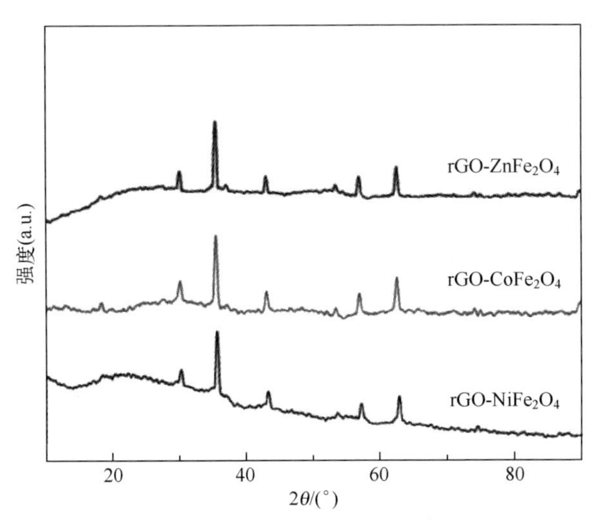

图 3-29　rGO-$NiFe_2O_4$、rGO-$CoFe_2O_4$和 rGO-$ZnFe_2O_4$复合物的 XRD 谱图

3）FTIR 分析

MFe_2O_4和 rGO-MFe_2O_4（M=Ni、Co 和 Zn）复合物的 FTIR 谱图如图 3-30 所示。出现于 $3420cm^{-1}$和 $1625cm^{-1}$的吸收峰对应于羟基基团（OH）的伸缩和弯曲振动峰，来自铁酸盐表面吸附的水分子。出现于 $550cm^{-1}$和 $415cm^{-1}$附近的强吸收峰分别来自四面体位置上的 M—O（M=Zn、Co 和 Ni）和八面体位置的 Fe—O 键，这些峰的出现证实了铁酸盐及其石墨烯复合物的成功制备[37]。此外，出现于铁酸盐样品中 $1400cm^{-1}$、$1050cm^{-1}$和 800cm 附近的峰归属于用于分散的表面活性剂聚乙二醇的 C—OH、C—O 和 C—H 键的振动。

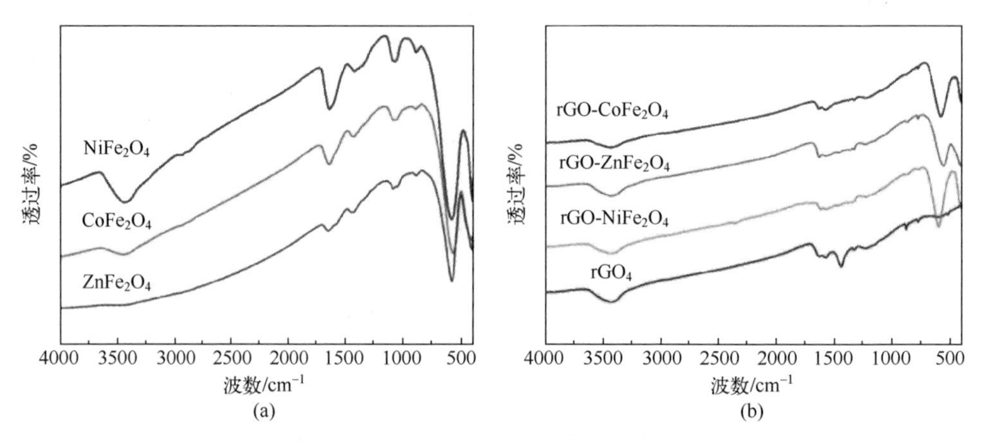

图 3-30　MFe_2O_4和 rGO-MFe_2O_4（M=Ni、Co 和 Zn）复合物的 FTIR 谱图

4）XPS 分析

MFe_2O_4和 rGO-MFe_2O_4（M=Ni、Co 和 Zn）复合物的 XPS 谱图如图 3-31 和图 3-32 所示。MFe_2O_4和 rGO-MFe_2O_4（M=Ni、Co 和 Zn）复合物中出现了 C、O 和 Fe 元素，并且 Ni、Zn 和 Co 分别出现于 $NiFe_2O_4$（rGO-$NiFe_2O_4$）、$ZnFe_2O_4$

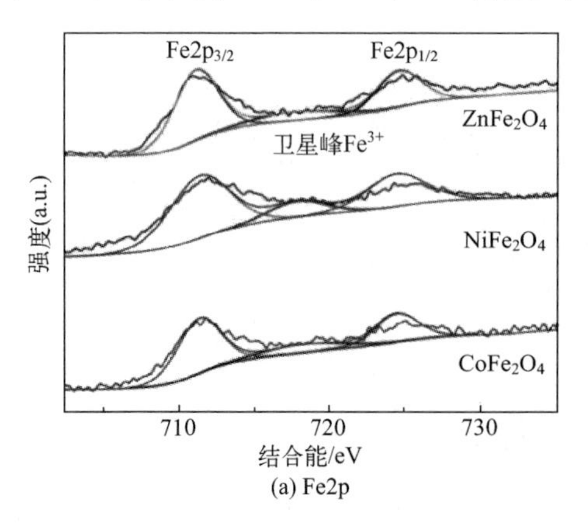

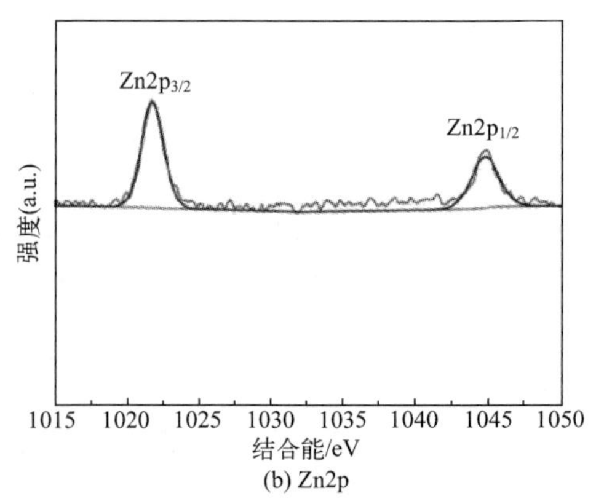

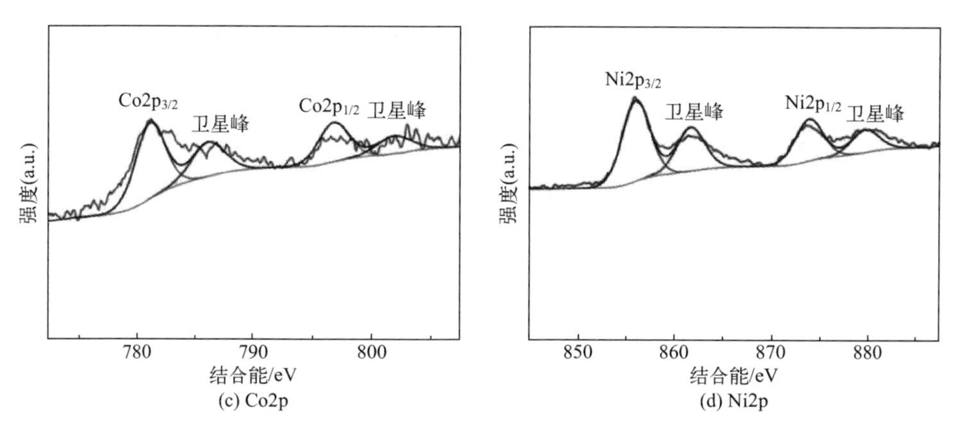

(c) Co2p　(d) Ni2p

图 3-31　MFe_2O_4（M=Ni、Co 或 Zn）复合物的 XPS 谱图（见彩插）

（rGO-$ZnFe_2O_4$）和 $CoFe_2O_4$（rGO-$CoFe_2O_4$）中，证实了铁酸盐和石墨烯-铁酸盐复合物的成功制备。

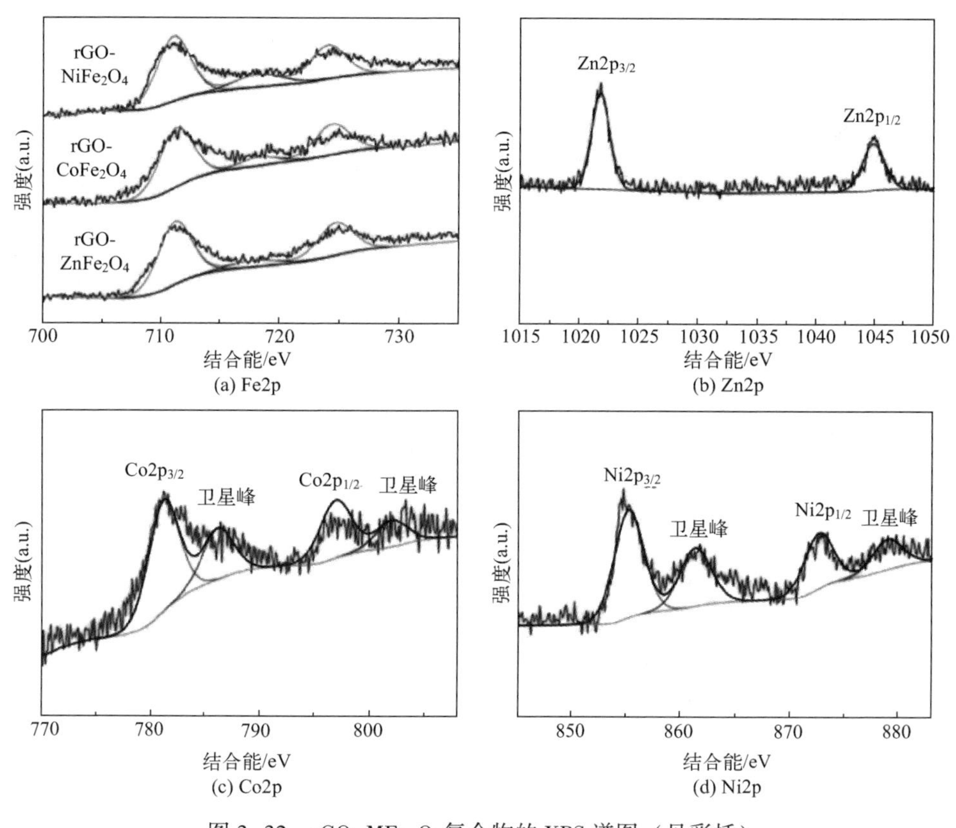

(a) Fe2p　(b) Zn2p

(c) Co2p　(d) Ni2p

图 3-32　rGO-MFe_2O_4复合物的 XPS 谱图（见彩插）

在 Fe2p 谱图中位于 711eV 和 725eV 的峰，对应于 $Fe2p_{3/2}$和 $Fe2p_{1/2}$，Fe2p 峰以及 $Fe2p_{3/2}$卫星峰的出现证实了 Fe^{3+}的存在[38]。对于 $CoFe_2O_4$，出现于 780.9eV 和 796.6eV 的峰对应于 Co^{2+} 的 $Co2p_{3/2}$ 和 $Co2p_{1/2}$[39]。而出现于 856.0eV 和 873.8eV（1021.8eV 和 1044.8eV）的峰对应于 Ni^{2+}的 $Ni2p_{3/2}$和 $Ni2p_{1/2}$[40]（Zn^{2+}的 $Zn2p_{3/2}$和 $Zn2p_{1/2}$[41]），这些峰的出现证实了 $NiFe_2O_4$（rGO-$NiFe_2O_4$）、$ZnFe_2O_4$（rGO-$ZnFe_2O_4$）和$CoFe_2O_4$（rGO-$CoFe_2O_4$）的成功制备。

5）RAMAN 分析

GO、rGO、rGO-MFe_2O_4（M = Ni、Zn 和 Co）复合物的 RAMAN 谱图如图 3-33 所示，出现在 1340cm^{-1}（D 带）附近的拉曼峰与蜂窝状石墨层中的缺陷和无序有关，出现在 1580cm^{-1}（G 带）处的拉曼峰对应于二维蜂窝石墨晶格中 sp^2碳原子的 E_{2g}模式[8]。计算表明，GO、rGO、rGO-$NiFe_2O_4$、rGO-$ZnFe_2O_4$和 rGO-$CoFe_2O_4$的 I_D/I_G比值分别是 1.90、1.53、1.78、1.77 和 1.66，表明溶剂热反应后 rGO 和 rGO-MFe_2O_4（M = Ni、Zn 和 Co）复合物中的 sp^2碳原子比例增加[37]。此外，位于 rGO-MFe_2O_4（M = Ni、Zn 和 Co）复合物中 600cm^{-1}以上的波数归因于 O 在四面体群（AO_4）中的运动，其他低频声子模是由八面体群（BO_6）中的金属离子引起的，对应于八面体群中 M—O 键的对称和反对称弯曲[42]。上述峰的出现证实了 rGO-$NiFe_2O_4$、rGO-$ZnFe_2O_4$和 rGO-$CoFe_2O_4$复合物的成功制备。

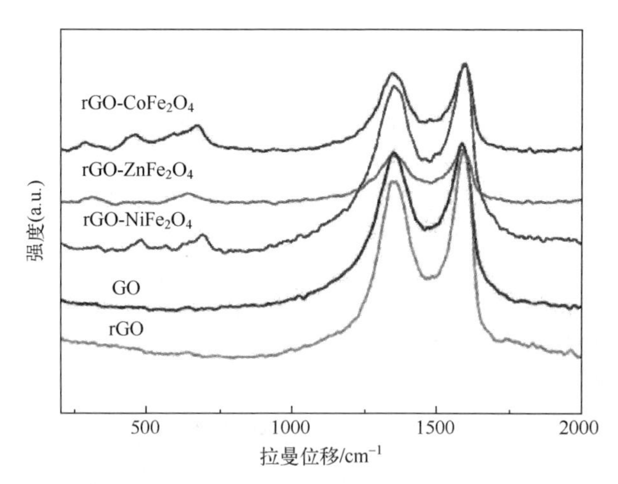

图 3-33 GO、rGO、rGO-$NiFe_2O_4$、rGO-$ZnFe_2O_4$和 rGO-$CoFe_2O_4$复合物的 RAMAN 谱图

3.2.6　Al/GO/$CuFe_2O_4$复合物的制备与表征

1. Al/GO/$CuFe_2O_4$复合物的制备

通过溶剂热法制备 $CuFe_2O_4$金属复合氧化物。将 2.703g $FeCl_3 \cdot 6H_2O$ 和 0.852g $CuCl_2 \cdot 2H_2O$ 在超声条件下分别溶于 35mL 的乙二醇溶剂中。之后在持续的磁力搅拌下将分散剂 1g PVP 溶于 $FeCl_3 \cdot 6H_2O$ 溶液中，待溶液澄清后将上述两个溶液混合并超声至均匀。之后将 2.46g CH_3COONa 加入该溶液中并持续强磁力搅拌得到均相溶液。将得到的均相溶液转移至 100mL 聚四氟乙烯内衬的不锈钢高压反应釜中，在 180℃下反应 12h。待反应釜自然冷却至室温后，将产物经稀盐酸、无水乙醇和去离子水离心清洗以去除试剂残留物，并在 60℃下干燥 12h 得到 $CuFe_2O_4$纳米颗粒。

Al/GO/$CuFe_2O_4$含能纳米复合材料的制备示意图如图 3-34 所示，该纳米复合材料中各组分质量根据当量比（Φ）计算：

$$\Phi=\frac{[n(\text{fuel})/n(\text{oxide})]_{\text{实际}}}{[n(\text{fuel})/n(\text{oxide})]_{\text{化学计量}}}$$

式中：n（fuel）表示燃料 Al 的物质的量；n（oxide）表示氧化物 $CuFe_2O_4$的物质的量。燃料与氧化物的化学计量比根据 Al 和 $CuFe_2O_4$发生铝热反应的反应方程式计算：$8Al+3CuFe_2O_4=4Al_2O_3+3Cu+6Fe$。选用 IPA 和 DMF 作为悬浮剂，是因为纳米铝粉可以均匀稳定地分散在 IPA 中，而 GO 在极性有机溶剂 DMF 中能够被很好地剥离并稳定分散。

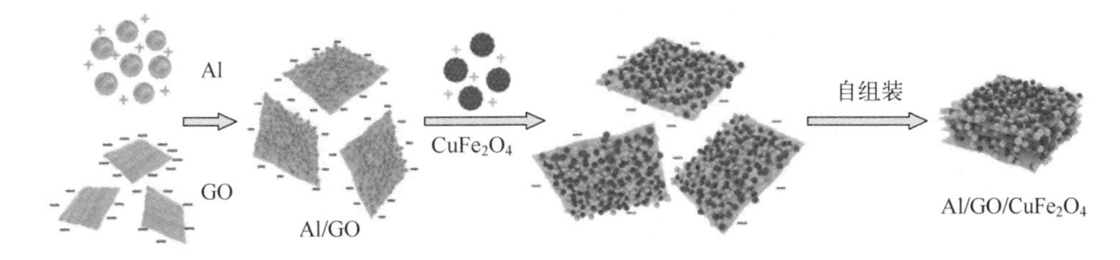

图 3-34　Al/GO/$CuFe_2O_4$含能纳米复合材料的制备示意图

以 $m_{总}=500mg$、$\omega_{GO}=5\%$、$\Phi=1.5$ 为例，具体的制备过程如下：将 179.0mg Al 和 296.0mg $CuFe_2O_4$分别分散于 20mL IPA 与 DMF 的混合试剂（1∶1；v/v）中，在 600W 的超声功率下超声 3h，同时取 25mg GO 分散于 25mL DMF 试剂中并超声 4h，得到浓度为 1mg/mL 的 GO 悬浮液。之后向 GO 悬浮液中加入 Al 悬浮液超声分散 1h，再将 $CuFe_2O_4$悬浮液加入至已分散均匀的 Al/GO 悬浮液中超声作用 1h，得到 Al/GO/$CuFe_2O_4$悬浮液。从均匀分散的 Al/GO/$CuFe_2O_4$悬浮液中取少量置于样品瓶中，以便于观察比较悬浮液的沉降现象。之后将剩余悬浮液静置直至发生沉降，倒出上层清液并将下层离心分离，在真空干燥箱中60℃干燥24h，即得到Al/GO/$CuFe_2O_4$复合材料。使用相同的方法制备不同GO含量（0~10%，Φ=1.5）和不同当量比（Φ=1.0~1.75，ω_{GO}=5%）的复合材料，以探究GO的作用并确定最佳GO含量和最佳当量比，各组分的具体质量如表3-1和表3-2所示。

表3-1　不同GO含量下Al/GO/$CuFe_2O_4$（Φ=1.5）中各组分的质量

GO/%	Al/(74.6 %, mg)	GO/mg	$CuFe_2O_4$/mg	m(Al/GO/$CuFe_2O_4$)/mg
0	188.4	0	311.6	500
2.5	183.7	12.5	303.8	500
5.0	179.0	25.0	296.0	500
7.5	174.3	37.5	288.2	500
10.0	169.6	50.0	280.4	500

表3-2　不同当量比下Al/GO/$CuFe_2O_4$（ω_{GO}=5%）中各组分的质量

Φ	Al/(74.6 %, mg)	GO/mg	$CuFe_2O_4$/mg	m(Al/GO/$CuFe_2O_4$)/mg
1.00	136.5	25	338.5	500
1.25	159.2	25	315.8	500
1.50	179.0	25	296.0	500
1.75	196.5	25	278.5	500

2. Al/GO/$CuFe_2O_4$复合物的表征

1）XRD分析

对制备的$CuFe_2O_4$和Al/GO/$CuFe_2O_4$复合材料以及购买的GO进行XRD表征，以分析样品的结晶度以及复合材料的相组成，结果如图3-35（a）所示。可以看到$CuFe_2O_4$的XRD图在18.34°、30.18°、35.54°、43.20°、53.60°、57.14°和62.74°处有7个明显的衍射峰，与尖晶石结构的$CuFe_2O_4$（JCPDS 77-0010）标准卡片的（111）、（220）、（311）、（400）、（422）、（511）和（440）晶面完全对应，表明已经成功制备了高纯度的$CuFe_2O_4$。与$CuFe_2O_4$相比，Al/GO/$CuFe_2O_4$（Φ=1.5）纳米复合材料的XRD图有5个额外的衍射峰，其中38.47°、44.74°、65.13°和78.23°处的4个尖锐的衍射峰分别对应于Al（JCPDS 04-0787）标准卡片的（111）、（200）、（220）和（311）晶面。在2θ=9.08°处的峰对应于GO的特征峰，与纯GO的特征峰（2θ=9.73°）相比，复合物中GO的特征峰向小角度发生偏移，这可能是因为在超声作用下GO引导Al和$CuFe_2O_4$组装增加了 GO 的层间距。以上分析结果表明成功制备了纳米复合材料 Al/GO/$CuFe_2O_4$。图 3-35（b）是不同当量比（Φ）条件下 Al/GO/$CuFe_2O_4$的 XRD 图，图中 Al 和 $CuFe_2O_4$的最强衍射峰峰值随着 Φ 值的增加而增加，也表明了复合物中组分含量的变化。

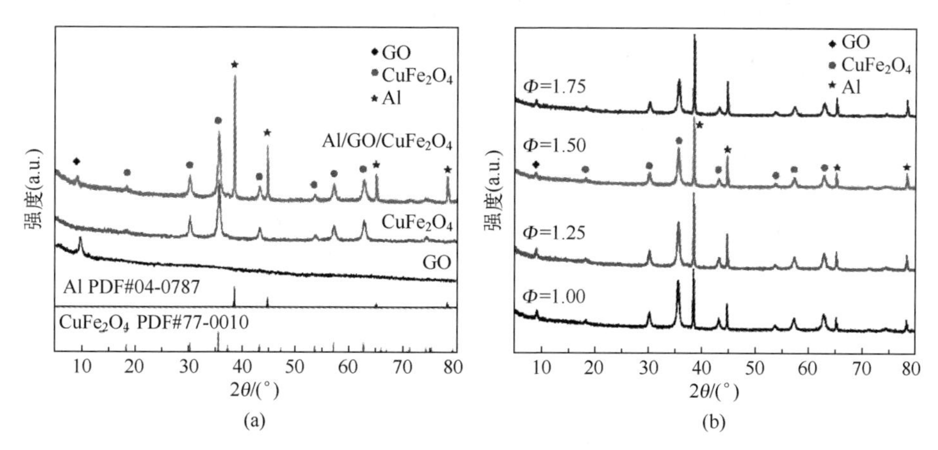

图 3-35 （a）GO、$CuFe_2O_4$和 Al/GO/$CuFe_2O_4$纳米复合材料（Φ=1.50）和（b）不同 Φ 值下的 Al/GO/$CuFe_2O_4$纳米复合材料的 XRD 图

2）SEM 分析

图 3-36（(a)~(h)）是各组分悬浮液（Al、$CuFe_2O_4$和 GO）和含有不同 GO 含量（0~10%）的 Al/GO/$CuFe_2O_4$纳米复合材料的稳定分散液在静置 4h 后的照片，图 3-36（(d′)~(h′)）展示了 Al/GO/$CuFe_2O_4$离心分离并干燥后的表观颜色。从图片中可以看到 Al、$CuFe_2O_4$和 GO 悬浮液在静置 4h 后仍然保持良好的分散。对于 Al/$CuFe_2O_4$（对照样品，ω_{GO}=0%），因为两组分均带正电荷，因此仍处于稳定状态。但是离心后却发生了相分离，即离心干燥后的固体表现出了明显的红棕色区域（$CuFe_2O_4$）和灰白色区域（Al），如图 3-36（d′）所示，并且离心时需要更高的转速（10000r/min）和更长时间（30min）才可以使固体和液体分离。相分离在很大程度上减少了燃料（Al）与氧化剂（$CuFe_2O_4$）之间的接触面积，导致含能材料的性能很不稳定，从而限制了该材料的应用。添加 GO 后，虽然 Al/GO（2.5%）/$CuFe_2O_4$悬浮液在 4h 后未发生完全沉淀，但随着 GO 含量的增加（5~10%），悬浮液出现了明显的分层（图 3-37（f）），即上层清液和底部沉淀，离心干燥后的固体也呈现出均匀的灰色（图 3-36（f′））。表明所有固体组分同时发生了沉降并且没有发生相分离，使燃料和氧化剂之间的接触面积得到了很大程度的改善。

图 3-37 是单组分、Al/$CuFe_2O_4$和 Al/GO/$CuFe_2O_4$（Φ=1.5）反应前后的代

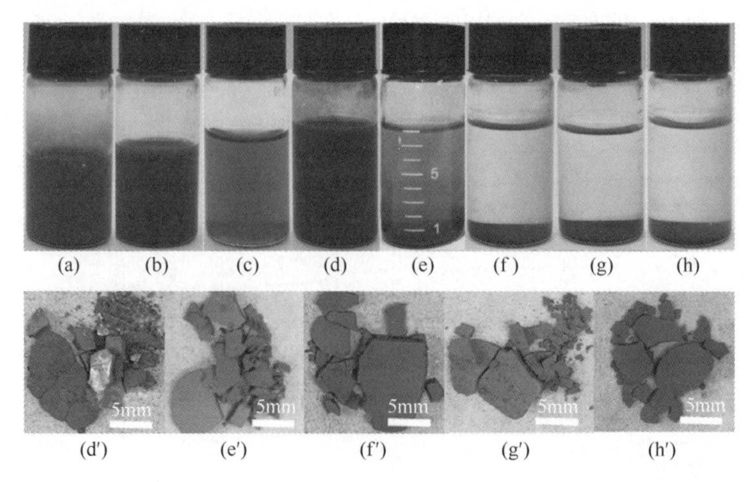

图 3-36　Al、$CuFe_2O_4$、GO 和具有不同 GO 含量（(d)～(h)；0～10%）的 Al/GO/$CuFe_2O_4$（Φ=1.50）悬浮液静置 4h 后的图片以及（(d)～(h)）离心干燥后（(d′)～(h′)）的图片（见彩插）

表性 SEM 和 TEM 图，以及 Al/GO/$CuFe_2O_4$（Φ=1.5）的元素含量和分布图。从图中可以看出纳米 Al 表面光滑且粒径在 80～240nm 范围内（图 3-37（a）），纳米 $CuFe_2O_4$颗粒表面粗糙且平均粒径大约 200nm（图 3-37（b）），GO 则呈现出单层超薄形貌（图 3-37（c））。从图 3-37（d）可以看出 Al 和 $CuFe_2O_4$都各自出现严重的团聚，Al/$CuFe_2O_4$发生了相分离。与 Al/$CuFe_2O_4$相比，加入 GO 后形成了多层的致密结构（图 3-37（e）），而且制备的 Al/GO/$CuFe_2O_4$复合材料中 Al 和 $CuFe_2O_4$ 混合均匀并且均匀附着在 GO 表面（图 3-37（f））。从 TEM 图（图 3-37（g））中也可以看到 Al/GO/$CuFe_2O_4$是由褶皱的 GO、灰白色的 Al 球和黑色的 $CuFe_2O_4$颗粒组成的。图 3-37（h）是样品 Al/GO/$CuFe_2O_4$在 N_2中加热至 900℃后的形貌，图片显示该产物中有大量的孔存在，表明样品在反应过程中没有发生严重的团聚，这也得益于在 GO 引导作用下 Al 和 $CuFe_2O_4$的均匀分布。根据 EDS 分析（图 3-37（i））可知复合物中 C、Al、O、Fe 和 Cu 的元素比例与理论比例接近，并且各元素分布均匀（图 3-37（j））。

3）RAMAN 和 FTIR 光谱分析

图 3-38（a）是 $CuFe_2O_4$、Al、GO 和 Al/GO/$CuFe_2O_4$（Φ=1.5）的拉曼图谱，用来表征组装前后 GO 的结构变化，在 1354cm^{-1}和 1598cm^{-1}处的两个特征峰为 D 带和 G 带，分别是由于碳原子的缺陷和 sp^2 碳原子的 E_{2g}模式振动引起的。在 Al/GO/$CuFe_2O_4$的拉曼图谱中也可以看到 GO 的两个特征峰，与纯 GO 的 D 带与 G 带的强度之比（I_D/I_G=0.88）相比，复合材料的 I_D/I_G值更高为 0.96，说明组装后 GO 中的缺陷增加，这有利于反应中的物质传递。

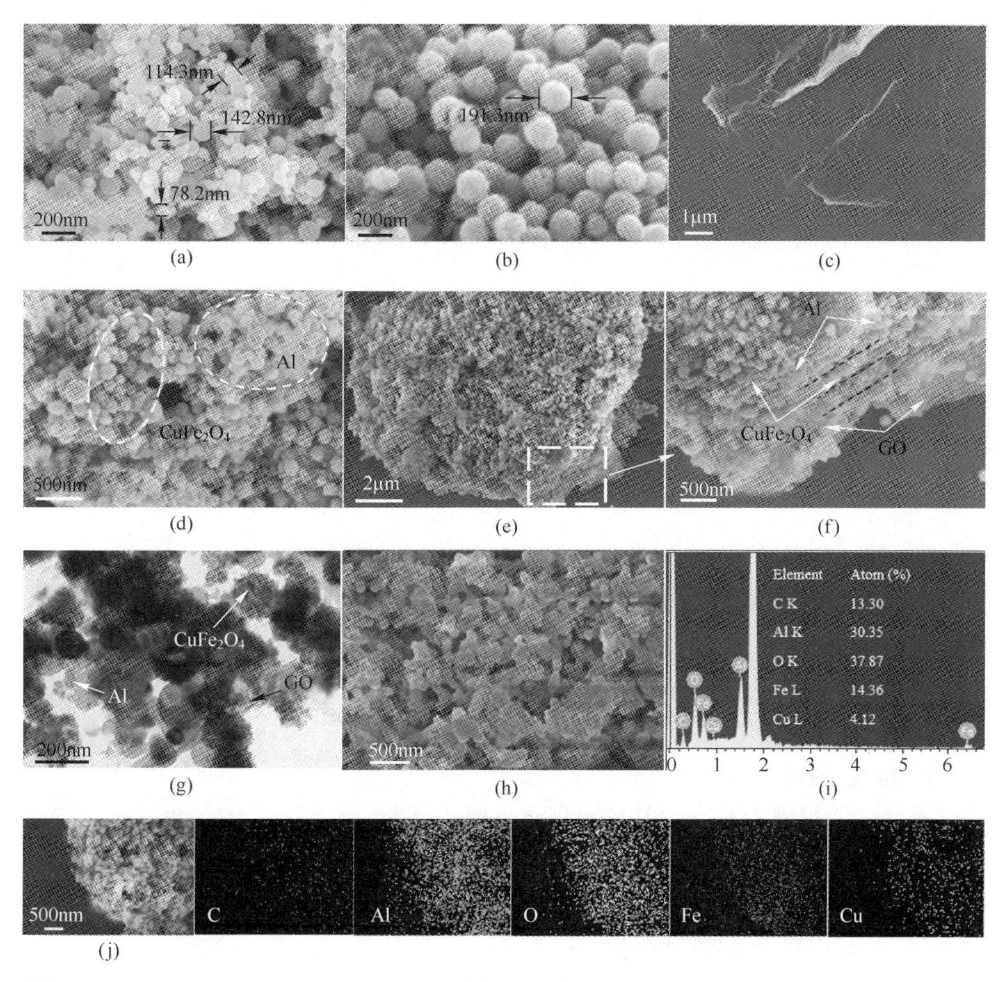

图 3-37 Al、$CuFe_2O_4$、GO、Al/$CuFe_2O_4$的 SEM 图；Al/GO/$CuFe_2O_4$（Φ=1.50）的（e）、（f）SEM 和（g）TEM 图以及（h）该样品在 N_2中加热至 900℃的产物（见彩插）

图 3-38（b）是 Al、GO、$CuFe_2O_4$和 Al/GO/$CuFe_2O_4$（Φ=1.5）的傅里叶红外图谱，用来表征样品中大量的含氧官能团。根据 GO 的 FT-IR 图谱分析可知，在 GO 表面存在羟基（如 3402cm^{-1}处 C—OH 的伸缩振动；1403cm^{-1}处 C—OH 的弯曲振动）和羧基（如 1725cm^{-1}处 C ═O 的骨架振动）等其他含氧官能团。$CuFe_2O_4$的 FT-IR 图谱在 540cm^{-1}、1630cm^{-1}和 3430cm^{-1}处有三个明显的峰，分别对应于金属-氧的伸缩振动、吸附水分子和表面羟基官能团。Al 的 FT-IR 图谱中，989cm^{-1}处的峰对应于 Al—O 振动，3635cm^{-1}处的峰对应于 Al—OH 官能团。这些含氧的羧基和羟基官能团能够提供共价结合位点，有利于各组分之间发生组装。

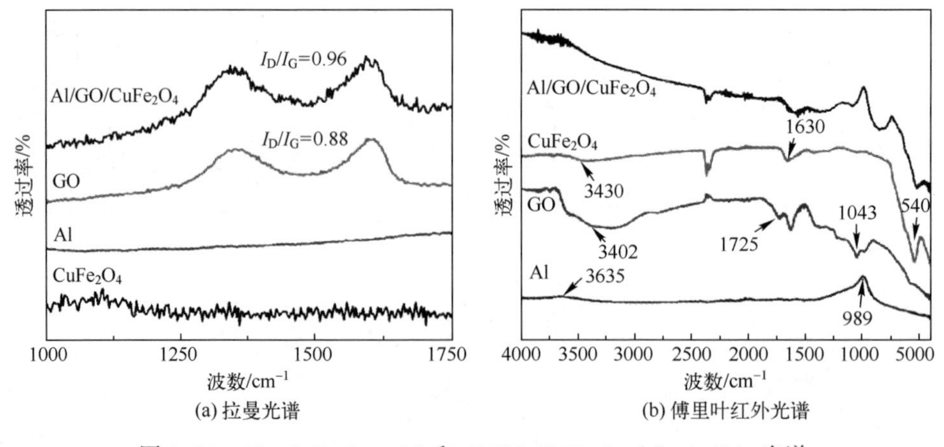

图 3-38　Al、$CuFe_2O_4$、GO 和 Al/GO/$CuFe_2O_4$（Φ=1.50）光谱

3.3　金属复合氧化物负载型燃烧催化材料的性能研究

3.3.1　MWO_4/rGO 复合物催化热分解性能

1. 催化 RDX 热分解

通过差示扫描量热（DSC）法研究 5 种石墨烯-钨酸盐对 RDX 热分解性能的影响（催化剂与 RDX 的质量比为 1∶10），DSC 曲线如图 3-39 所列，相应的分解峰温如表 3-3 所列。纯 RDX 的分解包含一个吸热和一个放热过程，放热峰出现 240.7℃，为 RDX 的放热分解峰。

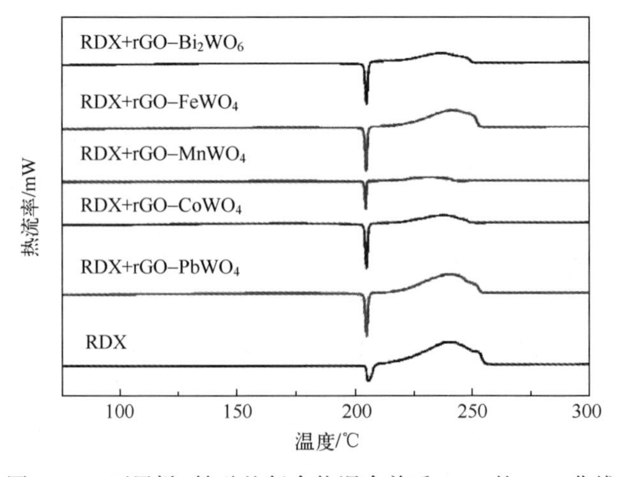

图 3-39　石墨烯-钨酸盐复合物混合前后 RDX 的 DSC 曲线

表 3-3 混合石墨烯-钨酸盐复合物前后 RDX 的 DSC 峰温

含能化合物	催 化 剂	T_p/℃
RDX	—	240.7
	rGO-$PbWO_4$	239.8
	rGO-Bi_2WO_6	237.1
	rGO-$CoWO_4$	237.7
	rGO-$FeWO_4$	241.8
	rGO-$MnWO_4$	236.8

添加石墨烯-钨酸盐复合物对 RDX 的吸热峰没有明显的影响，表明催化剂不会影响 RDX 的相转变过程，但对 RDX 的热分解过程具有一定的影响。除了 rGO-$FeWO_4$使得 RDX 的分解峰温升高，4 种石墨烯-钨酸盐复合物的添加均使得 RDX 的分解峰温降低，而在5种石墨烯-钨酸盐复合物中，rGO-$MnWO_4$复合物对 RDX 热分解的催化效果相对较好，使得 RDX 的分解峰温由 240.7℃降低为 236.8℃，降低了 3.9℃。DSC 结果表明，5 种石墨烯-钨酸盐复合物对 RDX 的分解峰温的影响均不大，峰温变化均在 6℃以内，表明石墨烯-钨酸盐复合物与 RDX 较好的相容性，可用作含 RDX 的固体推进剂的燃烧催化剂使用。

通过 Kissinger 法和 Ozawa 法计算了与石墨烯-钨酸锰复合物混合前后 RDX 分解过程的表观活化能，所用 DSC 数据如表 3-4 所列，计算得到的动力学参数如表 3-5 所列。相较于纯 RDX 的活化能，添加 rGO-$MnWO_4$使得 RDX 的分解表观活化能降低，由 150.5kJ/mol 降低为 145.6kJ/mol，表明 rGO-$MnWO_4$对 RDX 的热分解具有一定的促进作用，可使得 RDX 的分解峰温和活化能降低，但是降低的效果并不显著。

表 3-4 混合石墨烯-钨酸锰复合物前后 RDX 的 DSC 峰温

催化剂	T_p/℃			
	β=5℃/min	β=10℃/min	β=15℃/min	β=20℃/min
—	230.7	239.8	245.4	249.9
rGO-$MnWO_4$	228.3	236.8	242.7	248.0

表 3-5 与石墨烯-钨酸锰混合前后 RDX 的动力学参数

催化剂	T_p/℃	Kissinger 法			Ozawa 法	
		E_a/(kJ/mol)	$\lg A/s^{-1}$	r	E_a/(kJ/mol)	r
—	T_{LDP}	150.5	13.4	0.999	151.2	0.999
rGO-$MnWO_4$	T_{LDP}	145.6	12.9	0.996	146.5	0.997

2. 催化 TKX-50 热分解

通过差示扫描量热（DSC）法研究了与石墨烯-钨酸盐复合物混合前后 TKX-50 的热分解性能（催化剂与 TKX-50 的质量比为 1∶10），DSC 曲线如图 3-40 所示。纯 TKX-50 的分解包含两个放热过程，纯 TKX-50 的放热峰出现在 239.9℃ 和 268.0℃，分别对应于 TKX-50 的高温和低温分解放热峰。

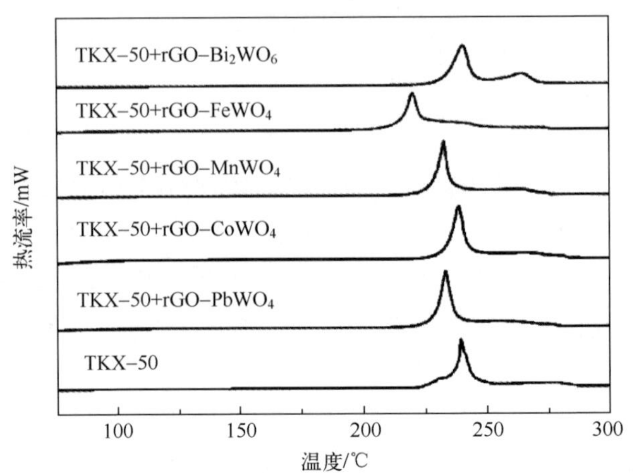

图 3-40　石墨烯-钨酸盐复合物混合前后 TKX-50 的 DSC 曲线

添加石墨烯-钨酸盐复合物使得 TKX-50 的分解峰温产生变化，不同的石墨烯-钨酸盐的效果显著不同。如表 3-6 所列，5 种石墨烯-钨酸盐复合物均可促进 TKX-50 的低温和高温分解过程。其中，rGO-$FeWO_4$的催化作用最佳，可显著降低 TKX-50 的高温和低温分解峰温度，使得 TKX-50 的低温和高温分解峰温较纯 TKX-50 分别降低 20.2℃ 和 27.0℃。rGO-$FeWO_4$优异的催化活性可归因于 $FeWO_4$中活性金属 Fe 对 TKX-50 的催化活性，该结果也由 Fe_2O_3和 Fe_3O_4对 TKX-50的优异催化活性证实。此外，附着于石墨烯表面有助于纳米钨酸铁颗粒的分散，提供更多的催化活性位点有助于 TKX-50 热分解。

表 3-6　混合石墨烯-钨酸盐复合物前后 TKX-50 的 DSC 峰温

含能化合物	催　化　剂	T_{LDP}/℃	T_{HDP}/℃
TKX-50	—	239.9	268.0
	rGO-$PbWO_4$	232.5	258.3
	rGO-Bi_2WO_6	239.7	263.0
	rGO-$CoWO_4$	238.0	266.1
	rGO-$FeWO_4$	219.7	241.0
	rGO-$MnWO_4$	231.9	262.4

通过 Kissinger 法和 Ozawa 法计算了与 rGO-$FeWO_4$混合前后 TKX-50 分解过程的表观活化能，所用 DSC 数据如表 3-7 所列，计算得到的动力学参数如表 3-8 所列。相较于 TKX-50 的活化能，添加 rGO-$FeWO_4$使得 TKX-50 的低温和高温热分解表观活化能显著降低，其中对 TKX-50 高温热分解表观活化能的降低作用更显著，由 221.3kJ/mol 降低为 149.0kJ/mol，降低了 72.3kJ/mol。动力学计算结果表明，rGO-$FeWO_4$对 TKX-50 表现出优异的催化活性，不仅可有效降低 TKX-50的分解峰温，还可显著降低 TKX-50 分解表观活化能，可作为含 TKX-50 的固体推进剂的燃烧催化剂使用。

表 3-7　混合石墨烯-钨酸铁复合物前后 TKX-50 的 DSC 峰温

催化剂	T_p/℃	T_p/℃			
		β=5℃/min	β=10℃/min	β=15℃/min	β=20℃/min
—	T_{LDP}	232.3	239.9	245.1	248.5
	T_{HDP}	260.8	268.0	272.9	275.1
rGO-$FeWO_4$	T_{LDP}	213.8	219.7	225.3	229.1
	T_{HDP}	232.8	241.0	247.2	252.3

表 3-8　与石墨烯-钨酸铁混合前后 TKX-50 的动力学参数

催化剂	T_p/℃	Kissinger 法			Ozawa 法	
		E_a/(kJ/mol)	lg$A$/s^{-1}	r	E_a/(kJ/mol)	r
—	T_{LDP}	178.2	16.2	0.999	177.5	0.999
	T_{HDP}	221.3	19.4	0.998	219.0	0.998
rGO-$FeWO_4$	T_{LDP}	173.5	16.5	0.992	172.8	0.993
	T_{HDP}	149.0	13.2	0.996	149.8	0.996

3. 催化 FOX-7 热分解

通过差示扫描量热（DSC）法研究了所制备的石墨烯-钨酸盐复合物对 FOX-7 热分解性能的影响（催化剂与 FOX-7 的质量比为 1:10），DSC 曲线如图 3-41 所示。纯 FOX-7 的分解包含一个吸热和两个放热过程，放热峰出现在 229.7℃ 和 289.2℃，分别对应于 FOX-7 的高温和低温分解放热峰。

添加石墨烯-钨酸盐复合物对 FOX-7 的吸热峰没有明显的影响，表明催化剂不会影响 FOX-7 的相转变过程，且石墨烯-钨酸盐复合物对 FOX-7 的低温和高温分解过程的影响也较小，相应的分解峰温如表 3-9 所列。所制备的石墨烯-钨酸盐复合物与 FOX-7 均具有较好的相容性，FOX-7 的分解峰温变化在 2℃ 内，表明石墨烯-钨酸盐复合物可作为含 FOX-7 的固体推进剂的燃烧催化剂使用。在 5 种石墨烯-钨酸盐复合物中，rGO-$MnWO_4$降低 FOX-7 热分峰温的效果最佳。

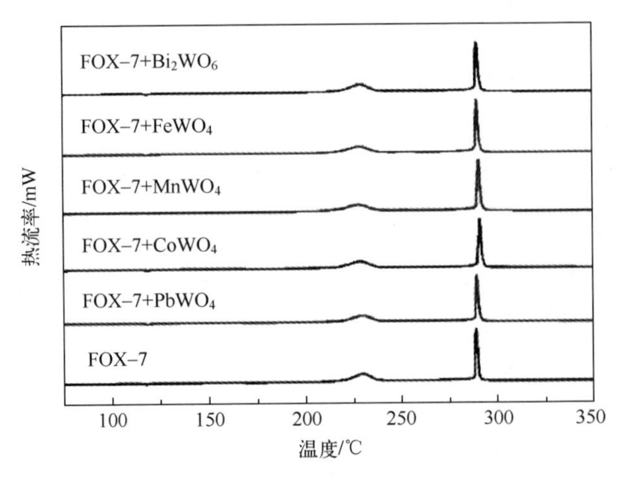

图 3-41 石墨烯-钨酸盐复合物混合前后 FOX-7 的 DSC 曲线

表 3-9 混合石墨烯-钨酸盐复合物前后 FOX-7 的 DSC 峰温

含能化合物	催化剂	T_{LDP}/℃	T_{HDP}/℃
FOX-7	—	229.7	289.2
	rGO-$PbWO_4$	229.7	288.6
	rGO-Bi_2WO_6	229.1	289.5
	rGO-$CoWO_4$	228.7	291.0
	rGO-$FeWO_4$	228.7	289.5
	rGO-$MnWO_4$	228.2	290.5

通过 Kissinger 法和 Ozawa 法计算了与石墨烯-钨酸锰复合物混合前后 FOX-7 分解过程的表观活化能，所用 DSC 数据如表 3-10 所列，计算得到的动力学参数如表 3-11 所列。相较于 FOX-7 的活化能，FOX-7+rGO-$MnWO_4$的活化能略有降低，由 264.7kJ/mol 降低为 252.5kJ/mol。DSC 和动力学计算结果表明，rGO-$MnWO_4$对 FOX-7 热分解有一定的促进作用，但并不是非常显著。

表 3-10 混合石墨烯-钨酸锰复合物前后 FOX-7 的 DSC 峰温

催化剂	T_p/℃	T_p/℃			
		β=5℃/min	β=10℃/min	β=15℃/min	β=20℃/min
—	T_{LDP}	224.1	229.7	232.7	234.7
	T_{HDP}	290.4	288.6	290.7	291.0
rGO-$MnWO_4$	T_{LDP}	222.1	228.2	230.9	233.2
	T_{HDP}	290.0	290.5	289.0	290.5

表 3-11　与石墨烯-钨酸锰混合前后 FOX-7 的动力学参数

催化剂	T_p/℃	Kissinger 法			Ozawa 法	
		E_a/(kJ/mol)	$\lg A/s^{-1}$	r	E_a/(kJ/mol)	r
—	T_{LDP}	264.7	25.8	0.999	259.6	0.999
rGO-$MnWO_4$	T_{LDP}	252.5	24.6	0.998	248.0	0.998

3.3.2 $PbSnO_3$/rGO 复合物催化热分解性能

将含能化合物和 $PbSnO_4$/rGO 按质量比 5∶1 混合，通过 200 F3 型（Netzsch，德国）DSC 仪对 CL-20 和 TKX-50 的热分解性能进行测试。实验条件：升温速率(β) 10℃/min，N_2气氛，流速 40mL/min，样品量约为 0.5mg。采用 204HP 型（Netzsch，德国）PDSC 仪对 DNTF 进行测试。实验条件：升温速率(β) 10℃/min，N_2气氛，压力 20bar，流速 50mL/min，样品量约为 0.5mg。

1. 对 CL-20 热分解的影响

$PbSnO_4$/rGO 对 CL-20 热分解峰温的影响如图 3-42 和表 3-12 所示。纯的 CL-20 在 DSC 上只有一个分解峰，其峰温为 247.6℃。$PbSnO_3$/rGO 对 CL-20 分解峰温的影响分别为降低 2.6℃。相比其他氧化物 $PbSnO_3$/rGO 降低 CL-20 热分解峰温的效果较为明显，进一步对 $PbSnO_3$/rGO 的催化作用进行研究。

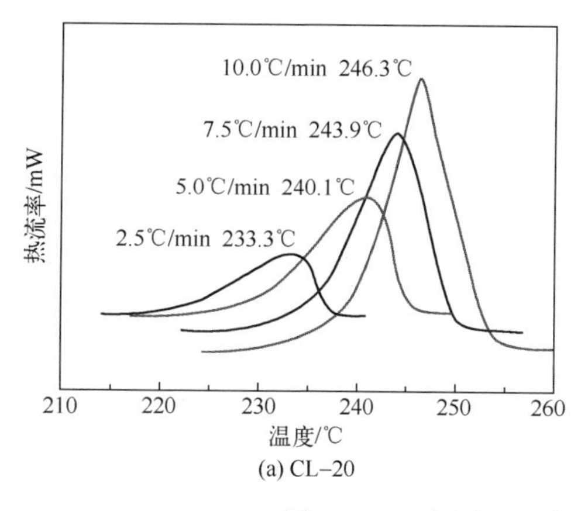

(a) CL-20

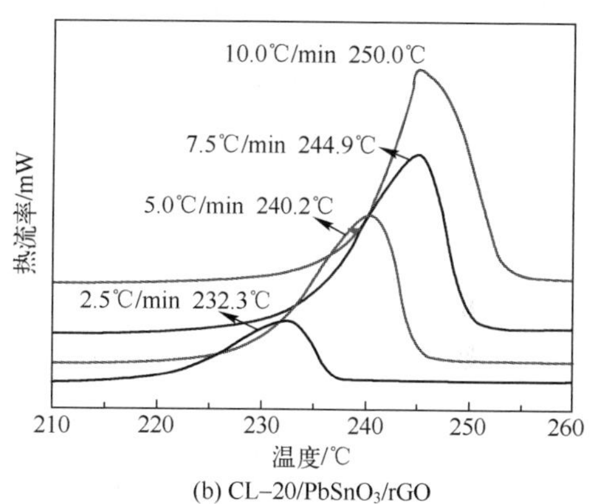

(b) CL-20/$PbSnO_3$/rGO

图 3-42　不同升温速率下的 DSC 曲线（见彩插）

表 3-12　$PbSnO_4$/rGO 对 CL-20 热分解峰温的影响

材　　料	分解峰温/℃	
	T_p	ΔT_p
CL-20	247.6	—
CL-20+($PbSnO_4$/rGO)	245.0	-2.6

在不同升温速率下（2.5℃/min、5.0℃/min、7.5℃/min 和 10℃/min）的 CL-20 和 CL-20/$PbSnO_3$/rGO 的 DSC 曲线见图 3-43。由 Kissinger 法[43]和 Ozawa 法[44]计算得到的表观活化能（E）、指前因子（A）和线性相关系数（r）等动力学参数列于表 3-13 中。可以看出，根据 Kissinger 法计算得到 CL-20 的热分解表观活化能为 222.9kJ/mol，加入 $PbSnO_3$/rGO 催化剂后，CL-20 的热分解表观活化能降低了 41.6kJ/mol（181.3kJ/mol），说明 $PbSnO_3$/rGO 的加入能够有效降低 CL-20 的热分解反应能垒，使反应更容易发生。由于线性相关系数 r>0.98，结果可信。

表 3-13　根据 Kissinger 法和 Ozawa 法计算得到的动力学参数

样　　品	Kissinger 法			Ozawa 法	
	E_k/(kJ/mol)	lg$A$/s^{-1}	r_k	E_o(kJ/mol)	r_o
CL-20	222.9	19.40	0.9986	220.06	0.9987
CL-20/($PbSnO_3$/rGO)	181.3	16.36	1.0000	180.4	1.0000

经过分析计算，得到不同升温速率下反应分数 α 与对应任意时刻的 T 的关系，做 $\alpha-T$ 图，如图 3-43 所示。使用 Ozawa-Flynn-Wall 法[45]，计算不同反应程度下活化能 E_a与反应分数 α 之间的关系，如表 3-14 和图 3-44 所示。

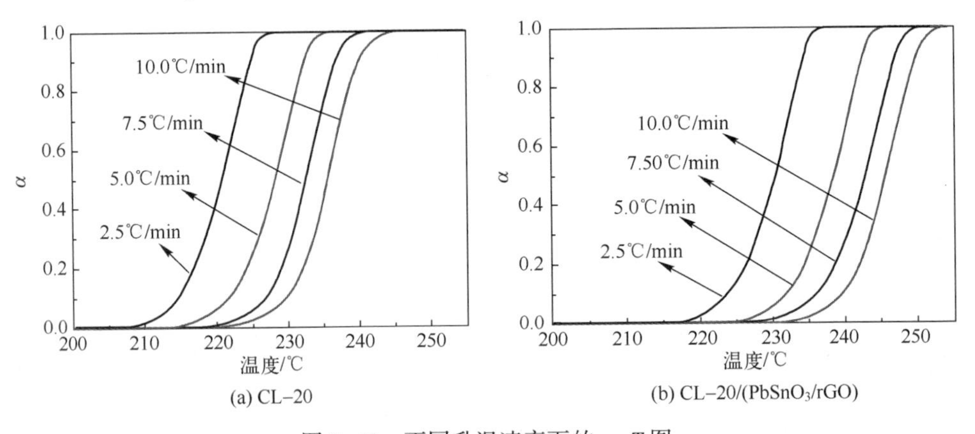

图 3-43　不同升温速率下的 $\alpha-T$ 图

表 3-14　不同反应分数下 CL-20 与 CL-20/($PbSnO_3$/rGO)的表观活化能

α	CL-20		CL-20/($PbSnO_3$/rGO)	
	E_a/(kJ/mol)	r	E_a/(kJ/mol)	r
0.05	159.15	0.9938	154.23	0.9739

续表

α	CL-20		CL-20/($PbSnO_3$/rGO)	
	E_a/(kJ/mol)	r	E_a/(kJ/mol)	r
0. 10	171. 84	0. 9948	163. 14	0. 9787
0. 15	182. 68	0. 9952	168. 54	0. 9830
0. 20	191. 74	0. 9951	173. 34	0. 9859
0. 25	199. 69	0. 9948	178. 13	0. 9878
0. 30	207. 04	0. 9946	183. 23	0. 9893
0. 35	214. 53	0. 9942	188. 40	0. 9899
0. 40	221. 16	0. 9935	194. 54	0. 9892
0. 45	226. 35	0. 9931	193. 45	0. 9888
0. 50	230. 36	0. 9927	187. 17	0. 9879
0. 55	233. 16	0. 9924	181. 24	0. 9850
0. 60	230. 05	0. 9934	175. 60	0. 9809
0. 65	218. 89	0. 9954	170. 22	0. 9758
0. 70	204. 06	0. 9963	164. 99	0. 9695
0. 75	187. 99	0. 9956	159. 88	0. 9617
0. 80	171. 86	0. 9922	154. 91	0. 9526
0. 85	155. 71	0. 9844	149. 49	0. 9424
0. 90	139. 68	0. 9700	143. 58	0. 9340
0. 95	123. 98	0. 9390	133. 27	0. 9318

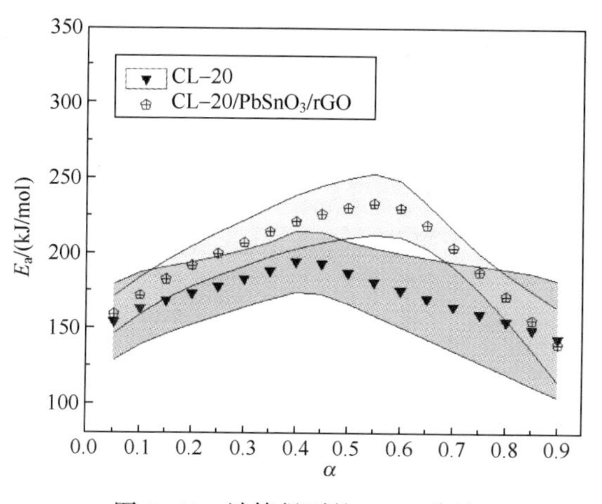

图 3-44　计算得到的 E_a-α 曲线

从表3-14可以看出，CL-20的α值为0.10~0.80时，E_a为171.84~233.16kJ/mol，平均值为206.1kJ/mol；CL-20/($PbSnO_3$/rGO)的α值为0.10~0.65时，E_a为163.14~194.54kJ/mol，平均值为179.8kJ/mol。这与表3-14中由Kissinger法和Ozawa法计算得到的结果接近，说明结果比较合理。

由图3-44可以看出，活化能E_a随着反应分数α的提高变化明显，说明在CL-20及其在催化条件下的热分解反应过程涉及多种物理模型，不能得到一个统一的反应动力学方程，可能需要对反应的DSC曲线进行进一步分峰处理。

2. 对DNTF热分解的影响

如表3-15所列，由于DNTF在常压（0.1MPa）下分解不剧烈，而随着压强的升高，DNTF分解的气相产物不能马上离开凝聚相并且对凝聚相的分解有催化作用，从而使二次分解峰逐渐明显。本书主要研究在2MPa压强下DNTF及在催化剂存在的条件下的分解规律。

表3-15　不同MO/rGO对DNTF热分解峰温的影响

材　料	压强/MPa	熔化峰温/℃		分解峰温/℃	
		T_m	ΔT_m	T_p	ΔT_p
DNTF	2.0	110.2	—	283.6	—
DNTF+$PbSnO_3$/rGO	2.0	119.4	-0.8	277.5	-6.1

DSC结果表明，DNTF在DSC上有一个熔化峰和一个分解峰，峰温分别为110.2℃和283.6℃。$PbSnO_3$/rGO对DNTF熔化峰几乎没有影响，熔化峰温的改变都在1.0℃以内；另外，$PbSnO_3$/rGO能降低DNTF的分解峰峰温，$PbSnO_3$/rGO降低DNTF分解峰峰温6.1℃。

采取在HMX-CMDB推进剂中引入$PbSnO_3$/rGO或$PbSnO_3$以及炭黑或GO，考察这几种材料对燃烧性能的影响，设计的配方如表3-16所列（根据原子光谱测试结果，$PbSnO_3$/rGO纳米复合物中$PbSnO_3$与rGO的质量比为2∶1，因此$PbSnO_3$与CB或GO质量比也为2∶1）。

表3-16　含不同催化剂的HMX-CMDB推进剂配方

试样编号	组分含量/%							
	NC	NG	HMX	其他	$PbSnO_3$/rGO	$PbSnO_3$	GB	GO
ZJK-1	37.4	26	26	10.6				
ZJK-2	37.4	26	26	10.6	3			
ZJK-3	37.4	26	26	10.6		2		
ZJK-4	37.4	26	26	10.6		2	1	
ZJK-5	37.4	26	26	10.6		2		1

3.3.3　MFe_2O_4–rGO 复合物催化热分解性能

1. 对 AP 热分解的催化作用

添加铁酸盐和石墨烯–铁酸盐复合物前后 AP 的 DSC 曲线如图 3–45 所示(催化剂与 AP 的质量比为 1∶5)，对应的热分解峰温度如表 3–17 所列。纯 AP 的峰出现一个吸热峰和两个放热峰，分别对应于 AP 的晶型转变峰（245℃）、低温放热分解峰 T_{LDP}（296℃）和高温放热分解峰 T_{HDP}（404℃）。添加铁酸盐和石墨烯–铁酸盐复合物后，AP 的吸热峰没有明显变化，但高温分解放热峰温具有显著变化。与 $CoFe_2O_4$、$NiFe_2O_4$ 和 $ZnFe_2O_4$ 混合后，AP 的高温分解放热峰温分别降低了 108.99℃、82.03℃ 和 30.91℃，而添加 rGO–$NiFe_2O_4$、rGO–$ZnFe_2O_4$ 和 rGO–$CoFe_2O_4$ 复合物后 AP 的高温热分解峰温为 366.6℃、351.5℃ 和 310.2℃，较纯 AP 降低 37.7℃、52.8℃ 和 94.1℃。

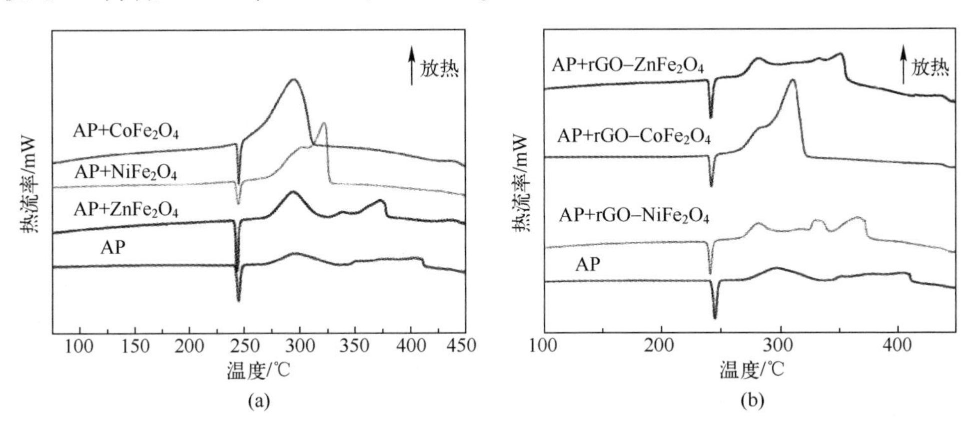

图 3–45　与 MFe_2O_4 和 rGO–MFe_2O_4（M = Ni、Co 和 Zn）复合物混合前后 AP 的 DSC 曲线

表 3–17　与 MFe_2O_4 和 rGO–MFe_2O_4（M = Ni、Co 和 Zn）复合物混合前后 AP 的热分解峰温

含能化合物	升温速率	催化剂	T_{LDP}/℃	T_{HDP}/℃
AP	10℃/min	—	296.3	404.3
		$CoFe_2O_4$	—	295.3
		$ZnFe_2O_4$	294.2	373.4
		$NiFe_2O_4$	302.4	322.3
		rGO–$CoFe_2O_4$	281.0	310.3
		rGO–$ZnFe_2O_4$	282.0	351.5
		rGO–$NiFe_2O_4$	281.5	366.6

DSC 结果表明，在不同的铁酸盐中，$CoFe_2O_4$使 AP 的低温分解峰消失、高温分解峰温降低最多，表明 $CoFe_2O_4$具有最佳的促进 AP 热分解的作用，而 $ZnFe_2O_4$对 AP 热分解的促进作用最差。与石墨烯复合后，铁酸盐的催化性能略有降低，这可能是因为催化活性物质铁酸盐的含量降低。$CoFe_2O_4$和 $NiFe_2O_4$较好的催化活性归因于是因为其较小的晶格尺寸及颗粒尺寸，有助于提供更多的催化活性位点，促进 AP 的热分解[46]。此外，$CoFe_2O_4$和 $NiFe_2O_4$的中空结构也有助于增加反应分子的催化活性位点和扩散速率[47]。而 $CoFe_2O_4$更为优异的催化活性来自 Fe 和 Co 间的相互作用，有助于 AP 的热分解过程。

基于铁酸盐对 AP 热分解优异的催化活性，通过 TG 和 DTG 表征了添加铁酸盐前后 AP 的失重过程，结果如图 3-46 所示。纯 AP 的失重过程可分为两个阶段，分别对应于 AP 的低温和高温分解过程，低温分解过程 AP 的失重为 30.5%，500℃时失重达到 99.6%，表明 AP 几乎完全分解。混合铁酸盐后 AP 的失重量减少归因于添加催化剂的量。此外，添加铁酸盐后 AP 的初始失重温度和 DTG 峰温降低也证实了其对 AP 优异的催化作用。在三种铁酸盐催化剂中，$CoFe_2O_4$表现出最为优异的催化活性，可显著降低 AP 的 DTG 峰温，并使 DTG 由两个峰变为一个峰，该结果与 DSC 相符，表明 $CoFe_2O_4$对 AP 的催化作用最佳。

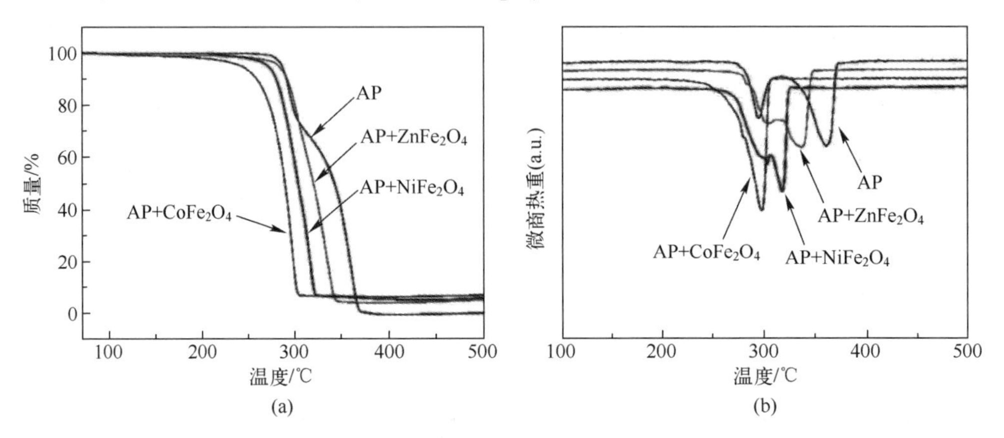

图 3-46　与 $NiFe_2O_4$、$ZnFe_2O_4$和 $CoFe_2O_4$混合前后 AP 的 TG 和 DTG 曲线（见彩插）

为了探究混合铁酸盐前后 AP 的分解过程，使用气相红外和质谱（FTIR-MS）分析 AP 的气相分解产物，结果如图 3-47 和图 3-48 所示。其中，$m/z=30$、44 和 46 峰的出现分别对应于 NO、N_2O 和 NO_2，而 $m/z=15$ 和 $m/z=17$ 的同时存在证实了 AP 分解过程中 NH_3 的生成。气相 FTIR 谱图中出现于 $3493cm^{-1}$、$2237cm^{-1}$、$2208cm^{-1}$、$1306cm^{-1}$和 $1270cm^{-1}$的峰对应于 N_2O，而出现于 $2355cm^{-1}$和 $2320cm^{-1}$的峰对应于 CO_2的生成。气相 MS-FTIR 结果表明，添加铁酸盐前后

AP 的分解产物没有明显差异，但是气体产物初始生成温度和峰温却有很大差异，这表明铁酸盐的添加不会改变 AP 的分解途径，其催化作用可能源于对 AP 分解反应动力学的影响。此外，与 DSC 和 TG-DTG 的结果一致，即添加 $CoFe_2O_4$后 AP 的分解峰温降低得最多，证实了 $CoFe_2O_4$对 AP 热分解优异的催化活性。

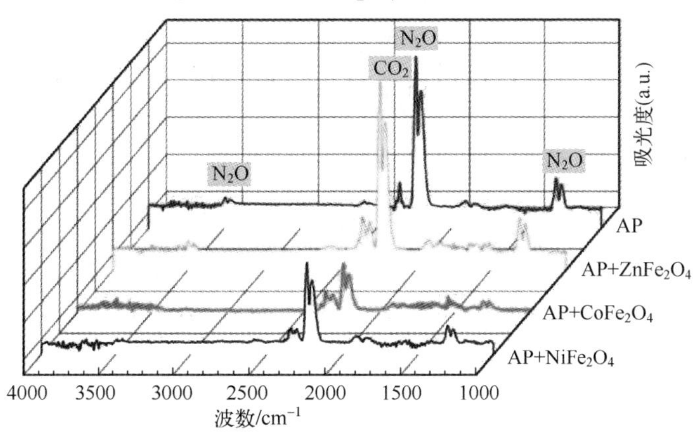

图 3-47　与 $NiFe_2O_4$、$ZnFe_2O_4$和 $CoFe_2O_4$混合前后 AP 分解产生气体产物的 FTIR 谱图（见彩插）

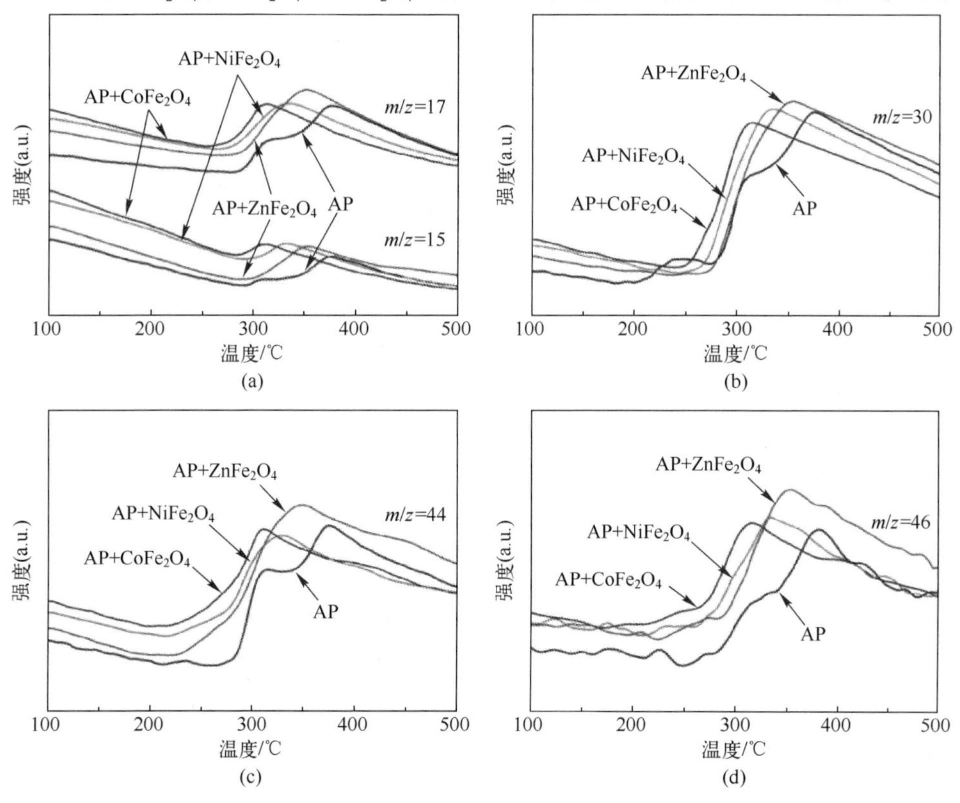

图 3-48　AP 生成离子产物的质谱图

基于上述推断，进一步通过 Kissinger 法和 Ozawa 法计算了与铁酸盐混合前后 AP 的分解动力学参数，所用 DSC 数据如表 3-18 所列，计算结果列于表 3-19 中。添加 $CoFe_2O_4$ 使得 AP 的高温分解表观活化能由 162.2kJ/mol 降低为 124.9kJ/mol，降低了 37.3kJ/mol。DSC 结果和动力学参数表明 $CoFe_2O_4$ 可作为 AP 热分解及 AP 基复合推进剂的有效催化剂，其不仅可显著降低 AP 的分解温度，并使得表观活化能显著降低。动力学结果也证实了 MS-FTIR 的推断，即添加铁酸盐对 AP 热分解的催化作用主要来自对反应动力学的促进，而对分解途径没有明显的影响。

表 3-18　与 $CoFe_2O_4$ 和 rGO-$CoFe_2O_4$ 混合前后 AP 的 DSC 峰温

催化剂	T_p/℃	T_p/℃			
		β=5℃/min	β=10℃/min	β=15℃/min	β=20℃/min
—	T_{LDP}	280.2	296.3	304.4	310.6
	T_{HDP}	391.6	404.3	414.8	422.1
$CoFe_2O_4$	T_{LDP}	—	—	—	—
	T_{HDP}	285.0	295.3	307.1	311.7
rGO-$CoFe_2O_4$	T_{LDP}	—	—	—	—
	T_{HDP}	296.2	310.3	314.9	321.7

表 3-19　与 $CoFe_2O_4$ 和 rGO-$CoFe_2O_4$ 混合前后 AP 的动力学参数

催化剂	T_p/℃	Kissinger 法			Ozawa 法	
		E_a/(kJ/mol)	$\lg A/s^{-1}$	r	E_a/(kJ/mol)	r
—	T_{LDP}	112.9	8.2	0.998	116.3	0.998
	T_{HDP}	162.2	10.3	0.996	165.0	0.997
$CoFe_2O_4$	T_{LDP}	—	—	—	—	—
	T_{HDP}	124.9	9.3	0.989	127.8	0.991
rGO-$CoFe_2O_4$	T_{LDP}	—	—	—	—	—
	T_{HDP}	146.0	11.0	0.993	148.0	0.994

2. 对 TKX-50 热分解的催化作用

与铁酸盐及石墨烯-铁酸盐复合物混合前后 TKX-50 的 DSC 曲线如图 3-49 所示（催化剂与 TKX-50 的质量比为 1∶10），相应的数据列于表 3-20。结果表明，添加 $NiFe_2O_4$、$ZnFe_2O_4$ 和 $CoFe_2O_4$ 后 TKX-50 的低温热分解峰温分别为 210.6℃、201.9℃和 200.7℃，比 TKX-50 降低了 29.3℃、38.0℃和 39.2℃。此外，与 $NiFe_2O_4$、$ZnFe_2O_4$ 和 $CoFe_2O_4$ 混合后 TKX-50 的高温热分解峰温相较 TKX-50

降低了 39.9℃、47.0℃和 51.2℃。分解峰温的降低证实了三种铁酸盐均可有效促进 TKX-50 的热分解。其中，$ZnFe_2O_4$和 $CoFe_2O_4$表现出更为优异的催化活性。同时，增加的热释放也证实了铁酸盐对 TKX-50 分解的促进作用。

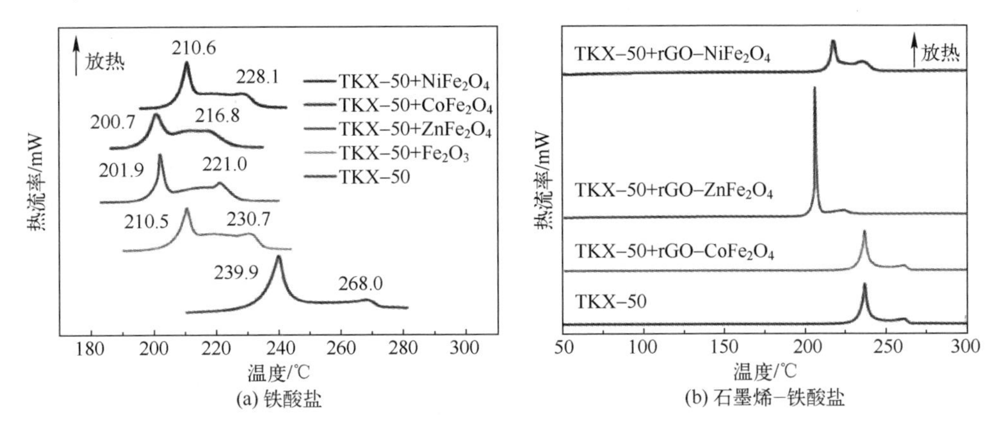

图 3-49 与铁酸盐及石墨烯-铁酸盐复合物混合前后 TKX-50 的 DSC 曲线（见彩插）

表 3-20 与铁酸盐混合前后 TKX-50 的峰温和放热量

催化剂	T_p/℃	T_p/℃			
		β=5℃/min	β=10℃/min	β=15℃/min	β=20℃/min
—	T_{LDP}	232.3	239.9	245.1	248.5
	T_{HDP}	260.8	268.0	272.9	275.1
$CoFe_2O_4$	T_{LDP}	193.7	200.7	206.5	210.3
	T_{HDP}	210.0	216.8	223.2	227.1
$ZnFe_2O_4$	T_{LDP}	195.2	201.9	208.7	212.2
	T_{HDP}	215.3	221.0	230.4	234.2
$NiFe_2O_4$	T_{LDP}	202.9	210.6	215.2	219.5
	T_{HDP}	220.1	228.1	234.2	238.6
rGO-$CoFe_2O_4$	T_{LDP}	198.8	205.4	209.8	213.4
	T_{HDP}	215.6	223.4	230.1	235.8
rGO-$ZnFe_2O_4$	T_{LDP}	197.2	205.2	210.0	213.0
	T_{HDP}	218.8	218.8	232.2	235.9
rGO-$NiFe_2O_4$	T_{LDP}	—	217.6	—	—
	T_{HDP}	—	235.8	—	—

TKX-50 分解过程的 TG 和 DTG 曲线如图 3-50 所示，其分解过程可分为两个阶段：第一阶段的失重为 81.80%，450℃时失重为 95.20%，表明 TKX-50 几

乎完全分解。添加铁酸盐后，残余质量增加，归因于添加的催化剂在测试温度范围内不发生分解反应。添加 $ZnFe_2O_4$和 $CoFe_2O_4$后 TKX-50 的 DTG 峰温降低最多，也表明 $ZnFe_2O_4$和 $CoFe_2O_4$对 TKX-50 分解优异的催化活性，这与 DSC 的结果一致。

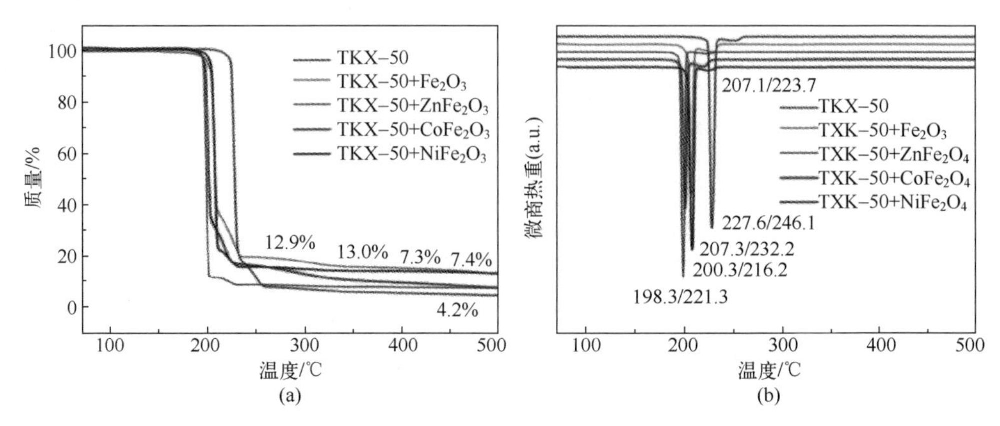

图 3-50　与 $NiFe_2O_4$、$ZnFe_2O_4$和 $CoFe_2O_4$混合前后 TKX-50 的 TG 和 DTG 曲线（见彩插）

混合铁酸盐前后的 TKX-50 的 FTIR 谱图如图 3-51（a）所示，相应的吸收峰如表 3-21 所列。位于 $3220cm^{-1}$和 $3084\sim2500cm^{-1}$的吸收峰归因于 NH_3OH^+的 OH 和 NH_3^+基团。位于 $1577cm^{-1}$、$1526cm^{-1}$和 $1426cm^{-1}$的吸收峰为四唑环的伸缩振动峰，出现于 $1235cm^{-1}$和 $716cm^{-1}$的吸收峰归因于 N—O 和 C—C 键的伸缩振动峰。此外，10℃/min 的升温速率下，混合不同铁酸盐前后 TKX-50 的原位 FTIR 谱图如图 3-51（b）~（f）所示，吸收峰的强度随着温度的增加而降低，表明 TKX-50 逐渐分解。此外，添加铁酸盐催化剂使 TKX-50 的初始分解温度降低，且 $ZnFe_2O_4$和 $CoFe_2O_4$的裂解温度较低，也证实了其优异的催化活性，这与 DSC 的结果一致，即 $ZnFe_2O_4$和 $CoFe_2O_4$的催化活性明显优于 $NiFe_2O_4$。

表 3-21　TKX-50 的 FTIR 吸收峰

波数/cm^{-1}	振动类型	基团
3220	伸缩	O—H
3084~2500	伸缩	NH_3^+
1577、1526、1426	伸缩	四唑环
1235	伸缩	N—O
716	伸缩	C—C
814	伸缩	N—H

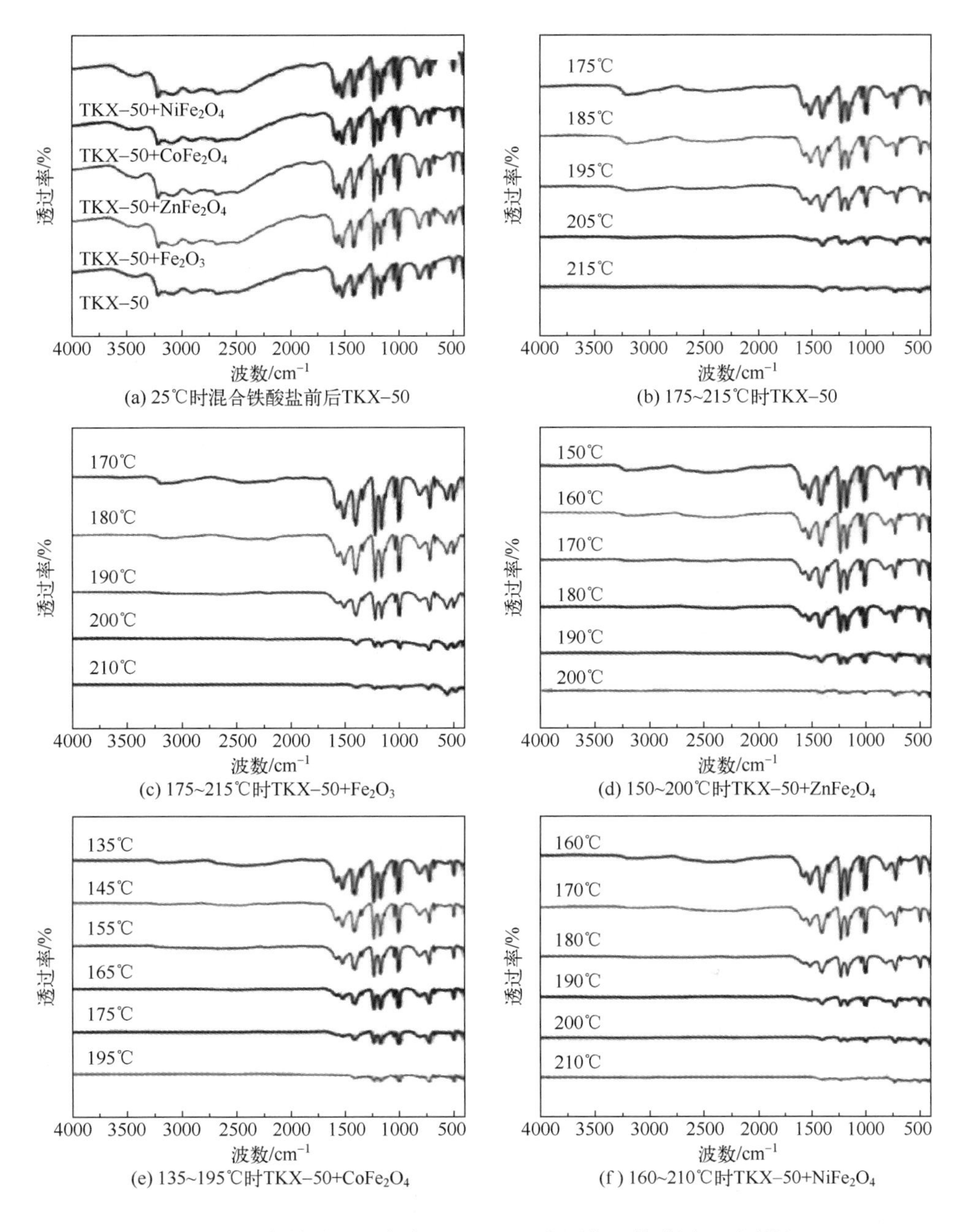

图 3-51　与铁酸盐混合前后 TKX-50 的原位红外谱图（见彩插）

对 TKX-50 分解过程中的气相产物使用 MS 进行表征，结果如图 3-52 所示。气相 MS 结果表明，TKX-50 分解的主要产物为 NH_3（由 $m/z=17$ 和 $m/z=15$ 的出现证实）、H_2O（由 $m/z=18$ 的出现证实）、HCN（由 $m/z=27$ 和 $m/z=26$ 的出现证实)、N_2或 CO (由 $m/z=28$ 的出现证实)、NO (由 $m/z=30$ 的出现证实)、CO_2或 N_2 (由 $m/z=44$ 的出现证实) 和 NO_2 (由 $m/z=46$ 的出现证实)[48]。在混合铁酸盐后,TKX-50 的离子产物没有明显差别,而离子生成的峰温却有显著的提前,这表明铁酸盐促进了 TKX-50 的分解。此外,气相质谱中峰的提前趋势与 DSC、TG-DTG 和原位 FTIR 一致,即 $ZnFe_2O_4$和 $CoFe_2O_4$对 TKX-50 热分解表现出更为优异的催化活性。

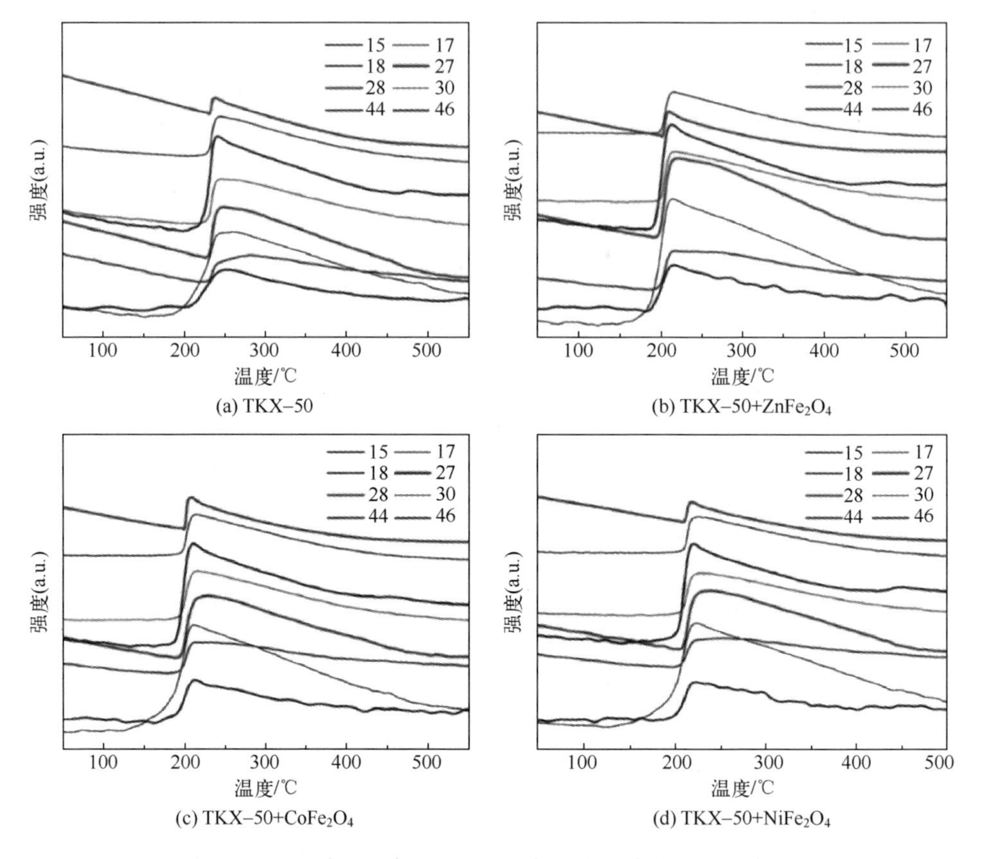

图 3-52　在 10℃/min 升温速率下 TKX-50 气相离子产物的 MS 谱图(见彩插)

此外,在 10℃/min 的升温速率下,利用气相 FTIR 表征 TKX-50 热分解,结果如图 3-53 所示。结果表明,添加铁酸盐前后 TKX-50 的 FTIR 峰没有明显差别。但是,位于 $2237cm^{-1}$波数的峰的强度达到最大值的时间却有明显的差异,对于 TKX-50、TKX-50+$ZnFe_2O_4$、TKX-50+$CoFe_2O_4$和 TKX-50+$NiFe_2O_4$,到达最大强度的时间分别为 31.21min、29.17min、27.81min 和 29.18min,对应的 FTIR 谱图如图 3-53 (e) 所示。位于 $2237cm^{-1}$、$2208cm^{-1}$、$1306cm^{-1}$和 $1270cm^{-1}$的峰

为 TKX-50 分解产物 N_2O 的吸收峰，位于 2355cm^{-1}、2320cm^{-1}和 668cm^{-1}的峰对应于 CO_2，位于 3341cm^{-1}、3277cm^{-1}和 713cm^{-1}的峰来自 HCN。此外，位于 3700cm^{-1}和 2115cm^{-1}的峰分别来自 H_2O 和 CO[49]。原位 FTIR 和气相 MS-FTIR 证实了添加 MFe_2O_4后，TKX-50 的初始分解温度显著降低，并且 $ZnFe_2O_4$和 $CoFe_2O_4$对 TKX-50 热分解表现出更为优异的催化作用。

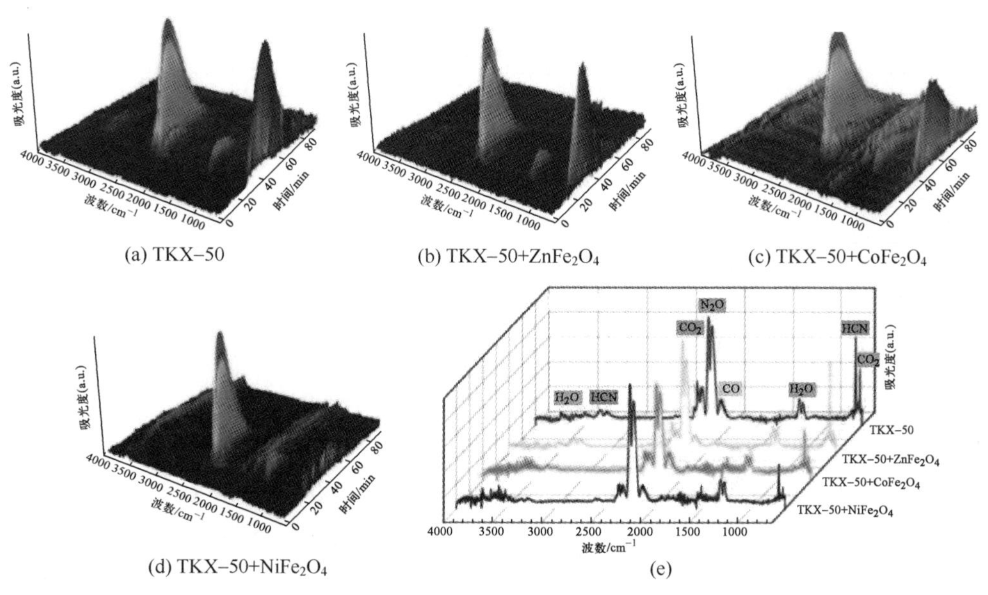

图 3-53　TKX-50、TKX-50+$ZnFe_2O_4$、TKX-50+$CoFe_2O_4$、TKX-50+$NiFe_2O_4$的三维气相 FTIR 谱图以及 2237cm^{-1}峰最强时混合铁酸盐前后 TKX-50 的 FTIR 谱图（见彩插）

本章通过多种方法计算了混合不同铁酸盐前后 TKX-50 的表观活化能、指前因子和线性相关系数。首先，通过传统线性 Kissinger 法和 Ozawa 法进行了计算，结果如表 3-22 所列，添加铁酸盐后 TKX-50 的表观活化能显著降低。采用传统 Kissinger 法和 Ozawa 法计算不能反应 TKX-50 活化能的变化过程，故进一步采用非线性 Flynn-Wall-Ozawa 法、迭代 Kissinger 法和 Ozawa 法进行计算。

表 3-22　混合铁酸盐及石墨烯-铁酸盐复合物前后 TKX-50 的动力学参数

催化剂	T_p/℃	Kissinger 法			Ozawa 法	
		E_a/(kJ/mol)	$\lg A$/s^{-1}	r	E_a/(kJ/mol)	r
—	T_{LDP}	178.2	16.2	0.999	177.5	0.999
	T_{HDP}	221.4	19.5	0.998	219.1	0.998

续表

催化剂	T_p/℃	Kissinger 法			Ozawa 法	
		E_a/(kJ/mol)	$\lg A/s^{-1}$	r	E_a/(kJ/mol)	r
$ZnFe_2O_4$	T_{LDP}	141.9	13.6	0.992	142.5	0.993
	T_{HDP}	132.0	11.9	0.974	133.4	0.977
$CoFe_2O_4$	T_{LDP}	143.4	14.3	0.996	147.7	0.997
	T_{HDP}	152.0	14.2	0.994	152.3	0.994
$NiFe_2O_4$	T_{LDP}	156.7	15.0	0.998	156.7	0.998
	T_{HDP}	148.5	13.5	0.997	149.2	0.997
rGO-$CoFe_2O_4$	T_{LDP}	174.3	17.2	0.998	173.3	0.998
	T_{HDP}	133.4	12.0	0.992	134.7	0.992
rGO-$ZnFe_2O_4$	T_{LDP}	157.6	15.3	0.999	157.4	0.999
	T_{HDP}	161.2	14.9	0.998	161.2	0.998

通过非线性 Flynn-Wall-Ozawa 法计算的 TKX-50 的活化能如图 3-54 所示，计算的误差线也在图中标出。添加催化剂使得 TKX-50 的活化能显著降低，在三种铁酸盐中，$ZnFe_2O_4$ 对 TKX-50 活化能降低的效果最佳，该结果与线性 Kissinger 法和 Ozawa 法计算的结果一致。使用迭代 Kissinger 法和 Ozawa 法计算得到的结果如图 3-55 所示，两种迭代法的结果较好地吻合，证实了数据的可靠性。此外，计算了转化度 α 介于 0.3~0.8 的平均活化能，所得 TKX-50 的动力学参数如表 3-23 所列，非线性 Flynn-Wall-Ozawa、迭代 Kissinger 法和 Ozawa 法的计算结果相差较小，表明计算数据的可靠性。结合上述研究可知 $ZnFe_2O_4$ 是一种高效的促进 TKX-50 热分解的催化剂，其可有效降低 TKX-50 的分解温度和活化能。

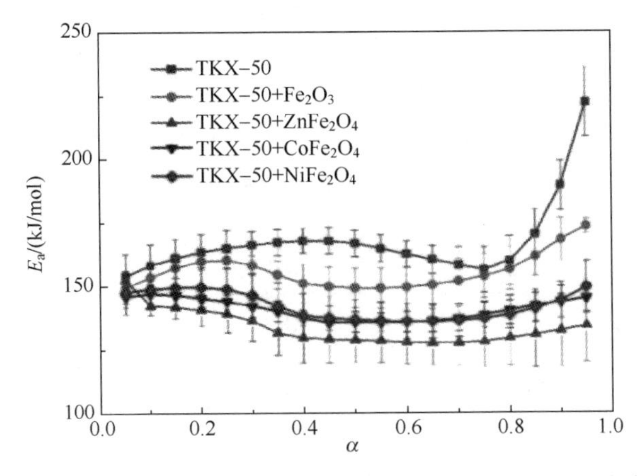

图 3-54　由非线性 Flynn-Wall-Ozawa 法计算得到的 TKX-50 的活化能（见彩插）

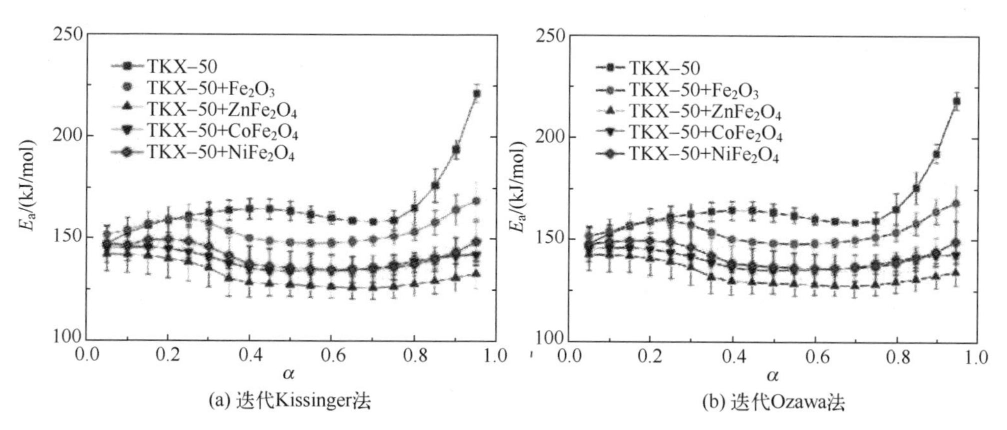

图 3-55　由迭代 Kissinger 法和迭代 Ozawa 法计算得到的 TKX-50 的分解活化能（见彩插）

表 3-23　使用 DSC 数据计算得到的 TKX-50 的动力学参数

含能化合物	计算公式	转化率	E_a	参考文献
TKX-50	Flynn-Wall-Ozawa	0.3~0.8	163.5±4.0	—
	迭代 Kissinger		162.2±2.5	
	迭代 Ozawa		162.4±2.3	
	平均值		162.7±0.7	
TKX-50+Fe_2O_3	Flynn-Wall-Ozawa		152.3±3.0	
	迭代 Kissinger		150.7±3.1	
	迭代 Ozawa		151.1±2.9	
	平均值		151.3±0.8	
TKX-50+$ZnFe_2O_4$	Flynn-Wall-Ozawa		129.6±2.4	
	迭代 Kissinger		128.3±1.2	
	迭代 Ozawa		129.6±1.1	
	平均值		129.2±0.7	
TKX-50+$CoFe_2O_4$	Flynn-Wall-Ozawa		137.8±2.2	
	迭代 Kissinger		136.2±2.3	
	迭代 Ozawa		137.2±2.2	
	平均值		137.1±0.7	
TKX-50+$NiFe_2O_4$	Flynn-Wall-Ozawa		138.5±1.7	
	Iteration Kissinger		137.4±3.4	
	Iteration Ozawa		138.5±3.2	
	Average value		138.1±0.3	

续表

含能化合物	计算公式	转化率	E_a	参考文献
TKX-50	Friedman	0.1~0.5	176.0±8.0	[50]
TKX-50	Vyazovkin	0.1~0.5	176.0±8.0	[50]
TKX-50	Kissinger	—	166.9	[51]

此外，根据原位红外结果，使用 Coats-Redfern 方法计算 TKX-50 键断裂的活化能（α=10%~60%），结果如表 3-24 所列。在多个机理函数中，可以较好地拟合，这和先前的报道一致，表明 TKX-50 特征基团的分解遵循二维扩散机理，分解反应遵循 $n=1/2$ 的 Jander 方程。纯 TKX-50 的 N—O 键断裂的活化能低于四唑环和 C—C 键断裂的活化能，添加 $ZnFe_2O_4$使得四唑环、C—C 键和 N—O 键的活化能降低，四唑环断裂活化能降低最多，甚至低于 N—O 键的断裂活化能，表明 $ZnFe_2O_4$改变了 TKX-50 的分解路径，使得 TKX-50 按照四唑环、N—O 键和 C—C 键的断裂顺序分解（图 3-56）。对应的线性相关系数 r 大于 0.98 也证实了结果的准确性。

表 3-24　TKX-50 分解过程的动力学参数

样　　品	四唑环		N—O 基团		C—C 基团	
	E_a/(kJ/mol)	r	E_a/(kJ/mol)	r	E_a/(kJ/mol)	r
TKX-50	49.7	0.992	38.7	0.998	69.7	0.997
TKX-50+$ZnFe_2O_4$	13.0	0.988	13.9	0.991	18.9	0.995

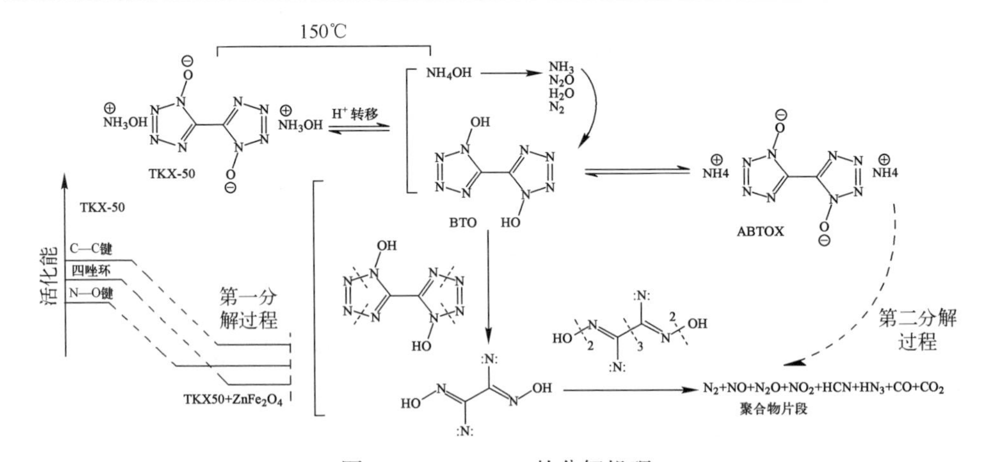

图 3-56　TKX-50 的分解机理

基于 DSC、TG-DTG、原位 FTIR 和气相 MS-FTIR 结果，本章提出了 MFe_2O_4（M = Ni、Zn 和 Co）对 TKX-50 热分解的催化作用机理。先前的研究结构表明，TKX-50 的热分解过程包括质子化、羟胺分解、四唑环断裂和稳定产物的形成（图 3-56）。首先，质子转移形成 1，1-二羟基-5，5-联四唑（BTO）和羟胺（NH_4OH）。随后 NH_4OH 在 150℃ 以下分解生成 H_2O、NH_3 和 N_2O 等稳定产物[52]。之后，所生成的 NH_3 与 BTO 反应生成 5，5'-联四唑-1，1'-二氧氨盐（ABTOX）[53-54]。根据活化能计算结果可知，纯 TKX-50 分解生成的 BTO 按照 N—O 键、四唑环和 C—C 键断裂的顺序分解，最终分解为 N_2、NO、N_2O、HCN、HN_3、CO、CO_2 和其他的聚合物。该分解过程对应于 TKX-50 的第一个分解峰，伴随着快速的热量释放。TKX-50 分解中间产物 ABTOX 分解为 BTO 和 NH_3 对应于 TKX-50 高温分解的初始阶段。之后，类似于低温分解过程，BTO 最终分解为稳定的产物[55]。

添加 MFe_2O_4（M ═Ni、Zn 和 Co）后可有效降低 TKX-50 的分解峰温和活化能。原位 FTIR 结果表明，MFe_2O_4 对于四唑环、N—O 键和 C—C 键断裂具有显著的促进作用，可有效降低四唑环、N—O 键和 C—C 键断裂的活化能。其中，$ZnFe_2O_4$ 对 TKX-50 四唑环断裂活化能具有显著的降低作用，使得 TKX-50 按照四唑环、N—O 键和 C—C 键断裂的顺序分解，这表明 $ZnFe_2O_4$ 的添加改变了 TKX-50 的分解路径。气相 MS 和 FTIR 结果表明，添加 $ZnFe_2O_4$ 不会改变 TKX-50 的气体分解产物，催化作用主要是对分解反应动力学的促进。$ZnFe_2O_4$ 优异的催化活性可归因于 Fe 和 Zn 间的相互作用，有助于 TKX-50 四唑环的断裂。

3. 对 FOX-7 热分解的催化作用

与铁酸盐、石墨烯-铁酸盐复合物混合前后 FOX-7 的 DSC 曲线如图 3-57 所示（催化剂与 FOX-7 的质量比为 1∶10），相应的数据如表 3-25 所列。DSC 结果表明，锚定于石墨烯表面可显著提升铁酸盐的催化活性。与 rGO-$NiFe_2O_4$、rGO-$ZnFe_2O_4$ 和 rGO-$CoFe_2O_4$ 复合物混合后，FOX-7 的高温热分解峰温（T_{HPT}）分别为 231.2℃、241.7℃ 和 260.9℃，相较于纯 FOX-7 减少了 57.4℃、46.9℃ 和 27.7℃。附着于石墨烯后提升的催化活性可归因于对铁酸盐分散性的提升，以及 rGO 与铁酸盐间的协同作用。rGO 对 FOX-7 的热分解也表现出了优异的催化活性，使得 FOX-7 的低温和高温分解峰温分别降低了 3.4℃ 和 39.9℃。这表明 rGO 对 FOX-7 的高温分解过程具有优异的催化作用，$CoFe_2O_4$ 对 FOX-7 热分解的促进作用较小，rGO-$NiFe_2O_4$ 表现出最佳的催化 FOX-7 热分解的性能，可作为含 FOX-7 的固体推进剂的高效催化剂使用。

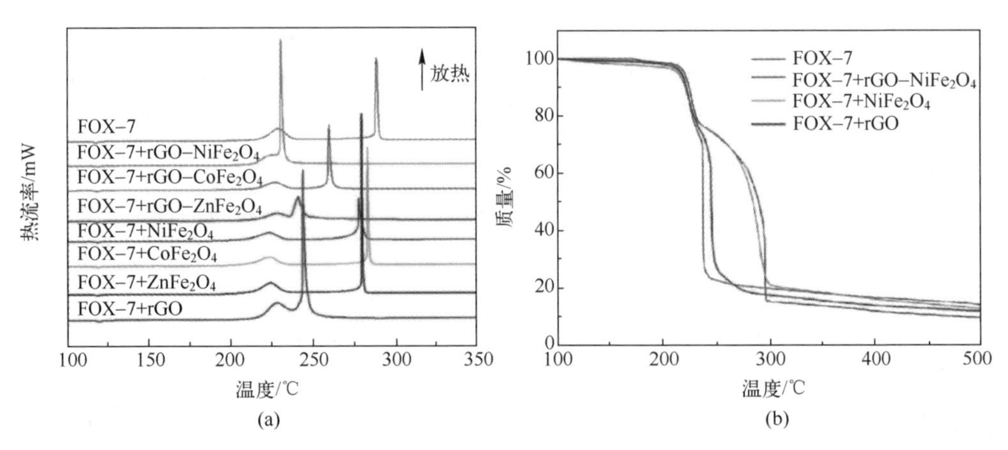

图 3-57 混合铁酸盐和石墨烯-铁酸盐前后 FOX-7 的 DSC 和 TG 曲线（见彩插）

表 3-25 混合不同催化剂前后 FOX-7 的热分解峰温

催化剂	T_p/℃	T_p/℃			
		β=5℃/min	β=10℃/min	β=15℃/min	β=20℃/min
—	T_{LDP}	224.1	229.7	232.7	234.7
	T_{HDP}	290.4	288.6	290.7	291.0
rGO-$NiFe_2O_4$	T_{LDP}	218.8	225.8	229.4	232.3
	T_{HDP}	225.8	231.2	234.8	239.0
rGO-$CoFe_2O_4$	T_{LDP}	222.3	227.6	231.3	233.5
	T_{HDP}	293.3	260.9	294.1	298.7
rGO-$ZnFe_2O_4$	T_{LDP}	224.1	229.0	231.8	235.5
	T_{HDP}	230.3	241.7	242.2	251.4
$NiFe_2O_4$	T_{LDP}	220.1	224.0	228.3	230.1
	T_{HDP}	292.9	278.5	272.8	273.1
$CoFe_2O_4$	T_{LDP}	219.1	224.2	227.6	229.9
	T_{HDP}	290.3	283.8	284.9	290.3
$ZnFe_2O_4$	T_{LDP}	220.4	224.9	228.4	231.1
	T_{HDP}	291.2	280.3	283.2	287.8
rGO	T_{LDP}	221.5	226.3	229.5	232.2
	T_{HDP}	236.4	248.7	244.8	255.8

基于 rGO-$NiFe_2O_4$ 对 FOX-7 热分解的优异催化活性，使用 TG 表征了与 rGO-$NiFe_2O_4$、$NiFe_2O_4$ 和 rGO 混合前后 FOX-7 的质量变化，结果见图 3-57。纯 FOX-7 的分解过程可分为两个阶段，与 DSC 结果一致，第一阶段 FOX-7 的失重

约为 20.5%，500℃时失重 91.4%。添加催化剂后，初始失重温度显著降低证实了 rGO-$NiFe_2O_4$、$NiFe_2O_4$和 rGO 对 FOX-7 热分解优异的催化活性。此外，与 rGO 复合后 $NiFe_2O_4$的催化活性显著增加，使得 FOX-7 的初始失重温度显著降低，这也表明了 rGO-$NiFe_2O_4$对 FOX-7 分解优异的催化活性。

与 rGO-$NiFe_2O_4$、$NiFe_2O_4$和 rGO 混合前后 FOX-7 的 FTIR 谱图如图 3-58（a）所示，吸收峰如表 3-26 所列。出现于 3405cm^{-1}和 3422cm^{-1}（3331cm^{-1}和 3299cm^{-1}）的吸收峰归因于 N—H 基团的反对称（对称）拉伸振动。出现于 1518cm^{-1}和 1471cm^{-1}（1396cm^{-1}和 1351cm^{-1}）的吸收峰对应于 C—NO_2键的反对称（对称）伸缩振动峰。位于 1636cm^{-1}和 622cm^{-1}的吸收峰对应于 NH_2基团的面内和面外弯曲振动峰，1609cm^{-1}的峰对应于 FOX-7 分子中的 C ═C 键。此外，混合不同催化剂前后 FOX-7 的原位 FTIR 谱图如图 3-58 所示，随着温度的增加，FTIR 吸收峰的强度降低表明 FOX-7 逐渐分解。随着温度的增加，位于 1334cm^{-1}处的 C—NO_2键的峰移动到了 1351cm^{-1}，表明 C—NO_2的断裂是 FOX-7 分解反应的第一步。

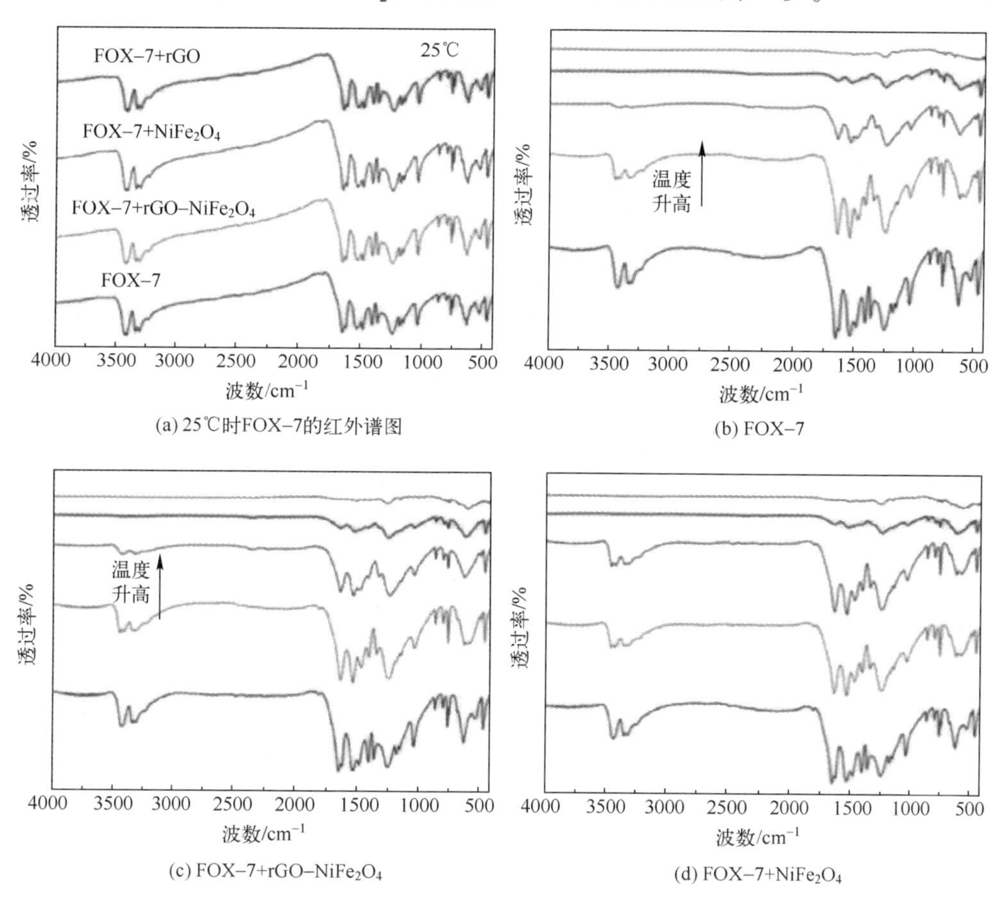

(a) 25℃时FOX-7的红外谱图

(b) FOX-7

(c) FOX-7+rGO-$NiFe_2O_4$

(d) FOX-7+$NiFe_2O_4$

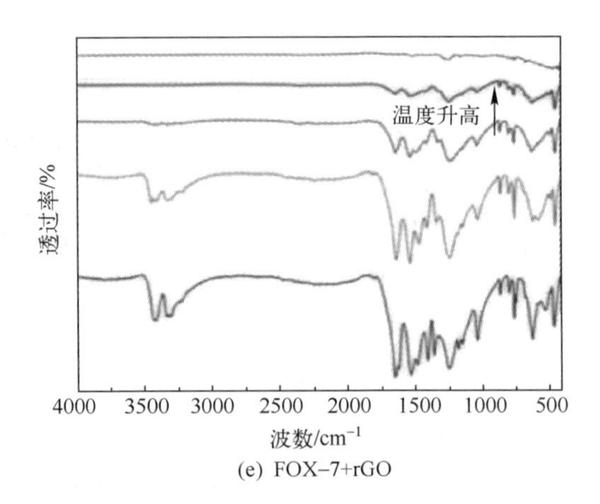

(e) FOX-7+rGO

图 3-58　与催化剂混合前后 FOX-7 的原位红外谱图

表 3-26　FOX-7 特征基团的 FTIR 吸收峰

波数/cm^{-1}	振动类型	基　团
3405 和 3422	反对称伸缩	N—H
3331 和 3299	对称伸缩	
1636	面内弯曲	NH_2
622	面外弯曲	
1230	伸缩	C—N（NH_2）
1609	伸缩	C ═C
1518 和 1471	反对称伸缩	C—NO_2
1396 和 1351	对称伸缩	

对混合 rGO、$NiFe_2O_4$和 rGO-$NiFe_2O_4$复合物前后 FOX-7 的气相产物进行 MS 表征，结果如图 3-59 所示。MS 结果表明，FOX-7 的主要分解气体产物为 NH_3（由 $m/z=17$ 和 $m/z=15$ 的出现证实）、H_2O（$m/z=18$）、HCN（$m/z=27$）、NO（$m/z=30$）、CO_2或 N_2O（$m/z=44$）和 NO_2（$m/z=46$）[37]。其中，氮氧化物（NO、NO_2和 N_2O）的初始生成温度低于其他气体产物，该结果与原位 FTIR 结果一致，说明 C—NO_2键的断裂是 FOX-7 分解的第一步。此外，FOX-7 的气体产物在添加 rGO-$NiFe_2O_4$、$NiFe_2O_4$和 rGO 后没有明显的变化，而气体产物的生成温度显著降低，表明催化剂的添加不会影响 FOX-7 的分解路径，但使其分解过程提前。

与 rGO-$NiFe_2O_4$、$NiFe_2O_4$和 rGO 混合前后，采集于 40.0min、35.2min、40.0min 和 37.3min 的 FOX-7 的气相 FTIR 谱图如图 3-60 所示。出现于 2355cm^{-1}、

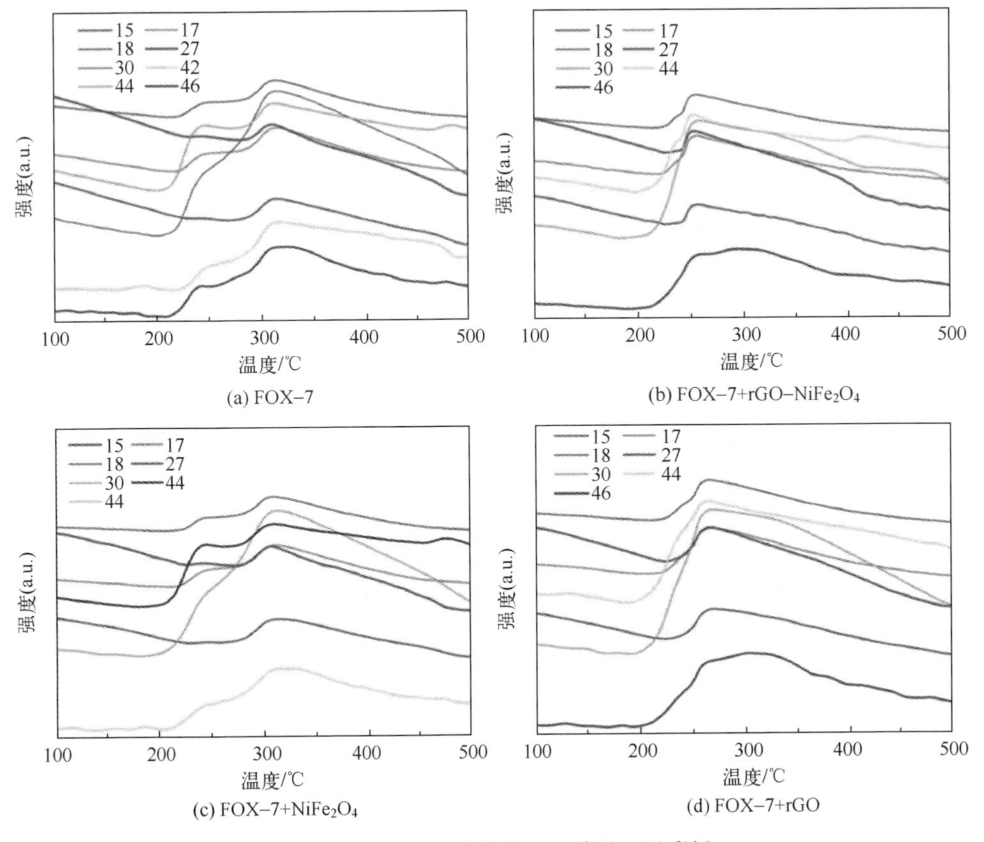

图 3-59 气相分解产物的 MS 谱图（见彩插）

2319cm^{-1}和 668cm^{-1}的吸收峰对应于 FOX-7 分解生成的 CO_2。出现于 1632cm^{-1}和 1597cm^{-1}的吸收峰来自 NO_2，NO 的峰出现于 1909cm^{-1}和 1843 cm^{-1}[42]。气相 MS-FTIR的结果与 DSC、TG 和原位 FTIR 一致，即添加 rGO-$NiFe_2O_4$后，FOX-7 的初始分解温度提前最多，表明附着于石墨烯后 $NiFe_2O_4$的催化活性提升。此外，氮氧化物的优先生成和 C—NO_2峰位置偏移表明 FOX-7 的分解过程为 C—NO_2键优先断裂。

与 MFe_2O_4和 rGO-MFe_2O_4（M＝Ni、Zn 和 Co）混合前后 FOX-7 的表观活化能由 Kissinger 法和 Ozawa 法进行计算，计算结果如表 3-27 所列。rGO-$NiFe_2O_4$具有优异的降低 FOX-7 活化能的作用，使 FOX-7 的表观活化能降低了 55.60kJ/mol，而单独添加 rGO 或 $NiFe_2O_4$对 FOX-7 的活化能没有明显的影响。这表明，rGO-$NiFe_2O_4$对 FOX-7 热分解所具有的优异催化活性源于 $NiFe_2O_4$和 rGO 间的协同作用，有助于 FOX-7 表观活化能的降低。

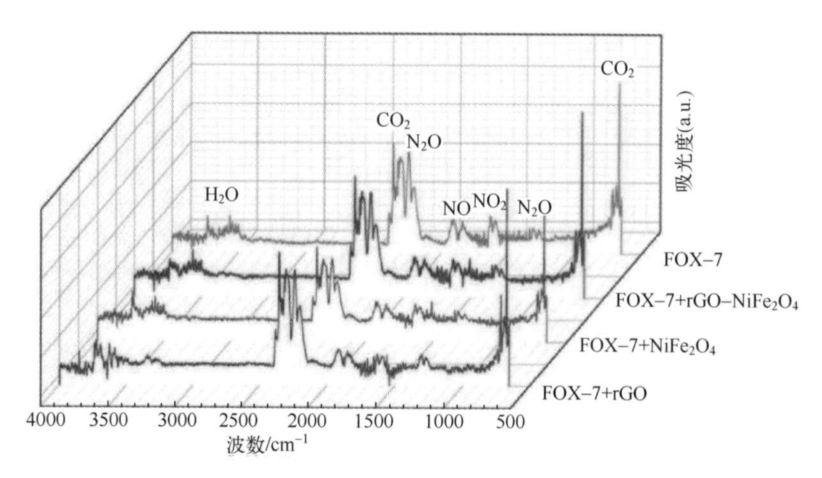

图 3-60　与 rGO、$NiFe_2O_4$和 rGO-$NiFe_2O_4$复合物混合前后 FOX-7 的 FTIR 谱图（见彩插）

表 3-27　与 MFe_2O_4和 rGO-MFe_2O_4（M=Ni、Zn 和 Co）混合前后 FOX-7 的动力学参数

催化剂	T_p/℃	Kissinger 法			Ozawa 法	
		E_a/(kJ/mol)	lg$A$/s^{-1}	r	E_a/(kJ/mol)	r
—	T_{LDP}	264. 7±1. 8	27. 6±0. 7	0. 999	259. 6±7. 0	0. 999
rGO-$CoFe_2O_4$		247. 6±5. 9	24. 9±0. 6	0. 999	243. 3±5. 6	0. 999
rGO-$ZnFe_2O_4$		252. 6±23. 1	26. 3±2. 4	0. 991	248. 2±22. 0	0. 992
rGO-$NiFe_2O_4$		209. 1±15. 1	21. 9±1. 5	0. 994	206. 7±14. 4	0. 995
$CoFe_2O_4$		255. 3±4. 7	26. 8±0. 4	0. 999	250. 6±4. 4	0. 999
$ZnFe_2O_4$		259. 6±15. 8	27. 3±1. 6	0. 996	254. 8±15. 0	0. 996
$NiFe_2O_4$		266. 0±25. 5	28. 0±2. 6	0. 990	260. 8±24. 2	0. 991
rGO		262. 7±11. 1	27. 5±1. 1	0. 998	257. 7±10. 5	0. 998

纯 FOX-7 的分解过程包含相转变、低温热分解和高温热分解三个阶段。在第一个阶段，FOX-7 由 α 相转变为 β 相[56]。如图 3-61 所示，FOX-7 的低温热分解过程包含共轭体系的破坏以及—NO_2和—NO 的交换形成 NO。根据原位 FTIR 及气相 MS 结果，FOX-7（m/z=150）分子中 C—NO_2键的断裂，以及 NO（m/z=30）的生成为 FOX-7 分解的初始反应，这与 TG 结果初始失重约为 20%相符。此外，共轭体系破坏形成的气体小分子间的反应对应于 FOX-7 的高温热分解过程[56]。

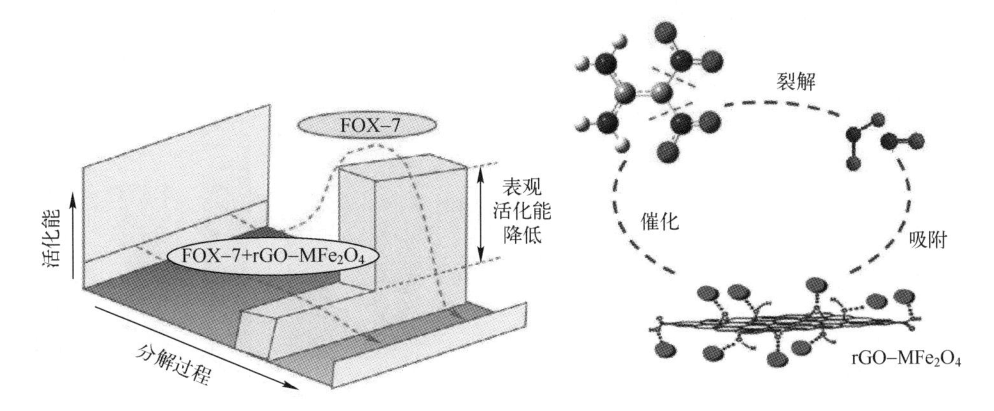

图 3-61　rGO-$NiFe_2O_4$对 FOX-7 热分解的催化机理

本章研究的 rGO-$NiFe_2O_4$的优异催化活性来自 rGO 和 $NiFe_2O_4$间的协同效应，rGO 可有效降低 FOX-7 的高温分解峰温，而与 $NiFe_2O_4$结合后催化活性提高。动力学计算结果表明，rGO-$NiFe_2O_4$可显著降低 FOX-7 的表观活化能，归因于 rGO 和 $NiFe_2O_4$间的协同作用。rGO 的作用可归因于其巨大的比表面积，有助于吸附 FOX-7 骨架断裂形成的小分子，促进小分子间的相互作用，使得 FOX-7 的高温分解峰温降低。而与石墨烯复合后，两者间的相互作用可显著降低 FOX-7 的表观活化能。rGO-$NiFe_2O_4$对 FOX-7 热分解优异的催化活性使其可作为含 FOX-7 固体推进剂的燃烧催化剂使用。

3.3.4　Al/GO/$CuFe_2O_4$的热分解、激光点火和恒容燃烧性能

1. Al/GO/$CuFe_2O_4$的热分解性能

本节利用差示扫描量热仪对含有不同 GO 含量（0~10%，Φ=1.50）和不同 Φ 值（1.00~1.75，ω_{GO}=5%）的 Al/GO/$CuFe_2O_4$复合材料进行了放热性能表征，并且详细比较分析了各组的放热量。从 DSC 曲线图（图 3-62 和图 3-63）可以看出，样品在加热过程中存在两个明显的放热峰，中间被 Al 的熔融峰隔开，第一个剧烈的放热峰对应于固-固反应，第二个驼峰则与液-固反应相对应。

在图 3-62 中，当 GO 百分含量为 0、2.5%、5.0%、7.5%和 10%时（Φ=1.50），两个峰的总放热量分别为(2121±40)J/g、(2862±44)J/g、(3175±65)J/g、(2325±73)J/g 和(2095±71)J/g。其中 Al/$CuFe_2O_4$的放热量(2121±40)J/g 高于 Fe_2O_3/Al（2088.0J/g）和 CuO/Al（2070.0J/g）的放热量，表明作为铝热剂的氧化剂，双金属复合氧化物优于单金属氧化物。加入 GO 后，随着 GO 含量的增加放热量增加，在 ω_{GO}=5%时达到最大，之后放热量随 GO 含量的增加而降低。因此，在 GO 含量为 5%的条件下，制备并测试了 Al/GO/$CuFe_2O_4$在不同当量比

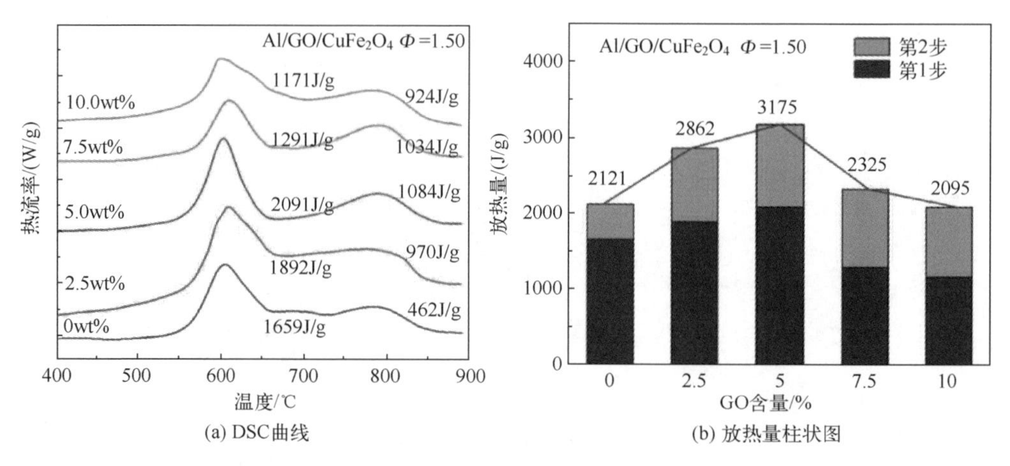

图 3-62 不同 GO 含量下 $Al/GO/CuFe_2O_4$（$\Phi=1.50$）的 DSC 曲线和放热量柱状图（见彩插）

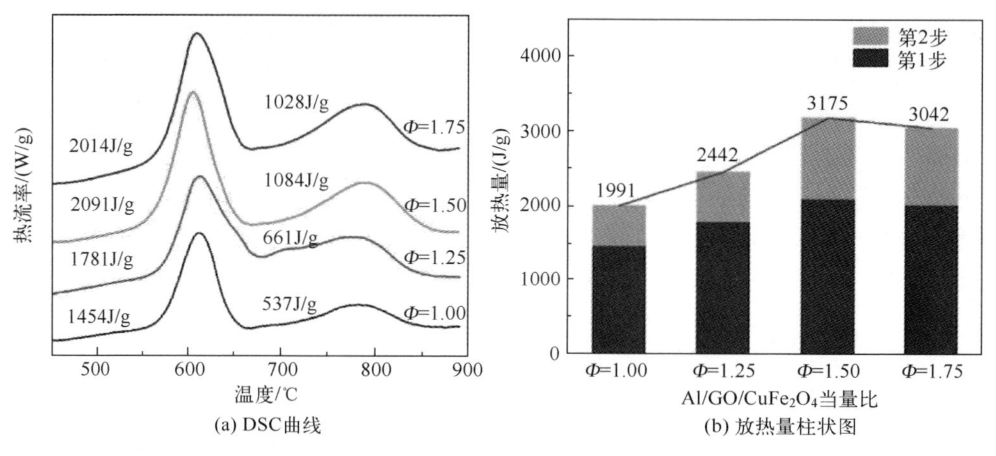

图 3-63 不同当量比下 $Al/GO/CuFe_2O_4$（$\omega_{GO}=5\%$）的 DSC 曲线和放热量柱状图（见彩插）

（$\Phi=1.00\sim1.75$）下的放热量，当 $\Phi=1.00$、1.25、1.50 和 1.75 时，总放热量分别为(1991±58)J/g、(2442±34)J/g、(3175±65)J/g 和(3042±65)J/g，见图 3-63。在 $\Phi=1.50$ 时放热量达到最大值为(3175±65)J/g，并且高于之前报道的以双金属复合氧化物作为氧化剂的铝热剂的放热量，如纳米 $NiFe_2O_4/Al$ 的放热量为 2921.7J/g，$Al/NiCo_2O_4$的放热量为 2076.0J/g。此外，见图 3-62 和图 3-63，反应过程在熔点以下（固-固反应阶段）的能量释放效率更高。

$Al/GO/CuFe_2O_4$纳米复合材料良好的放热性能可能与以下原因有关。①使用尖晶石结构的双金属复合氧化物作为氧化剂。如图 3-64 所示，与单金属氧化物 Fe_2O_3（一个晶胞有 18 个 O^{2-}）相比，一个尖晶石结构的 $CuFe_2O_4$晶胞包含 32 个紧密堆叠的 O^{2-}，并且 8 个 Cu^{2+}和 16 个 Fe^{3+}分别占据由 O^{2-}构成的四面体和八面体空隙。换句话说，一个 Cu^{2+} 与 4 个 O^{2-} 配位，一个 Fe^{3+} 与 6 个 O^{2-} 配位，形成稳定的具有尖晶石结构的 $CuFe_2O_4$，而且双金属结构存在更多的晶格点阵缺陷，可以为反应提供更多的活性位点。②在一定范围内($\omega_{GO}\leqslant5\%$)，GO 含量增加可以更好地引导组分组装，增加 Al 和 $CuFe_2O_4$ 纳米颗粒之间的界面接触面积，为氧原子到达 Al 球表面并与 Al 反应提供更短的路径。并且有效改善了各组分之间的团聚，尤其减少了磁性材料 $CuFe_2O_4$ 的团聚。同时，也可以在 670℃ 左右发生 Al-C 反应并释放一定的热量。但当 GO 含量超过 5%时，随着 GO 含量的增加放热量减少。这是因为虽然 GO 在 250℃ 左右可以发生歧化反应，释放大约 1300J/g 的热量，但是这个含能体系的主要放热反应温度范围为 400~900℃，并且处于惰性气体（氮气）氛围中，在这种条件范围内 GO 不会发生反应释放能量。而且Al-C反应的热量释放（约 1600J/g）低于 Al-$CuFe_2O_4$ 反应的放热量[43]。

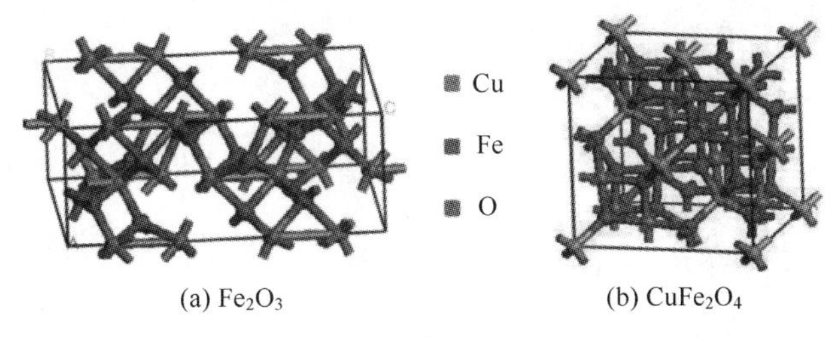

图 3-64　Fe_2O_3 和 $CuFe_2O_4$ 的晶胞结构（见彩插）

2. Al/GO/$CuFe_2O_4$ 的激光点火性能

为进一步探究该纳米复合材料的含能性能，对纯 Al、Al/GO/$CuFe_2O_4$（Φ=1.00、1.25、1.50 和 1.75）和 Al/$CuFe_2O_4$（Φ=1.50，对照样品）进行激光点火测试，并使用高速摄像机记录完整的激光点火过程，结果如图 3-65 所示。将光点出现的前一帧对应的时间定义为初始时间，前 5 张照片的时间间隔是 1ms，之后相邻照片之间的时间间隔为 7ms。从照片可以看出，纯 Al 在整个反应过程中都是缓慢温和的（图 3-65（a）），而纳米复合材料的反应更加剧烈。如图 3-65（b）~（d）所示，随着当量比从 Φ=1.00 增加至 Φ=1.50，火焰强度增强。当 Φ=1.50 时火焰迅速向前传播并伴有很强的光，并且火焰颜色均匀，表明 Al 和 $CuFe_2O_4$ 混合均匀，整个过程持续了(33±0.58)ms。当 Φ=1.75 时(图 3-65（e）)，虽然持续反应时间比 Φ=1.50 略短，但从调整相机位置后所拍的照片也可以看出反应过程非常剧烈，如图 3-65（f）所示。根据以上分析，最佳的 Φ 值为 1.50，并且点火反应后坩埚中几乎没有残留物，证明燃烧过程非常剧烈。

本节同时测试了对照样品 Al/$CuFe_2O_4$（Φ=1.50）的激光点火性能（图3-65（g）），

并记录了样品的点火延迟时间，计算三次测试的平均值得到 $Al/CuFe_2O_4$（Φ=1.50）的点火延迟时间为(0.039±0.001)s。与 $Al/CuFe_2O_4$（Φ=1.50）相比，$Al/GO/CuFe_2O_4$（Φ=1.50）的火焰强度更强，而且点火延迟时间更短，为(0.025±0.001)s。根据照片中的火焰传播距离和相对应的时间间隔计算了样品的火焰传播速度，结果表明 $Al/GO/CuFe_2O_4$（Φ=1.50）的火焰传播速度为(14.3±3.8)m/s，远快于 $Al/CuFe_2O_4$（Φ=1.50，(5.0±0.6)m/s）。以上分析结果证明向含能复合材料中加入 GO 可以增强其火焰强度、缩短点火延迟时间并增加火焰传播速率，增加了该复合材料在含能领域中的应用潜力。

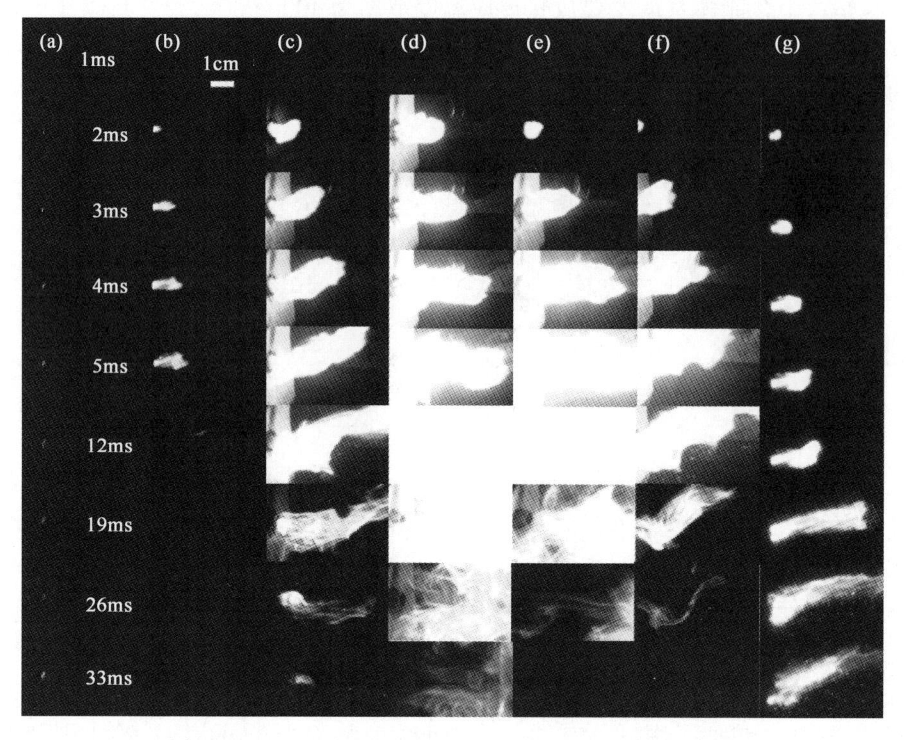

图 3-65 (a) 纯 Al、$Al/GO/CuFe_2O_4$（Φ=1.00 (b)、1.25 (c)、1.50 (d) 和 1.75 (e)、(f)）和 $Al/CuFe_2O_4$（Φ=1.50，对照样品）(g) 的激光点火图（见彩插）

3. $Al/GO/CuFe_2O_4$的恒容燃烧热

为研究纳米含能复合材料在纯氧环境中的燃烧热以及其对 RDX 和 AP 燃烧放热的影响，测定了 $Al/GO/CuFe_2O_4$(Φ=1.00~1.75)，$Al/GO/CuFe_2O_4$+RDX(Φ=1.00~1.75)和 $Al/GO/CuFe_2O_4$+AP(Φ=1.00~1.75)的恒容燃烧热（$-\Delta_c U$），结果如表 3-28 所列。因为随着 Φ 值增加复合材料中 Al 含量增加，而 Al 是该复合

材料中与氧气反应放出热量的主要组分，所以 Al/GO/$CuFe_2O_4$的$-\Delta_cU$ 值与 Φ 值呈正相关。在 $\Phi \geqslant 1.50$ 时，Al/GO/$CuFe_2O_4$ + RDX 的 $-\Delta_cU$ 值高于纯 RDX（9475J/g）；与纯 AP（1962J/g）相比，Al/GO/$CuFe_2O_4$+AP 的燃烧热明显增加，接近纯 AP 的$-\Delta_cU$ 值的 2 倍，并且 Al/GO/$CuFe_2O_4$+RDX 和 Al/GO/$CuFe_2O_4$+AP 的$-\Delta_cU$ 值也随着 Al/GO/$CuFe_2O_4$ 复合物 Φ 值的增加而增加。因此，Al/GO/$CuFe_2O_4$复合材料作为催化剂不仅可以促进固体推进剂关键组分的热分解，而且在实际应用中还可以提高固体推进剂的燃烧性能。

表 3-28　不同样品的恒容燃烧热

样品	$-\Delta_cU$/(J/g)			
	Φ=1.00	Φ=1.25	Φ=1.50	Φ=1.75
Al/GO/$CuFe_2O_4$	8961	10361	11298	12530
	9204	10438	11373	12728
	9041	10279	11354	12631
	9139	9974	11312	12756
	8975	9853	11425	12596
	9083	10056	11431	12763
平均值	9067±38	10160±95	11366±22	12667±39
Al/GO/$CuFe_2O_4$+RDX	9120	9302	9487	9843
	9072	9317	9538	9785
	9090	9385	9502	9801
	9064	9273	9513	9763
	9037	9356	9611	9854
	9072	9403	9509	9812
平均值	9075±11	9339±20	9526±18	9809±14
Al/GO/$CuFe_2O_4$+AP	4105	4305	4372	4608
	3963	4069	4481	4695
	3941	4132	4417	4632
	4017	4253	4326	4571
	3902	4227	4387	4574
	3891	4198	4359	4597
平均值	3970±33	4197±35	4390±22	4613±19

3.3.5 Al/GO/$CuFe_2O_4$复合物催化热分解性能

1. 催化 RDX 热分解

1) DSC 分析

使用差示扫描量热仪（DSC）在 10℃/min 的升温速率下测定分析了 Al/GO/$CuFe_2O_4$复合材料对 RDX 热分解的催化作用。图 3-66 所示为纯 RDX 以及 RDX 在 $CuFe_2O_4$、$CuFe_2O_4$/GO、Al 和 Al/GO/$CuFe_2O_4$（Φ=1.00、1.25 和 1.50）催化作用下的热分解 DSC 曲线，可以看到加入催化剂后对 RDX 的吸热峰峰温没有影响，但对放热分解峰温都有不同程度的降低。RDX+$CuFe_2O_4$（237.0℃）的热分解峰温与 RDX+$CuFe_2O_4$/GO（233.3℃）比较可以发现，GO 的加入减少了纳米颗粒的团聚和元素反应扩散距离，并提供了催化活性位点，进一步降低了 RDX 的热分解峰温。因为纳米 Al 极易发生氧化在其表面生成致密的 Al_2O_3，所以纯 Al 对 RDX 的热分解温度没有明显的降低作用（仅降低 1.2℃），但 RDX+Al 的半峰宽明显比纯 RDX 窄，说明 Al 的加入有助于 RDX 的放热反应更加集中。因此与 RDX+$CuFe_2O_4$/GO 相比，RDX+Al/GO/$CuFe_2O_4$的放热分解峰温均有推后，并且随着当量比的增加（Φ=1.00 → 1.25 → 1.50）即铝粉含量的增加，放热分解峰温逐渐推后。但 Al/GO/$CuFe_2O_4$对 RDX 仍具有积极的催化分解作用，使 RDX 的热分解峰温分别降低了 7.4℃（Φ=1.00）、6.6℃（Φ=1.25）和 5.4℃（Φ=1.50），并且均优于 $CuFe_2O_4$对 RDX 的催化作用（ΔT=5.3℃）。

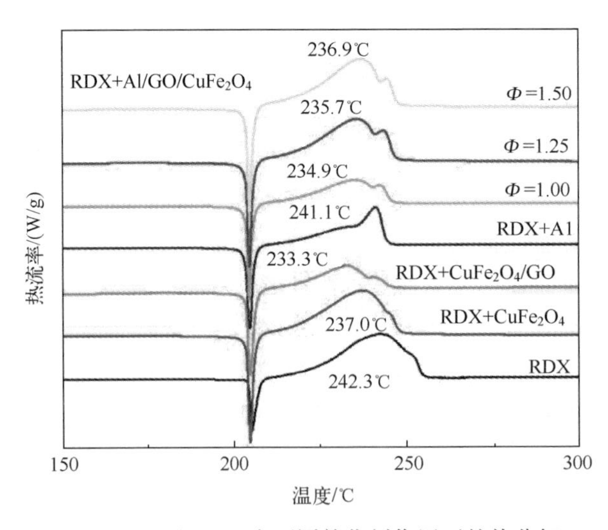

图 3-66 纯 RDX 以及 RDX 在不同催化剂作用下的热分解 DSC 曲线

根据以上分析可知 Al/GO/$CuFe_2O_4$复合材料在 $\Phi=1.00$ 时的催化性能最好。为进一步探究 Al/GO/$CuFe_2O_4$（$\Phi=1.00$）对 RDX 热分解表观活化能的影响，通过 DSC 测试不同升温速率下纯 RDX、RDX+$CuFe_2O_4$/GO 和 RDX+Al/GO/$CuFe_2O_4$（$\Phi=1.00$）的热分解峰温，并计算得到各自的热分解表观活化能（E_a），结果如图 3-67 和表 3-29 所示。RDX+Al/GO/$CuFe_2O_4$（$\Phi=1.00$）的 E_k和 E_o值分别比纯 RDX 降低了 118.7kJ/mol 和 113kJ/mol，并且与 RDX+$CuFe_2O_4$/GO 的 E_k和 E_o值非常接近。以上分析结果表明与 $CuFe_2O_4$/GO 相比，纳米 Al 的加入没有削弱 Al/GO/$CuFe_2O_4$（$\Phi=1.00$）对 RDX 的催化性能，因此 Al/GO/$CuFe_2O_4$纳米复合物有潜力作为固体推进剂的燃烧催化剂。

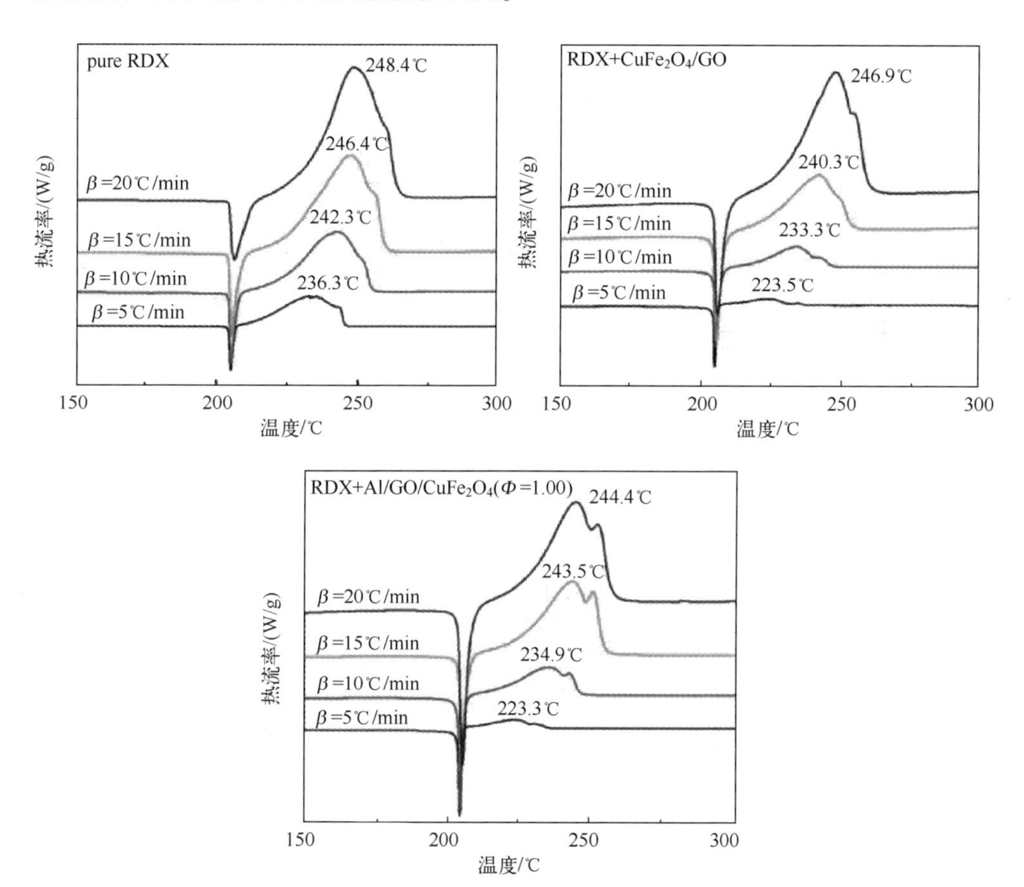

图 3-67　三个样品在不同升温速率下的 DSC 曲线

表 3-29 纯 RDX、RDX+$CuFe_2O_4$/GO 和 RDX+Al/GO/$CuFe_2O_4$（Φ=1.00）的表观活化能

样　　品	E_k/(kJ/mol)	$\lg A/s^{-1}$	r_k	E_o/(kJ/mol)	r_o	$\bar{E}$(kJ/mol)
RDX	239.6	22.53	0.9988	236.0	0.9989	237.8
RDX+$CuFe_2O_4$/GO	119.8	10.31	0.9953	122.0	0.9960	120.9
RDX+Al/GO/$CuFe_2O_4$（Φ=1.00）	120.9	10.41	0.9852	123.0	0.9870	121.9

注："k" 表示 Kissinger 法；"o" 表示 Ozawa 法；"$\lg A$" 表示指前因子；"r" 表示线性相关系数。

2）动力学分析

使用 TA Universal Analysis 软件分析得到 RDX+Al/GO/$CuFe_2O_4$（Φ = 1.00）在不同升温速率下的反应分数 α 和与之相对应的 T_i、E_o值，并通过图 3-68 直观表达了表观活化能 E_o随反应分数 α 的变化情况。

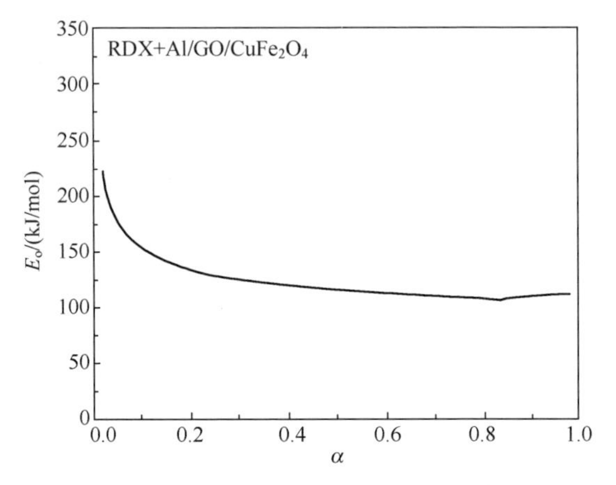

图 3-68　RDX+Al/GO/$CuFe_2O_4$（Φ=1.00）热分解的 E_o-α 曲线

根据图 3-68 可知在 α = 0.28 ~ 0.98 的范围内曲线平缓，纵坐标的 $\bar{E}_o$（127.1kJ/mol）与表 3-29 中根据 Ozawa 法计算的值（123.0kJ/mol）非常接近，因此推测可以使用一个热分解动力学方程表达该过程。在不同升温速率下，分别将 T_i数据、对应的反应分数 α（0.28~0.98）和 41 种机理函数代入 Mac Callum-tanner、Satava-Sestak、Agrawal、The General Integral、The Universal Integral 公式中，并运用积分法计算得到 E、$\lg A$ 和 r 值。通过比较分析 E 与 E_o值（表 3-29），可知最佳机理函数为 5 号函数，在该函数基础上计算的动力学参数汇总于表 3-30，并且在该函数基础上计算得到的 $\bar{E}$ 和 $\bar{A}$ 分别为 114.77kJ/mol 和 $10^{9.26}s^{-1}$。因此，选择 5 号函数作为 RDX+Al/GO/$CuFe_2O_4$（Φ=1.00）分解阶段的最佳机理函数，函数表达式为

$$f(\alpha)=6(1-\alpha)^{2/3}[1-(1-\alpha)^{1/3}]^{1/2},\quad G(\alpha)=[1-(1-\alpha)^{1/3}]^{1/2} \tag{3-1}$$

将 $\overline{E}=114.77\text{kJ/mol}$，$\overline{A}=10^{9.26}\text{s}^{-1}$ 和 $f(\alpha)=6(1-\alpha)^{2/3}[1-(1-\alpha)^{1/3}]^{1/2}$ 代入方程 $\frac{d(\alpha)}{d(T)}=\frac{A}{\beta}f(\alpha)e^{-\frac{E}{RT}}$ 中，即得到 RDX+Al/GO/$CuFe_2O_4$（$\Phi=1.00$）的热分解动力学方程为

$$\frac{d(\alpha)}{d(T)}=\frac{10^{9.26}}{\beta}6(1-\alpha)^{2/3}[1-(1-\alpha)^{1/3}]^{1/2}e^{-\frac{114.77}{RT}} \tag{3-2}$$

使用同样的方法计算得到纯 RDX 的最佳机理函数为 26 号函数，所对应的热分解动力学方程为 $\frac{d(\alpha)}{d(T)}=\frac{10^{21.19}}{\beta}\frac{2\alpha^{-1/2}}{3}e^{-\frac{232.41}{RT}}$，与在 Al/GO/$CuFe_2O_4$（$\Phi=1.00$）催化下 RDX 的动力学方程不同，也进一步说明了 Al/GO/$CuFe_2O_4$（$\Phi=1.00$）对 RDX 具有催化作用。

表 3-30　RDX+Al/GO/$CuFe_2O_4$（$\Phi=1.00$）的动力学参数（5 号函数）

β/(℃/min)	方　　程	E/(kJ/mol)	$\lg A$/s^{-1}	r
5	Agrawal	127.12	10.80	0.9897
	Satava-Sestak	128.77	10.98	0.9909
	Mac Callum-Tanner	127.72	10.81	0.9909
	The Universal Integral	126.24	9.54	0.9896
	The General Integral	127.12	10.80	0.9897
10	Agrawal	113.07	9.20	0.9982
	Satava-Sestak	115.58	9.59	0.9985
	Mac Callum-Tanner	113.75	9.32	0.9985
	The Universal Integral	112.41	8.11	0.9984
	The General Integral	113.07	9.30	0.9952
15	Agrawal	110.45	9.01	0.9986
	Satava-Sestak	113.21	9.33	0.9988
	Mac Callum-Tanner	111.24	9.04	0.9988
	The Universal Integral	109.94	7.84	0.9986
	The General Integral	110.45	9.01	0.9986

续表

β/(℃/min)	方　　程	E/(kJ/mol)	lgA/s^{-1}	r
20	Agrawal	106.39	8.67	0.9976
	Satava-Sestak	109.38	9.02	0.9980
	Mac Callum-Tanner	107.19	8.70	0.9980
	The Universal Integral	105.91	7.52	0.9976
	The General Integral	106.39	8.67	0.9988
平均值		114.77	9.26	

2. 催化 AP 热分解

1）DSC 分析

本章同时也分析了 Al/GO/$CuFe_2O_4$复合材料对 AP 热分解的催化作用，结果如图 3-69 所示。纯 AP 存在一个熔融相变吸热峰（244℃）和两个分解放热峰，其中低温分解峰峰温为 309.2℃，高温分解峰峰温为 403.7℃。将 AP 分别与催化剂 Al、$CuFe_2O_4$、$CuFe_2O_4$/GO 和 Al/GO/$CuFe_2O_4$（Φ=1.00、1.25 和 1.50）混合后，除了 AP+Al，其他 DSC 曲线的两个放热分解峰都合并为一个大的放热分解峰。虽然纯 Al 作为热分解催化剂没有将 AP 的两个分解峰合并，但 AP+Al 的两个热分解峰温分别为 301.1℃和 381.4℃，比纯 AP 降低了 8.1℃和 22.3℃，因此纯 Al 对 AP 的热分解也具有一定的催化作用。与纯 AP 相比，AP+$CuFe_2O_4$（331.8℃）和 AP+$CuFe_2O_4$/GO（331.4℃）的热分解峰温分别降低了 71.9℃和 72.3℃，$CuFe_2O_4$/GO 对 AP 的分解峰温催化作用略优于 $CuFe_2O_4$。根据以上结果可知纯 Al 对 AP 的催化效果比 $CuFe_2O_4$/GO 差，因此与 AP+$CuFe_2O_4$/GO 相比，AP+Al/GO/$CuFe_2O_4$的热分解峰推迟，但是 Al/GO/$CuFe_2O_4$对 AP 的热分解仍具有较好的催化作用。当 Φ=1.00、1.25 和 1.50 时，AP+Al/GO/$CuFe_2O_4$的热分解峰峰温分别为 338.9℃、344.7℃和 346.5℃，比纯 AP 提前了 64.8℃、59.0℃和 57.2℃，并且热分解放热量比纯 AP[(702±4)J/g]分别增加了（957±15)J/g、(717±6)J/g 和（625±10)J/g。

根据以上分析可知，Al/GO/$CuFe_2O_4$复合材料在 Φ=1.00 时的催化性能最好。为了进一步探究 Al/GO/$CuFe_2O_4$（Φ=1.00）对 AP 热分解表观活化能的影响，通过 DSC 测试了不同升温速率下 AP+$CuFe_2O_4$/GO 和 AP+Al/GO/$CuFe_2O_4$（Φ=1.00）的热分解峰温（图 3-70），并计算了各自的热分解表观活化能（E_a）（表 3-31）。

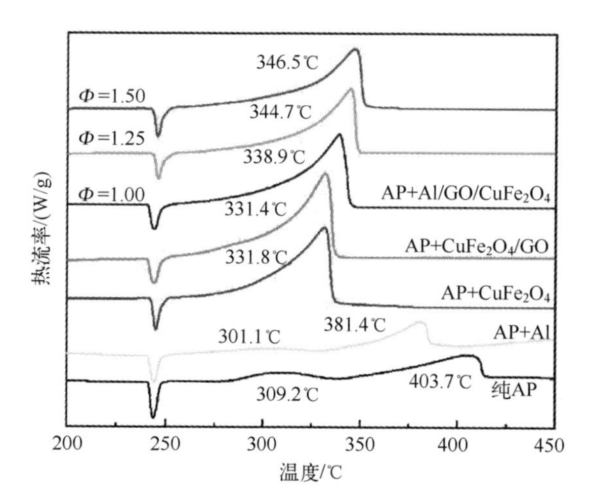

图 3-69　纯 AP 和 AP 在不同催化剂作用下的 DSC 曲线

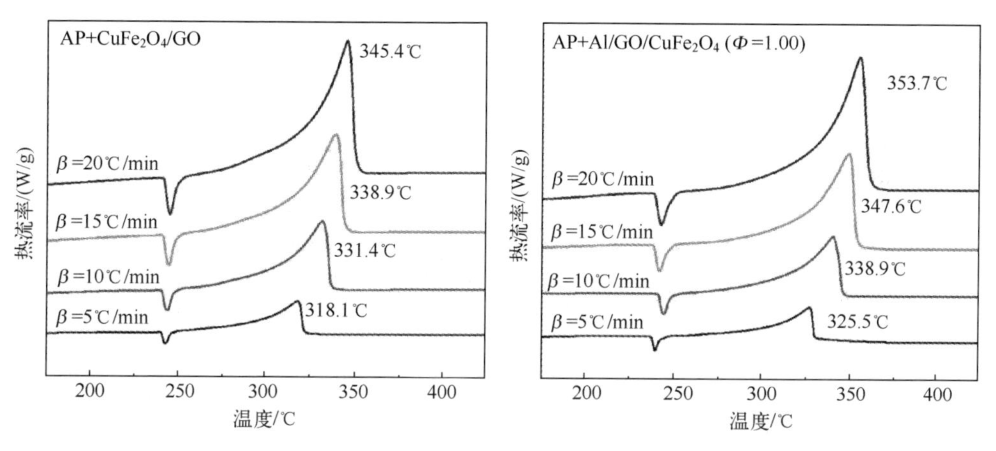

图 3-70　AP+$CuFe_2O_4$/GO 和 AP+Al/GO/$CuFe_2O_4$（Φ=1.00）在不同升温速率下的 DSC 曲线

表 3-31　纯 AP、AP+$CuFe_2O_4$/GO 和 AP+Al/GO/$CuFe_2O_4$（Φ=1.00）的表观活化能

样　　品	E_k/(kJ/mol)	$\lg A/s^{-1}$	r_k	E_o/(kJ/mol)	r_o	$\bar{E}$/(kJ/mol)
AP	161.0	—	—	—	—	—
AP+$CuFe_2O_4$/GO	145.6	10.48	0.9997	148.0	0.9997	146.8
AP+Al/GO/$CuFe_2O_4$ (Φ=1.00)	143.0	10.08	0.9999	145.6	0.9999	144.3

注：表中“k”表示 Kissinger 法，“o”表示 Ozawa 法，“lg*A*”表示指前因子，“*r*”表示线性相关系数。

结果表明，AP+Al/GO/$CuFe_2O_4$（Φ=1.00）的 E_k 和 E_o 值分别为 143.0kJ/mol 和 145.6kJ/mol，低于纯 AP 的 E_k 值（161.0kJ/mol），并且与 AP+$CuFe_2O_4$/GO 的 E_a 值非常接近。以上分析结果说明与 $CuFe_2O_4$/GO 相比，纳米 Al 的加入没有削弱 Al/GO/$CuFe_2O_4$（Φ=1.00）对 AP 的催化性能，因此 Al/GO/$CuFe_2O_4$ 纳米复合物有潜力作为固体推进剂的燃烧催化剂。

2）动力学分析

使用 TA Universal Analysis 软件分析得到 AP+Al/GO/$CuFe_2O_4$（Φ=1.00）在不同升温速率下的反应分数 α 和与之相对应的 T_i、E_o 值，并通过图 3-71 直观表达了表观活化能 E_o 随反应分数 α 的变化情况。

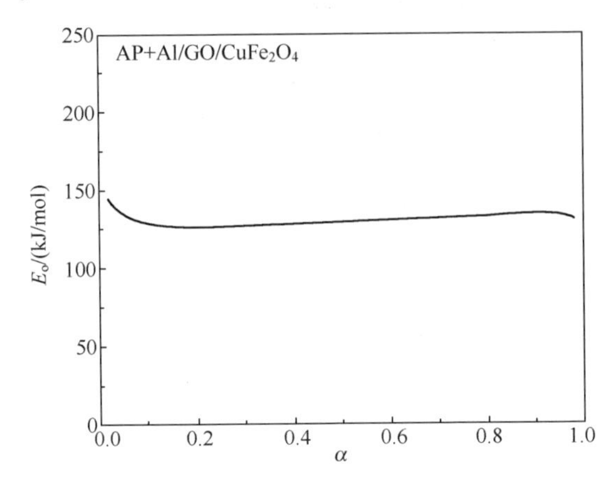

图 3-71　AP+Al/GO/$CuFe_2O_4$（Φ=1.00）热分解的 E_o-α 曲线

根据图 3-71 可知，在 α=0.10~0.98 的范围内曲线平缓，并且该范围内的 $\overline{E}_o$（129.36kJ/mol）与表 3-31 中根据 Ozawa 法计算的值（145.6kJ/mol）非常接近，因此推测可以使用一个热分解动力学方程表达该过程。在不同升温速率下，分别将 T_i 数据、对应的反应分数 α（0.10~0.98）和 41 种机理函数代入 5 个公式中并运用积分法计算 E、lg$E$ 和 r 值。通过比较分析 E_k 与 E_o 值（表 3-31）可知最佳机理函数为 25 号函数，在该函数基础上计算的动力学参数汇总于表 3-32，而且 $\overline{E}$ 和 $\overline{A}$ 值分别是 130.06kJ/mol 和 $10^{8.6}s^{-1}$。因此，25 号函数可以作为 AP+Al/GO/$CuFe_2O_4$（Φ=1.00）分解阶段的最佳机理函数，函数表达式为

$$f(\alpha)=1, \quad G(\alpha)=\alpha \tag{3-3}$$

将 $\overline{E}$=130.06kJ/mol，$\overline{A}=10^{8.6}s^{-1}$ 和 $f(\alpha)=1$ 代入方程 $\frac{d(\alpha)}{d(T)}=\frac{A}{\beta}f(\alpha)e^{-\frac{E}{RT}}$ 中，即得到 AP+Al/GO/$CuFe_2O_4$（Φ=1.00）的热分解动力学方程为

$$\frac{d(\alpha)}{d(T)}=\frac{10^{8.6}}{\beta}e^{-\frac{130.06}{RT}} \tag{3-4}$$

表 3-32 AP+Al/GO/$CuFe_2O_4$（Φ=1.00）的动力学参数（25号函数）

β/(℃/min)	方 程	E/(kJ/mol)	lg(A/s^{-1})	r
5	Agrawal	131.83	8.94	0.9996
	Satava-Sestak	134.62	9.22	0.9996
	Mac Callum-Tanner	133.92	9.10	0.9996
	The Universal Integral	132.44	7.81	0.9996
	The General Integral	131.83	8.95	0.9996
10	Agrawal	123.34	8.32	0.8885
	Satava-Sestak	126.66	8.66	0.9996
	Mac Callum-Tanner	125.49	8.48	0.9996
	The Universal Integral	124.05	7.22	0.9995
	The General Integral	123.34	8.32	0.9995
15	Agrawal	128.76	8.71	0.9998
	Satava-Sestak	132.04	9.03	0.9999
	Mac Callum-Tanner	131.19	8.89	0.9999
	The Universal Integral	129.68	7.60	0.9998
	The General Integral	128.76	8.71	0.9998
20	Agrawal	131.28	8.92	0.9998
	Satava-Sestak	134.54	9.24	0.9998
	Mac Callum-Tanner	133.83	9.11	0.9998
	The Universal Integral	132.28	7.82	0.9998
	The General Integral	131.28	8.92	0.9998
平均值		130.06	8.60	

Al/GO/$CuFe_2O_4$纳米复合材料的良好性能与其结构有较大关系，因此对复合物的组装过程进行了分析。根据 SEM、Raman 和 FT-IR 的分析结果与已有的文献资料研究，推测 GO、Al 和 $CuFe_2O_4$表面的大量含氧官能团有助于纳米复合材料形成多层致密的结构，这些官能团可以为各组分之间的组装提供共价结合位点。在此基础上，推测具体的自组装过程机理如图 3-72 所示。

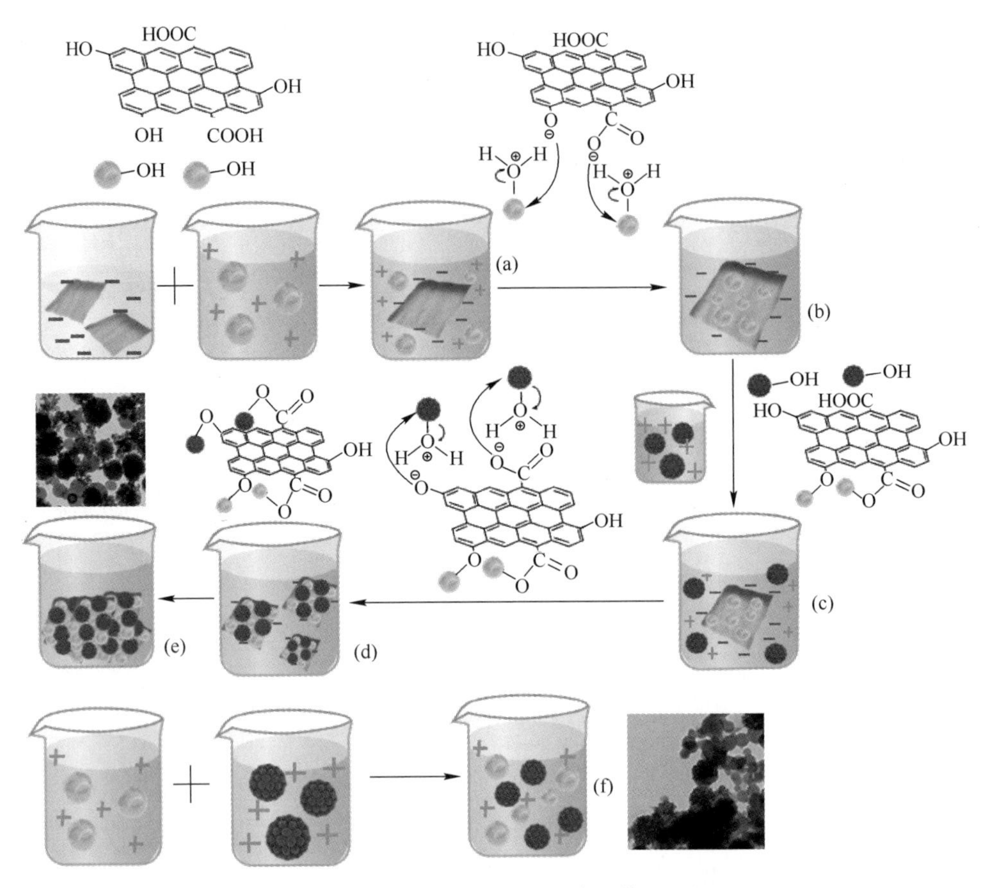

图 3-72　Al、$CuFe_2O_4$、GO 的自组装过程机理

首先，带负电的 GO 和带正电的 Al 球在长程静电相互作用下互相吸引（图 3-72（a））；之后 GO 和 Al 表面的含氧官能团（C—OH 和 C—COOH，Al—OH）相互作用形成共价键（图 3-72（b））。在这个过程中，GO 表面的—OH 和—COOH被 Al 表面的—OH 中的氧原子去质子化产生 GO 的阴离子中间体（$—O^-$，$—COO^-$），这些中间体的氧原子进一步与 Al 反应，在 GO 和 Al 之间形成共价键并释放了一个水分子（H_2O）。其次，向生成的 Al/GO 中加入 $CuFe_2O_4$ 后（图 3-72（c）），带正电的 $CuFe_2O_4$ 利用静电相互作用与带负电的 Al/GO 相互靠近，并通过相同的机理下在 GO 和 $CuFe_2O_4$ 之间形成共价键，得到 Al/GO/$CuFe_2O_4$ 片层，如图 3-72（d）所示。最后，在一定范围内的 Al∶GO∶$CuFe_2O_4$ 质量比下，这些片层自发团聚沉降得到多层致密结构的 Al/GO/$CuFe_2O_4$ 纳米复合材料（图 3-72（e）），并且各组分的添加顺序对产物结构没有影响。根据红外光谱图所示，与 GO、Al 和 $CuFe_2O_4$ 的红外光谱相比，Al/GO/$CuFe_2O_4$ 中与—OH

和—COOH 官能团对应的峰消失，与所推测的机理结果一致。如果不添加 GO，因为 Al 和 $CuFe_2O_4$颗粒表面都带正电荷，二者之间相互排斥形成了稳定的溶液（图 3-72（f）），无法自发组装得到有序的结构。因此，在超声混合条件下，低分子量的 GO 加入能够在很大程度上改善颗粒之间的团聚并增加 Al 和 $CuFe_2O_4$之间的接触面积，有利于明显缩短组分间的物质传递，从而提高 Al/GO/$CuFe_2O_4$复合材料的含能性能。

3.4　金属复合氧化物负载型燃烧催化材料在双基系推进剂中的应用

3.4.1　$Cu_2O-Bi_2O_3$/GO 和 Cu_2O-PbO/GO 在双基系推进剂中的应用

1. 对双基推进剂燃烧的催化作用

本节研究 Cu_2O-PbO/GO 和 $Cu_2O-Bi_2O_3$/GO 两种氧化石墨烯附着双金属氧化物复合催化剂对双基推进剂燃烧的催化作用，推进剂配方如表 3-33 所列，燃速测试结果如表 3-34 所列，实验数据处理结果如表 3-35 所列，燃速-压强曲线如图 3-73 所示。燃速压强指数，根据公式 $u=ap^n$（a 为常数，u 为燃烧速率，p 为燃烧时的压强，n 为燃速压强指数）拟合求出。催化效率 η_r根据公式 $\eta_r=u_c/u_0$（u_c为催化剂催化的推进剂的燃速，u_0为不含催化剂的推进剂的燃速）计算。

表 3-33　含氧化石墨烯附着双金属氧化物双基推进剂的配方

配方编号	NC/%	NG/%	DEP/%	其他助剂/%	催化剂/%
No. 1	59. 0	30. 0	8. 5	2. 5	
No. 2	59. 0	30. 0	8. 5	2. 5	Cu_2O-PbO/GO（3. 0）
No. 3	59. 0	30. 0	8. 5	2. 5	$Cu_2O-Bi_2O_3$/GO（3. 0）

表 3-34　含氧化石墨烯附着双金属氧化物双基推进剂的燃速测试结果

配方编号	不同压强（MPa）下的燃速 u/(mm·s)									
	2	4	6	8	10	12	14	16	18	20
No. 1	2. 15	3. 19	5. 20	6. 49	7. 81	8. 99	9. 77	10. 30	11. 22	12. 24
No. 2	8. 33	11. 41	12. 96	14. 19	15. 46	16. 68	17. 33	17. 04	16. 66	16. 35
No. 3	8. 57	11. 47	13. 57	15. 04	16. 60	17. 40	18. 73	19. 39	19. 94	20. 51

表 3-35　燃速压强指数和氧化石墨烯附着双金属氧化物催化双基推进剂的催化效率

编号	不同压强（MPa）下的催化效率 η_r										低 n 区/MPa	n
	2	4	6	8	10	12	14	16	18	20		
No. 1	1	1	1	1	1	1	1	1	1	1	10~20	0. 62
No. 2	3. 87	3. 58	2. 49	2. 19	1. 98	1. 86	1. 77	1. 65	1. 48	1. 34	12~20	-0. 06
No. 3	3. 99	3. 60	2. 61	2. 32	2. 13	1. 94	1. 92	1. 88	1. 78	1. 68	10~20	0. 31

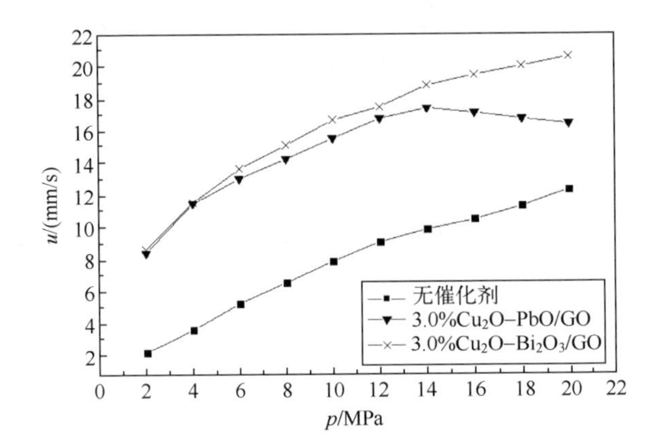

图 3-73　含氧化石墨烯附着双金属氧化物双基推进剂的燃速-压强曲线

实验结果表明，两种氧化石墨烯附着双金属氧化物催化剂均能大幅提高双基推进剂的燃速，显著降低燃速压强指数。其中，Cu_2O-PbO/GO 使双基推进剂在 2~14MPa 压强范围内出现显著的超速燃烧现象，在 2~14MPa 压强范围，该催化剂的催化效率 η_r 分别为 3. 87、3. 58、2. 49、2. 18、1. 98、1. 86、1. 77。高于 16MPa 后推进剂燃速开始下降，在 12~20MPa 压强范围出现“麦撒”燃烧效应，燃速压强指数 n 为-0. 06。可见，Cu_2O-PbO/GO 复合催化剂能够大幅提升双基推进剂燃速，同时显著降低燃速压强指数，是一种高效的中高压宽平台燃烧催化剂。

Cu_2O-Bi_2O_3/GO 使双基推进剂出现超速燃烧，2MPa 下含该催化剂的推进剂燃速从 2. 15mm/s 提高到 8. 57mm/s，增幅高达 299%；在 2~20MPa 压强范围，该催化剂的催化效率 η_r 分别为 3. 99、3. 60、2. 61、2. 32、2. 13、1. 94、1. 92、1. 88、1. 78、1. 68。此外，该催化剂还能显著降低推进剂的燃速压强指数，在 10~20MPa 范围出现“平台”燃烧效应，燃速压强指数从空白推进剂的 0. 62 降低至 0. 31，降低了 50%。可见，Cu_2O-Bi_2O_3/GO 复合催化剂对双基推进剂具有强烈的燃烧催化作用，而且该催化剂毒性低，是一种环保型中高压平台燃烧催化剂。

2. 对改性双基推进剂燃烧的催化作用

本节研究 Cu_2O-PbO/GO 和 Cu_2O-Bi_2O_3/GO 对 RDX-CMDB 推进剂的燃烧催化作用，推进剂配方如表 3-36 所列，燃速测试结果如表 3-37 所列，实验数据处理结果如表 3-38 所列，燃速-压强曲线如图 3-74 所示。实验结果表明，两种氧化石墨烯附着双金属氧化物催化剂均能大幅提高 RDX-CMDB 推进剂的燃速，显著降低燃速压强指数。

表 3-36 含氧化石墨烯附着双金属氧化物 RDX-CMDB 推进剂的配方

配方编号	NC/%	NG/%	RDX/%	DINA/%	其他助剂/%	催化剂/%
No. 1	38. 0	28. 0	26. 0	5. 0	3. 0	—
No. 2	38. 0	28. 0	26. 0	5. 0	3. 0	Cu_2O-PbO/GO (3. 0)
No. 3	38. 0	28. 0	26. 0	5. 0	3. 0	Cu_2O-Bi_2O_3/GO (3. 0)

表 3-37 含氧化石墨烯附着双金属氧化物 RDX-CMDB 推进剂的燃速测试结果

配方编号	不同压强 (MPa) 下的燃速 μ/(mm/s)										
	2	4	6	8	10	12	14	16	18	20	22
No. 1	3. 09	5. 34	7. 42	9. 85	11. 88	14. 04	15. 75	17. 54	19. 54	20. 92	22. 65
No. 2	10. 99	15. 01	17. 34	19. 35	20. 29	21. 19	22. 25	23. 01	23. 7	24. 84	—
No. 3	10. 29	14. 46	17. 27	19. 77	21. 14	22. 66	24. 21	24. 52	25. 37	25. 97	—

表 3-38 RDX-CMDB 推进剂的燃速压强指数和催化效率

编号	不同压强 (MPa) 下的催化效率 η_r										低 n 区 /MPa	n
	2	4	6	8	10	12	14	16	18	20		
No. 1	1	1	1	1	1	1	1	1	1	1	10~20	0. 81
No. 2	3. 56	2. 81	2. 34	1. 96	1. 71	1. 51	1. 41	1. 31	1. 21	1. 19	8~18	0. 26
No. 3	3. 33	2. 71	2. 32	2. 01	1. 78	1. 61	1. 54	1. 40	1. 30	1. 24	8~20	0. 29

可以看出，Cu_2O-PbO/GO 使 RDX-CMDB 推进剂出现超速燃烧现象，在 2~14MPa 该催化剂的催化效率 η_r 分别为 3. 56、2. 81、2. 34、1. 96、171、1. 51、1. 41。在 8~18MPa 压强范围出现“平台”燃烧效应，燃速压强指数 n 为 0. 26。可见，Cu_2O-PbO/GO 对 RDX-CMDB 推进剂具有强烈的燃烧催化作用，提高燃速的同时显著降低压强指数，是一种高效的中高压宽平台燃烧催化剂。

$Cu_2O-Bi_2O_3/GO$ 使推进剂出现超速燃烧，2MPa 下含该催化剂的 RDX-CMDB 推进剂的燃速从 3.09mm/s 提高到 10.29mm/s，增幅高达 233%；在 2~10MPa 该催化剂的催化效率 η_r 分别为 3.33、2.71、2.32、2.01、1.78。14~20MPa 压强范围出现“平台”燃烧效应，燃速压强指数 n 为 0.21。可见，$Cu_2O-Bi_2O_3/GO$ 能够明显降低 RDX-CMDB 推进剂的燃速压强指数，而且该催化剂毒性低，是一种环保型高压平台燃烧催化剂。

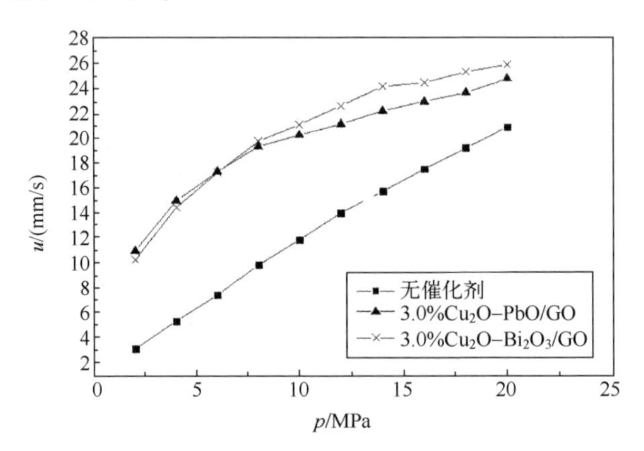

图 3-74　含氧化石墨烯附着双金属氧化物 RDX-CMDB 推进剂的燃速-压强曲线

3.4.2　$PbSnO_3/rGO$ 在推进剂中的应用

采取在 HMX-CMDB 推进剂中引入 $PbSnO_3/rGO$ 或 $PbSnO_3$ 以及炭黑或 GO，考察这几种材料对燃烧性能的影响，设计的配方如表 3-39 所列（根据原子光谱测试结果，$PbSnO_3/rGO$ 纳米复合物中 $PbSnO_3$ 与 rGO 的质量比为 2∶1，因此 $PbSnO_3$ 与 CB 或 GO 质量比也为 2∶1）。经过“吸收—熟化—驱水—压延—切药条”的无溶剂成型工艺（需要说明的是，该工艺具有相当的危险性，没有相关的危险品操作资质不建议操作），制成推进剂试样。用此工艺制出的推进剂药片，结构致密，表面光滑，未出现气孔和裂纹。

表 3-39　含不同催化剂的 HMX-CMDB 推进剂配方

试样编号	组分含量/%							
	NC	NG	HMX	其他	$PbSnO_3/rGO$	$PbSnO_3$	CB	GO
ZJK-1	37.4	26	26	10.6	—	—	—	—
ZJK-2	37.4	26	26	10.6	3	—	—	—
ZJK-3	37.4	26	26	10.6	—	2	—	—

续表

试样编号	组分含量/%							
	NC	NG	HMX	其他	$PbSnO_3$/rGO	$PbSnO_3$	CB	GO
ZJK-4	37.4	26	26	10.6	—	2	1	—
ZJK-5	37.4	26	26	10.6	—	2	—	1

新材料在推进剂应用中必须考虑新材料和推进剂含能组分的相容性，只有相容时新材料才能在推进剂中应用。本节研究了 $PbSnO_3$/rGO 和推进剂主要组分的相容性。测试相容性有热失重法、热分解法、真空安定性法等，本节采取了热分解法即 DSC 法。DSC 法的基本原理是测试物质的热分解峰温，通过热分解峰温的对比，得出物质之间是否相容的结论。相容性判断标准如表 3-40 所列。

表 3-40　相容性判断标准

标准（$\Delta T_p = T_{p1} - T_{p2}$）	等　　级	相　容　性
$\Delta T_p \leqslant 2$	A	相容：可以安全使用
$3 \leqslant \Delta T_p \leqslant 5$	B	基本相容：可以制样和测试，不可长期储存
$6 \leqslant \Delta T_p \leqslant 15$	C	不相容：不能使用
$\Delta T_p \geqslant 15$	D	极度不相容

双基系推进剂的主要组分有硝化棉（NC）、硝化甘油（NG）、氧化剂（如 RDX、HMX、CL-20 和 DNTF）。因为 NG 的机械感度和能量都很高，在运输和生产时有极大的风险，但是将 NG 与 NC、水和中定剂混合，并通过一定工艺制成吸收药，可以将 NG 的感度大幅度降低从而能够安全使用。采用螺压工艺制备双基系推进剂时，首先需要制成吸收药作为其主要原材料。为检测 $PbSnO_3$/rGO 与这些推进剂主要组分的相容性，采取 DSC 法进行了 $PbSnO_3$/rGO 与 HMX、吸收药的热分解性能测试，测试的曲线和峰温变化如图 3-75 和表 3-41 所示。

表 3-41　$PbSnO_3$/rGO 与推进剂主要组分的相容性结果

单独组分 T_{p1}	混合物 T_{p2}	分解峰温/℃		
		T_{p1}	T_{p2}	$\Delta T_p = T_{p1} - T_{p2}$
HMX	$PbSnO_3$/rGO/HMX	208.5	208.4	0.1
吸收药	$PbSnO_3$/rGO/吸收药	281.9	282.7	-0.8

可以看出，$PbSnO_3$/rGO 加入后，HMX 和吸收药的分解峰温分别提高了 0.1℃和降低了 0.8℃，相容性等级为 A。因此，$PbSnO_3$/rGO 与 HMX 及吸收药相容，可以在 HMX-CMDB 推进剂中安全使用。

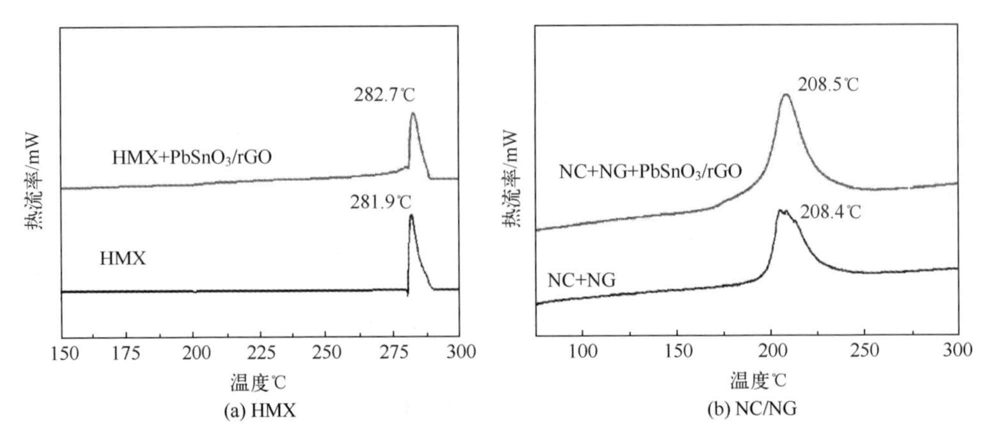

(a) HMX (b) NC/NG

图 3-75 $PbSnO_3$/rGO 与推进剂主要组分 HMX 和 NC/NG 的热分解曲线

1. 燃速及压强指数

从表 3-42 和图 3-76 可以看出，在 20MPa 压强下，各推进剂均出现了第二次超速燃烧现象。分析可能是在高压强下，由于暗区被极大压缩，推进剂燃烧过程的决速步骤由反应控制变成扩散控制。在这种情况下催化剂的相对作用降低，因此本节主要对 2~16MPa 压强范围进行燃烧催化效果的分析。

表 3-42 HMX-CMDB 推进剂均匀设计试验结果表

编号	催化剂	燃速 μ/(mm/s)					压强指数 n			
		2MPa	6MPa	10MPa	16MPa	20MPa	2~6MPa	6~10MPa	10~16MPa	16~20MPa
ZJK-1	—	—	6.55	9.90	14.66	17.87	—	0.80	0.81	0.92
ZJK-2	$PbSnO_3$/rGO	7.34	11.48	17.18	18.41	24.30	0.41	0.79	0.15	1.24
ZJK-3	$PbSnO_3$	6.56	11.79	14.55	18.44	19.92	0.53	0.41	0.50	0.35
ZJK-4	$PbSnO_3$/CB	5.93	13.76	18.68	22.69	25.66	0.77	0.60	0.41	0.55
ZJK-5	$PbSnO_3$/GO	7.85	13.49	17.00	21.04	25.71	0.49	0.45	0.45	0.90

未添加催化剂的 ZJK-1 推进剂在 2~16MPa 压强范围内的燃速均远远低于含有不同类型 $PbSnO_3$催化剂的推进剂配方（ZJK-2、ZJK-3、ZJK-4 和 ZJK-5）。只添加有 $PbSnO_3$ 的配方 ZJK-3 在 10~20MPa 压强范围内燃速低于同时含有 $PbSnO_3$和碳物质的其他配方（ZJK-2、ZJK-4 和 ZJK-5）。值得注意的是，在 10~20MPa 压强范围内，尽管配方 ZJK-2 的燃速低于配方 ZJK-4 和 ZJK-5，但是配方 ZJK-2 在 10~16MPa 的压强区间内出现了明显的平台燃烧，压强指数为 0.15。说明把 $PbSnO_3$附着到石墨烯上后，其加入 CMDB 推进剂后在低压下存在超速燃烧，同时在高压下压强指数较低，是一种性能良好的燃烧催化剂。

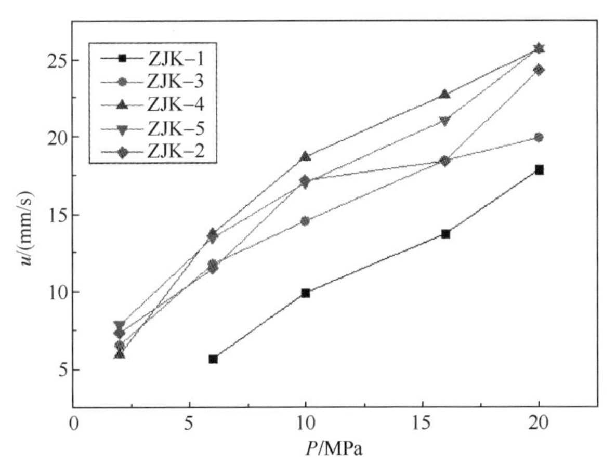

图 3-76　$PbSnO_3$/rGO 对 HMX-CMDB 推进剂燃烧性能的影响（见彩插）

燃烧火焰结构选择 HMX-CMDB 空白配方 ZJK-1 和含催化剂的配方 ZJK-2、ZJK-3、ZJK-4 和 ZJK-5 进行了火焰照片拍摄，如图 3-77 所示。对比 2MPa 压强下各配方的燃烧照片可以发现，含有催化剂的配方 ZJK-2、ZJK-3、ZJK-4 和 ZJK-5 的暗区比空白配方 ZJK-1 短，其中配方 ZJK-2 和 ZJK-5 的暗区最短。2MPa 压强下各配方的暗区长度与配方对应的燃速呈现反相关，说明 $PbSnO_3$催化剂的添加可以增加火焰对燃面的热反馈，从而大幅增加 HMX-CMDB 推进剂的燃速。在高压段燃速相同的情况下，低压段燃速的大幅度提高会使推进剂的压强指数降低，这对于发动机的安全工作是有利的。

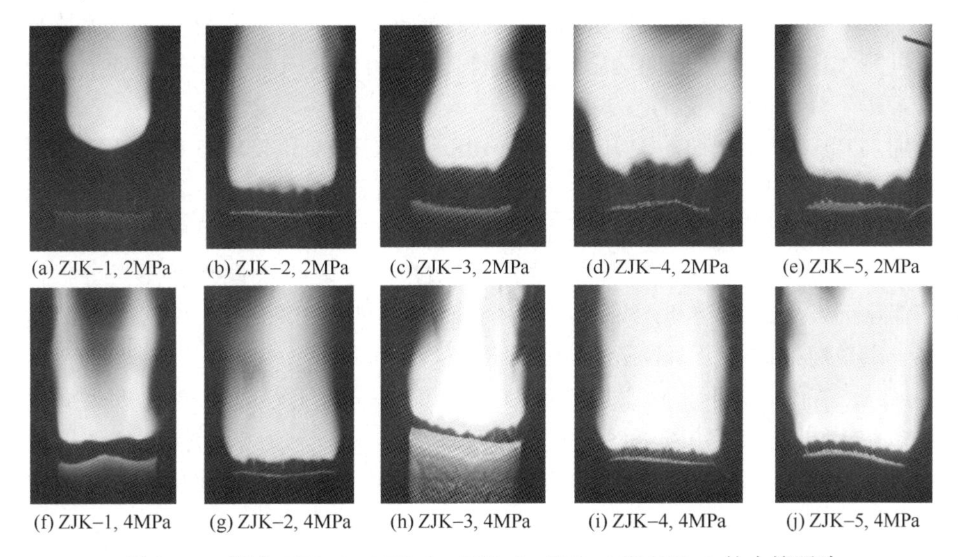

(a) ZJK-1, 2MPa　(b) ZJK-2, 2MPa　(c) ZJK-3, 2MPa　(d) ZJK-4, 2MPa　(e) ZJK-5, 2MPa

(f) ZJK-1, 4MPa　(g) ZJK-2, 4MPa　(h) ZJK-3, 4MPa　(i) ZJK-4, 4MPa　(j) ZJK-5, 4MPa

图 3-77　配方 ZJK-1、ZJK-2、ZJK-3、ZJK-4 和 ZJK-5 的火焰照片

同一配方在压强从 2MPa 增加到 4MPa 的过程中，暗区都会缩短，造成火焰对燃面热反馈的增加；与此同时火焰变亮，原因是热反馈增加导致的燃速增加。观察 4MPa 压强下各配方的燃烧照片，可以发现配方 ZJK-2、ZJK-3、ZJK-4 和 ZJK-5 的暗区缩短后差别不大（仍然比配方 ZJK-1 更短），同时配方 ZJK-3、ZJK-4 和 ZJK-5 的火焰中心区域亮度相对配方 ZJK-1 和 ZJK-2 更高。说明压强升高后，添加有未附着的 $PbSnO_3$催化剂的 HMX-CMDB 推进剂燃烧更加剧烈，放热量大且放热速度快，对应的是配方 ZJK-3、ZJK-4 和 ZJK-5 燃速逐渐超过配方 ZJK-2。

另外，火焰照片中还可以看到有从推进剂的燃烧表面喷射出的细亮线，分析原因可能是从推进剂燃烧表面处喷射出的气体流束，其中配方 ZJK-4 在 2MPa 和 4MPa 的照片中可以看到大量的亮线。值得注意的是，ZJK-4 以外的其他配方未能观察到明显的大量亮线出现。从各配方的火焰结构照片可以看出，$PbSnO_3$的加入使 HMX-CMDB 推进剂的燃烧更加剧烈，特别是在低压段燃速更高。

2. 熄火表面

为了研究 $PbSnO_3$/rGO 对 HMX-CMDB 推进剂燃烧表面形貌的影响（图 3-78），对空白 HMX-CMDB 试样 ZJK-1 和含 3% $PbSnO_3$/rGO 的 HMX-CMDB 推进剂试样 ZJK-2 进行了燃烧熄火实验，并对燃烧熄火后的残余物横断面使用扫描电子显微镜进行了观察和记录，并对熄火表面进行了元素分析测定。

空白配方 ZJK-1 的熄火表面中空穴的存在可能是与推进剂燃烧时产生气体流束有关。可能是由于推进剂燃烧表面区和亚表面区的 HMX/双基黏合剂体系热分解生成的大量气体冲破了燃烧表面熔融的推进剂所致。压强越高，气流体积越小，可能无法冲破燃烧表面熔融的推进剂，使配方 ZJK-1 在 4MPa 的熄火表面上的空穴比 2MPa 的熄火表面少。

加入 $PbSnO_3$催化剂的配方 ZJK-2、ZJK-3、ZJK-4 和 ZJK-5 的熄火表面观察不到空穴，在 ZJK-2、ZJK-4 和 ZJK-5 的表面可以观察到疏松多孔的碳骨架结构，同时在碳骨架上出现一些粒径大于 10μm 的熔融球体，这可能是推进剂燃烧的高温下部分 $PbSnO_3$催化剂发生了熔融和团聚。这说明碳骨架不能完全阻止高温下催化剂发生的熔融和团聚。值得注意的是，加入 $PbSnO_3$/CB 的配方 ZJK-4 上并未出现熔融球体，而且碳骨架的形貌呈现不连续状。

另外，在 2MPa 下，只添加 $PbSnO_3$作为催化剂的配方 ZJK-3 熄火表面也为疏松多孔状结构，说明 $PbSnO_3$催化剂本身在高温下也会形成“骨架”，不容易发生严重团聚。而当压强上升到 4MPa 时，配方 ZJK-3 的熄火表面也出现了较多的熔融球体。

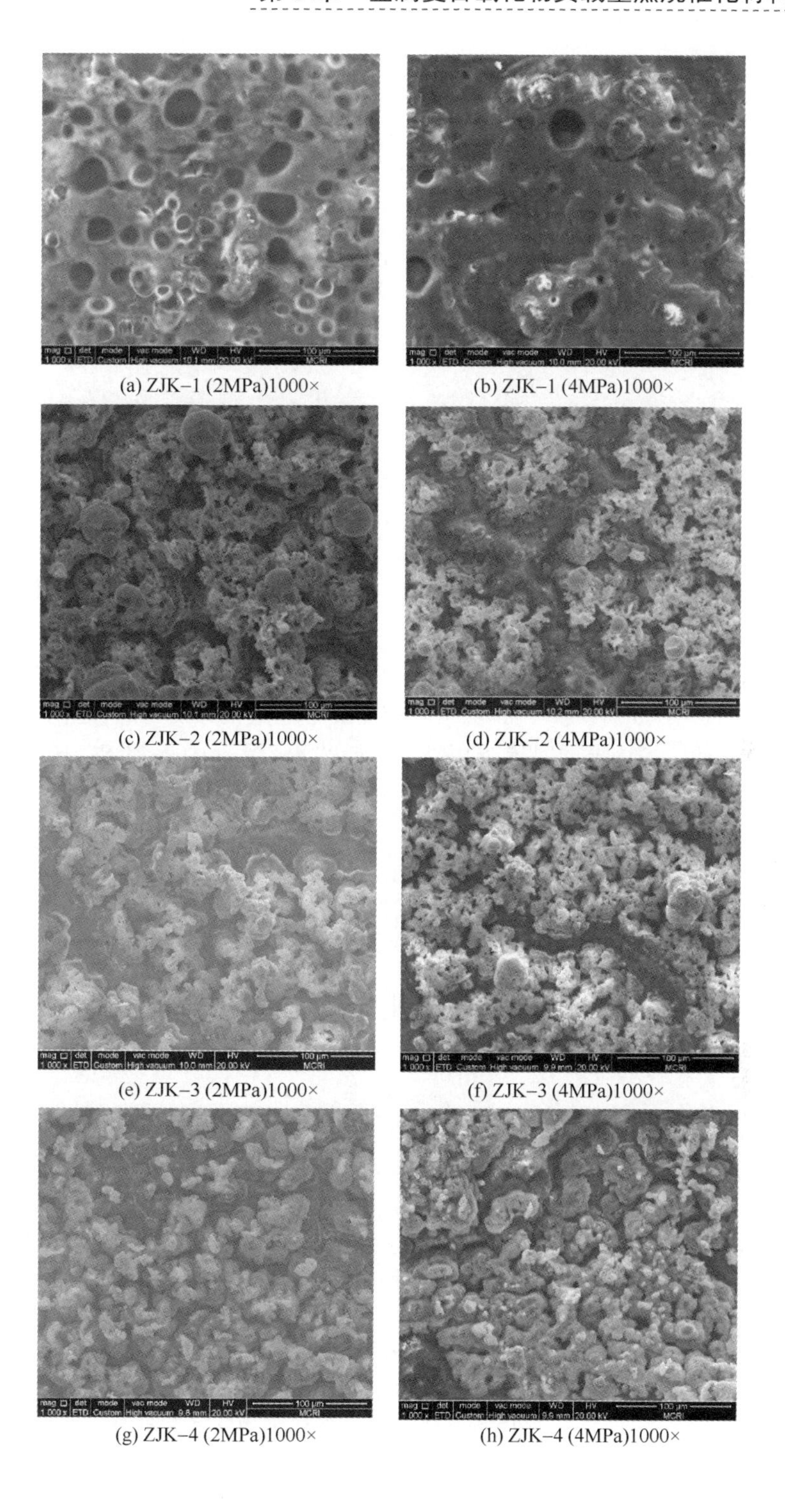

(a) ZJK−1 (2MPa)1000×　(b) ZJK−1 (4MPa)1000×

(c) ZJK−2 (2MPa)1000×　(d) ZJK−2 (4MPa)1000×

(e) ZJK−3 (2MPa)1000×　(f) ZJK−3 (4MPa)1000×

(g) ZJK−4 (2MPa)1000×　(h) ZJK−4 (4MPa)1000×

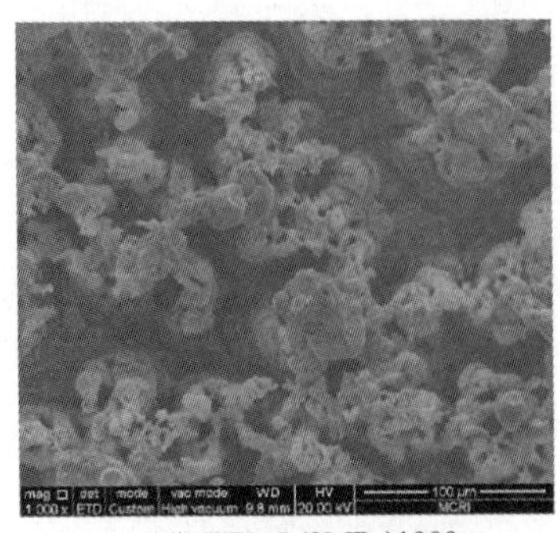

(i) ZJK-5 (2MPa)1000×

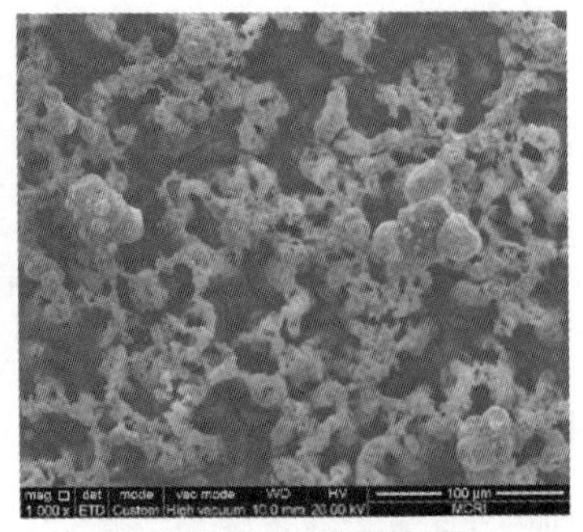

(j) ZJK-5 (4MPa)1000×

图 3-78　配方 ZJK-1、ZJK-2、ZJK-3、ZJK-4 和 ZJK-5 的熄火表面形貌

碳材料对推进剂的燃烧性能影响较大，在推进剂中加入碳物质可以导致燃烧表面形成碳骨架，起到防止铅凝聚的作用，由此使铅催化了某些氧化还原反应，并加大了燃面上的 dT/dx，另外含碳骨架的烟雾气相区的导热率比一般气相导热率大 20 倍左右。Lengell 等明确指出，在燃面上产生的碳是产生催化平台和超速燃烧的关键物质，它起着阻滞铅的聚集、催化反应活性中心和 NO 还原剂三个作用。Denisyuk 等在研究 PbO 和 CB 共同作用时发现：炭黑的浓度少量变化引起 PbO 催化作用的巨大变化。不加 CB 的燃烧表面上 PbO 形成了凝团。凝聚作用使 PbO 失去活性。熄火表面图像表明，石墨烯也可以形成和 CB 类似的“碳骨架”，有效阻止铅的凝聚和逃逸，提高了 $PbSnO_3$的催化效果。

试样 ZJK-2、ZJK-3、ZJK-4 和 ZJK-5 的全貌能谱图如图 3-79～图 3-86 所示，各图的元素含量分布如表 3-43 所列。

图 3-79　ZJK-2（2MPa）熄火表面 EDS 能谱图

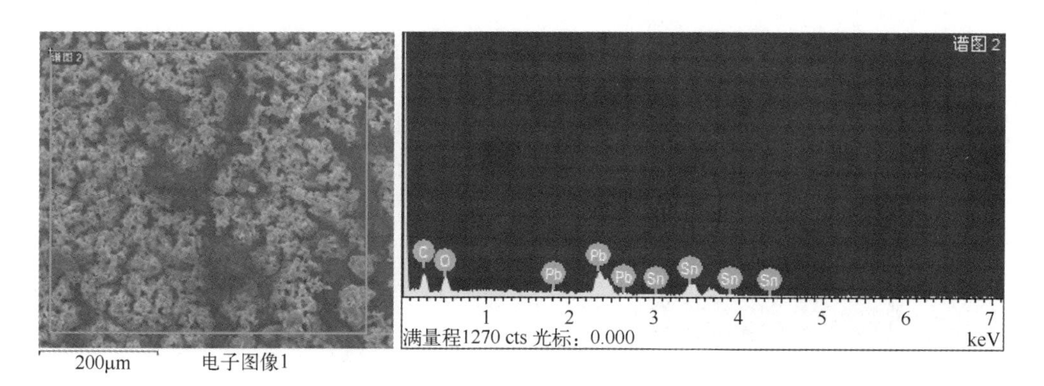

图 3-80　ZJK-2（4MPa）熄火表面 EDS 能谱图

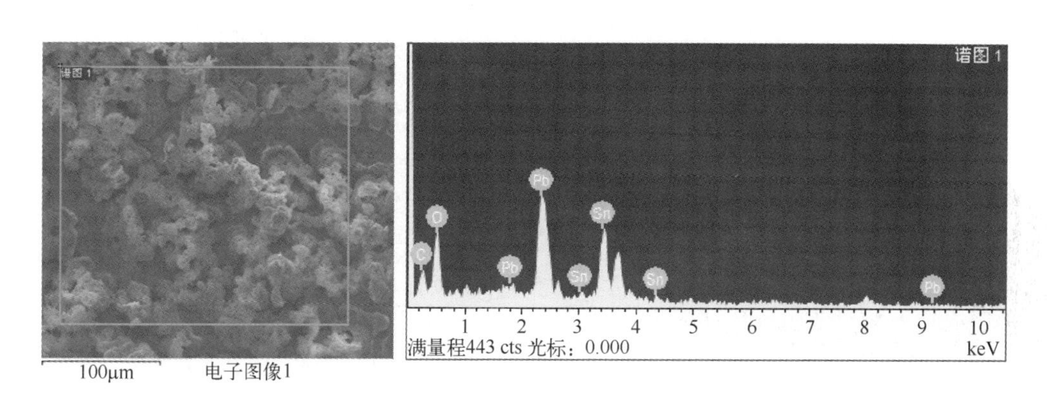

图 3-81　ZJK-3（2MPa）熄火表面 EDS 能谱图

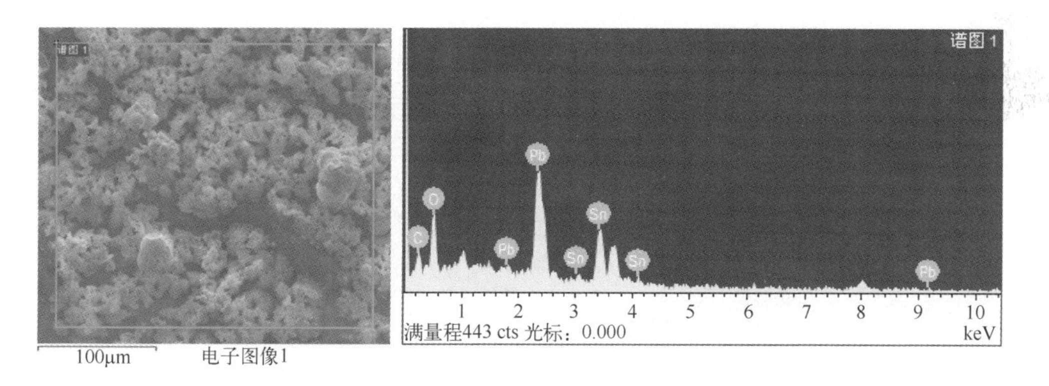

图 3-82　ZJK-3（4MPa）熄火表面 EDS 能谱图

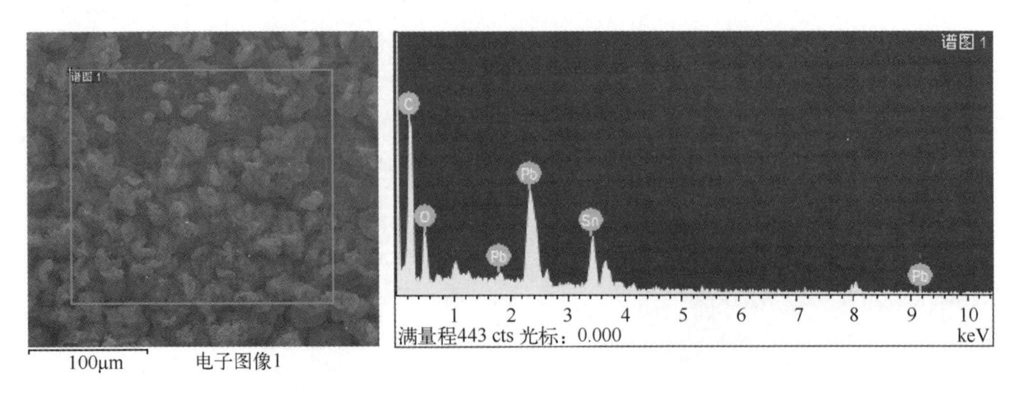

图 3-83 ZJK-4（2MPa）熄火表面 EDS 能谱图

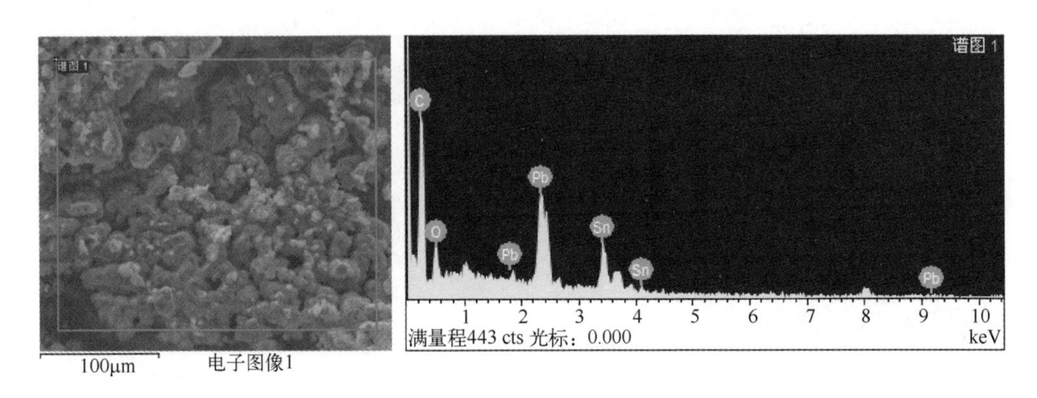

图 3-84 ZJK-4（4MPa）熄火表面 EDS 能谱图

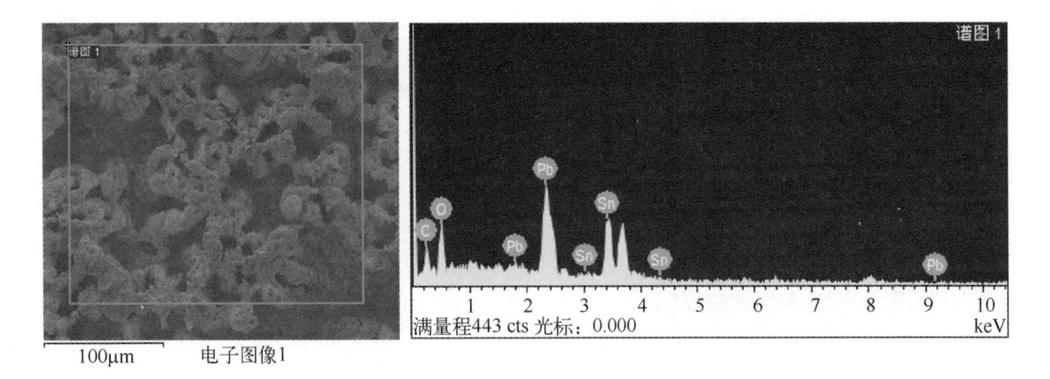

图 3-85 ZJK-5（2MPa）熄火表面 EDS 能谱图

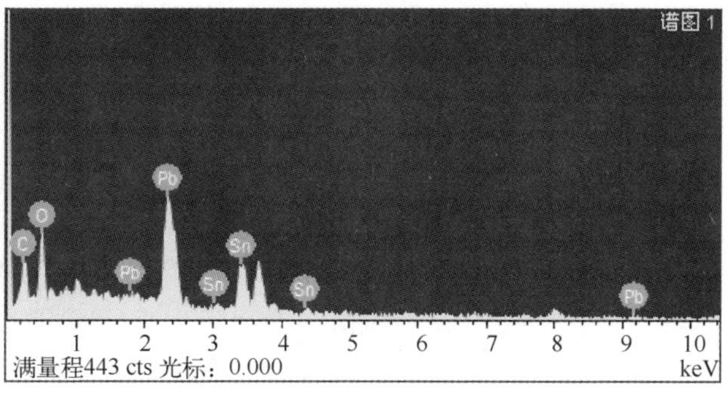

图 3-86　ZJK-5（4MPa）熄火表面 EDS 能谱图

表 3-43　配方 ZJK-2、ZJK-3、ZJK-4 和 ZJK-5 元素含量分布（全貌）

名称	压强/MPa	C		O		Pb		Sn	
		W_t/%	W_n/%	W_t/%	W_n/%	W_t/%	W_n/%	W_t/%	W_n/%
ZJK-2	2	20.62	43.76	30.08	47.93	24.91	3.06	24.39	5.24
	4	24.2	46.33	32.94	47.33	23.79	2.64	19.07	3.69
ZJK-3	2	9.56	23.46	35.76	65.89	27.05	6.72	27.63	3.93
	4	8.59	22.36	33.81	66.04	25.90	6.82	31.70	4.78
ZJK-4	2	42.80	68.35	22.96	27.52	13.80	2.23	22.44	1.89
	4	46.01	72.93	19.31	22.97	13.32	2.14	21.36	1.96
ZJK-5	2	10.01	24.83	34.40	64.04	29.19	7.33	26.40	3.80

注：W_t 代表质量百分比；W_n 代表原子百分比。

从表 3-43 可以看出，加入 3W_t/% $PbSnO_3$/rGO 的配方 ZJK-2 在不同压强下燃烧后，Pb 和 Sn 元素的含量有所差别：在 2MPa 下燃烧后 Pb 和 Sn 含量比在 4MPa 下燃烧后更高，说明在低压下 $PbSnO_3$ 在燃面上可更好地富集而参与催化反应，从而使 HMX-CMDB 推进剂在低压下有更好的催化效果。

对比各配方熄火表面的元素分布可以看出，将 CB 作为碳材料的配方 ZJK-4 的 C 元素含量约为配方 ZJK-3 和 ZJK-5 的 3 倍，同时 Pb 和 Sn 元素的含量约为配方 ZJK-3 和 ZJK-5 的 1/3，说明 ZJK-4 中的 CB 在推进剂燃烧后大量富集在熄火表面，形成了“碳骨架”，结合熄火表面的电镜图像，说明 CB 在熄火表面形成的碳骨架可以有效防止 $PbSnO_3$ 的凝聚。将 GO 作为碳材料的配方 ZJK-5 与未加入碳材料的配方 ZJK-3 相比，C 元素含量略微偏高，其他元素含量相近，说明 GO 在推进剂燃烧过程中大量流失，这可能是由于 GO 中氧含量过高，高温下稳定性较低，不能形成足够稳定的碳骨架。将 rGO 作为基底附着 $PbSnO_3$ 后，其作为催化剂加入的配方 ZJK-2 燃烧后仍然有较高比例的 C 元素富集，说明 GO 经过还原成 rGO 后稳定性得到了提高，可以形成有效的碳骨架。

多孔的“骨架”结构，不容易发生严重团聚，使其在不添加碳材料作为助催化剂时也能使 CMDB 推进剂出现明显的超速燃烧现象。随着压强的升高，$PbSnO_3$ 催化剂本身的“骨架”上也出现了凝聚的小球，造成催化活性的下降，这时碳材料形成的骨架可以有效阻止 $PbSnO_3$ 催化剂的凝聚和逃逸，有效保持了 $PbSnO_3$ 的催化活性，使其在高压范围内也可以高效催化 CMDB 推进剂的燃烧。

在压强升高的同时，$PbSnO_3$/rGO 中 rGO 的稳定性可能是其降低压强指数的关键：由于 rGO 的薄膜状结构和所附着 $PbSnO_3$ 较小的粒径，在高压（16MPa）下 rGO 被压缩而将 $PbSnO_3$ 纳米颗粒包覆住，使 $PbSnO_3$ 不能与推进剂有效接触，降低了催化效果，控制了燃速，从而降低了压强指数。

参考文献

[1] LI N, GENG Z F, CAO M H, et al. Well-dispersed ultrafine Mn_3O_4, nanoparticles on graphene as a promising catalyst for the thermal decomposition of ammonium perchlorate [J]. Carbon, 2013, 54 (2): 124-132.

[2] FERTASSI M A, ALALI K T, LIU Q, et al. Catalytic effect of CuO nanoplates, a graphene (G)/CuO nanocomposite and an Al/G/CuO composite on the thermal decomposition of ammonium perchlorate [J]. RSC Advances, 2016, 6 (78) 74155-74161.

[3] DEY A, NANGARE V, MORE P V, et al. A graphene titanium dioxide nanocomposite (GTNC): one pot green synthesis and its application in a solid rocket propellant [J]. RSC Advances, 2015, 5 (78): 63777-63785.

[4] 兰兴旺 . 石墨烯基复合物制备及其催化性能研究 [D]. 南京：南京理工大学，2013.

[5] ZHANG M, ZHAO F Q, YANG Y J, et al. Effect of rGO-Fe_2O_3 nanocomposites fabricated in different solvents on the thermal decomposition properties of ammonium perchlorate [J]. CrystEngComm, 2018, 20 (13): 7010-7019.

[6] ZHANG M, ZHAO F Q, YANG Y J, et al. Shape-Dependent Catalytic Activity of Nano- Fe_2O_3 on the Thermal Decomposition of TKX-50 [J]. Acta Phys. -Chim. Sin. 2020, 36 (6): 1904027.

[7] 张建侃，赵凤起，徐司雨，等 . 两种 Fe_2O_3/rGO 纳米复合物的制备及其对 TKX-50 热分解的影响 [J]. 含能材料，2017，25（7）：564-569.

[8] YUAN Y, JIANG W, WANG Y J, et al. Hydrothermal preparation of Fe_2O_3/graphene nanocomposite and its enhanced catalytic activity on the thermal decomposition of ammonium perchlorate [J]. Applied Surface Science, 2014, 303 (6): 354-359.

[9] LAN Y F, LI X Y, LI G P, et al. Sol-gel method to prepare graphene/Fe_2O_3 aerogel and its catalytic application for the thermal decomposition of ammonium perchlorate [J]. Journal of Nanoparticle Research, 2015, 17 (10): 1-9.

[10] 兰元飞，邓竞科，罗运军．高氯酸铵/Fe_2O_3/石墨烯纳米复合材料篚制备及其热性能研究［J］．纳米科技，2015（6）：14-18.

[11] MEMON N K, MCBAIN A W, SON S F. Graphene oxide/ammonium perchlorate composite material for use in solid propellants [J]. Journal of Propulsion and Power, 2016, 32 (3): 1-5.

[12] ISERT S, XIN L, XIE J, et al. The effect of decorated graphene addition on the burning rate of ammonium perchlorate composite propellants [J]. Combustion and Flame, 2017, 183: 322-329.

[13] DEY A, ATHAR J, VARMA P, et al. Graphene-iron oxide nanocomposite (GINC): an efficient catalyst for ammonium perchlorate (AP) decomposition and burn rate enhancer for AP based composite propellant [J]. Rsc Advances, 2015, 5 (3): 1950-1960.

[14] 洪伟良，刘剑洪，赵凤起，等．纳米 CuO · PbO 的制备及对 RDX 热分解的催化作用［J］．含能材料，2003，11（2）：76-80.

[15] 洪伟良，刁立惠，刘剑洪，等．纳米 SnO_2-CuO 粉体的制备、表征及对环三次甲基硝胺热分解的催化性能［J］．应用化学，2004，21（8）：775-778.

[16] 洪伟良，赵凤起，刘剑洪，等．纳米 Bi_2O_3 · SnO_2的制备及对 RDX 热分解特性的影响［J］．火炸药学报，2003，26（1）：37-39，46.

[17] 赵凤起，张衡，安亭，等．没食子酸铋锆的制备、表征及燃烧催化作用［J］．物理化学学报，2013，29（4）：777-784.

[18] 张衡，安亭，赵凤起，等．没食子酸锆铜的制备及其在双基系推进剂中的燃烧催化作用［J］．兵工学报，2013，34（6）：690-697.

[19] 汪营磊，赵凤起，高福磊，等．一种酒石酸铜锆双金属化合物及其制备方法和应用：CN 201410379542.4［P］．2017-01-18.

[20] 赵凤起，张衡，安亭，等．酒石酸铅锆的制备、表征及燃烧催化作用［J］．无机化学学报，2013，29（1）：24-30.

[21] 赵凤起，汪营磊，仪建华，等．3，4-二羟基苯甲酸铜锆双金属盐及其制备方法和应用：CN 201210554465.2［P］．2014-10-22.

[22] ZHANG M, ZHAO F Q, AN T, et al. Catalytic effects of rGO-MFe_2O_4 (M=Ni, Co and Zn) nanocomposites on the thermal decomposition performance and mechanism of energetic FOX-7 [J]. The Journal of Physical Chemistry A. 2020, 124 (9): 1673-1681.

[23] ZHANG M, ZHAO F Q, YANG Y J, et al. Synthesis, characterization and catalytic behavior of MFe_2O_4 (M=Ni, Zn and Co) nanoparticles on the thermal decomposition of TKX-50 [J]. Journal of Thermal Analysis and Calorimetry, 2020. 141 (4): 1413-1423.

[24] ZHANG M, ZHAO F Q, YANG Y J, et al. Catalytic activity of ferrates ($NiFe_2O_4$, $ZnFe_2O_4$ and $CoFe_2O_4$) on the thermal decomposition of ammonium perchlorate [J]. Propellants, Explosives, Pyrotechnics. 2020, 45 (3): 463-471.

[25] 张建侃．金属氧化物/石墨烯纳米复合物的制备和催化性能［D］．北京：中国兵器科学研究院．2017.

[26] XIA J W, ZHANG Y, LU L, et al. Preparation, characterization and photocatalysis of Bi_2WO_6 Nanocrystals [J]. Spectroscopy and Spectral Analysis, 2013, 33 (5): 1304-1308.

[27] ZHANG J C, XU C Y, ZHANG R C, et al. Solvothermal synthesis of cobalt tungstate microrings for enhanced nonenzymatic glucose sensor [J]. Materials Letters, 2018, 210: 291-294.

[28] HE G L, CHEN M J, LIU Y Q, et al. Hydrothermal synthesis of $FeWO_4$-graphene composites and their photocatalytic activities under visible light [J]. Applied Surface Science, 2015, 351: 474-479.

[29] XING Y, SONG S Y, FENG J, et al. Microemulsion-mediated solvothermal synthesis and photoluminescent property of 3D flowerlike $MnWO_4$ micro/nanocomposite structure [J]. Solid State Sciences, 2008, 10 (10): 1299-1304.

[30] MUNGSE H P, KHATRI O P. Chemically functionalized reduced graphene oxide as a novel material for reduction of friction and wear [J]. Journal of Physical Chemistry C, 2014, 118 (26): 14394-14402.

[31] LINGAPPAN N, GAL Y S, LIM K T. Synthesis of reduced graphene oxide/polypyrrole conductive composites [J]. Molecular Crystals and Liquid Crystals, 2013, 585 (1): 60-66.

[32] THONGTEM T, KAOWPHONG S, THONGTEM S. Sonochemical preparation of $PbWO_4$ crystals with different morphologies [J]. Ceramics International, 2009, 35 (3): 1103-1108.

[33] PHURUANGRAT A, DUMRONGROJTHANATH P, EKTHAMMATHAT N, et al. Hydrothermal synthesis, characterization, and visible light-driven photocatalytic properties of Bi_2WO_6 nanoplates [J]. Journal of Nanomaterials, 2014 (2): 1-7.

[34] AZMAN N H N, MAMAT M S, LIM H N, et al. High-performance symmetrical supercapacitor based on poly (3, 4)-ethylenedioxythiophene/graphene oxide/iron oxide ternary composite [J]. Journal of Materials Science Materials in Electronics, 2018, 29 (8): 6916-6923.

[35] HUANG S Q, XU Y G, XIE M, et al. Synthesis of magnetic $CoFe_2O_4$/g-C_3N_4 composite and its enhancement of photocatalytic ability under visible-light [J]. Colloids and Surfaces A: Physicochemical and Engineering Aspects, 2015, 478, 71-80.

[36] ZONG M, HUANG Y, WU H W, et al. One-pot hydrothermal synthesis of RGO/$CoFe_2O_4$ composite and its excellent microwave absorption properties [J]. Materials Letters, 2014, 114: 52-55.

[37] FU Y S, WANG X. Magnetically separable $ZnFe_2O_4$-graphene catalyst and its high photocatalytic performance under visible light irradiation [J]. Industrial and Engineering Chemistry Research, 2011, 50 (12): 7210-7218.

[38] ZHOU Z P, ZHANG Y, WANG Z Y, et al. Electronic structure studies of the spinel $CoFe_2O_4$by X-ray photoelectron spectroscopy [J]. Applied Surface Science, 2008, 254 (21): 6972-6975.

[39] ZONG M, HUANG Y, WU H W, et al. One-pot hydrothermal synthesis of RGO/$CoFe_2O_4$ composite and its excellent microwave absorption properties [J]. Materials Letters, 2014, 114, 52-55.

[40] ZONG M, HUANG Y, DING X, et al. One-step hydrothermal synthesis and microwave electromagnetic properties of RGO/$NiFe_2O_4$composite [J]. Ceramics International, 2014, 40 (5): 6821-6828.

[41] WANG W R, GUO S S, ZHANG D X, et al. One-pot hydrothermal synthesis of reduced graphene oxide/zinc ferrite nanohybrids and its catalytic activity on the thermal decomposition of ammonium perchlorate [J]. Journal of Saudi Chemical Society, 2018, 23 (2): 133-140.

[42] XIA H, QIAN Y Y, FU Y S, et al. Graphene anchored with $ZnFe_2O_4$ nanoparticles as a high-capacity anode material for lithium-ion batteries [J]. Solid State Sciences, 2013, 17: 67-71.

[43] KISSINGER H E. Reaction kinetics in differential thermal analysis [J]. Anal. Chem., 1957, 29 (11): 1702-1706.

[44] OZAWA T. A new method of analyzing thermogravimatric data [J]. B. Chem. Soc. Jpn., 1965, 38 (11): 1881-1886.

[45] FLYNN J H. The 'temperature integral' —its use and abuse [J]. Thermochimica Acta, 1997, 300 (1/2): 83-92.

[46] CHAEMCHUEN S, LUO Z X, ZHOU K, et al. Defect formation in metal-organic frameworks initiated by

the crystal growth-rate and effect on catalytic performance [J]. Journal of Catalysis, 2017, 354: 84-91.

[47] ZHANG Y, WEI T T, XU K Z, et al. Catalytic decomposition action of hollow $CuFe_2O_4$ nanospheres on RDX and FOX-7 [J]. RSC Advances, 2015, 5 (92): 75630-75635.

[48] VOVK E I, TURKSOY A, BUKHTIYAROV V I, et al. Interactive surface chemistry of CO_2 and NO_2 on metal oxide surfaces: competition for catalytic adsorption sites and reactivity [J]. The Journal of Physical Chemistry C, 2013, 117 (15): 7713-7720.

[49] SINGH S, WU C F, WILLIAMS P T. Pyrolysis of waste materials using TGA-MS and TGA-FTIR as complementary characterisation techniques [J]. Journal of Analytical and Applied Pyrolysis, 2012, 94: 99-107.

[50] MURAVYEV N V, MONOGAROV K A, ASACHENKO A F, et al. Pursuing reliable thermal analysis techniques for energetic materials: decomposition kinetics and thermal stability of dihydroxylammonium 5, 5′-bistetrazole-1, 1′-diolate (TKX-50) [J]. Physical Chemistry Chemical Physics, 2017, 19 (1): 436-449.

[51] SINDITSKII V P, FILATOV S A, KOLESOV V I, et al. Combustion behavior and physico-chemical properties of dihydroxylammonium 5, 5′-bistetrazole-1, 1′-diolate (TKX-50) [J]. Thermochimica Acta, 2015, 614: 85-92.

[52] WANG J F, CHEN S S, JIN S H, et al. The primary decomposition product of TKX-50 under adiabatic condition and its thermal decomposition [J]. Journal of Thermal Analysis and Calorimetry, 2018, 134 (3): 2049-2055.

[53] WANG J F, CHEN S S, YAO Q, et al. Preparation, characterization, thermal evaluation and sensitivities of TKX-50/GO Composite [J]. Propellants, Explosives, Pyrotechnics, 2017, 42 (9): 1104-1110.

[54] JIA J H, LIU Y, HUANG S L, et al. Crystal structure transformation and step-by-step thermal decomposition behavior of dihydroxylammonium 5, 5′-bistetrazole-1, 1′-diolate [J]. Rsc advance., 2017, 7 (77), 49105-49113.

[55] HUANG H F, SHI Y M, YANG J. Thermal characterization of the promising energetic material TKX-50 [J]. Journal of Thermal Analysis & Calorimetry, 2015, 121 (2): 705-709.

[56] ZAKHAROV V V, CHUKANOV N V., DREMOVA N N, et al. High-temperature structural transformations of 1, 1-diamino-2, 2-dinitroethene (FOX-7) [J]. Propellants, Explosives, Pyrotechnics, 2016, 41 (6): 1006-1012.

第4章

石墨烯-有机酸金属配合物及应用

4.1 引　言

先前的研究证实了附着于石墨烯表面可有效促进单金属和双金属氧化物的分散，且石墨烯与金属氧化物间的相互作用也有助于促进固体推进剂用含能化合物的热分解[1-15]。相较于负载型石墨烯基催化材料，配位型石墨烯基催化材料可在分子水平上结合石墨烯和活性金属，更有助于催化活性金属的分散，而配位型石墨烯基催化材料在固体推进剂中的应用研究较少，需开展相应的研究以拓展固体推进剂用燃烧催化材料的种类。

有机酸金属配合物是固体推进剂中常用的燃烧催化材料，没食子酸和单宁酸（鞣酸）金属配合物已被证实对双基系推进剂的燃烧性能具有优异的改善作用[16-18]，但鞣酸铅等配合物的物化性质（分子中保留了较多数目的羟基、呈弱酸性、分解温度较低）会导致固体推进剂的化学稳定性降低[19]。制备石墨烯-有机酸金属配合物不仅可以促进催化活性物质金属及金属氧化物的分散，还有助于固体推进剂化学稳定性的提高。此外，通过配位键形成的石墨烯基催化材料相较混合炭黑等助催化剂，也更有助于改善固体推进剂的综合性能。

基于活性金属 Fe 和 Ni 分别对 AP-HTPB 复合和 HMX-CMDB 推进剂优异的催化活性，本章设计、合成了石墨烯-单宁酸铁（镍）和石墨烯-没食子酸铁（镍）复合物。研究所制备的石墨烯-有机酸铁复合物对 AP、TKX-50 热分解和 AP-HTPB 复合推进剂燃烧性能的影响，并对催化燃烧机理进行研究。同时，研究石墨烯-有机酸镍复合物对 HMX-CMDB 推进剂的催化燃烧性能及机理。

4.2　石墨烯-有机酸铁及镍复合物的制备和表征

4.2.1　石墨烯-有机酸铁及镍复合物的制备

1. 石墨烯-单宁酸铁及镍复合物的制备

将 200mL 分散好的氧化石墨烯（1mg/mL）乙醇分散液置于 500mL 三颈烧瓶中，将 2g 单宁酸溶解于 100mL 的蒸馏水中，单宁酸完全溶解后在搅拌条件下滴加到氧化石墨烯乙醇分散液中，于回流条件反应 2h，反应结束后离心收集并用乙醇和水洗涤多次得到石墨烯-单宁酸复合物。将所制备的石墨烯-单宁酸复合物超声分散于无水乙醇中（1mg/mL），分别与配置好的氯化镍和氯化亚铁水溶液混合，于 65℃下反应 6h，反应结束后冷却至室温，离心收集并用乙醇洗涤多次得到石墨烯-单宁酸铁（G-D-Fe）及石墨烯-单宁酸镍（G-D-Ni）复合物。其中，石墨烯-单宁酸复合物与金属盐的质量比为 1∶5，乙醇与水的体积比为 2∶1，其制备流程如图 4-1 所示。

2. 石墨烯-没食子酸铁及镍复合物的制备

将 200mL 分散好的氧化石墨烯（1mg/mL）乙醇分散液置于 500mL 三颈烧瓶中，将 2g 没食子酸加热溶解于 100mL 的蒸馏水中，没食子酸完全溶解后在搅拌条件下滴加到氧化石墨烯乙醇分散液中，于回流条件反应 2h，反应结束后离心收集并用乙醇和水洗涤多次得到石墨烯-没食子酸复合物。将所制备的石墨烯-没食子酸复合物超声分散于无水乙醇中（1mg/mL），分别与配置好的氯化镍和氯化亚铁水溶液混合，于 65℃下反应 6h，反应结束后冷却至室温，离心收集并用乙醇洗涤多次得到石墨烯-没食子酸铁（G-M-Fe）及石墨烯-没食子酸镍（G-M-Ni）复合物。其中，石墨烯-没食子酸复合物与金属盐的质量比为 1∶5，乙醇与水的体积比为 2∶1，其制备流程如图 4-2 所示。

4.2.2　石墨烯-有机酸铁及镍复合物的表征

1. 形貌和尺寸分析

G-D-Fe（Ni）和 G-M-Fe（Ni）的 EDS 和 Mapping 谱图如图 4-3～图 4-6 所示。G-D-Fe（Ni）和 G-M-Fe（Ni）保留了石墨烯材料较好的二维结构，EDS 能谱表明 G-D-Fe 和 G-M-Fe 中存在 C、O 和 Fe 元素，G-D-Ni 和 G-M-Ni 中存在 C、O 和 Ni 元素，表明 Fe 和 Ni 成功结合于 G-D 和 G-M 配体表面。Mapping 谱图表明，催化活性金属 Fe（Ni）均匀地分布在 G-D-Fe（Ni）和 G-M-Fe（Ni）表面，证实了石墨烯-有机酸金属配合物的成功制备。

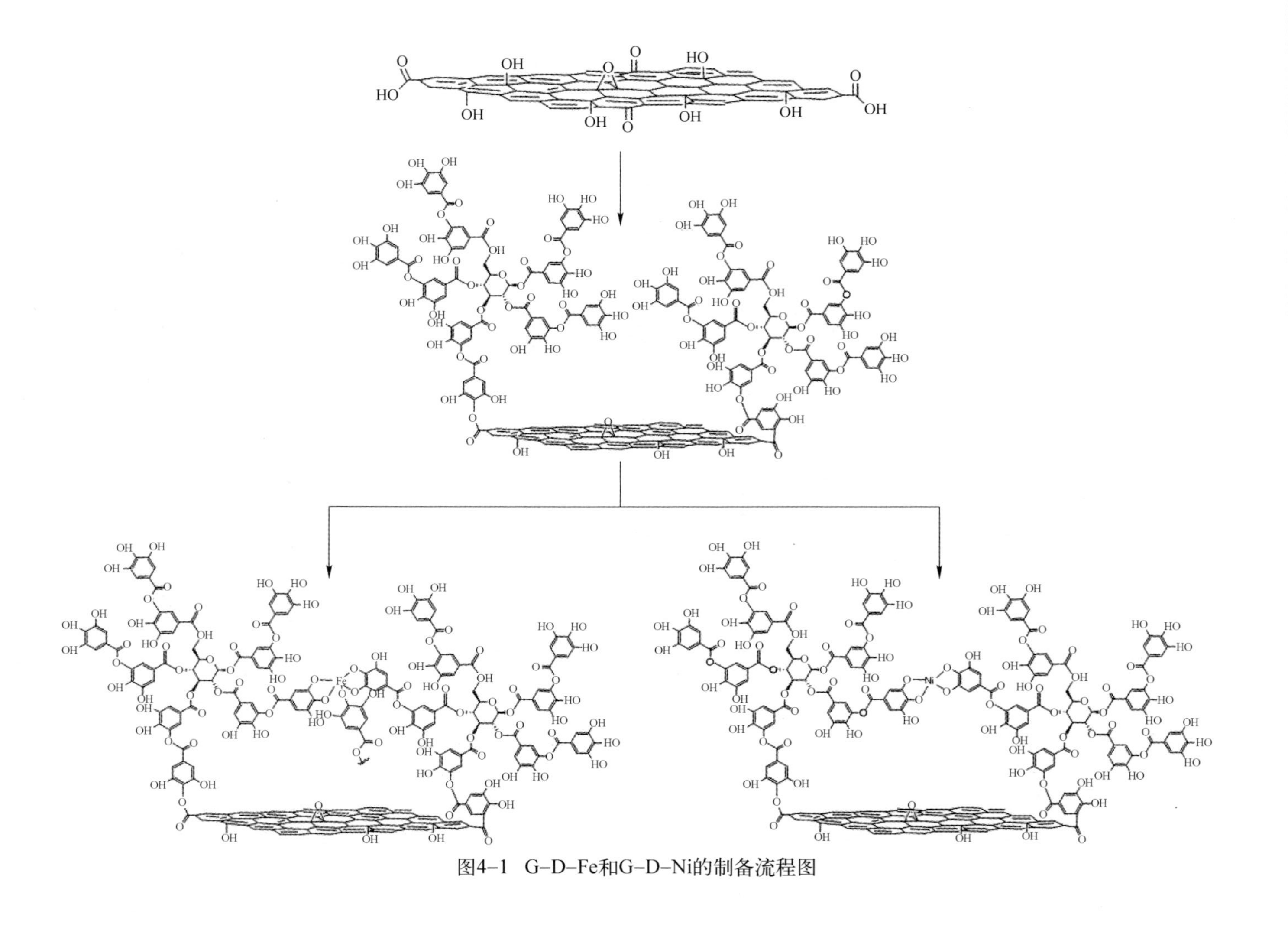

图4-1 G-D-Fe和G-D-Ni的制备流程图

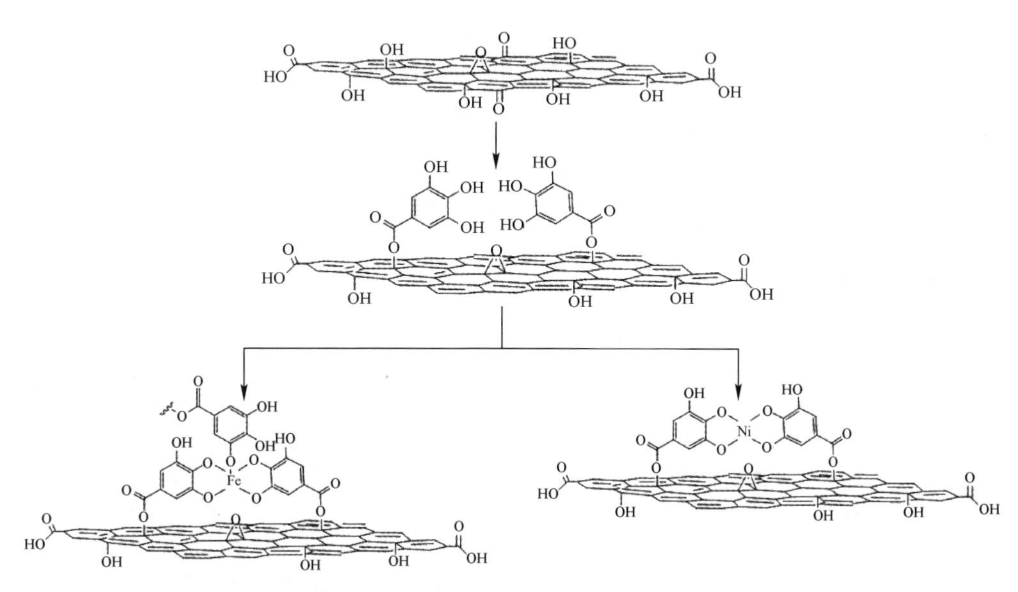

图 4-2　G-M-Fe 和 G-M-Ni 的制备流程图

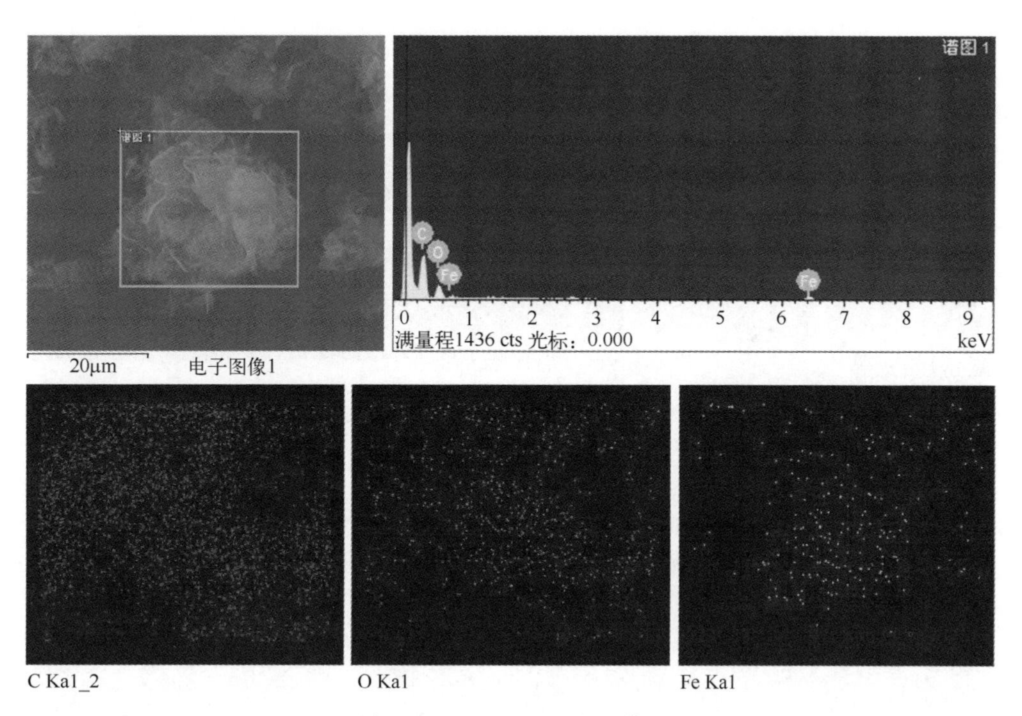

图 4-3　G-D-Fe 的 EDS 谱图

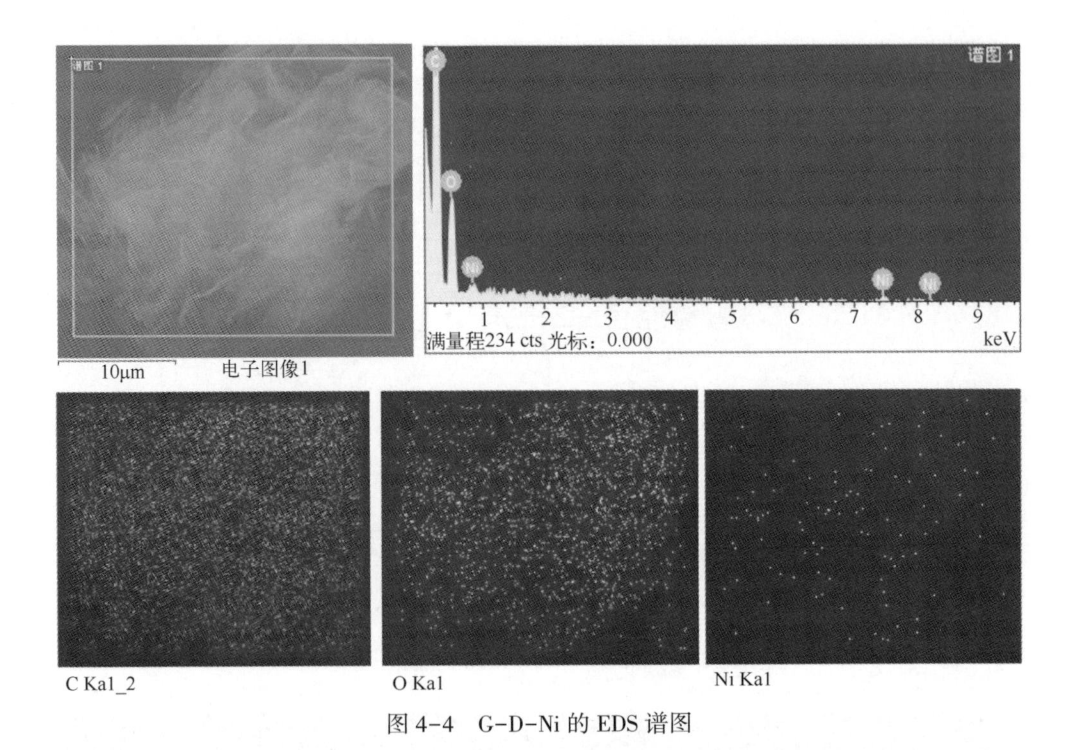

图 4-4　G-D-Ni 的 EDS 谱图

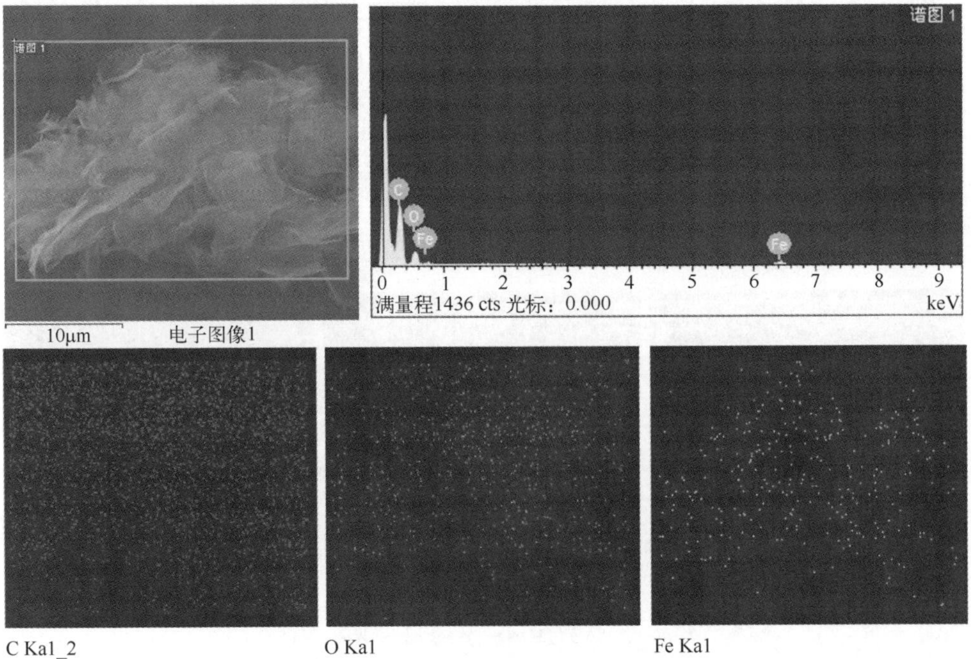

谱图1

0 1 2 3 4 5 6 7 8 9

满量程1436 cts 光标：0.000　keV

10μm　电子图像1

C Ka1_2　O Ka1　Fe Ka1

图 4-5　G-M-Fe 的 EDS 谱图

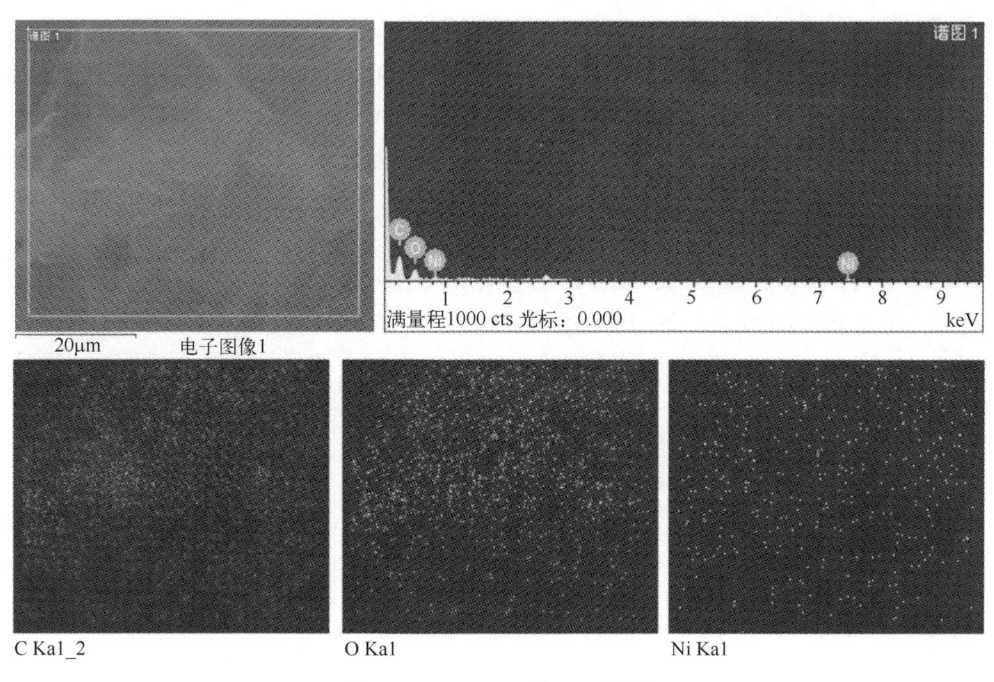

图 4-6　G-M-Ni 的 EDS 谱图

2. 组成和结构分析

1）FTIR 分析

G-D-Fe（Ni）和 G-M-Fe（Ni）的 FTIR 谱图如图 4-7 所示。出现于 $3450cm^{-1}$ 和 $1625cm^{-1}$ 处的吸收峰为 OH 基团的伸缩和弯曲振动峰，来自吸附的水分子。在

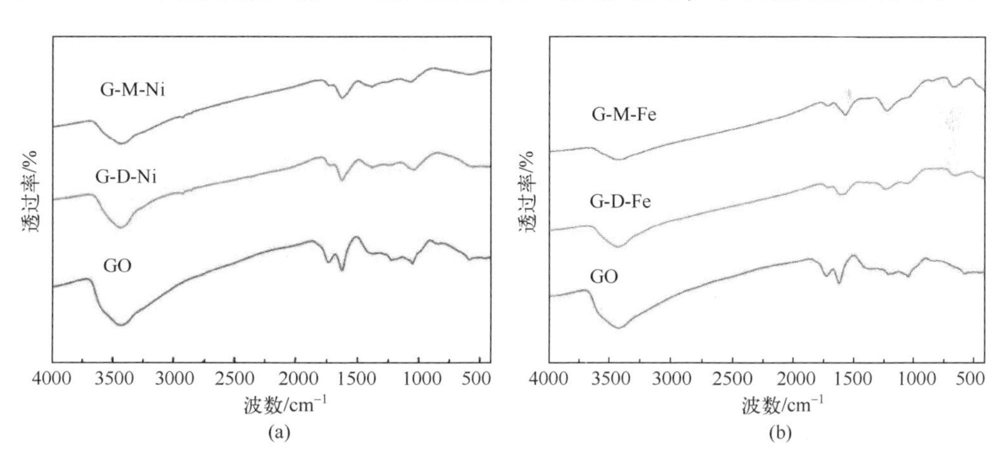

图 4-7　G-D-Fe（Ni）和 G-M-Fe（Ni）的 FTIR 谱图

GO 样品中位于 1730cm^{-1}处的吸收峰来自 C ═O（—COOH）基团的伸缩振动峰，而该峰在石墨烯-有机酸金属配合物中明显减弱也表明氧化石墨烯表面和边缘的羰基基团与没食子酸或单宁酸结合，证实了 G-M 和 G-D 复合物的成功制备。此外，出现于 670cm^{-1}附近的峰归因于 Fe—O 键的振动峰，证实了 G-D-Fe 和 G-M-Fe 的成功制备。

2）XPS 分析

G-D-Fe（Ni）和 G-M-Fe（Ni）的 XPS 谱图如图 4-8 所示，复合物中均含有 C、O 元素，Fe 元素出现于 G-D-Fe 和 G-M-Fe 中，Ni 元素出现于 G-D-Ni 和 G-M-Ni 中，这些峰的出现证实了 G-D-Fe（Ni）和 G-M-Fe（Ni）的成功制备。

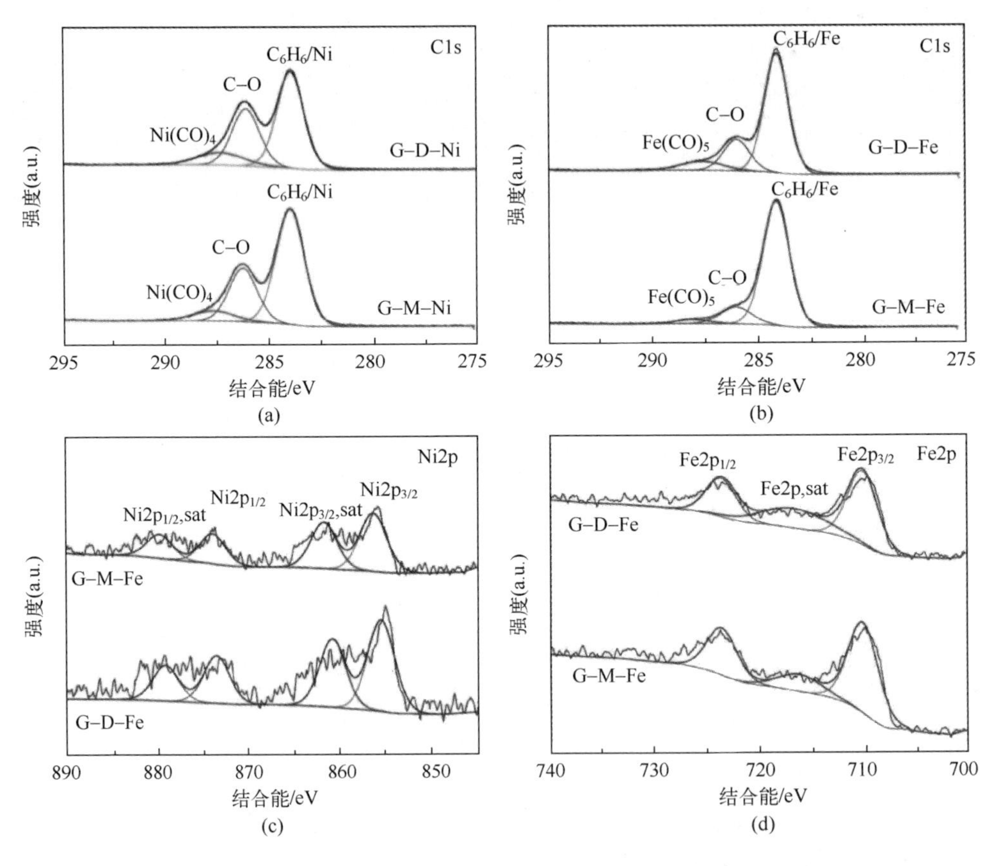

图 4-8　G-D-Fe（Ni）和 G-M-Fe（Ni）的 XPS 谱图（见彩插）

氧化石墨烯的 C1s 谱图可分为 4 个主要的峰，分别对应于 sp^{2}杂化 C、C—OH 基团、羰基 C ═O 和羧基基团。G-D-Ni 和 G-M-Ni 的 C1s 谱图中出现了三个峰，位于 283.9eV、286.0eV 和 287.1eV 的峰，分别对应于 C_6H_6/Ni、C—O 和 $Ni(CO)_4$，这些峰的出现证实了 G-D-Ni 和 G-M-Ni 的成功制备及分子结构。G-D-Fe 和 G-M-Fe 的 C1s 谱图中出现的位于 284.1eV、286.0eV 和 288.0eV 的峰，对应于 C_6H_6/Fe、C-O 和 $Fe(CO)_5$，这些峰的出现也证实了 G-D-Fe 和 G-M-Fe 的成功制备。此外，这也表明 Ni 和 Fe 在所制备的石墨烯-有机酸金属配合物中的不同配位结构，即 Ni 形成 4 个键配位，而 Fe 与 5 个键配位。氧化石墨烯表面的 C—OH 和羧基基团的峰明显减弱也证实了 GO 表面的含氧官能团与单宁酸和没食子酸成功反应。

此外，Fe2p 谱图中位于 711eV 和 725eV 的峰，对应于 $Fe2p_{3/2}$ 和 $Fe2p_{1/2}$[20]，而出现于 856.0eV 和 873.8eV 的峰对应于 Ni^{2+} 的 $Ni2p_{3/2}$ 和 $Ni2p_{1/2}$[21]，Fe2p 和 Ni2p 的峰分别出现于 G-D-Fe（G-M-Fe）和 G-D-Ni（G-M-Ni）中，也证实了石墨烯-有机酸金属配合物的成功制备。

3）RAMAN 分析

G-D-Fe（Ni）和 G-M-Fe（Ni）的 RAMAN 谱图如图 4-9 所示。在 RAMAN 图中出现的位于 $1340cm^{-1}$（D 带）的峰与蜂窝石墨层结构的缺陷和无序相关，而位于 $1580cm^{-1}$（G 带）的峰对应于石墨的 E_{2g} 模式，与二位蜂窝晶格中 sp^2 碳原子的振动相关。所制备的 G-D-Fe、G-M-Fe、G-D-Ni 和 G-M-Ni 的 I_D/I_G 值分别为 1.75、1.70、1.71 和 1.76，相较于氧化石墨烯的 1.90，石墨烯-有机酸金属配合物的 I_D/I_G 值降低，表明了反应后氧化石墨烯的无序度降低，这与 FTIR 和 XPS 的结果一致，可归因于氧化石墨烯表面的含氧官能团羟基和羧基与有机酸的结合。

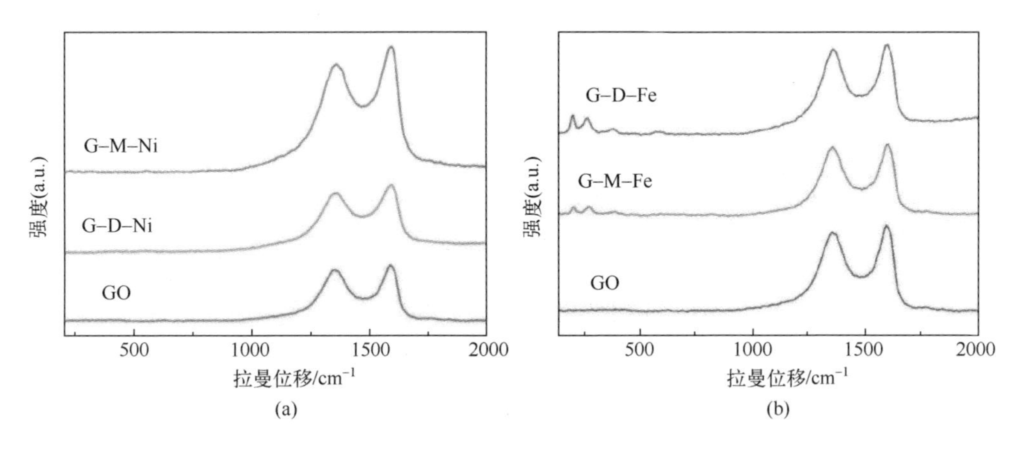

图 4-9 G-D-Fe（Ni）和 G-M-Fe（Ni）的 RAMAN 谱图

4.3 石墨烯-有机酸铁复合物对推进剂高能添加剂热分解的影响

4.3.1 对 AP 热分解的催化作用

1. DSC 分析

通过 DSC 研究 G-D-Fe 和 G-M-Fe 对 AP 热分解的催化性能，相应的 DSC 曲线如图 4-10 所示（催化剂与 AP 的质量比为 1:5），DSC 峰温如表 4-1 所列。DSC 结果表明，G-D-Fe 和 G-M-Fe 的添加不会影响 AP 的转晶峰，但会显著降低 AP 的高温分解放热峰温，并使得低温分解峰消失。在 10℃/min 的升温速率下，添加 G-D-Fe 或 G-M-Fe 后 AP 的高温分解峰为 340.1℃和 342.2℃，相较于纯 AP 的高温分解峰温分别降低了 100.7℃和 98.6℃。这表明 G-D-Fe 和 G-M-Fe 对 AP 的热分解均具有优异的催化活性，可作为含 AP 的复合推进剂的燃烧催化剂使用，且 G-D-Fe 降低 AP 热分解峰温的作用更佳。

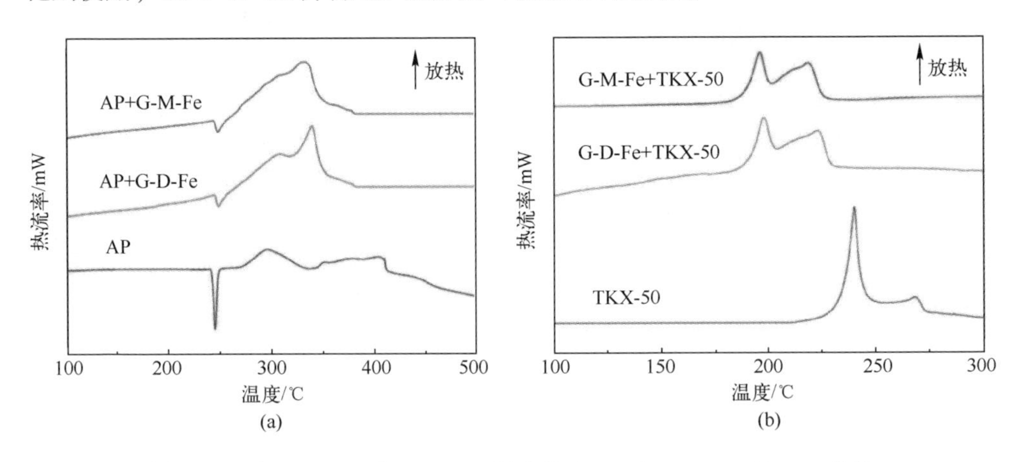

图 4-10 与 G-D-Fe 和 G-M-Fe 混合前后 AP 和 TKX-50 的 DSC 曲线

表 4-1 与 G-D-Fe 和 G-M-Fe 混合前后 AP 的峰温

催化剂	T_p/℃	T_p/℃			
		β=5℃/min	β=10℃/min	β=15℃/min	β=20℃/min
—	T_{LDP}	280.2	296.3	304.4	310.6
	T_{HDP}	391.6	404.3	414.8	422.1

续表

催化剂	T_p/℃	T_p/℃			
		β=5℃/min	β=10℃/min	β=15℃/min	β=20℃/min
G-D-Fe	T_{LDP}	—	—	—	—
	T_{HDP}	323.2	340.1	355.5	361.1
G-M-Fe	T_{LDP}	—	—	—	—
	T_{HDP}	325.0	342.2	349.1	356.5

2. 动力学分析

通过 Kissinger 法和 Ozawa 法使用 DSC 峰温计算与 G-D-Fe 和 G-M-Fe 混合前后 AP 的动力学参数，结果如表4-2所列。G-D-Fe 和 G-M-Fe 的添加使得 AP 的高温分解表观活化能分别降低 62.0kJ/mol 和 33.5kJ/mol。由此可见，G-D-Fe 对 AP 热分解具有更为优异的催化活性，可更有效地降低 AP 的热分解峰温和表观活化能。

表4-2 与 G-D-Fe 和 G-M-Fe 混合前后 AP 的动力学参数

催化剂	T_p/℃	Kissinger 法			Ozawa 法	
		E_a/(kJ/mol)	$\lg A/s^{-1}$	r	E_a/(kJ/mol)	r
—	T_{HDP}	162.3	10.3	0.996	163.0	0.997
G-D-Fe	T_{HDP}	100.3	6.2	0.994	105.1	0.995
G-M-Fe	T_{HDP}	128.8	8.8	0.996	132.2	0.997

4.3.2 对 TKX-50 热分解的催化作用

1. DSC 分析

通过 DSC 研究 G-D-Fe 和 G-M-Fe 对 TKX-50 热分解的催化性能，混合相应的 DSC 曲线见图 4-10（催化剂与 TKX-50 的质量比为 1∶10），DSC 峰温如表 4-3 所列。G-D-Fe 和 G-M-Fe 均可有效降低 TKX-50 的低温和高温分解峰温。在 10℃/min 的升温速率下，添加 G-D-Fe 和 G-M-Fe 后，TKX-50 的低温分解峰为 197.6℃和 196.0℃，相较于纯 TKX-50 降低了 42.3℃和 43.9℃，而 TKX-50 的高温分解峰相较于纯 TKX-50 降低了 45.0℃和 49.6℃。DSC 结果表明，G-D-Fe 和 G-M-Fe 对 TKX-50 的热分解均具有优异的催化活性，可作为含 TKX-50 的固体推进剂的燃烧催化剂使用，且 G-M-Fe 降低 TKX-50 热分解峰温的效果更佳。

表 4-3　与 G-D-Fe 和 G-M-Fe 混合前后 TKX-50 的峰温

催化剂	T_p/℃	T_p/℃			
		β=5℃/min	β=10℃/min	β=15℃/min	β=20℃/min
—	T_{LDP}	232.3	239.9	245.1	248.5
	T_{HDP}	260.8	268.0	272.9	275.1
G-D-Fe	T_{LDP}	190.5	197.6	203.1	206.3
	T_{HDP}	214.1	223.0	228.3	232.5
G-M-Fe	T_{LDP}	187.9	196.0	199.3	202.8
	T_{HDP}	209.0	218.4	222.6	225.5

2. 动力学分析

通过 Kissinger 法和 Ozawa 法使用 DSC 峰温计算与 G-D-Fe 和 G-M-Fe 混合前后 TKX-50 的动力学参数，结果如表 4-4 所列。动力学结果表明，G-D-Fe 和 G-M-Fe 的添加均可降低 TKX-50 的低温及高温分解表观活化能，且对高温分解表观活化能的降低作用更强。混合 G-D-Fe 和 G-M-Fe 使得 TKX-50 的高温分解表观活化能分别降低 74.5kJ/mol 和 63.4kJ/mol。由此可见，G-D-Fe 对 AP 和 TKX-50 热分解具有更为优异的催化活性，这可能是因为单宁酸的羟基较多，可与氧化石墨烯形成多配位点的 G-D，进一步结合更多的活性金属 Fe，有助于促进 AP 和 TKX-50 的热分解。

表 4-4　与 G-D-Fe 和 G-M-Fe 混合前后 TKX-50 的动力学参数

催化剂	T_p/℃	Kissinger 法			Ozawa 法	
		E_a/(kJ/mol)	$\lg A/s^{-1}$	r	E_a/(kJ/mol)	r
—	T_{LDP}	178.1	16.2	0.999	177.5	0.999
	T_{HDP}	221.3	19.5	0.998	219.0	0.998
G-D-Fe	T_{LDP}	152.3	15.0	0.998	152.3	0.998
	T_{HDP}	146.8	13.5	0.999	147.4	0.999
G-M-Fe	T_{LDP}	163.7	16.4	0.997	163.0	0.997
	T_{HDP}	157.9	14.9	0.996	157.9	0.996

4.4　石墨烯-有机酸铁复合物在固体推进剂中的应用效果

4.4.1　在 AP-HTPB 复合推进剂中的应用

1. AP-HTPB 复合推进剂配方

含 G-D-Fe 和 G-M-Fe 的 AP-HTPB 复合推进剂配方如表 4-5 所列，推进剂药料 500g，催化剂在此基础上外加，铝粉（Al）、$D_{50}=13\mu m$、工业纯；高氯酸铵（AP）尺寸为 100～140 目、1μm 和 6～8μm，均为工业纯；端羟基聚丁二烯（HTPB），羟值为 0.76mmol/g，其余原材料均为工业纯。按照复合推进剂的制备方法，在 2L 捏合机上捏合和浇铸药柱方坯，最后于 70℃ 固化 3 天，取出制样并进行性能测试。

表 4-5　含 G-D-Fe 和 G-M-Fe 的 AP-HTPB 复合推进剂配方

试样编号	AP			其他组分			催化剂组分/%	
	100～140 目	6～8μm	1μm	HTPB	Al	其他	G-M-Fe	G-D-Fe
F-01	70.5			9.63	15	4.87		
F-06	70.5			9.63	15	4.87	1	
F-07	70.5			9.63	15	4.87		1

2. 燃烧特性

基于 G-D-Fe 和 G-M-Fe 对 AP 热分解优异的催化活性，使用其作为 AP-HTPB 复合推进剂的燃烧催化剂，研究 G-D-Fe 和 G-M-Fe 对推进剂燃速和压强指数的影响，实验涉及的复合推进剂的燃速及压力指数如表 4-6 所列，计算的催化效率（Z）列于表 4-7 中。

表 4-6　含 G-D-Fe 和 G-M-Fe 的 AP-HTPB 复合推进剂的燃速及压强指数

试样编号	燃速 μ/(mm/s)					压强指数 n			
	4MPa	7MPa	10MPa	13MPa	15MPa	4～7MPa	7～10MPa	10～13MPa	13～15MPa
F-01	7.38	8.75	10.37	12.18	13.87	0.30	0.47	0.61	0.90
F-06	9.02	10.70	11.96	13.53	14.63	0.30	0.31	0.47	0.54
F-07	11.01	12.21	13.99	15.43	16.92	0.18	0.38	0.37	0.64

表 4-7　G-D-Fe 和 G-M-Fe 的催化效率

试样编号	不同压强（MPa）下试样的催化效率（*Z*）				
	4	7	10	13	15
F-01	1	1	1	1	1
F-06	1.22	1.22	1.15	1.11	1.05
F-07	1.49	1.40	1.35	1.27	1.22

图 4-11 给出了含 G-D-Fe 和 G-M-Fe 的复合推进剂燃速-压强指数曲线。F-06 和 F-07 分别为含 1%质量分数的 G-M-Fe 和 G-D-Fe 的 AP-HTPB 复合推进剂配方，对比配方为空白配方 F-01。从图中可以看出，G-D-Fe 和 G-M-Fe 均可有效提升复合推进剂的燃速，而 G-D-Fe 具有更为优异的催化作用，可归因于 G-D-Fe 对 AP 热分解优异的催化活性，可显著降低 AP 的高温分解峰温和表观活化能（由 DSC 结果证实）。

含 G-D-Fe 和 G-M-Fe 的 AP-HTPB 复合推进剂配方的压强指数见表 4-6，空白配方 F-01 的压强指数较高，在 4～15MPa 下的压强指数为 0.47，加入 G-D-Fe 和 G-M-Fe 后压强指数显著降低。加入 1%的 G-M-Fe 可使复合推进剂 4～15MPa 的压强指数降低至 0.36，加入 1%的 G-D-Fe 可使复合推进剂 4～15MPa 的压强指数降低至 0.32，获得较宽的平台。

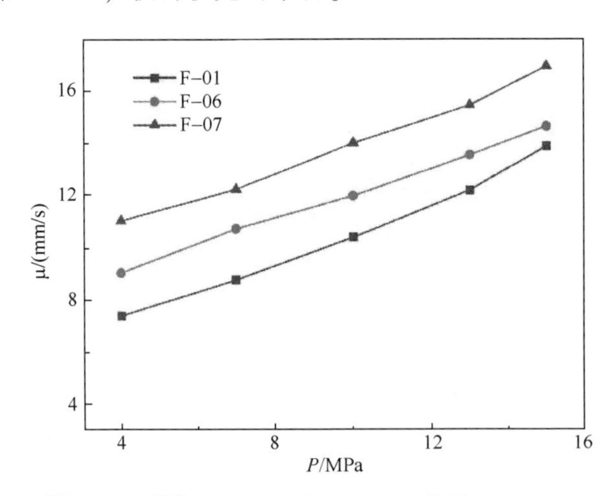

图 4-11　添加 G-M-Fe 和 G-D-Fe 前后 AP-HTPB 复合推进剂的燃速-压强指数曲线

由此可见，G-D-Fe 和 G-M-Fe 对复合推进剂的燃烧性能具有一定的调节作用，可有效提升 4～15MPa 压强范围内的燃速，并使得压强指数降低。其中，

G-D-Fe 具有更为优异的催化活性，可显著提升推进剂的燃速并使得压强指数降低，可作为 AP-HTPB 复合推进剂的燃烧催化剂使用，这可归因于 G-D-Fe 对 AP 热分解优异的催化活性。

3. 火焰形貌

本小节介绍含 G-D-Fe 和 G-M-Fe 的 AP-HTPB 复合推进剂的火焰形貌，对比样品为空白配方 F-01。在 2MPa 压强下配方 F-01、F-06 和 F-07 推进剂的火焰照片如图 4-12 所示，由于 4MPa 下火焰亮度太高以致曝光过度，难以进行有效的分析，本小节中仅对 2MPa 压强下的火焰形貌进行分析。配方 F-01 的火焰照片中，燃烧表面存在少量的发光颗粒，可归因于推进剂中金属燃料 Al 粉的燃烧。而添加 G-D-Fe 和 G-M-Fe 的 F-06 和 F-07 配方中，燃烧表面除了上述少量发光颗粒，出现了一些尺寸较大、亮度更高的发光颗粒，这些颗粒的存在来自所添加的催化剂在燃烧过程中产生的催化活性物质。此外，含 G-D-Fe 的 F-07 配方中发光颗粒更多，结合燃速数据可推测燃面发光颗粒的增多有助于燃速的提升，归因于燃面和气相区的热反馈更强。

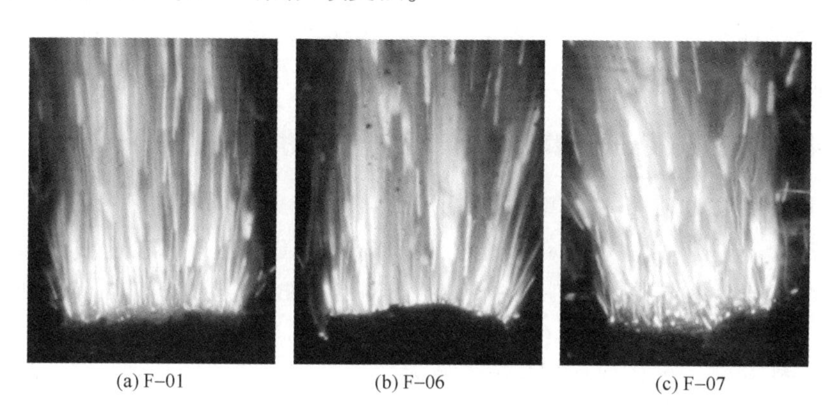

(a) F-01　(b) F-06　(c) F-07

图 4-12　添加 G-M-Fe 和 G-D-Fe 前后 AP-HTPB 推进剂的火焰照片

4. 燃烧波结构

测试含 G-D-Fe 的配方 F-07 在 2MPa 和 4MPa 压强下的燃烧波温度分布曲线，经过数学处理，得到燃烧表面温度、气相温度及温度梯度，计算结果如表 4-8 所列，对比试样为空白配方 F-01。

表 4-8　含 G-D-Fe 的 AP-HTPB 推进剂的燃烧波温度和梯度

样品编号	P/MPa	T_s/℃	T_f/℃	dT/dt(10^4℃/s) ↓	dT/dt(10^4℃/s) ↑
F-01	2	524	2348	14.56	33.62
	4	521	2188	24.17	50.19

续表

样品编号	P/MPa	T_s/℃	T_f/℃	dT/dt(10^4℃/s) ↓	dT/dt(10^4℃/s) ↑
F-07	2	667	2217	38.97	85.25
	4	696	2364	48.83	106.95

注：表中 T_s代表燃烧表面温度，T_f代表燃烧火焰温度，dT/dt↓代表凝聚相温度梯度，dT/dt↑代表气相温度梯度。

由表4-8可知，含有G-D-Fe的AP-HTPB推进剂的燃烧表面温度较不含催化剂的AP-HTPB推进剂有所提高，归因于G-D-Fe加速了AP-HTPB推进剂的分解，促进了其燃烧，因此燃烧表面温度提高。加入G-D-Fe对燃烧火焰温度的影响不大，这是因为AP-HTPB推进剂的基础配方相同，少量添加非含能催化剂对能量影响不大，故而对推进剂燃烧可达到的最高火焰温度没有明显差异。

添加G-D-Fe后配方F-07的凝聚相和气相温度梯度显著增加，这表明G-D-Fe的使用提高了凝聚相及表面放热反应的反应速度，突出了对燃速起重要作用的表面反应区的主导地位，可归因于G-D-Fe对AP热分解的促进作用（已由DSC结果证实）。从气相和凝聚相的温度梯度数据也可以看出，随着压强的升高，其温度梯度逐渐变大，对应于随着压强升高提升的燃速变化规律。

4.4.2 在HMX-CMDB推进剂中的应用

1. HMX-CMDB推进剂配方

为探究石墨烯-没食子酸镍复合物对HMX-CMDB推进剂燃速和压强指数的影响，本节设计、合成了含G-M-Ni的HMX-CMDB配方，如表4-9所列。奥克托今（HMX）26%、硝化棉（NC）/硝化甘油（NG）63.4%、其他组分10.6%，推进剂药料500g，催化剂在此基础上外加。

表4-9　含G-M-Ni的HMX-CMDB推进剂配方

试样编号	组分含量/%								
	NC	NG	HMX	其他	催化剂				
					β-Pb	Φ-Cu	炭黑	G-M-Ni	石墨烯
C-01	63.4		26	10.6	—	—	—	—	—
C-02	63.4		26	10.6	3	0.4	0.5	—	—
C-03	63.4		26	10.6	3	0.4	0.5	—	0.5
C-12	63.4		26	10.6	3	0.4	0.5	0.5	—

2. 燃烧特性

含G-M-Ni的配方在2~20MPa压强范围内的燃速和压强指数如表4-10所

列，相应的燃速-压强曲线如图 4-13 所示，计算催化剂的催化效率如表 4-11 所列。添加 G-M-Ni 可显著提升配方 F-12 的燃速，使得 20MPa 下推进剂的燃速由 22.49mm/s 提升到 29.07mm/s，但会使压强指数增加。

表 4-10　添加 G-M-Ni 前后 HMX-CMDB 推进剂的燃速及压强指数

试样编号	燃速 μ/(mm/s)					压强指数 n			
	2MPa	6MPa	10MPa	16MPa	20MPa	2~6MPa	6~10MPa	10~16MPa	16~20MPa
C-01	2.66	6.26	9.26	13.43	16.07	0.78	0.77	0.79	0.80
C-02	8.83	16.3	19.19	22.09	22.49	0.56	0.32	0.3	0.08
C-03	8.06	14.37	18.69	21.83	23.15	0.53	0.51	0.33	0.26
C-12	10.26	18.8	23.02	26.41	29.07	0.55	0.51	0.41	0.28

表 4-11　G-M-Ni 的催化效率

试样编号	不同压强（MPa）下不同试样的催化效率（Z）				
	2MPa	6MPa	10MPa	16MPa	20MPa
C-01	1	1	1	1	1
C-02	3.32	2.60	2.07	1.64	1.40
C-03	3.03	2.29	2.01	1.63	1.44
C-12	3.86	3.0	2.49	1.97	1.81

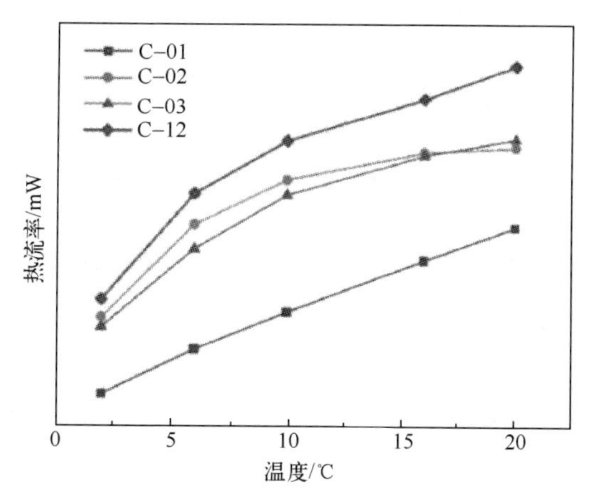

图 4-13　添加 G-M-Ni 前后 HMX-CMDB 推进剂的燃速—压强曲线

3. 高压热分解特性

通过高压 DSC 研究 1MPa、2MPa 和 4MPa 压强下，G-M-Ni 对 HMX-CMDB 推进剂高压热分解性能的影响，相应的 PDSC 曲线如图 4-14 所示。PDSC 曲线上均出现两个分解峰，分别对应于含能组分吸收药（NC+NG）和 HMX 的放热分解峰。随着压强的升高，分解峰温降低，相较于空白配方 C-01，添加催化剂后配方 C-02 和 C-12 的高温分解峰温出现了较为明显的降低，可归因于高压下催化剂对 HMX 热分解的促进作用。

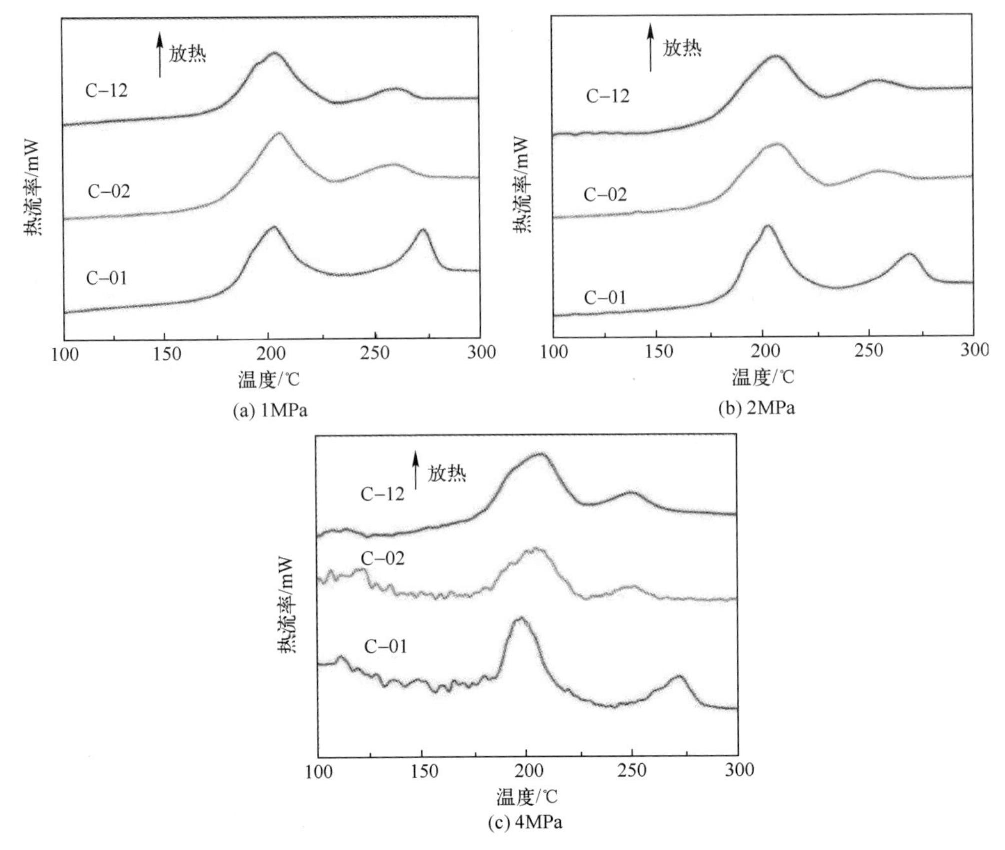

图 4-14　添加 G-M-Ni 前后 HMX-CMDB 推进剂的 PDSC 曲线

4. 火焰形貌

图 4-15 给出了含 G-M-Ni 的 HMX-CMDB 推进剂在 2MPa 和 4MPa 压强下的火焰照片。配方 C-02 的火焰结构具有典型的平台双基推进剂火焰结构，具有明显的嘶嘶区、暗区和火焰区。对比 2MPa 下 HMX-CMDB 推进剂的火焰照片可以发现，添加 0.5%质量分数的 G-M-Ni 可使配方 C-12 的暗区变短、火焰变亮，结合燃速数据可以发现配方的暗区长度与对应的燃速呈现反相关，说明 G-M-Ni 的添加可以增加火焰对燃面的热反馈，从而大幅提高 HMX-CMDB 推进剂的燃速。

(a) C–02, 2MPa

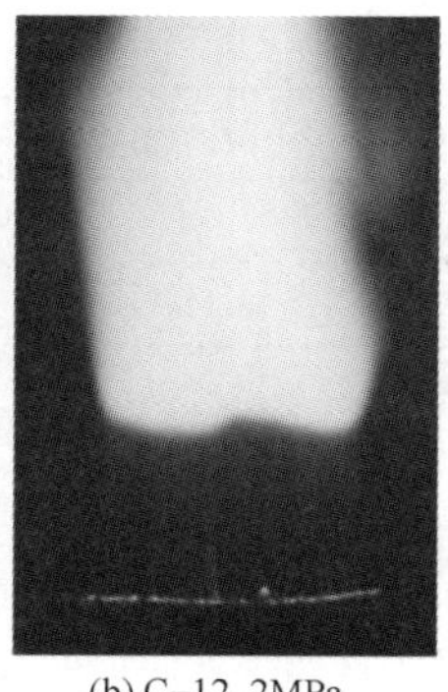
(b) C–12, 2MPa

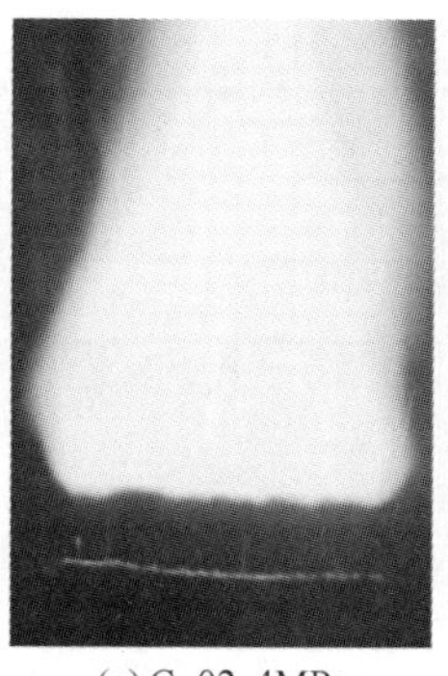
(c) C–02, 4MPa

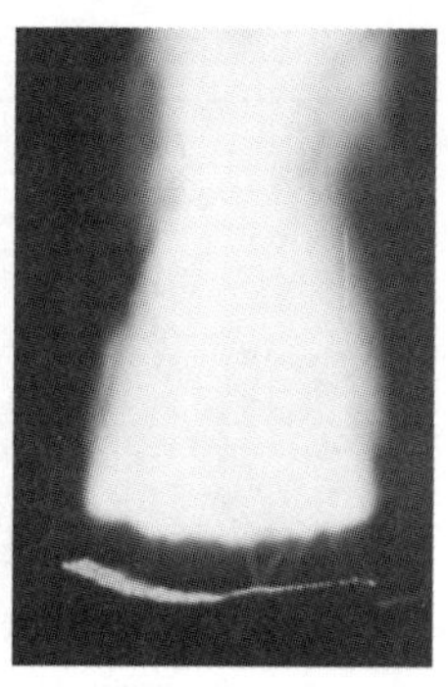
(d) C–12, 4MPa

图 4–15　添加 G–M–Ni 前后 HMX–CMDB 推进剂的火焰照片

对比 2MPa 和 4MPa 压强下配方 C–02 和 C–12 的火焰照片可以发现，同一配方随着压强升高（由 2MPa 到 4MPa），暗区都会缩短，火焰变亮，说明气相火焰区离燃烧表面的距离减小，使气相反应区向燃烧表面的热反馈增加，所以压强升高时燃速增加。相较于配方 C–02，C–12 配方的暗区明显缩短，火焰明亮，与其较高的燃速数据一致，证实了 G–M–Ni 对 HMX–CMDB 推进剂燃速优异的催化活性。

5. 燃烧波结构

本小节测试了添加 G–M–Ni 前后 HMX–CMDB 推进剂在 2MPa 和 4MPa 压强下的燃烧波温度分布曲线，经过数学处理，得到了燃烧表面温度、气相温度及温度梯度，计算结果如表 4–12 所列。含有 G–M–Ni 的 HMX–CMDB 推进剂的燃烧表面温度和火焰温度较配方 C–02 没有明显变化。但是，添加 G–M–Ni 后，HMX–CMDB 推进剂配方的凝聚相和气相温度梯度显著增加，且随着压强的升高，凝聚相和气相温度梯度进一步增加，这表明 G–M–Ni 加强了凝聚相及表面放热反应的反应速度。配方 C–12 表面温度梯度随着压强升高温度梯度的变化值和变化幅度均较大，这表明 G–M–Ni 的添加有利于 HMX–CMDB 推进剂含能组分的快速分解，生成更多的气相产物，进入气相区发生更为剧烈的氧化–还原反应，同时也有助于燃面和气相反应区的热量反馈，使得燃速显著升高。

表 4–12　添加 G–M–Ni 前后 HMX–CMDB 推进剂的燃烧波温度和梯度

样品编号	P/MPa	T_s/℃	T_f/℃	dT/dt(10^4℃/s) ↓	dT/dt(10^4℃/s) ↑
C–01	2	180	2179	0.33	0.57
	4	193	2201	0.78	1.26
C–02	2	223	1915	1.44	3.71
	4	232	2192	2.18	6.00

续表

样品编号	P/MPa	T_s/℃	T_f/℃	$dT/dt(10^4℃/s)\downarrow$	$dT/dt(10^4℃/s)\uparrow$
C-12	2	228	1919	1.74	3.96
	4	222	2179	3.06	7.98

注：表中 T_s代表燃烧表面温度，T_f代表燃烧火焰温度，$dT/dt\downarrow$代表凝聚相温度梯度，$dT/dt\uparrow$代表气相温度梯度。

6. 熄火表面特性

1）熄火表面形貌

本小节研究添加 G-M-Ni 前后 HMX-CMDB 推进剂配方在 2MPa 和 4MPa 压强下的熄火表面形貌，如图 4-16 所示。如图 4-17 所示，配方 C-02 的熄火表明可观察到一些大小不一的球状物，这可能是推进剂高温燃烧时部分燃烧催化剂生成的金属氧化物发生了熔融和团聚。相较于配方 C-02，含 G-M-Ni 的配方 C-12 的碳骨架完整性增加、孔隙增多，形成蓬松的结构。同时，熄火表面上的熔融球体减少，表明 G-M-Ni 的存在有助于减少高温下金属氧化物的团聚，提升催化剂的催化效率，因此，配方 C-12 的燃速具有显著的提升。

(a) 2MPa, 1000×　(b) 2MPa, 5000×

(c) 4MPa, 1000×　(d) 4MPa, 5000×

图 4-16　配方 C-12 的熄火表面形貌

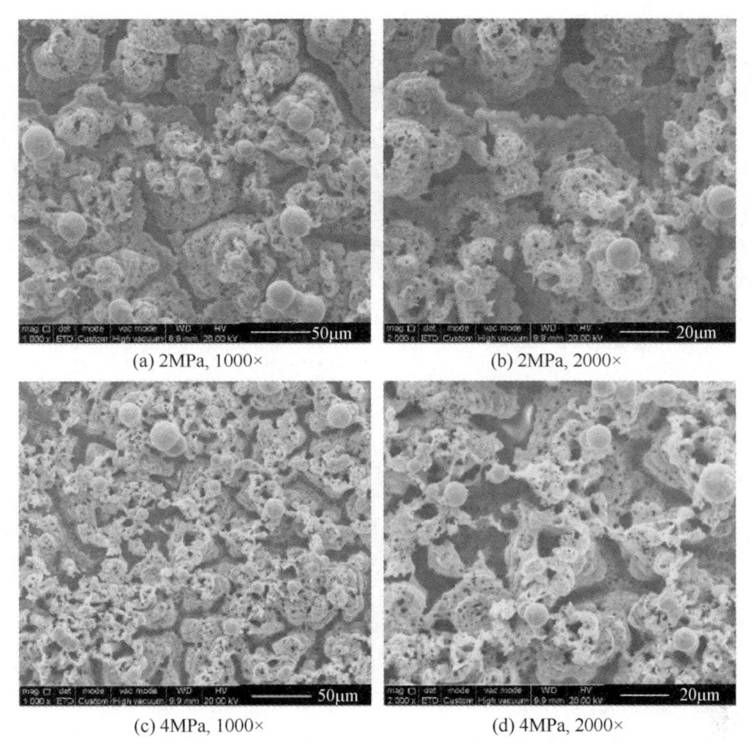

(a) 2MPa, 1000×　(b) 2MPa, 2000×
(c) 4MPa, 1000×　(d) 4MPa, 2000×

图 4-17　配方 C-02 的熄火表面形貌

2) 熄火表面元素含量

配方 C-12 的熄火表面 EDS 能谱图如图 4-18 所示，元素含量如表 4-13 所列。配方 C-01 和 C-02 的熄火表面 EDS 能谱图如图 4-19 和图 4-20 所示。从表 4-13 可见，空白配方 C-01 的熄火表面存在大量的 C、N 和 O 元素，N 元素的存在表明含能化合物燃烧的不完全，配方 C-02 和 C-12 中 N 元素消失表明催化剂的使用有助于促进含能组分的完全燃烧。此外，除了基础配方 C-02 中含有的 C、O、Pb 和 Cu 元素，出现于 C-12 配方中的 Ni 元素来自所使用的 G-M-Ni。

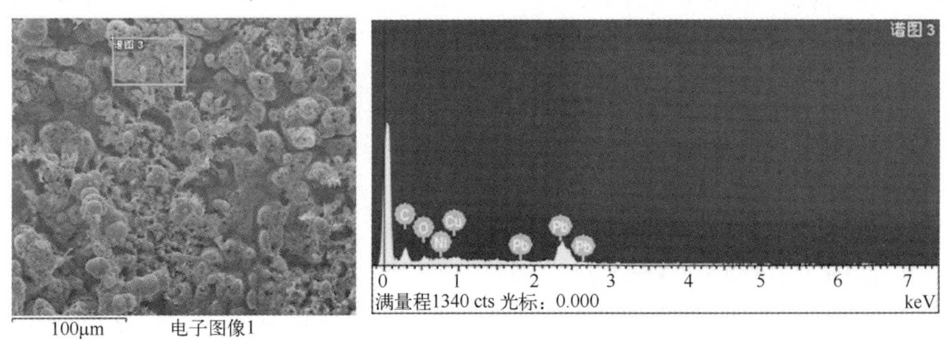

图 4-18　配方 C-12 的熄火表面 EDS 能谱图

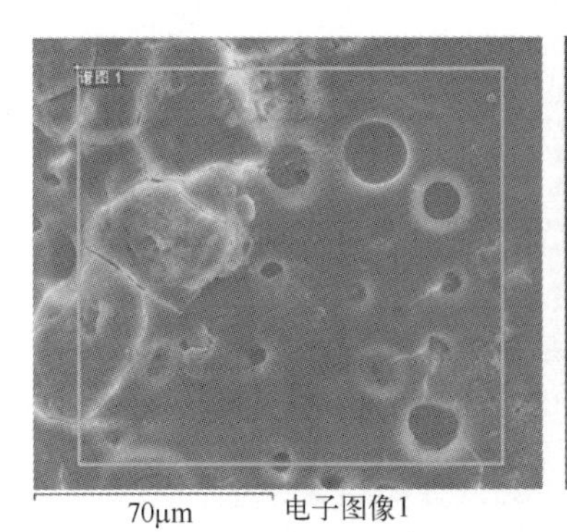

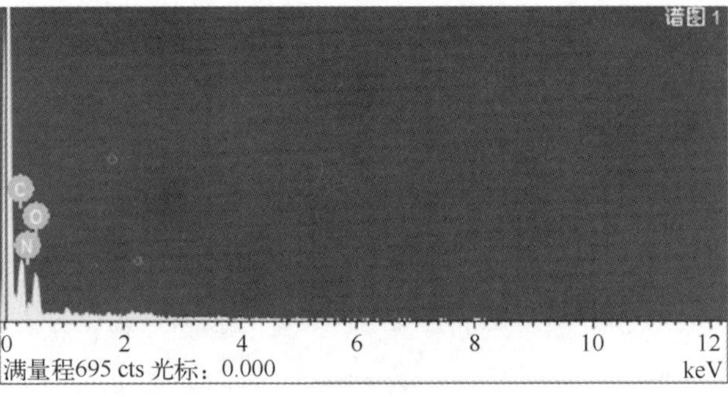

图 4-19　空白配方 C-01 的熄火表面 EDS 能谱图

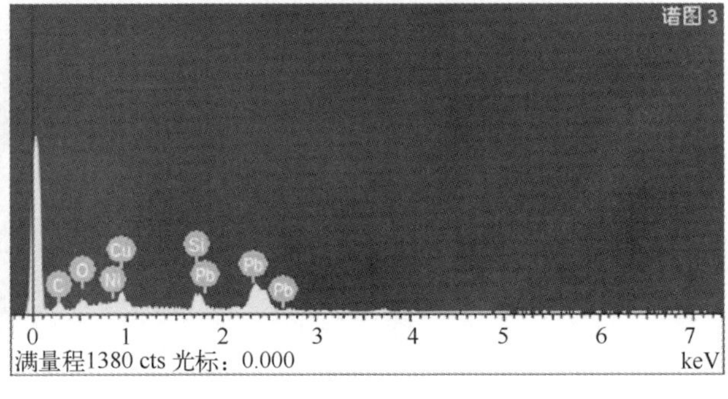

图 4-20　配方 C-02 的熄火表面 EDS 能谱图

表 4-13　添加 G-M-Ni 前后 HMX-CMDB 推进剂的熄火表面 EDS 元素含量

试样编号	C/%	O/%	N/%	Pb/%	Cu/%	Ni/%
C-01	32.31	50.90	16.80	—	—	—
C-02	36.39	16.74	—	37.05	9.82	—
C-12	38.42	14.81	—	33.67	10.83	2.27

7. 摩擦感度

基于 G-M-Ni 对 HMX-CMDB 燃烧优异的催化活性，本小节进一步研究了 G-M-Ni 对 HMX-CMDB 推进剂摩擦感度的影响。结果表明，配方 C-02 的摩擦感度为 64%，在此基础上添加 0.5%质量分数的 G-M-Ni 可使 HMX-CMDB 推进剂的摩擦感度显著降低为 36%。G-M-Ni 对 HMX-CMDB 推进剂摩擦感度的降低作用可归因于石墨烯材料优异的导热、导电和润滑作用，有助于降低 HMX-CMDB 推进剂内部的折叠、位错和热点产生，可作为功能型燃烧催化剂应用于 HMX-CMDB 推进剂中。

参考文献

[1] ISERT S, XIN L, XIE J, et al. The effect of decorated graphene addition on the burning rate of ammonium perchlorate composite propellants [J]. Combustion and Flame, 2017, 183: 322-329.

[2] LI N, CAO M H, WU Q Y, et al. A facile one-step method to produce Ni/graphene nanocomposites and their application to the thermal decomposition of ammonium perchlorate [J]. CrystEngComm, 2011, 14 (2): 428-434.

[3] MEMON N K, MCBAIN A W, SON S F. Graphene oxide/ammonium perchlorate composite material for use in solid propellants [J]. Journal of Propulsion & Power, 2016, 32 (3): 1-5.

[4] LI N, GENG Z F, CAO M H, et al. Well-dispersed ultrafine Mn_3O_4, nanoparticles on graphene as a promising catalyst for the thermal decomposition of ammonium perchlorate [J]. Carbon, 2013, 54 (2): 124-132.

[5] YUAN Y, JIANG W, WANG Y J, et al. Hydrothermal preparation of Fe_2O_3/graphene nanocomposite and its enhanced catalytic activity on the thermal decomposition of ammonium perchlorate [J]. Applied Surface Science, 2014, 303 (6): 354-359.

[6] LAN Y F, LI X Y, LI G P, et al. Sol-gel method to prepare graphene/Fe_2O_3 aerogel and its catalytic application for the thermal decomposition of ammonium perchlorate [J]. Journal of Nanoparticle Research, 2015, 17 (10): 1-9.

[7] DEY A, NANGARE V, MORE P V, et al. A graphene titanium dioxide nanocomposite (GTNC): one pot green synthesis and its application in a solid rocket propellant [J]. Rsc Advances, 2015, 5 (78): 63777-63785.

[8] DEY A, ATHAR J, VARMA P, et al. Graphene-iron oxide nanocomposite (GINC): an efficient catalyst for ammonium perchlorate (AP) decomposition and burn rate enhancer for AP based composite propellant [J]. Rsc Advances, 2015, 5 (3): 723-724.

[9] 兰元飞，邓竞科，罗运军．高氯酸铵/Fe_2O_3/石墨烯纳米复合材料簠制备及其热性能研究 [J]. 纳米科技，2015 (6): 14-18.

[10] 兰兴旺．石墨烯基复合物制备及其催化性能研究 [D]. 南京：南京理工大学，2013.

[11] ZU Y Q, ZHANG Y, XU K Z, et al. A graphene oxide-$MgWO_4$ nanocomposite as an efficient catalyst for the thermal decomposition of RDX, HMX [J]. RSC Advances, 2016, 6 (37): 31046-31052.

[12] 于佳莹，王建华，刘玉存，等．CL-20/GO 纳米复合含能材料的制备与性能研究 [J]. 科学技术与工程，2017, 17 (12): 93-96.

[13] 张建侃，赵凤起，徐司雨，等．两种 Fe_2O_3/rGO 纳米复合物的制备及其对 TKX-50 热分解的影响 [J]. 含能材料，2017, 25 (7): 564-569.

[14] LAN Y F, WANG X B, LUO Y J. Preparation and characterization of GA/RDX nanostructured energetic composites [J]. Bulletin of Materials Science, 2016, 39 (7): 1701-1707.

[15] ZHANG Y, XIAO L B, XU K Z, et al. Graphene oxide-enveloped Bi_2WO_6 composites as a highly efficient catalyst for the thermal decomposition of cyclotrimethylenetrinitramine [J]. RSC Advances, 2016, 6 (48): 42428-42434.

[16] 赵凤起，仪建华，安亭，等．固体推进剂燃烧催化剂［M］．北京：国防工业出版社，2016.

[17] 赵凤起，张衡，安亭，等．没食子酸铋锆的制备、表征及其燃烧催化作用［J］．物理化学学报，2013，29（4）：777-784.

[18] 马文喆，赵凤起，杨燕京，等．制备条件对鞣酸铅催化燃烧活性的影响规律［J］．含能材料，2020（2）：1-8.

[19] 南焕杰，王许力，刘所恩，等．鞣酸铅制造工艺改进及其在推进剂中的应用研究［J］．含能材料，2004，12（增刊 1）：197-200.

[20] ZHOU Z P，ZHANG Y，WANG Z Y，et al. Electronic structure studies of the spinel $CoFe_2O_4$ by X-ray photoelectron spectroscopy［J］. Applied Surface Science，2008，254（21）：6972-6975.

[21] ZONG M，HUANG Y，DING X，et al. One-step hydrothermal synthesis and microwave electromagnetic properties of RGO/$NiFe_2O_4$ composite［J］. Ceramics International，2014，40（5）：6821-6828.

第5章

石墨烯-席夫碱金属配合物及应用

5.1 引　言

石墨烯-有机酸金属配合物对AP-HTPB和HMX-CMDB推进剂的燃烧性能具有较好的改善作用。此外，石墨烯材料优异的导电和润滑作用，使得含能材料的热稳定性、机械感度、力学性能等也有所改善[1-11]。除了有机酸金属配合物，席夫碱金属配合物对含能化合物热分解以及改性双基推进剂燃烧性能也表现出优异的提升作用[12-16]。研究证实了席夫碱镍配合物对HMX、FOX-7等固体推进剂用高能组分热分解的催化活性，也展示了席夫碱铅、席夫碱铜和席夫碱镍配合物对HMX-CMDB推进剂燃烧性能表现出的优异催化作用。

鉴于席夫碱金属配合物对固体推进剂燃烧性能优异的提升作用，设计、合成了系列石墨烯-席夫碱铅、铜、镍、铁、钴和镁配合物。研究了石墨烯-席夫碱铅、铜、镍、钴和镁配合物分别对TKX-50、CL-20、RDX和FOX-7等含能化合物热分解性能的催化作用，并将石墨烯-席夫碱金属配合物用于HMX-CMDB推进剂中，研究其催化燃烧性能及机理。此外，揭示了石墨烯-席夫碱金属配合物对固体推进剂撞击感度的影响，为功能型石墨烯基燃烧催化材料在固体推进剂中的应用奠定基础。

5.2 石墨烯-席夫碱金属配合物的制备和表征

5.2.1 石墨烯-席夫碱金属配合物的制备

将分散好的氧化石墨烯乙醇分散液（1mg/mL）置于三颈烧瓶中，滴加适量N-β-(氨乙基)-γ-氨丙基三甲氧基硅烷KH-792乙醇溶液，于回流条件下反应

2h，反应结束后离心收集并用乙醇洗涤得到 KH-792 改性的氧化石墨烯（G-792），KH-792 与氧化石墨烯质量比为 15∶1。将制备好的 KH-792 改性氧化石墨烯超声分散于乙醇溶液中（1mg/mL），滴加适量水杨醛乙醇溶液，于回流条件下反应 3h，反应结束后冷却至室温，离心收集并用乙醇洗涤得到石墨烯-席夫碱配体（S-792），水杨醛与 KH-792 改性氧化石墨烯质量比为 15∶1。

将所合成的 S-792 超声分散于无水乙醇中（1mg/mL），分别与配置好的硝酸铅、硫酸铜、氯化钴和硫酸镁水溶液混合，于 65℃下反应 6h，反应结束后冷却至室温，离心收集并用乙醇和水洗涤数次得到石墨烯-席夫碱铅 S-792-Pb、石墨烯-席夫碱铜 S-792-Cu、石墨烯-席夫碱钴 S-792-Co、石墨烯-席夫碱铁 S-792-Fe、石墨烯-席夫碱镍 S-792-Ni 和石墨烯-席夫碱镁 S-792-Mg 配合物。其中，石墨烯-席夫碱配体与金属硝酸盐的质量比为 1∶2，乙醇与水的体积比为 4∶1，具体合成路线如图 5-1 所示，图中 M_1代表金属 Pb、Cu、Co、Fe、Ni 或 Mg。

5.2.2 石墨烯-席夫碱金属配合物的表征

1. 形貌和尺寸分析

使用 KH-792 改性氧化石墨烯进一步与水杨醛和金属盐溶液反应制备了 S-792-Pb、S-792-Cu、S-792-Co、S-792-Fe、S-792-Ni 和 S-792-Mg 复合物，其 EDS 谱图如图 5-2～图 5-7 所示，中间产物 G-792 和 S-792 的 EDS 谱图如图 5-8 所示。石墨烯-席夫碱金属配合物及中间产物均保留了石墨烯材料的二维结构，EDS 结果证实了金属 Pb、Cu、Co 和 Mg 成功结合于石墨烯基材料表面。相应的 EDS 元素含量如表 5-1 所列。EDS 中出现的 Si 元素来自硅烷偶联剂 KH-792，表明 KH-792 成功结合于氧化石墨烯表面，可进一步与水杨醛形成席夫碱配体。

表 5-1 石墨烯-席夫碱金属配合物的 EDS 元素含量

名称	C		O		Si		金属元素		
	W_t/%	W_n/%	W_t/%	W_n/%	W_t/%	W_n/%	类型	W_t/%	W_n/%
S-792	62.68	69.95	33.93	28.43	3.39	1.62	—	—	—
G-792	62.12	71.98	29.54	25.06	7.26	3.51	—	—	—
S-792-Pb	62.49	74.10	27.15	24.16	2.33	1.18	Pb	8.03	0.55
S-792-Cu	62.49	70.61	32.84	27.85	2.01	0.97	Cu	2.66	0.57
S-792-Co	67.64	74.68	29.02	24.05	2.11	1.00	Co	1.23	0.28
S-792-Fe	63.67	73.10	28.47	24.54	1.72	0.84	Fe	6.14	1.52
S-792-Ni	60.93	70.47	29.93	25.99	5.34	2.64	Ni	3.80	0.90
S-792-Mg	64.52	71.71	31.70	26.45	3.09	1.47	Mg	0.69	0.38

注：W_t 代表质量百分比；W_n 代表原子百分比。

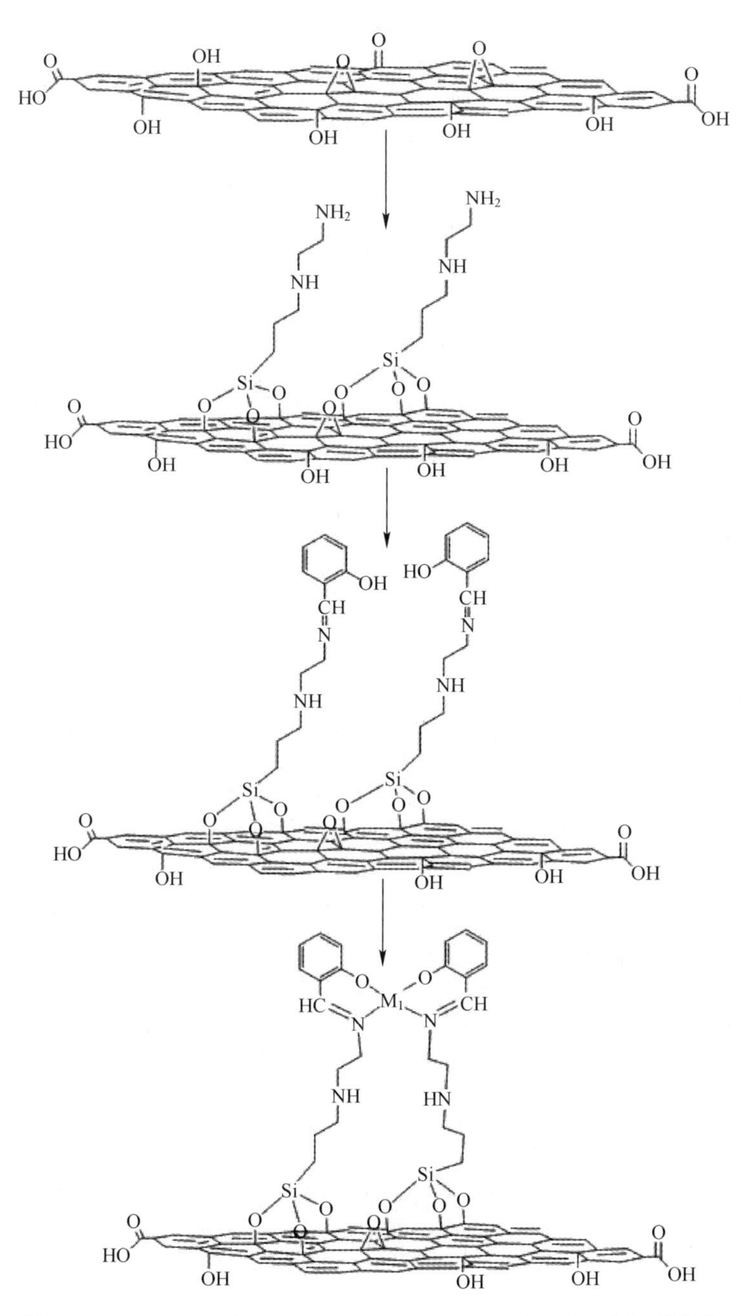

图 5-1　S-792-M_1（M_1=Pb、Cu、Co、Fe、Ni 或 Mg）的合成路线

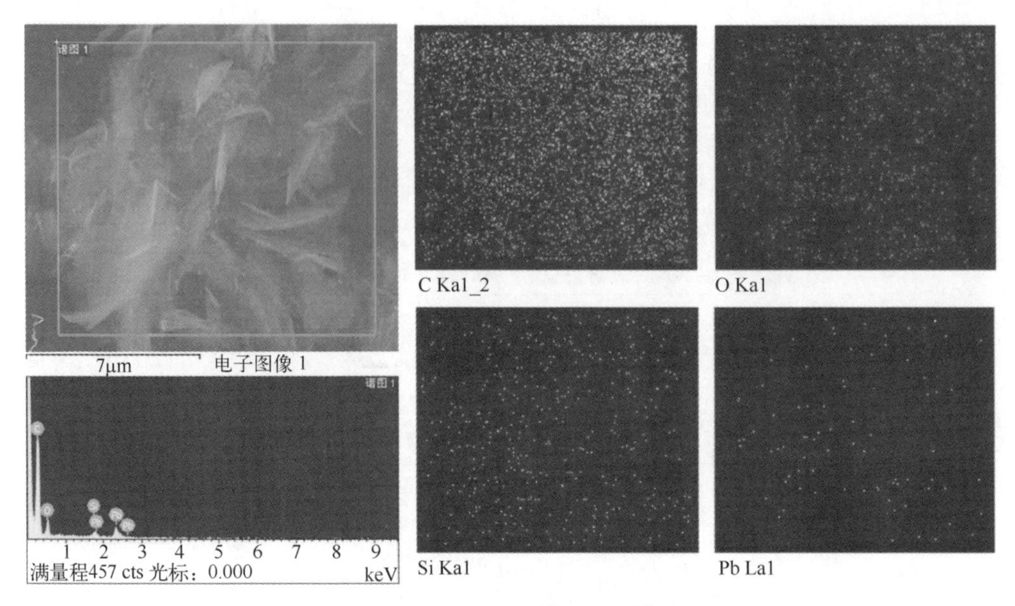

图 5-2　S-792-Pb 的 EDS 谱图

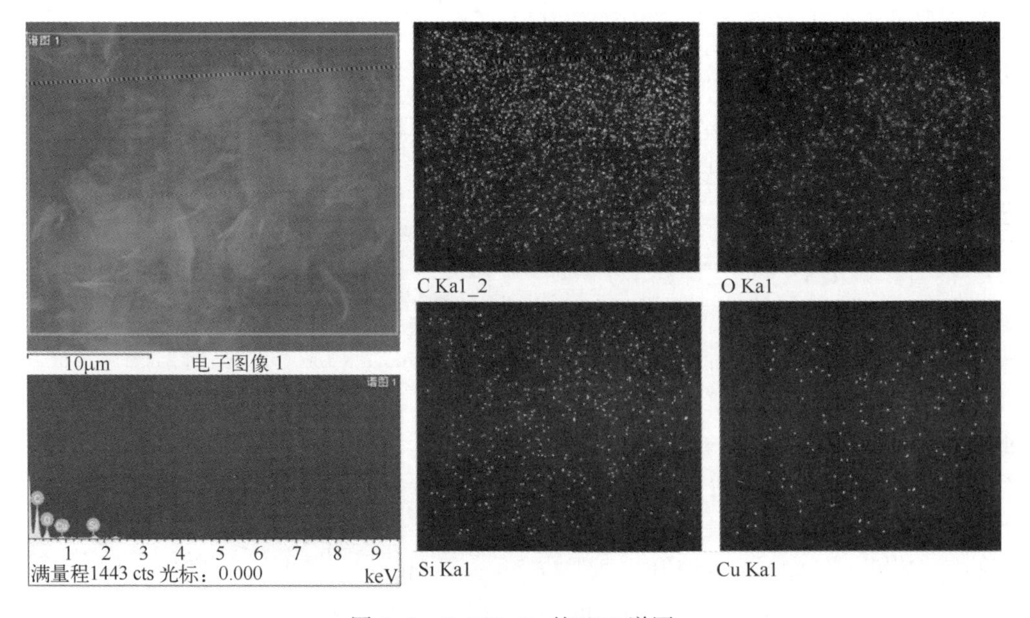

图 5-3　S-792-Cu 的 EDS 谱图

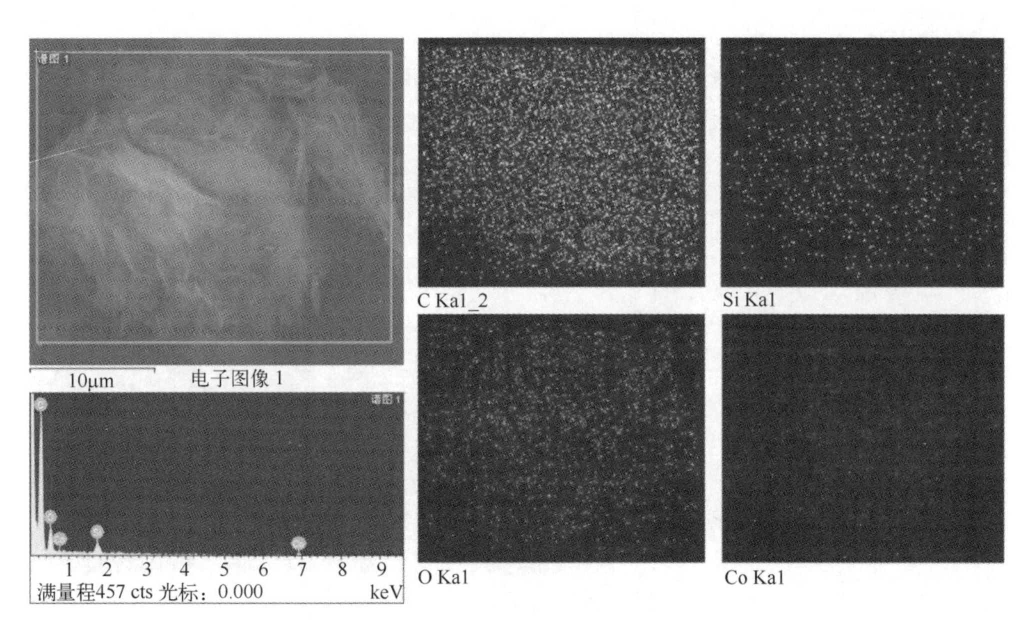

图 5-4　S-792-Co 的 EDS 谱图

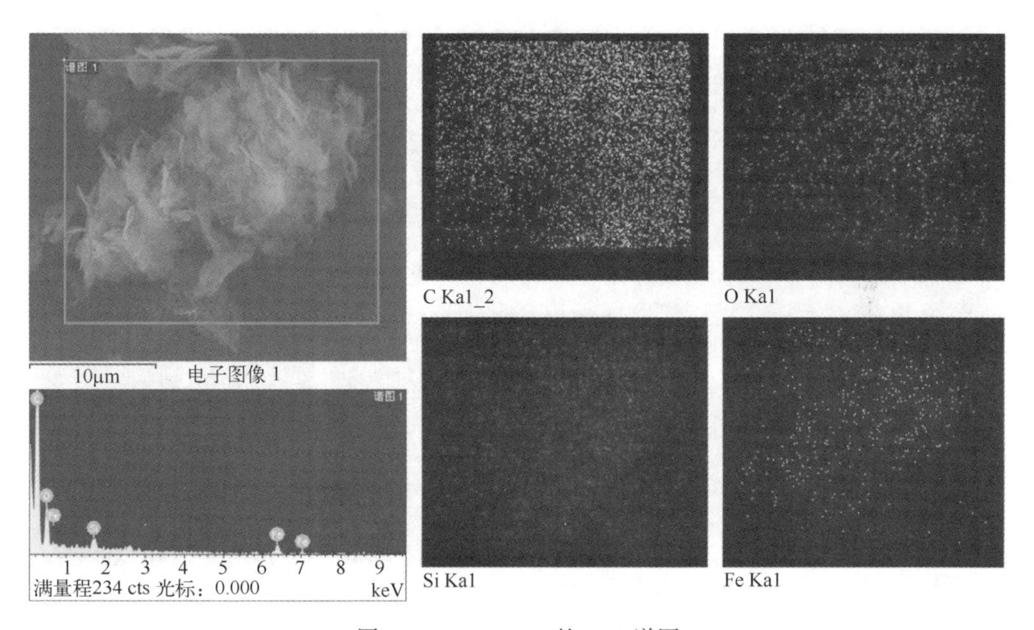

图 5-5　S-792-Fe 的 EDS 谱图

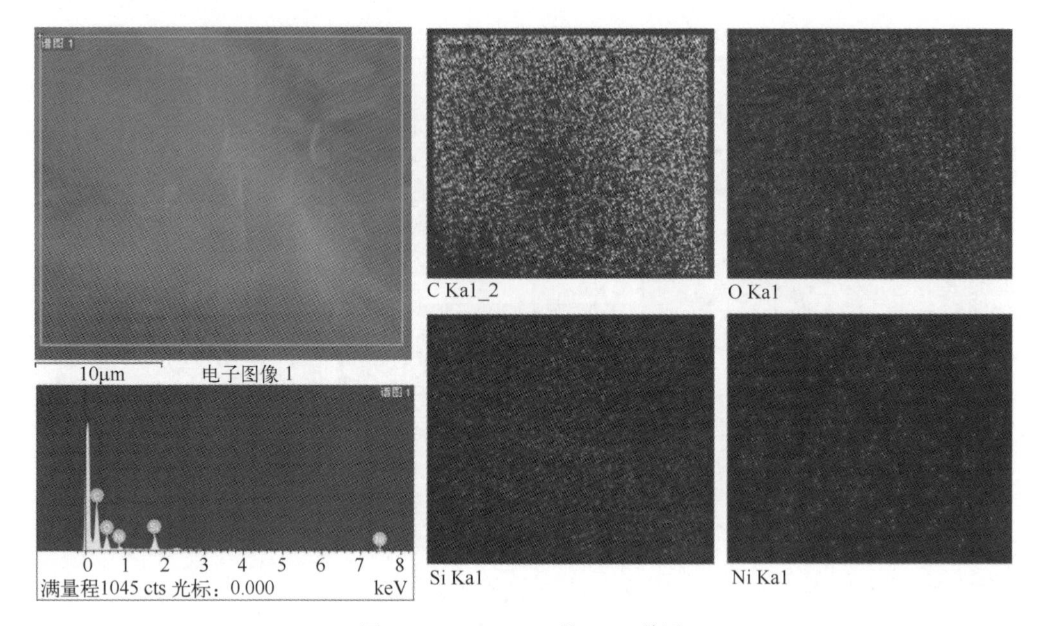

图 5-6　S-792-Ni 的 EDS 谱图

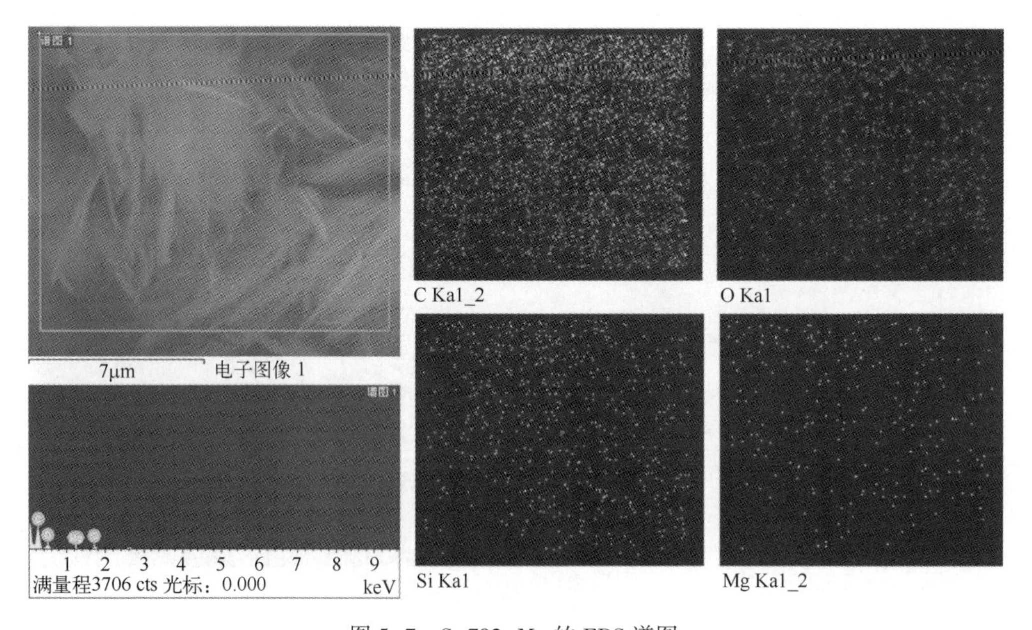

图 5-7　S-792-Mg 的 EDS 谱图

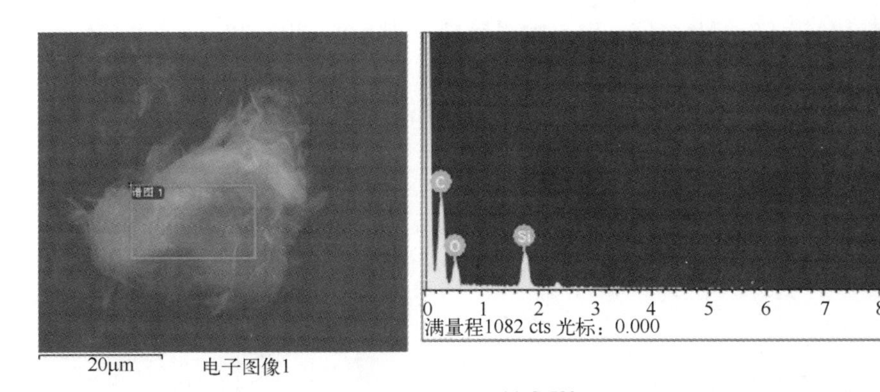

(a) G-792

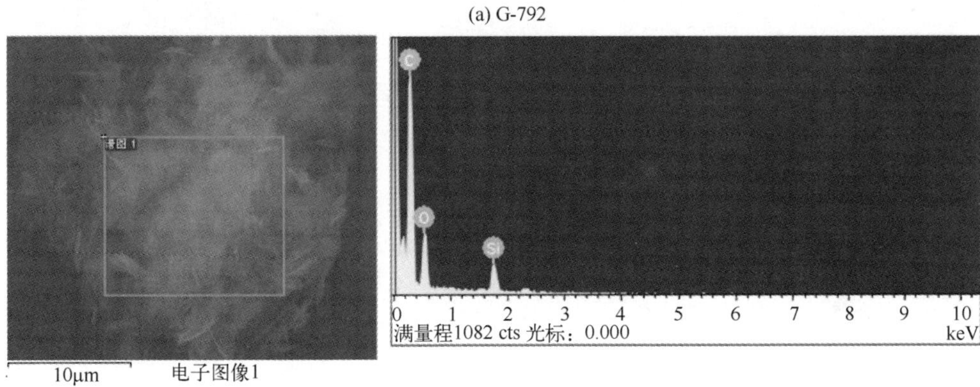

(b) S-792

图 5-8　G-792 和 S-792 的 EDS 谱图

2. 组成和结构分析

1）FTIR 分析

使用 KH-792 作为改性剂制备的 S-792-M（M＝Pb、Cu、Co 和 Mg）复合物的 FTIR 谱图如图 5-9 所示。出现于 $3450cm^{-1}$ 和 $1625cm^{-1}$ 处的吸收峰为—OH 基团的伸缩和弯曲振动峰，来自吸附的水分子。在 GO 样品中位于 $1730cm^{-1}$ 处的吸收峰来自 C ═O（—COOH）基团的伸缩振动峰，而该峰在石墨烯-席夫碱金属配合物中明显减弱甚至消失，表明氧化石墨烯表面和边缘的羰基基团（C ═O）与硅烷偶联剂结合，证实了石墨烯-席夫碱复合物的成功制备。位于 $1460cm^{-1}$ 附近的吸收峰为烷基的伸缩振动峰，出现于 $1100cm^{-1}$ 附近的宽峰归因于 Si—O 键的振动峰，这些峰的出现表明 KH-792 成功与氧化石墨烯结合。

2）XPS 分析

使用 KH-792 作为改性剂制备的 S-792 和 S-792-M（M＝Pb、Cu、Co 和 Mg）复合物的 XPS 谱图如图 5-10 所示。S-792-M 中均含有 C、O、Si 和 N 元

素，同时 Pb、Cu、Co、Mg、Ni 和 Fe 元素分别出现于 S-792-Pb、S-792-Cu、S-792-Co、S-792-Mg、S-792-Ni 和 S-792-Fe 中，表明金属成功配位于石墨烯-席夫碱复合物。此外，没有其他元素出现于石墨烯-席夫碱金属配合物中说明石墨烯-席夫碱金属配合物的高纯度。

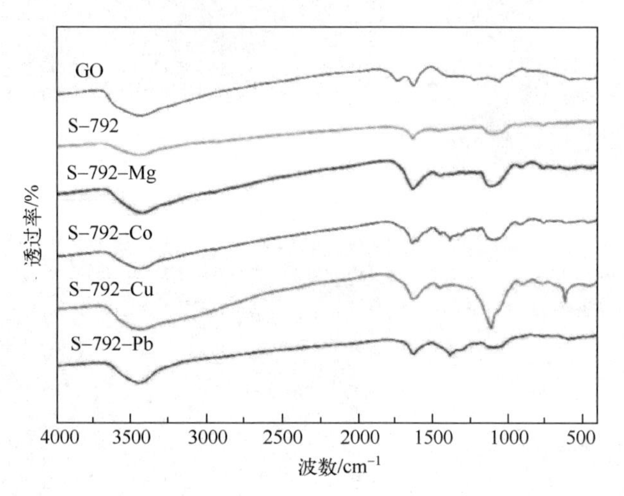

图 5-9　GO、S-792 和 S-792-M（M=Pb、Cu、Co 和 Mg）的 FTIR 谱图

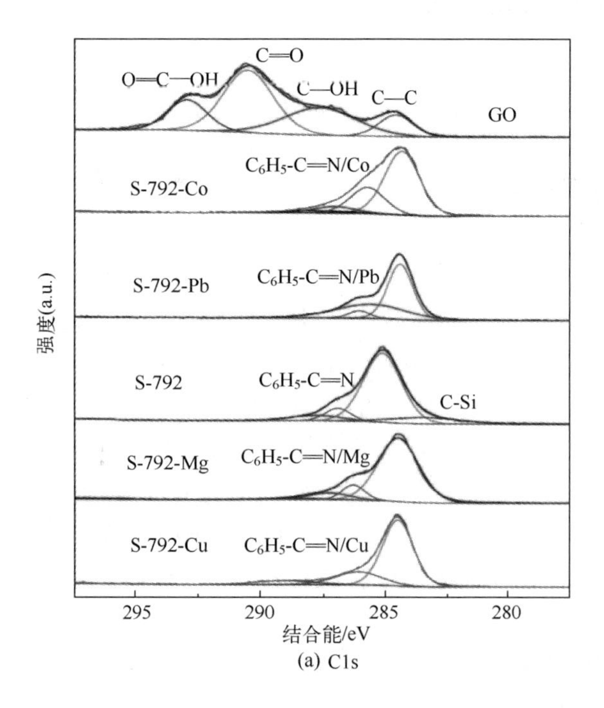

(a) C1s

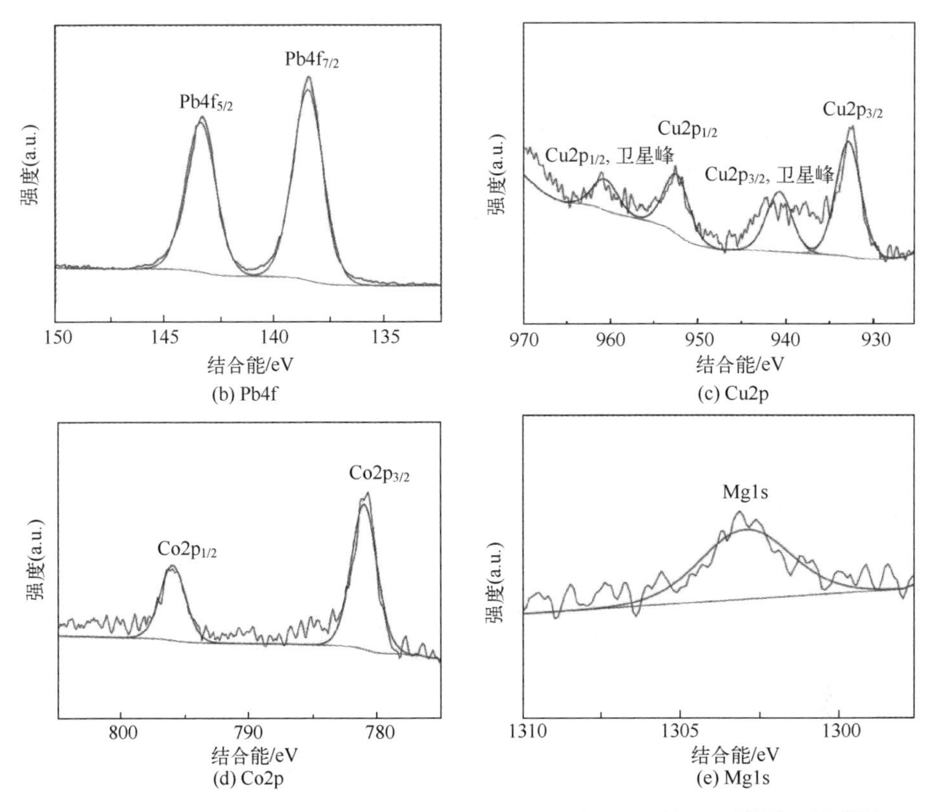

图 5-10　GO、S-792、S-792-M（M=Pb、Cu、Co 和 Mg）的 XPS 谱图（见彩插）

氧化石墨烯的 C1s 谱图可分为 4 个主要的峰，分别对应于 sp^2 杂化 C、C—OH、C ═O 和羧基基团。与其对比，在石墨烯-席夫碱金属配合物的 C1s 谱图中出现的峰及其强度有明显的变化，位于 284.4 处的 C—C 峰强度明显增强，表明 GO 与配体成功结合。此外，C_6H_5—C ═N/M（M=Pb、Cu、Co 和 Mg）的峰分别出现于所制备的 S-792-M（M=Pb、Cu、Co 和 Mg）复合物中，表明 S-792-M 复合物的成功制备。

3）RAMAN 分析

石墨烯-席夫碱金属配合物的 RAMAN 谱图如图 5-11 所示。位于 1340 cm^{-1}（D 带）的峰与蜂窝石墨层结构的缺陷和无序相关，而位于 1580cm^{-1}（G 带）的峰对应于石墨的 E_{2g} 模式，与二位蜂窝晶格中 sp^2 碳原子的振动相关。石墨烯的 D 带和 G 带出现于所制备的石墨烯-席夫碱金属配合物中，证实了复合物的成功制备。

石墨烯-席夫碱金属配合物的 I_D/I_G 值如表 5-2 所列，S-792 的 I_D/I_G 值相较于 GO 降低，表明了反应后 GO 与席夫碱配体的结合，使其表面缺陷和无序度降低，这与 FTIR 和 XPS 的结果一致。而 S-792-M（M=Pb、Cu、Co 和 Mg）的

I_D/I_G值相比 S-792 有明显增加，归因于 S-792 与金属的相互作用使得无序度增加。

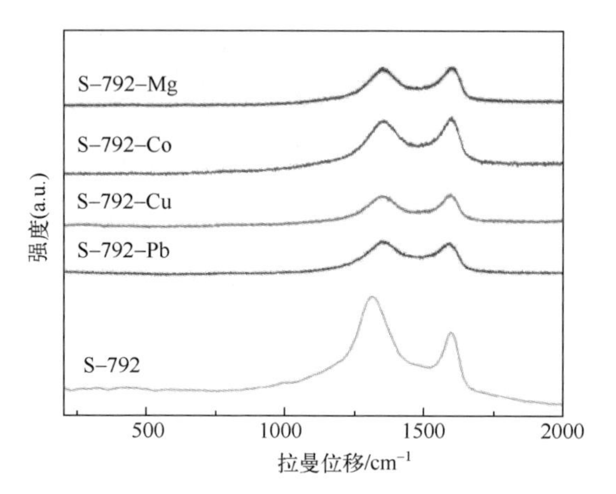

图 5-11　S-792-M 的 RAMAN 谱图

表 5-2　石墨烯-席夫碱金属配合物的 I_D/I_G 值

催　化　剂	I_D/I_G
GO	1.90
S-792	1.63
S-792-Pb	2.05
S-792-Cu	2.08
S-792-Co	1.99
S-792-Mg	1.84

5.3　石墨烯-席夫碱金属配合物对推进剂高能添加剂热分解的影响

5.3.1　对 FOX-7 热分解的催化作用

本节通过 DSC 法研究了 S-792-M（M=Pb、Cu、Co、Mg、Ni 和 Fe）对 FOX-7 热分解的催化性能，结果如表 5-3 和图 5-12 所示。不同的石墨烯-席夫碱金属配合物对 FOX-7 的热分解具有不同的催化作用，所使用的 S-792-M 均可促进 FOX-7 的低温热分解。其中，S-792-Mg 对 FOX-7 的低温热分解的催化活性最佳，可使得 FOX-7 的低温分解峰温降低 6.9℃，但会使得 FOX-7 的高温热分解峰温升高。而 S-792-Cu 对 FOX-7 高温分解具有较佳的催化活性，使得 FOX-7 的低温和高温热分解峰温分别降低了 3.8℃和 4.7℃。

表 5-3　与石墨烯-席夫碱金属配合物混合前后 FOX-7 的 DSC 峰温

含能化合物	催　化　剂	T_{LDP}/℃	ΔT/℃	T_{HDP}/℃	ΔT/℃
FOX-7	—	229.7	—	288.6	—
	S-792-Pb	224.4	-5.3	284.9	-3.7
	S-792-Cu	225.9	3.8	280.9	-7.7
	S-792-Fe	224.7	-5.0	287.1	-1.5
	S-792-Co	227.1	-2.6	285.8	-2.8
	S-792-Ni	223.8	-5.9	285.2	-3.4
	S-792-Mg	222.8	-6.9	289.2	0.6
	S-792	224.0	-5.7	284.5	-4.1
	G-792	225.3	-4.4	285.3	-3.3

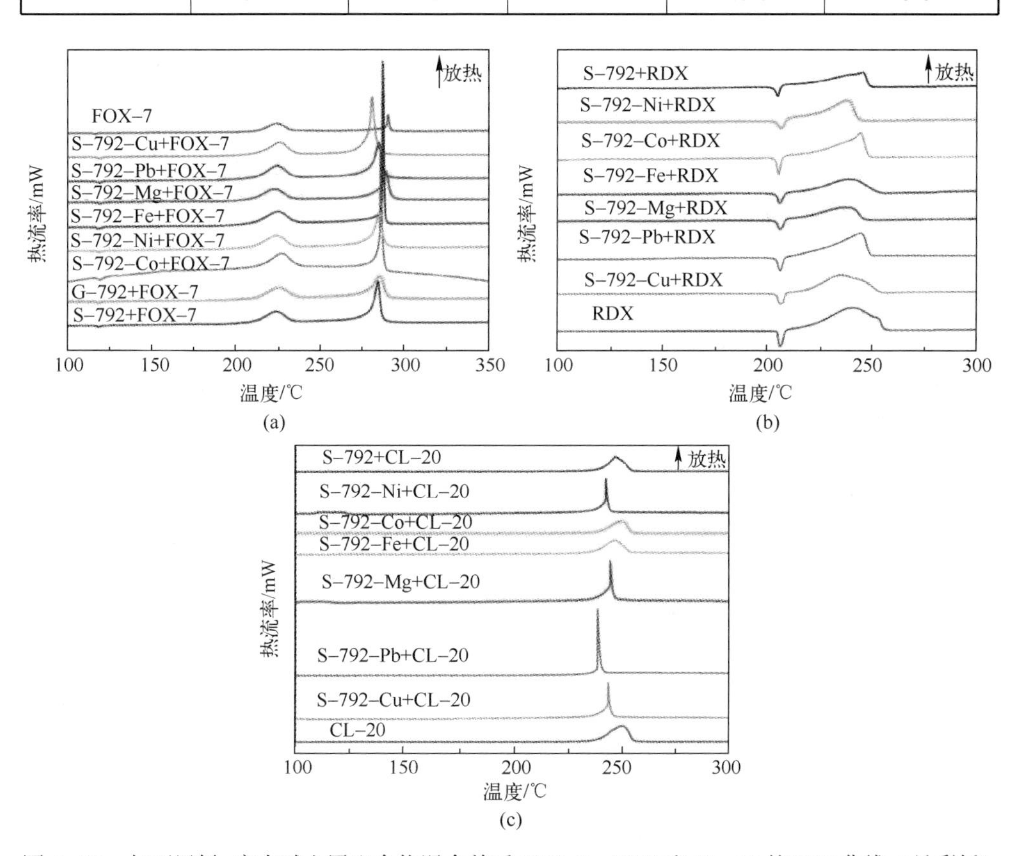

图 5-12　与石墨烯-席夫碱金属配合物混合前后 FOX-7、RDX 和 CL-20 的 DSC 曲线（见彩插）

5.3.2 对 RDX 热分解的催化作用

混合 S-792-M（M=Pb、Cu、Co、Mg、Ni 和 Fe）前后 RDX 的 DSC 曲线见图 5-12，相应的分解峰温如表 5-4 所列。DSC 结果表明，不同的石墨烯-席夫碱金属配合物对 RDX 的热分解具有不同的催化作用。其中，S-792-Cu、S-792-Ni 和 S-792-Mg 对 RDX 的热分解具有促进作用，S-792-Cu 的催化活性最佳，可使得 RDX 的分解峰温降低 6.0℃，而 S-792-Pb、S-792-Co 和 S-792 对 RDX 的热分解具有稳定化作用。

表 5-4　与石墨烯-席夫碱金属配合物混合前后 RDX 和 CL-20 的 DSC 峰温

催化剂	RDX		CL-20	
	T_p/℃	ΔT/℃	T_p/℃	ΔT/℃
—	240.7	—	249.7	—
S-792-Pb	241.5	0.8	238.7	-11.0
S-792-Cu	234.7	-6.0	243.6	-6.1
S-792-Fe	239.0	1.7	246.6	-3.1
S-792-Co	244.3	3.6	249.4	-0.3
S-792-Ni	237.6	-3.1	242.4	-7.3
S-792-Mg	237.3	-3.4	244.6	-5.1
S-792	245.2	4.5	246.9	-2.8

5.3.3 对 CL-20 热分解的催化作用

本节通过 DSC 研究了 S-792-M（M=Pb、Cu、Co、Mg、Ni 和 Fe）对 CL-20 热分解的催化性能，结果见图 5-12 和表 5-4。所使用的石墨烯-席夫碱金属配合物均对 CL-20 的热分解具有促进作用，但催化活性有一定的差异。在不同的石墨烯-席夫碱金属配合物中，S-792-Cu 的催化活性最佳，使得 CL-20 的分解峰温降低了 11.0℃。

5.4 石墨烯-席夫碱金属配合物在 HMX-CMDB 推进剂中的应用效果

5.4.1 HMX-CMDB 推进剂配方

实验中采用的改性双基推进剂样品的基础配方如表 5-5 所列，基础配方 500g，催化剂为在此基础上外加，所使用的推进剂配方如表 5-6 所列。HMX-

CMDB 推进剂采用“吸收—熟化—驱水—压延—切药条”的无溶剂成型工艺制备，制备出的推进剂药条结构致密，表面光滑，未出现气孔和裂纹。

表 5-5　采用的 HMX-CMDB 推进剂样本的基础配方

组分含量/%		
NC/NG	HMX	其他
63.4	26	10.6

表 5-6　含 Gr、S-792 和 S-792-M（M＝Pb、Cu、Co、Mg）的 HMX-CMDB 推进剂配方

试样编号	组分含量/%									
	β-Pb	φ-Cu	炭黑	石墨烯	S-792-M					S-792
					Pb	Cu	Co	Mg	Ni	
C-01	—	—	—	—	—	—	—	—	—	—
C-02	3	0.4	0.5	—	—	—	—	—	—	—
C-03	3	0.4	0.5	0.5	—	—	—	—	—	—
C-04	3	0.4	0.5	—	0.5	—	—	—	—	—
C-05	3	0.4	0.5	—	—	0.5	—	—	—	—
C-06	3	0.4	0.5	—	—	—	0.5	—	—	—
C-07	3	0.4	0.5	—	—	—	—	0.5	—	—
C-08	3	0.4	0.5	—	—	—	—	—	0.5	—
C-09	3	0.4	0.5	—	—	—	—	—	—	0.5

5.4.2　燃烧特性

在将石墨烯-席夫碱金属配合物应用于改性双基推进剂前，采用 DSC 法研究了石墨烯-席夫碱金属配合物与改性双基推进剂主要含能组分奥克托今（HMX）和吸收药（NC+NG）的相容性，DSC 峰温如表 5-7 所列，可以看出混合石墨烯-席夫碱金属配合物后，HMX 和 NC+NG 的 DSC 峰温变化均在 2℃以内，表明所使用的石墨烯-席夫碱金属配合物与 HMX 和 NC+NG 具有良好的相容性，可作为 HMX-CMDB 的燃烧催化剂使用。

表 5-7　混合石墨烯-席夫碱金属配合物前后 HMX 和吸收药（NC+NG）的 DSC 峰温

催　化　剂	HMX		NC+NG	
	T_p/℃	ΔT/℃	T_p/℃	ΔT/℃
—	282.3	—	207.8	—
G-792-Pb	282.5	0.2	208.4	0.6

续表

催化剂	HMX		NC+NG	
	T_p/℃	ΔT/℃	T_p/℃	ΔT/℃
G-792-Cu	282.3	0	209.1	1.3
G-792-Co	282.3	0	207.8	-1.4
G-792-Mg	281.9	-0.4	209.2	1.4
G-792-Ni	282.8	0.5	209.5	1.7

基于石墨烯-席夫碱金属配合物与 HMX 和 NC+NG 优异的相容性，设计合成了一系列含石墨烯-席夫碱金属配合物的 HMX-CMDB 配方，研究石墨烯-席夫碱金属配合物对 HMX-CMDB 推进剂燃烧性能的影响，涉及的 HMX-CMDB 推进剂基础配方见表 5-5，催化剂为在此基础配方上外加，所加催化剂类型及含量见表 5-6。

含石墨烯-席夫碱金属配合物的 HMX-CMDB 推进剂配方在 2~20MPa 压强范围内的燃速和压强指数如表 5-8 所列，相应的燃速-压强曲线如图 5-13 所示，配合物的催化效率如表 5-9 所列。可以看出，石墨烯-席夫碱金属配合物的添加有助于 HMX-CMDB 推进剂燃速的提升，其中 S-792-Ni 和 S-792-Mg 具有较高的催化效率，可显著提高推进剂的燃速。样品编号为 C-09 的样品为含有 S-792 的推进剂配方，可见 S-792 也有助于提升 HMX-CMDB 的燃速，但是会使压强指数增加，而结合催化活性金属 Pb 和 Ni 后可使 10~20MPa 下的压强指数降低。对比含不同石墨烯-席夫碱金属配合物的 HMX-CMDB 推进剂的燃速和压强指数可见，S-792-Ni 对 HMX-CMDB 的燃烧催化作用最佳，不仅可提高推进剂的燃速，还可使 10~16MPa 范围内的压强指数由 0.30 降低为 0.26。S-792-Ni 优异的催化活性可能与 Ni 对氨基基团高温活性和选择性的增加有关[17-18]。

表 5-8　含石墨烯-席夫碱金属配合物的 HMX-CMDB 推进剂的燃速及压强指数

试样编号	燃速 μ/(mm/s)					压强指数 n			
	2MPa	6MPa	10MPa	16MPa	20MPa	2~6MPa	6~10MPa	10~16MPa	16~20MPa
C-01	2.66	6.26	9.26	13.43	16.07	0.78	0.77	0.79	0.80
C-02	8.83	16.30	19.19	22.09	22.49	0.56	0.32	0.30	0.08
C-03	8.06	14.37	18.69	21.83	23.15	0.53	0.51	0.33	0.26
C-04	11.58	19.01	21.88	24.14	24.63	0.45	0.28	0.21	0.09
C-05	6.60	13.95	18.69	22.16	23.94	0.68	0.57	0.36	0.35
C-06	10.98	15.69	22.06	24.51	25.36	0.32	0.67	0.22	0.15
C-07	9.12	16.39	20.60	24.65	26.57	0.53	0.45	0.38	0.34
C-08	10.59	18.0	22.04	24.94	25.86	0.48	0.40	0.26	0.16
C-09	9.18	16.30	20.23	23.75	25.06	0.52	0.42	0.34	0.24

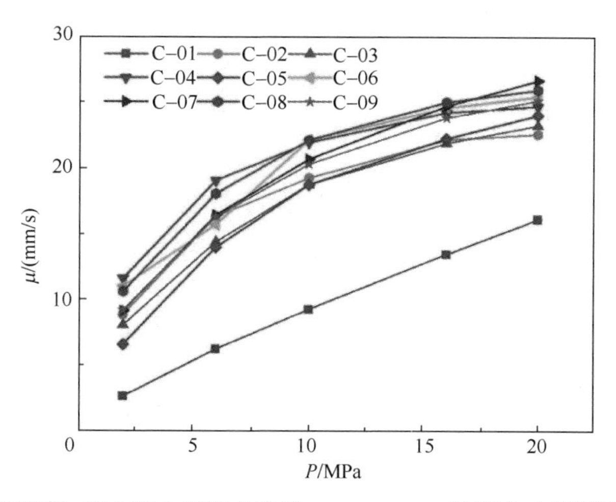

图 5-13　含石墨烯-席夫碱金属配合物的 HMX-CMDB 的燃速-压强曲线（见彩插）

表 5-9　石墨烯-席夫碱金属配合物的催化效率

试样编号	不同压强（MPa）下不同试样的催化效率（Z）				
	2MPa	6MPa	10MPa	16MPa	20MPa
C-01	1	1	1	1	1
C-02	3.32	2.60	2.07	1.64	1.40
C-03	3.03	2.29	2.01	1.63	1.44
C-04	4.35	3.03	2.36	1.80	1.53
C-05	2.48	2.23	2.02	1.65	1.49
C-06	4.13	2.51	2.38	1.83	1.58
C-07	3.42	2.62	2.22	1.84	1.65
C-08	3.98	2.88	2.38	1.86	1.61
C-09	3.45	2.60	2.18	1.77	1.56

5.4.3　火焰形貌

根据双基推进剂燃烧的物理化学特点，可将其燃烧过程分为 5 个区，即固相加热区、凝聚相反应区、嘶嘶区、暗区和火焰区，这是目前比较成熟的“多阶段燃烧模型”。在稳态燃烧情况下，双基推进剂的燃烧表面笼罩着高温燃烧产物，它们以对流和辐射等形式将热量传向推进剂。在燃烧表面附近的温度迅速升高，并在一定厚度范围内形成固相加热区，在该区外界面上，温度一旦达到某些组分的熔点、沸点和热分解温度，就在固相中发生组分的熔化、蒸发、升华和最活泼组分的初始热分解，于是就形成一个凝聚相反应区。在凝聚相反应区中生成的气态物质夹杂一些固体和液体微粒，从该区逸出，在燃烧表面附近形成固、液、气三态共存的混合相区（嘶嘶区）。在该区中，固、液态微粒继续汽化形成气态的可燃混合物，并相互发生各种燃烧反应，形成一个新区。但由于在该区中燃烧反应条件尚未充分具备，反应速度较慢，释放的热量还不足以使气体温度达到发光的程度，故称该区为暗区。随着反应条件的逐步具备，燃烧反应速度迅速加快，生成最终的燃烧产物，将推进剂具有的化学能充分释放出来，转换为燃气的热能，并使燃烧产物温度达到发光温度，于是就形成明亮的火焰区，燃烧过程到此结束[19]。

图 5-14 和图 5-15 给出了含石墨烯-席夫碱金属配合物的 HMX-CMDB 推进剂在 2MPa 和 4MPa 压强下的火焰照片。含 Pb-Cu-C 催化体系的 C-02 配方具有典型的平台双基推进剂火焰结构，具有较为明显的嘶嘶区、暗区和火焰区，但火焰亮度低，暗区较厚，燃面处有很少的亮点，可以推测气相区的气相组分之间的氧化-还原反应不充分，燃烧不完全。对比 2MPa 下含 S-792-M（M=Pb、Cu、Co、Ni 和 Mg）的 HMX-CMDB 推进剂配方的燃烧照片可以发现，除了含 S-792-Cu 的配方 C-05，配方 C-04、C-06、C-07、C-08 和 C-09 的暗区较配方 C-02 明显缩短，其中配方 C-08 的暗区最短，且在暗区和火焰区出现明亮的丝状物质。结合燃速数据可知，暗区长度与燃速呈现反相关，说明 S-792-M（M=Pb、Ni、Co 和 Mg）的添加可以增加火焰对燃面的热反馈，从而增加 HMX-CMDB 推进剂的燃速。

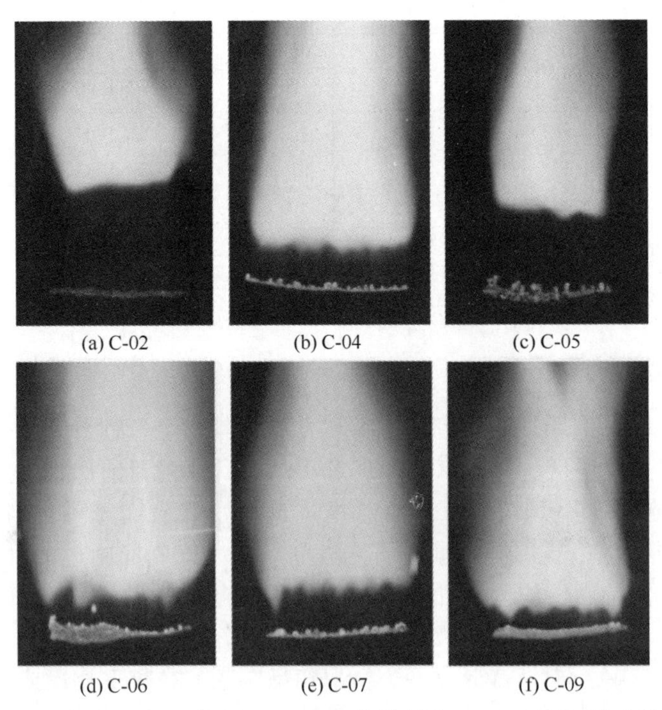

图 5-14 含 S-792-M 的 HMX-CMDB 推进剂在 2MPa 压强下的火焰照片

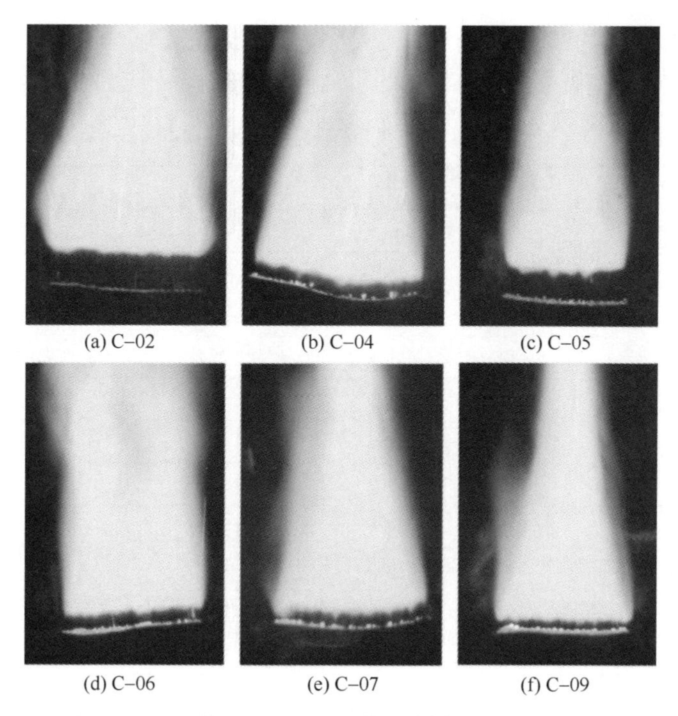

图 5-15　含 S-792-M 的 HMX-CMDB 推进剂在 4MPa 压强下的火焰照片

此外，对比 2MPa 和 4MPa 压强下的火焰照片可以发现，同一配方随着压强从 2MPa 增加到 4MPa，暗区都会缩短，火焰变亮，说明气相火焰区离燃烧表面的距离减小，使气相反应区向燃烧表面的热反馈增加，所以燃速随着压强的升高而增加。其中，配方 C-08 的暗区最短，火焰最明亮，且可观察到从燃面喷射出的细亮线，值得注意的是除了配方 C-08，其他配方未观察到明显的亮线。基于 S-792-Ni 对 HMX-CMDB 推进剂燃速优异的提升作用，结合燃速数据可推测催化剂的催化效果与火焰底部的表面泡沫层及其中分布的气泡、亮线的喷射现象密切相关。催化效果明显的催化剂一般燃烧火焰均匀，暗区较短，火焰亮度高，亮线分布致密均匀。

5.4.4　燃烧波结构

加入石墨烯-席夫碱金属配合物的改性双基推进剂试样在 2MPa 和 4MPa 压力下测得的燃烧波温度分布曲线经过数学处理，得到燃烧表面温度、气相温度及温度梯度，结果如表 5-10 所列。含有催化剂的 HMX-CMDB 推进剂的燃烧表面温度较空白配方 C-01 升高，主要原因可能是随着燃烧催化剂在配方中的加入加速了 HMX-CMDB 推进剂的分解，促进了其燃烧，因此燃烧表面温度较高。而加入燃烧催化剂对燃烧火焰温度的影响不大，这是因为推进剂的基础配方相同，少量添加非含能催化剂对能量影响不大，故推进剂可达到的最高火焰温度没有明显差异。

表 5-10　含石墨烯-席夫碱金属配合物的 HMX-CMDB 推进剂的燃烧波温度和梯度

样品编号	P/MPa	T_s/℃	T_f/℃	dT/dt(10^4℃/s)↓	dT/dt(10^4℃/s)↑
C-01	2	180	2179	0.33	0.57
	4	193	2201	0.78	1.26
C-02	2	223	1915	1.44	3.71
	4	232	2192	2.18	6.00
C-04	2	231	2179	1.22	3.44
	4	232	2186	2.10	5.06
C-05	2	234	1962	1.13	2.64
	4	235	2183	1.31	3.93
C-06	2	230	1962	0.73	4.03
	4	284	2183	13.74	4.04
C-07	2	240	1962	2.62	4.83
	4	231	2178	4.46	7.78
C-08	2	232	1950	0.63	5.72
	4	222	2165	1.96	7.09
C-09	2	204	2180	1.07	3.19
	4	217	2184	1.52	5.68

添加催化剂后，HMX-CMDB 推进剂配方的凝聚相和气相温度梯度显著增加，且随着压强的升高，凝聚相和气相温度梯度进一步增加，这表明催化剂的添加增强了凝聚相及表面放热反应的反应速度。使用的石墨烯-席夫碱金属配合物对气相温度梯度的提升作用更为显著，突出了对燃速起主导作用的表面反应区的主导地位。燃速较高的配方 C-08 表面温度梯度提高较多，且随着压强升高温度梯度的变化值和变化幅度均较大，这表明 S-792-Ni 的添加有利于 HMX-CMDB 推进剂含能组分的快速分解，生成更多的气相产物，进入气相区发生更为剧烈的氧化-还原反应，同时也有助于燃面和气相反应区的热量反馈，使得燃速显著升高。

5.4.5　熄火表面

1. 熄火表面形貌

通过 SEM 研究含石墨烯-席夫碱金属配合物及不含燃烧催化剂的 HMX-CMDB 推进剂在 2MPa 和 4MPa 压强下的熄火表面形貌，结果如图 5-16～图 5-23

所示。空白配方 C-01 的熄火表面上分布有少量的“碳骨架”，且有熔层，呈熔融态，并且散布着孔穴和裂纹，可以推测有机物的热分解不完全导致燃烧不完全。孔穴的存在可能是由于推进剂燃烧表面区和亚表面区的含能化合物热分解生成的大量气体突破了燃烧表面熔融的推进剂所致。随着压力从 2MPa 升高为 4MPa，气流体积减小，相应的熄火表面上的孔穴减小。

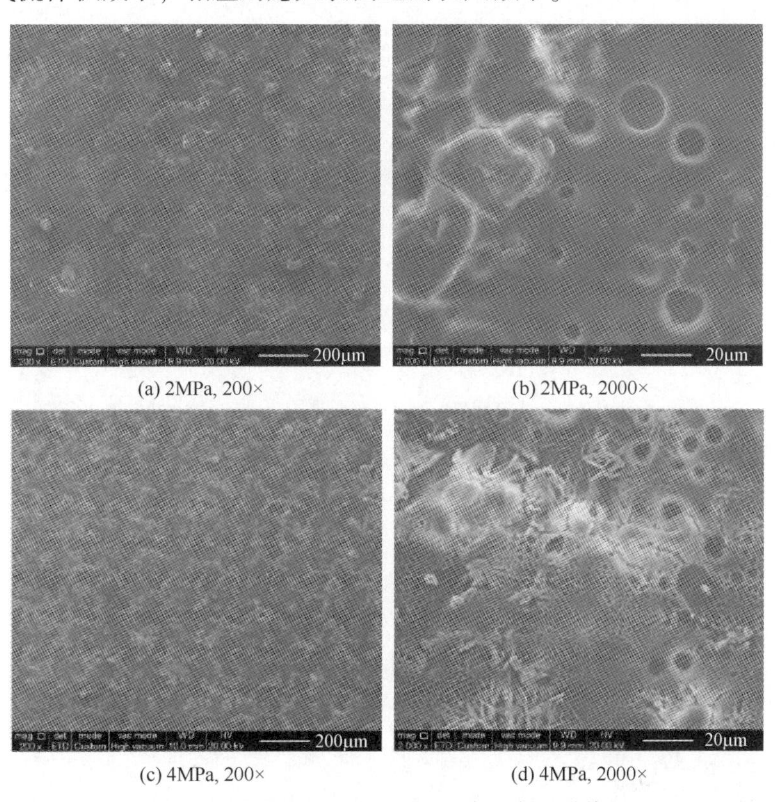

(a) 2MPa, 200×　(b) 2MPa, 2000×

(c) 4MPa, 200×　(d) 4MPa, 2000×

图 5-16　空白配方 C-01 的熄火表面形貌

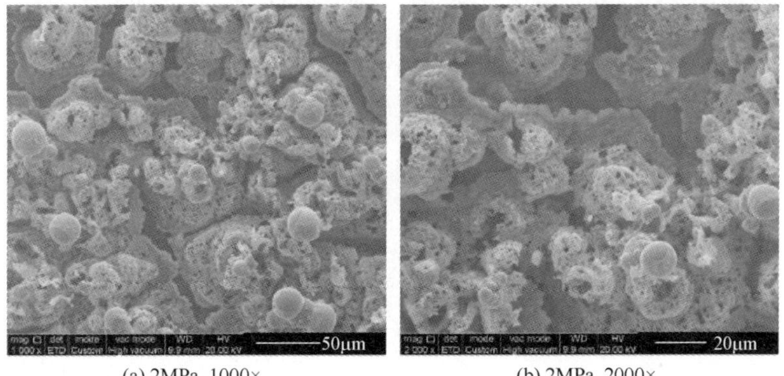

(a) 2MPa, 1000×　(b) 2MPa, 2000×

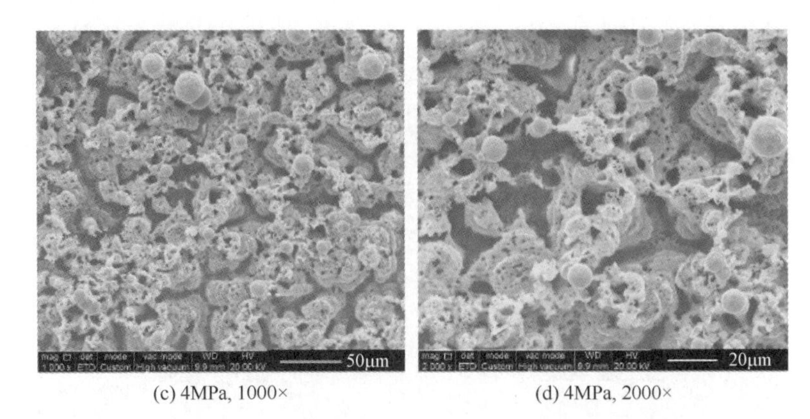

(c) 4MPa, 1000×　　(d) 4MPa, 2000×

图 5-17　配方 C-02 的熄火表面形貌

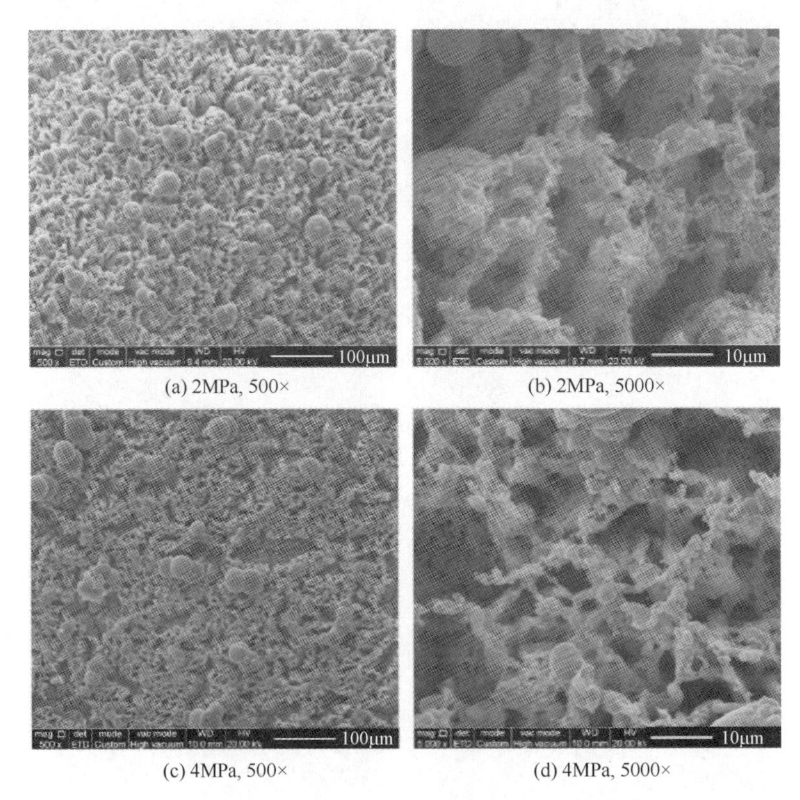

(a) 2MPa, 500×　　(b) 2MPa, 5000×

(c) 4MPa, 500×　　(d) 4MPa, 5000×

图 5-18　配方 C-04 的熄火表面形貌

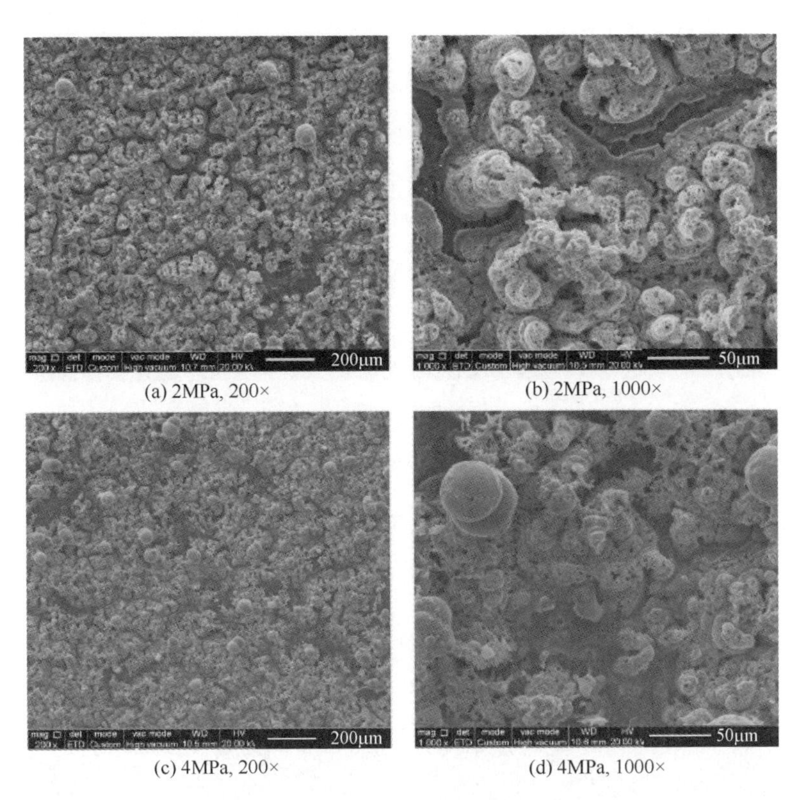

(a) 2MPa, 200×　　(b) 2MPa, 1000×

(c) 4MPa, 200×　　(d) 4MPa, 1000×

图 5-19　配方 C-05 的熄火表面形貌

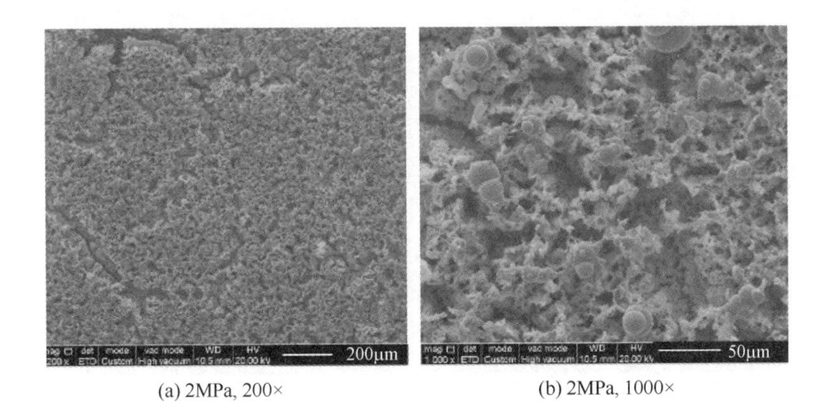

(a) 2MPa, 200×　　(b) 2MPa, 1000×

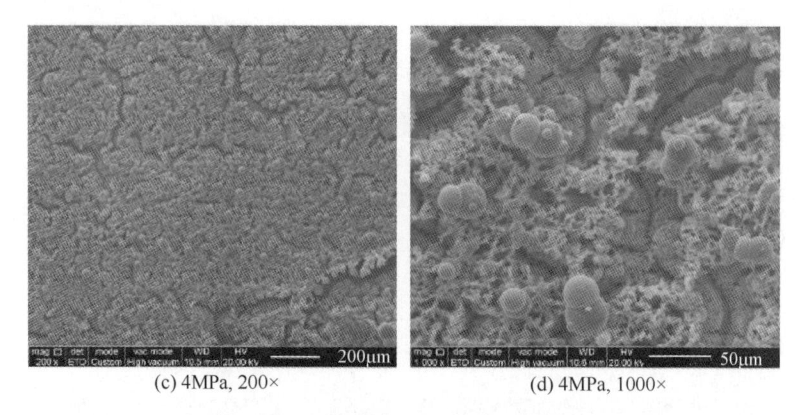

(c) 4MPa, 200×　(d) 4MPa, 1000×

图 5-20　配方 C-06 的熄火表面形貌

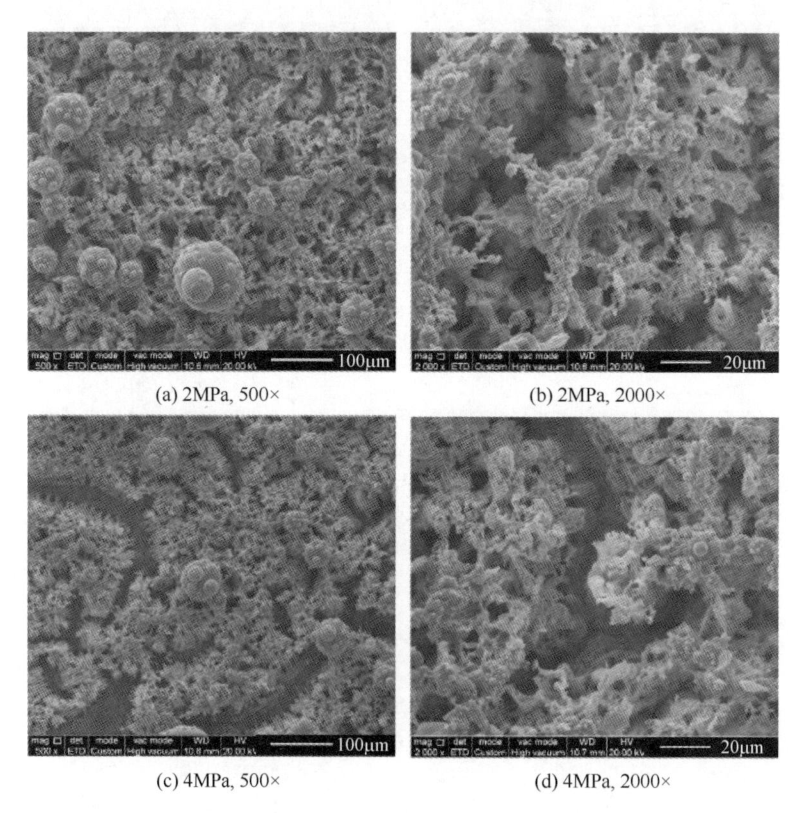

(a) 2MPa, 500×　(b) 2MPa, 2000×

(c) 4MPa, 500×　(d) 4MPa, 2000×

图 5-21　配方 C-07 的熄火表面形貌

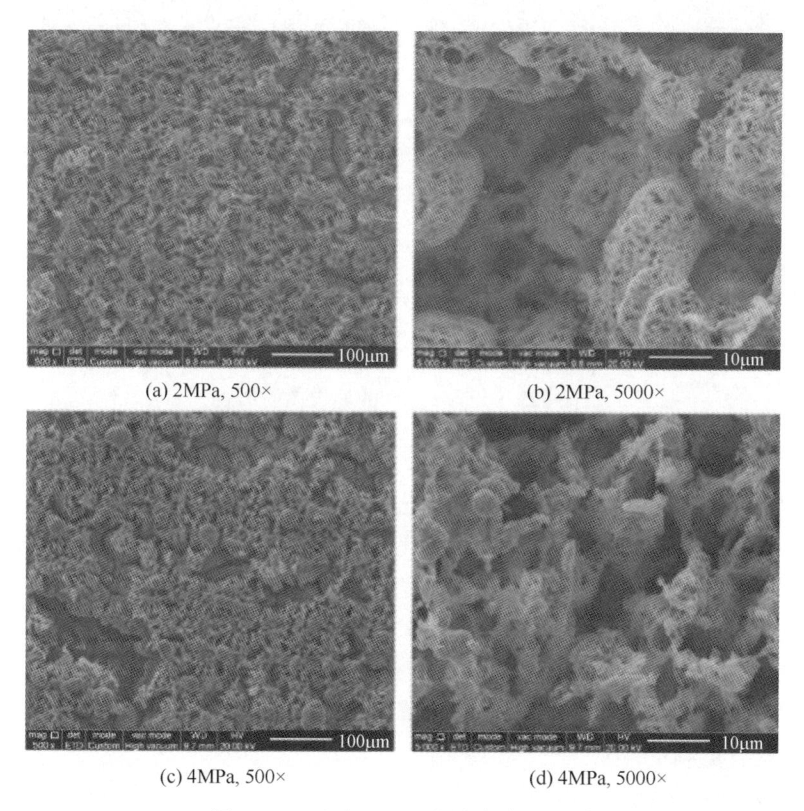

(a) 2MPa, 500×　　(b) 2MPa, 5000×

(c) 4MPa, 500×　　(d) 4MPa, 5000×

图 5-22　配方 C-08 的熄火表面形貌

(a) 2MPa, 1000×　　(b) 2MPa, 2000×

(c) 4MPa, 1000×

(d) 4MPa, 2000×

图 5-23 配方 C-09 的熄火表面形貌

含有 S-792 的配方 C-09 中碳骨架的形貌呈现不连续状，而配方 C-04、C-05、C-06、C-07、C-08 和 C-09 的碳骨架完整性增加，同时可观察到许多大小不一的球状物分散于熄火表面，这可能是推进剂高温燃烧时部分燃烧催化剂生成的金属发生了熔融和团聚，这说明碳骨架的存在不能完全阻止高温下催化剂发生熔融和团聚。值得注意的是，含有 S-792-Ni 的 C-08 配方的熄火表面有较为完整的碳骨架结构，且熄火表面上的熔融球体较少，这可能与其火焰底部喷出的亮线有关，亮线的喷出抑制了高温下金属氧化物的团聚，有助于催化效率的提升，因此配方具有更高的燃速。

2. 熄火表面元素

通过 EDS 表征配方 C-01、C-02、C-04、C-05、C-06、C-07、C-08 和 C-09 的熄火表面元素，结果如图 5-24~图 5-31 所示，元素含量如表 5-11 所列。空白配方 C-01 的熄火表面存在大量的 C、N 和 O 元素，N 元素的存在表明含能化合物燃烧不完全，而在含催化剂的配方中 N 元素消失表明催化剂的使用有助于促进含能组分的完全燃烧。同时，除了基础配方 C-02 中含有的 C、O、Pb 和 Cu，在配方 C-04、C-05、C-06、C-07 和 C-09 中 Si 元素的出现来自所添加的 S-792-M。在配方 C-06 和 C-07 中出现的 Co 和 Mg 元素分别来自 S-792-Co 和 S-792-Mg。

表 5-11 HMX-CMDB 推进剂配方熄火表面 EDS 元素含量

（单位：%）

试样编号	C	O	N	Si	Pb	Cu	Co	Mg	Ni
C-01	32.30	50.90	16.80	—	—	—	—	—	—
C-02	36.39	16.74	—	—	37.05	9.82	—	—	—
C-04	27.97	12.89	—	3.34	35.11	20.68	—	—	—
C-05	31.48	14.87	—	3.45	33.67	14.53	—	—	—

续表

试样编号	C	O	N	Si	Pb	Cu	Co	Mg	Ni
C-06	11.90	20.16	—	13.60	2.69	14.43	2.18	—	—
C-07	29.93	17.67	—	6.38	36.44	8.89	—	0.70	—
C-08	28.74	15.04	—	4.70	31.63	16.98	—	—	2.92
C-09	35.18	13.57	—	4.35	34.45	12.45	—	—	—

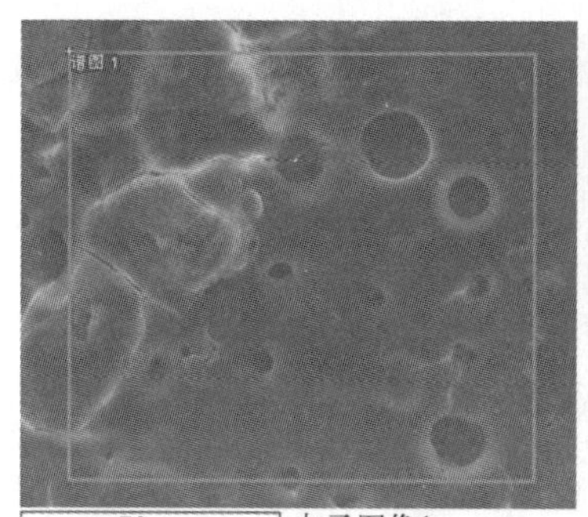

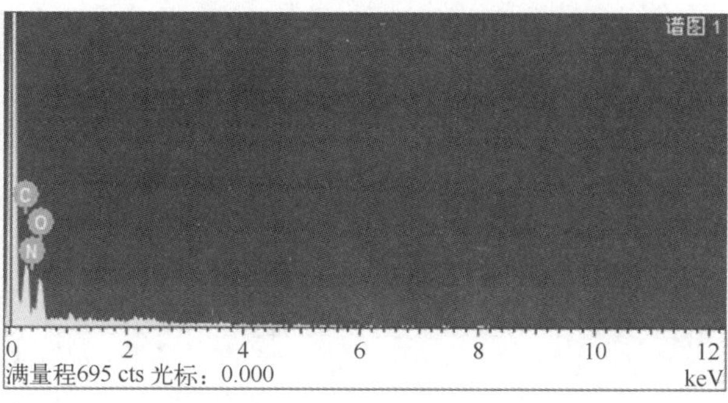

图 5-24　空白配方 C-01 的熄火表面 EDS 能谱图

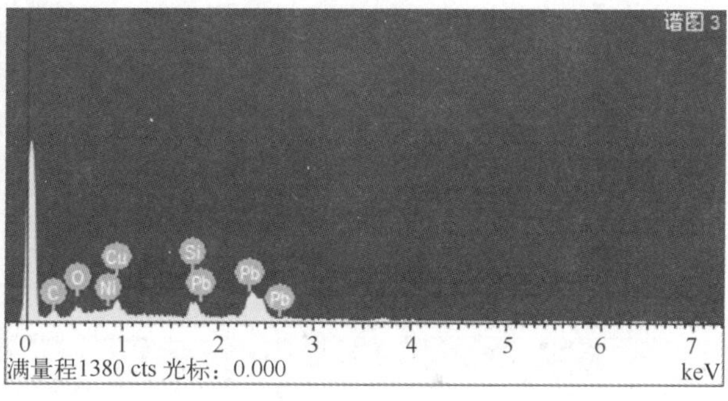

图 5-25　配方 C-02 的熄火表面 EDS 能谱图

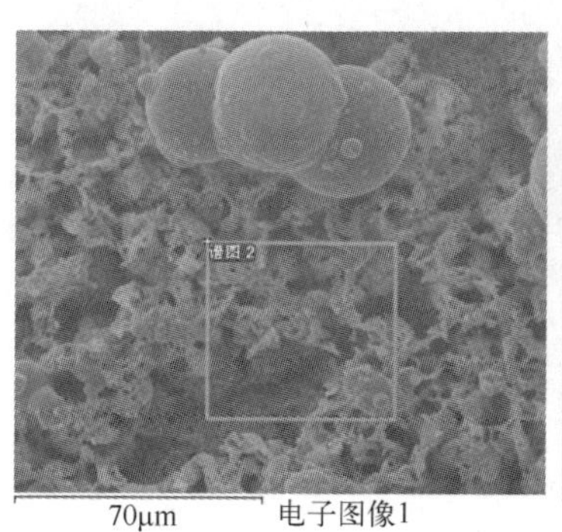

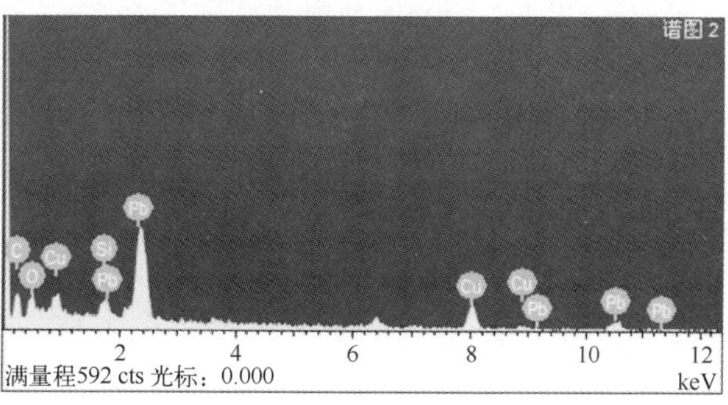

图 5-26　配方 C-04 的熄火表面 EDS 能谱图

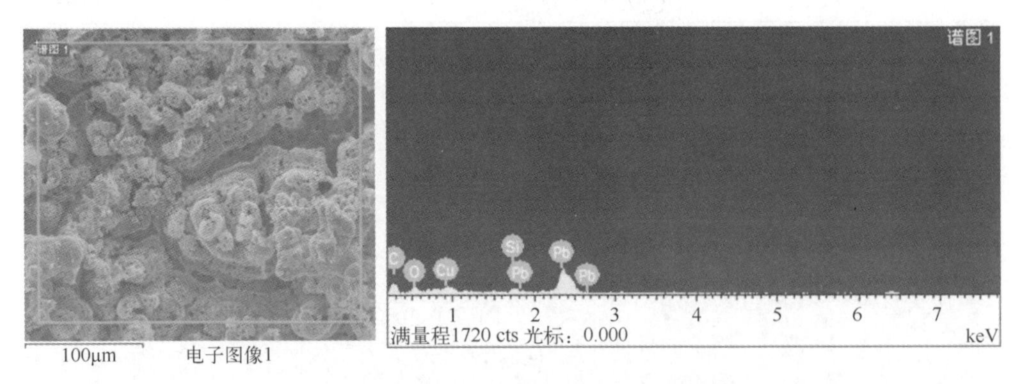

图 5-27　配方 C-05 的熄火表面 EDS 能谱图

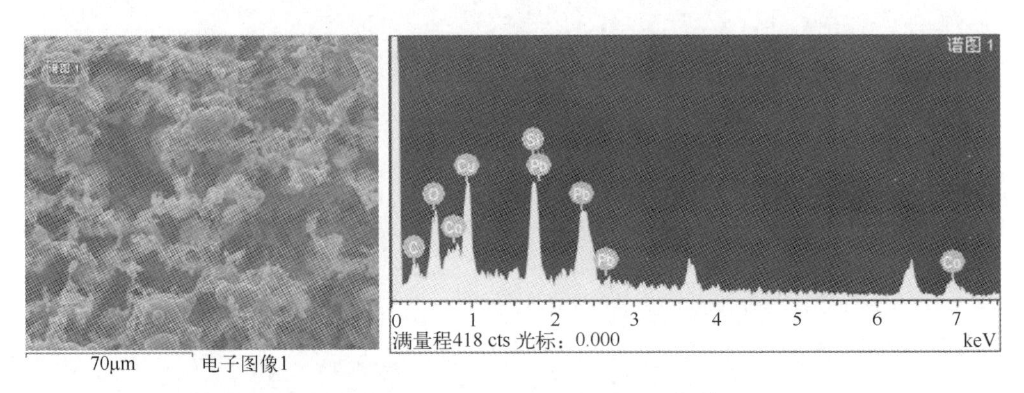

图 5-28　配方 C-06 的熄火表面 EDS 能谱图

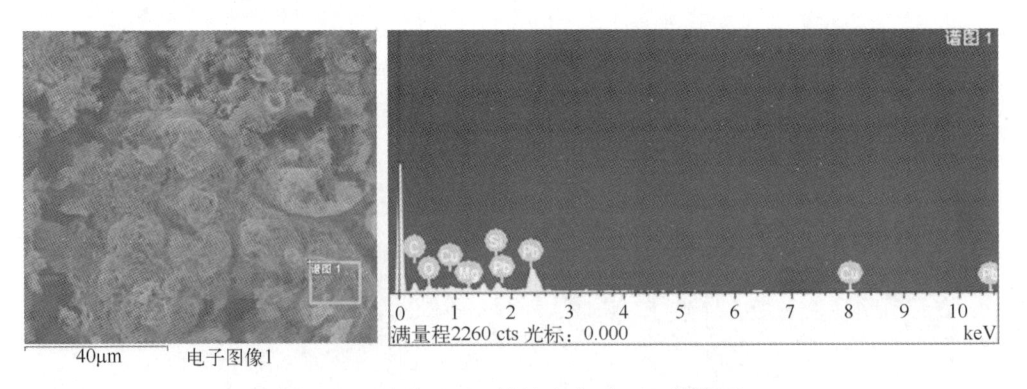

图 5-29　配方 C-07 的熄火表面 EDS 能谱图

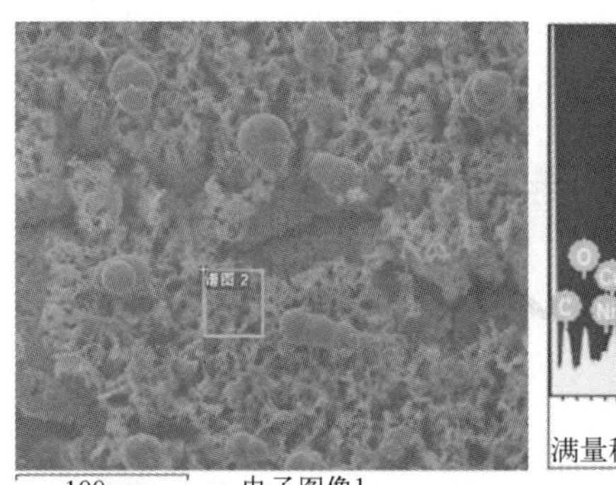

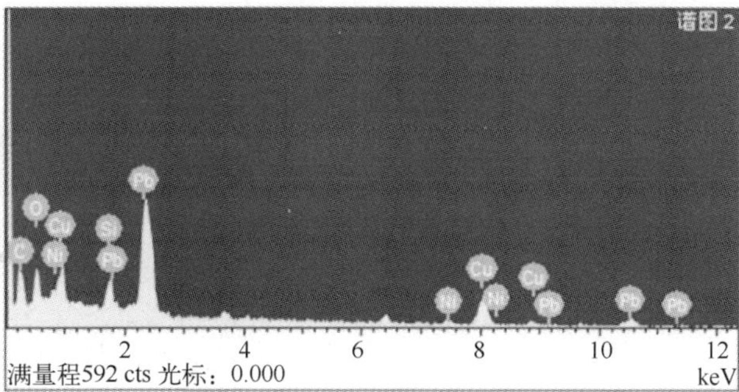

图 5-30　配方 C-08 的熄火表面 EDS 能谱图

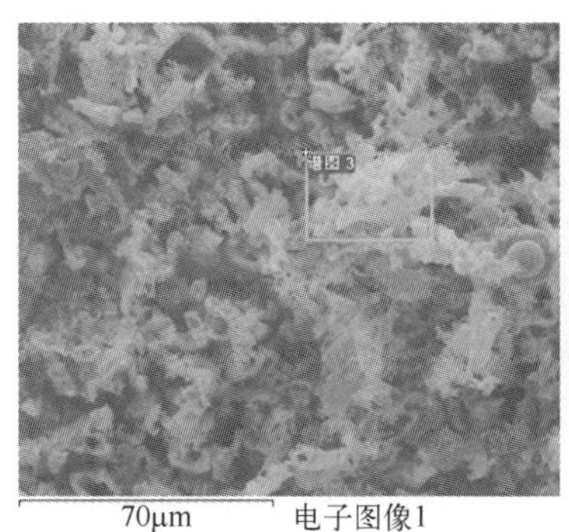

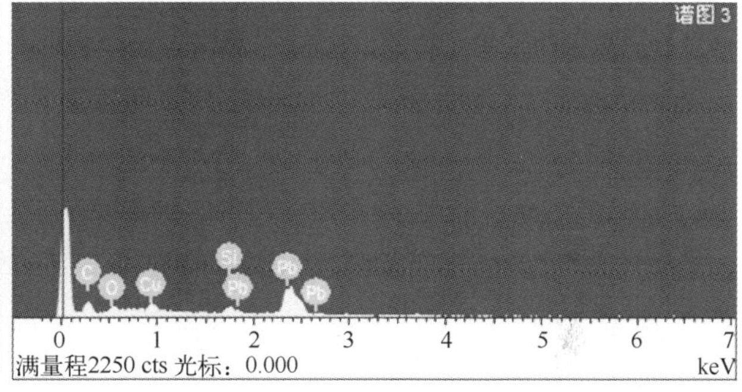

图 5-31　配方 C-09 的熄火表面 EDS 能谱图

参考文献

[1] YU L, REN H, GUO X Y, et al. A novel ε-HNIW-based insensitive high explosive incorporated with reduced graphene oxide [J]. Journal of Thermal Analysis and Calorimetry, 2014, 117 (3): 1187-1199.

[2] 叶宝云，王晶禹，安崇伟，等．CL-20 基复合含能材料的制备及性能［J］．固体火箭技术，2017，40（2）：199-203.

[3] 袁申，李兆乾，段晓惠，等．NGO/NC 复合含能材料的制备及热分解性能［J］．含能材料，2017，25（3）：203-208.

[4] LI Y, ZHAO W Y, MI Z H, et al. Graphene-modified explosive lead styphnate composites [J]. Journal of Thermal Analysis and Calorimetry, 2016, 124 (2): 683-691.

[5] MA Z Y, LI F S, BAI H P. Effect of Fe_2O_3 in Fe_2O_3/AP composite particles on thermal decomposition of AP and on burning rate of the composite propellant [J]. Propellants, Explosives, Pyrotechnics, 2006, 31 (6): 447-451.

[6] 金振华. 碳纳米材料改性 HNIW 的对比研究 [D]. 北京：北京理工大学，2016.
[7] LI Z M，WANG Y，ZHANG Y Q，et al. CL-20 hosted in graphene foam as a high energy material with low sensitivity [J]. RSC Advances，2015，5（120）：98925-98928.
[8] YE B Y，AN C W，ZHANG Y Q，et al. One-step ball milling preparation of nanoscale CL-20/graphene oxide for significantly reduced particle size and sensitivity [J]. Nanoscale Research Letters，2018，13（1）：42.
[9] 胡菲. 添加剂对 RDX 感度和性能的影响研究 [D]. 太原：中北大学，2014.
[10] ZHANG C Y，CAO X，XIANG B. Sandwich complex of TATB/graphene：an approach to molecular monolayers of explosives [J]. Journal of Physical Chemistry C，2010，114（51）：22684-22687.
[11] LIN C M，HE G S，LIU J H，et al. Enhanced non-linear viscoelastic properties of polymer bonded explosives based on graphene and a neutral polymeric bonding agent [J]. Central European Journal of Energetic Materials，2017，14（4）：788-805.
[12] PRANAJIT P，BHOWMIK K R N，SUBHADIP R，et al. Synthesis，structural features，antibacterial behaviour and theoretical investigation of two new manganese（III）Schiff base complexes [J]. Polyhedron，2018，151：407-416.
[13] XU K Z，QIU Q Q，PANG J Y，et al. Thermal properties of 1-amino-1-hydrazino-2，2-dinitroethylene cesium salt [J]. Journal of Energetic Materials，2013，31（4）. 273-286.
[14] YAN Q L，ZEMAN S，ŠELEŠOVSKÝ J，et al. Thermal behavior and decomposition kinetics of formex-bonded explosives containing different cyclic nitramines [J]. Journal of Thermal Analysis and Calorimetry，2012，111（2）：1419-1430.
[15] MA W Z，YANG Y J，ZHAO F Q，et al. Effects of metal-organic complex Ni（Salen）on thermal decomposition of 1，1-diamino-2，2-dinitroethylene（FOX-7）[J]. RSC Advances，2020，10（3）：1769-1775.
[16] ZHAO Q S，BAI C，ZHANG W F，et al. Catalytic epoxidation of olefins with graphene oxide supported copper（salen）complex [J]. Industrial and Engineering Chemistry Research，2014，53（11）：4232-4238.
[17] FEIZI H，SHIRI F，BAGHERI R，et al. The application of a nickel（ii）Schiff base complex in water oxidation：the importance of nanosized materials [J]. Catalysis Science and Technology，2018，8（15）：3954-3968.
[18] COZZI P G. Metal-salen schiff base complexes in catalysis：practical aspects [J]. Chemical Society Reviews，2004，33（7）：410-421.
[19] 汪营垒. 新型燃烧催化剂的设计、合成及其催化作用规律研究 [D]. 北京：中国兵器科学研究院，2014.

第 6 章

石墨烯-二茂铁配合物及应用

6.1 引　言

本书第 2 章和第 3 章通过附着于石墨烯表面，改善了纳米级金属氧化物易于团聚的问题[1-11]。除了纳米氧化铁和铁酸盐等无机金属氧化物，二茂铁及其衍生物也是 AP-HTPB 复合推进剂中常用的燃烧催化剂[12-21]。然而，含二茂铁类燃速催化剂的 AP-HTPB 复合推进剂在加工及存储过程中会发生挥发和迁移等现象，造成推进剂不稳定燃烧，严重影响了各类导弹中推进剂装药的使用寿命[17-18]。同时，二茂铁衍生物卡托辛还会带来静电感度提高的安全性问题。

为了解决二茂铁类催化剂在推进剂中应用的问题，本章设计、合成了系列石墨烯-二茂铁配合物，通过氧化石墨烯的氨基化改性和酰胺化反应将二茂铁分子锚定于氧化石墨烯表面，石墨烯基材料较大的分子量以及二维结构可有效抑制小分子二茂铁的迁移和挥发。同时，石墨烯优异的导热、润滑和力学性能也有助于 AP-HTPB 复合推进剂安全和力学性能的提升。

6.2　石墨烯-二茂铁配合物的制备和表征

6.2.1　石墨烯-二茂铁配合物的制备

将超声分散好的氧化石墨烯乙醇分散液置于三颈烧瓶中，分别滴加适量的硅烷偶联剂 KH-792、KH-550、N-β-氨乙基-γ-氨丙基甲基二甲氧基硅烷（KH-602）、γ-氨丙基甲基二乙氧基硅烷（KH-902）和 γ-氨丙基三甲氧基硅烷（KH-551）乙醇溶液，于回流条件下反应 2h，离心收集并用乙醇洗涤多次得到氨基化氧化石墨烯。

将所合成的氨基化氧化石墨烯分散于乙醇中，并与配置好的二茂铁乙酸乙醇溶液混合，于65℃下反应6h，离心收集并用乙醇和去离子水洗涤多次得到石墨烯-二茂铁配合物。使用KH-792、KH-550、KH-602、KH902和KH-551作为改性剂，制备的石墨烯-二茂铁配合物分别标记为P-792-Fe、P-550-Fe、P-602-Fe、P-902-Fe和P-551-Fe，具体合成路线如图6-1和图6-2所示。

6.2.2 石墨烯-二茂铁配合物的表征

1. 形貌分析

设计、合成的5种石墨烯-二茂铁配合物的EDS谱图如图6-3~图6-7所示，元素含量如表6-1所列。EDS结果表明，所制备的5种石墨烯-二茂铁配合物中存在C、O、Si和Fe元素，Si元素来自用于改性GO的氨基硅烷偶联剂，Fe元素的出现表明二茂铁成功结合于氨基化氧化石墨烯表面。石墨烯-二茂铁配合物保留了石墨烯材料较好的二维结构，催化活性物质Fe均匀地分布在石墨烯材料表面，证实了石墨烯-二茂铁配合物的成功制备。从石墨烯-二茂铁配合物的Si元素含量可推测，乙氧基硅烷相较于甲氧基硅烷与氧化石墨烯的结合作用更强，三乙氧基硅烷相较于甲基二乙氧基硅烷与氧化石墨烯的结合作用更强。从Fe元素含量可推测，含有N-β-氨乙基的KH-792和KH-550作为改性剂更有助于所制备的氨基化氧化石墨烯与二茂铁乙酸结合，活性金属Fe的含量更多。

表6-1 石墨烯-二茂铁配合物的EDS元素含量

样品名称	C		O		Si		Fe	
	W_t/%	W_n/%	W_t/%	W_n/%	W_t/%	W_n/%	W_t/%	W_n/%
P-792-Fe	61.32	70.07	31.21	26.77	5.48	2.68	1.99	0.49
P-550-Fe	61.37	70.46	30.41	26.21	5.31	2.61	2.91	0.72
P-551-Fe	65.28	73.21	28.99	24.40	4.24	2.03	1.49	0.36
P-602-Fe	66.16	73.68	29.77	24.89	1.90	0.90	2.17	0.52
P-902-Fe	68.69	75.46	28.30	23.34	2.08	0.98	0.93	0.22

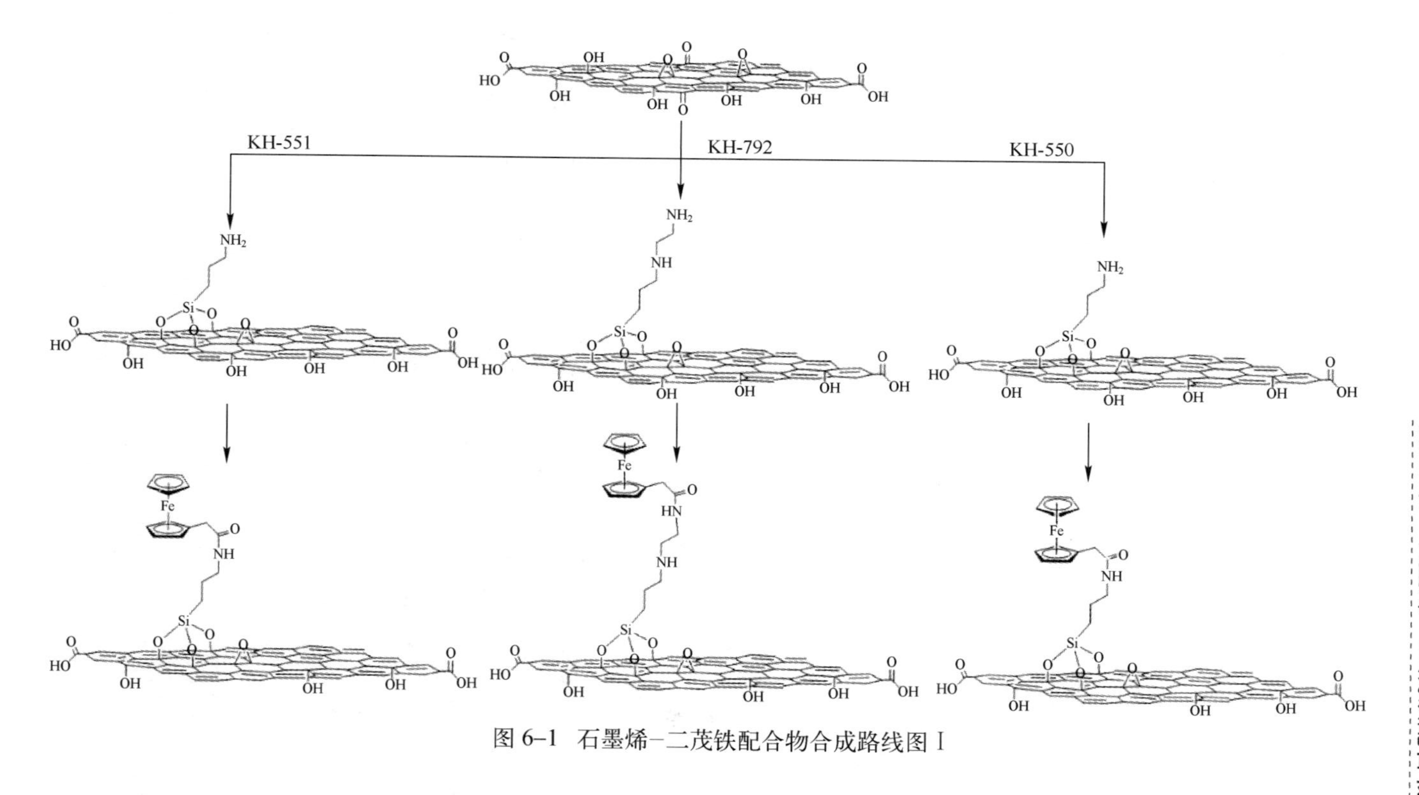

图 6-1　石墨烯－二茂铁配合物合成路线图 I

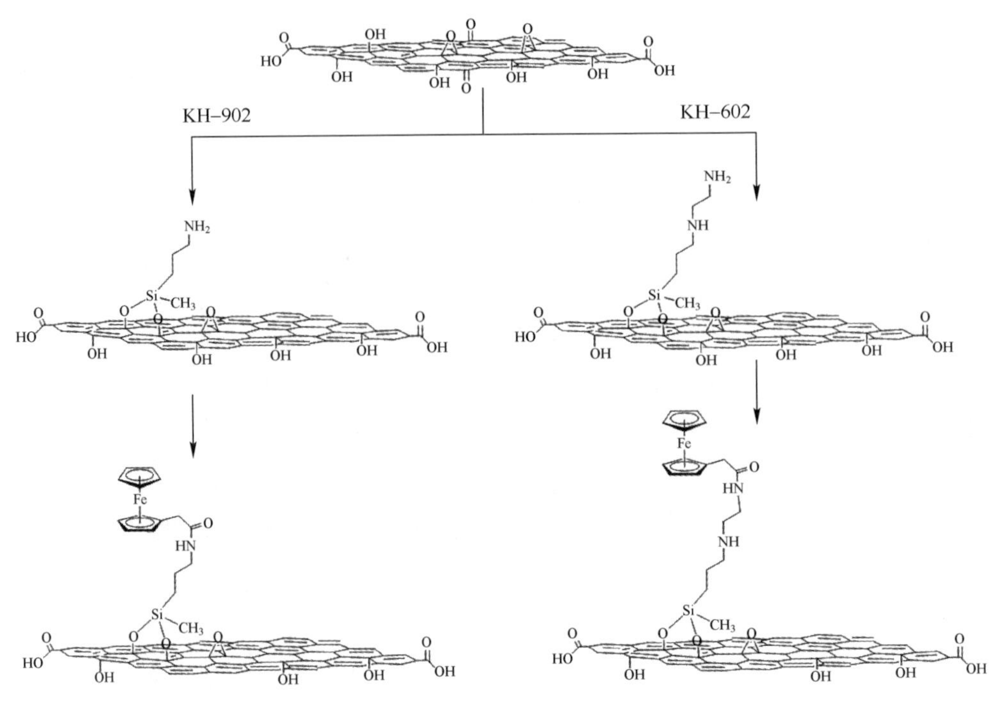

图 6-2　石墨烯-二茂铁配合物合成路线图Ⅱ

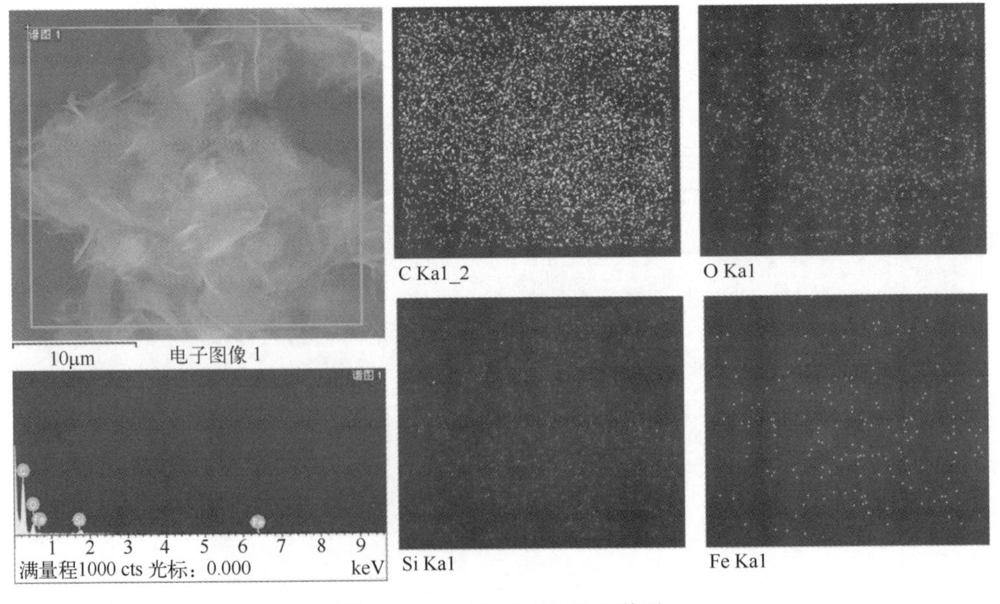

图 6-3　P-602-Fe 的 EDS 谱图

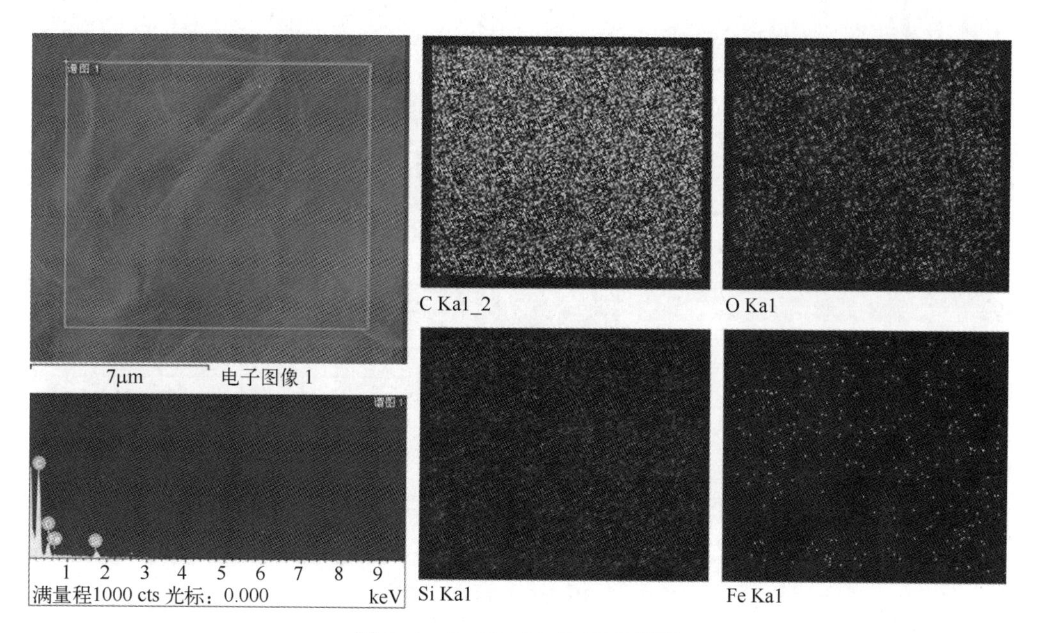

图 6-4　P-902-Fe 的 EDS 谱图

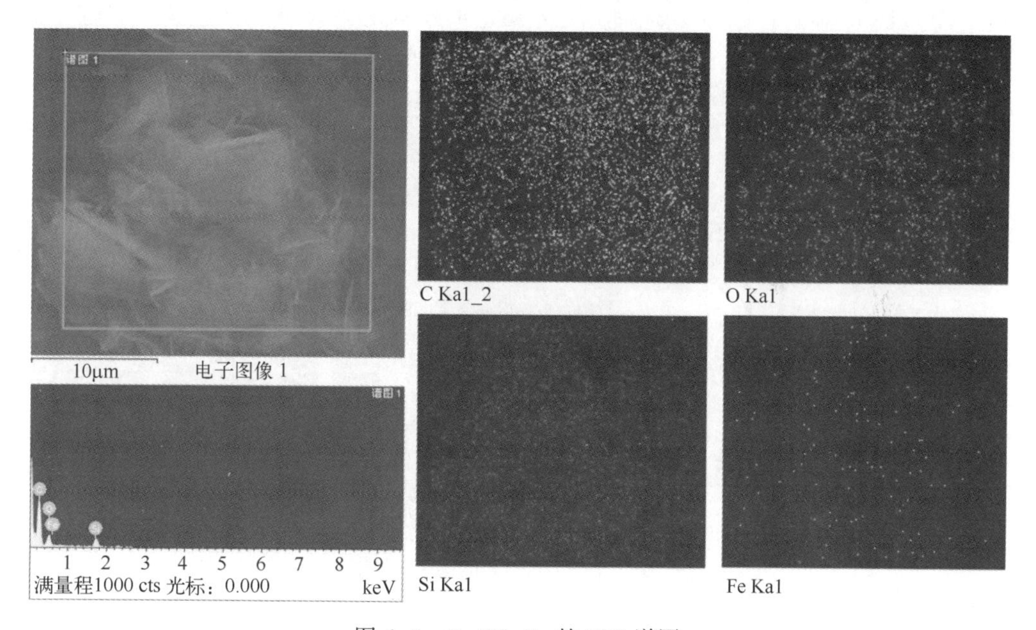

图 6-5　P-551-Fe 的 EDS 谱图

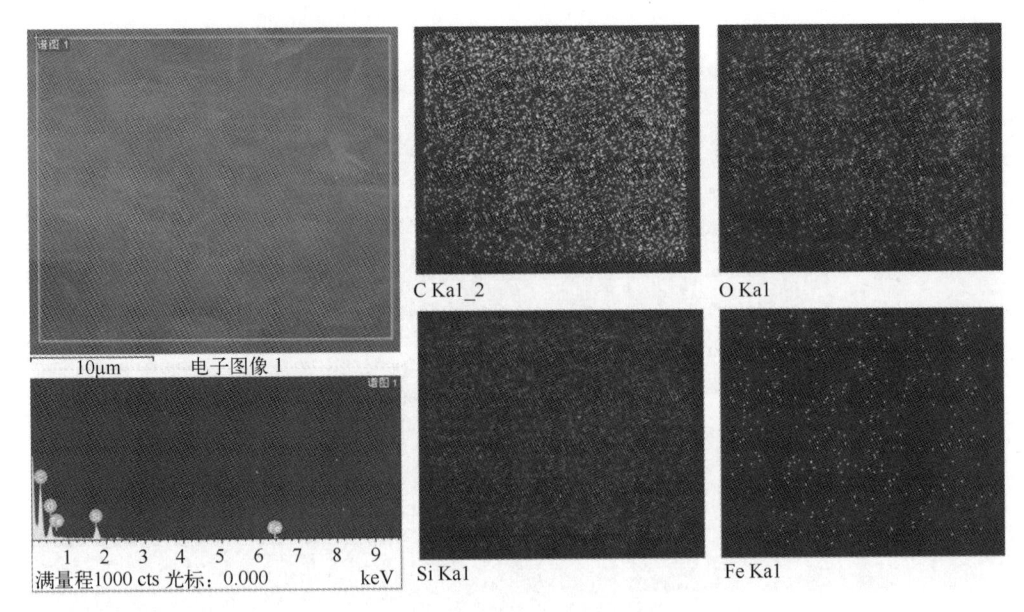

图 6-6　P-550-Fe 的 EDS 谱图

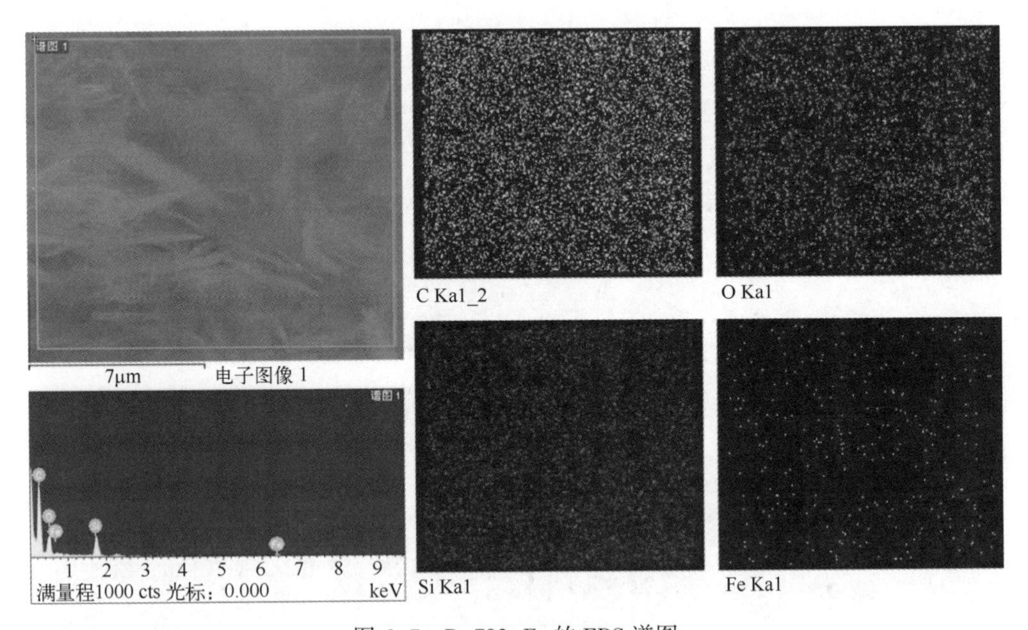

图 6-7　P-792-Fe 的 EDS 谱图

2. 组成和结构分析

1) FTIR 分析

使用不同硅烷偶联剂制备的石墨烯-二茂铁配合物的 FTIR 谱图如图 6-8 所

示。出现于 $3450cm^{-1}$ 和 $1625cm^{-1}$ 处的吸收峰为—OH 基团的伸缩和弯曲振动峰，来自吸附的水分子。在 GO 样品中位于 $1730cm^{-1}$ 处的吸收峰来自 C ═O（—COOH）基团的伸缩振动峰，而该峰在石墨烯-二茂铁配合物中消失也表明氧化石墨烯表面和边缘的羰基基团与硅烷偶联剂结合，证实了氧化石墨烯被氨基化改性。出现于 $1100cm^{-1}$ 附近的宽峰归因于 Si—O 键的振动峰，来自所使用的氨基硅烷偶联剂，出现于 $784cm^{-1}$ 的吸收峰来自茂环上 C—H 面处变形振动，上述峰的出现表明石墨烯-二茂铁配合物的成功制备。

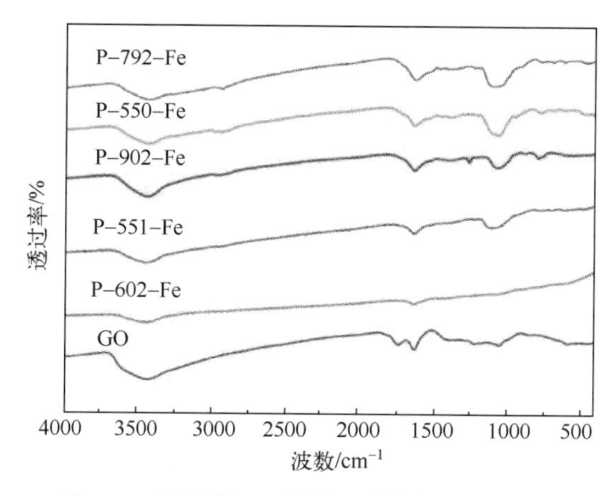

图 6-8　石墨烯-二茂铁配合物的 FTIR 谱图

2）XPS 分析

石墨烯-二茂铁配合物的 XPS 谱图如图 6-9 所示，5 种石墨烯-二茂铁配合物中均含有 C、O、Si、N 和 Fe 元素，没有其他元素被检测到说明石墨烯-二茂铁配合物较好的纯度。Fe2p 谱图中位于 711eV 和 725eV 的峰，对应于 $Fe2p_{3/2}$ 和 $Fe2p_{1/2}$[22]，Fe2p 和 Fe2p 的卫星峰出现于所制备的 5 种石墨烯-二茂铁配合物中，也证实了石墨烯-有机酸金属配合物的成功制备。

3）RAMAN 分析

石墨烯-二茂铁配合物的 RAMAN 谱图如图 6-10 所示。在 RAMAN 图中出现的位于 $1340cm^{-1}$（D 带）的峰与蜂窝石墨层结构的缺陷和无序相关，而位于 $1580cm^{-1}$（G 带）的峰对应于石墨的 E_{2g} 模式，与二维蜂窝晶格中 sp^2 碳原子的振动相关，这些峰的出现也证实了石墨烯-二茂铁配合物的成功制备。P-792-Fe、P-550-Fe、P-551-Fe、P-602-Fe 和 P-902-Fe 的 I_D/I_G 值分别为 1.79、2.07、2.18、2.01 和 1.98，其中 P-551-Fe 的 I_D/I_G 值最大，表明其较大的无序度，而 P-792-Fe 的 I_D/I_G 值最小，表明其有序度相对较高。

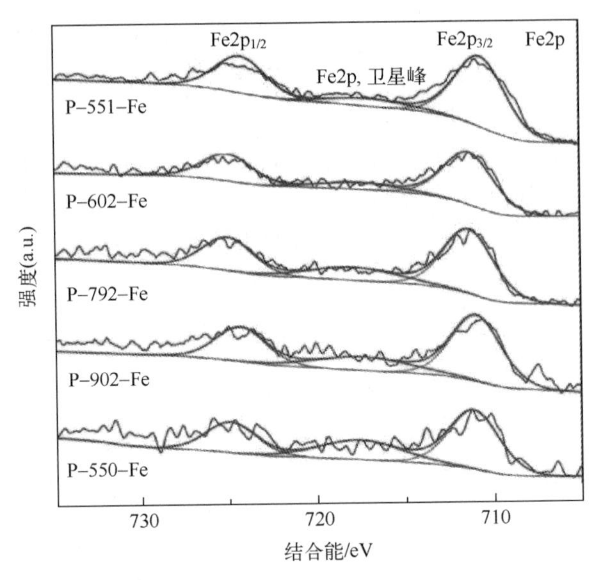

图 6-9　石墨烯-二茂铁配合物的 XPS 谱图（见彩插）

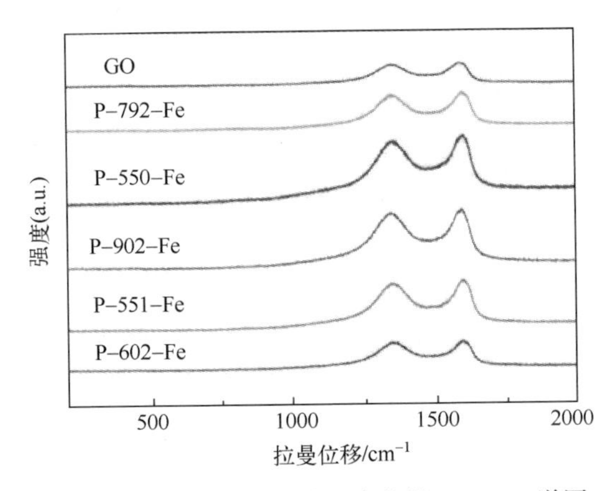

图 6-10　石墨烯-二茂铁配合物的 RAMAN 谱图

6.3　石墨烯-二茂铁金属配合物对推进剂高能添加剂热分解的影响

6.3.1　对 AP 热分解的影响

本节通过 DSC 法研究 P-792-Fe、P-550-Fe、P-551-Fe、P-602-Fe 和 P-902-Fe 对 AP 热分解的催化性能（催化剂与 AP 的质量比为 1∶5），相应的 DSC

曲线如图6-11所示，DSC峰温如表6-2所列。石墨烯-二茂铁配合物的添加不会影响AP的转晶吸热峰，但会显著降低AP的分解放热峰温。在10℃/min的升温速率下，添加P-792-Fe、P-550-Fe、P-551-Fe、P-602-Fe和P-902-Fe后，AP的高温分解峰为312.8℃和303.1℃、305.8℃、302.7℃和303.7℃，分别降低了91.5℃、101.2℃、98.5℃、101.6℃和100.6℃。这表明所制备的5种石墨烯-二茂铁配合物对AP的热分解均具有优异的催化活性，可作为含AP的复合推进剂的燃烧催化剂使用。而使用的硅烷偶联剂对所制备的石墨烯-二茂铁配合物的催化性能具有一定的影响，使用KH-602作为改性剂制备的P-602-Fe对AP的热分解峰温的降低作用更显著。

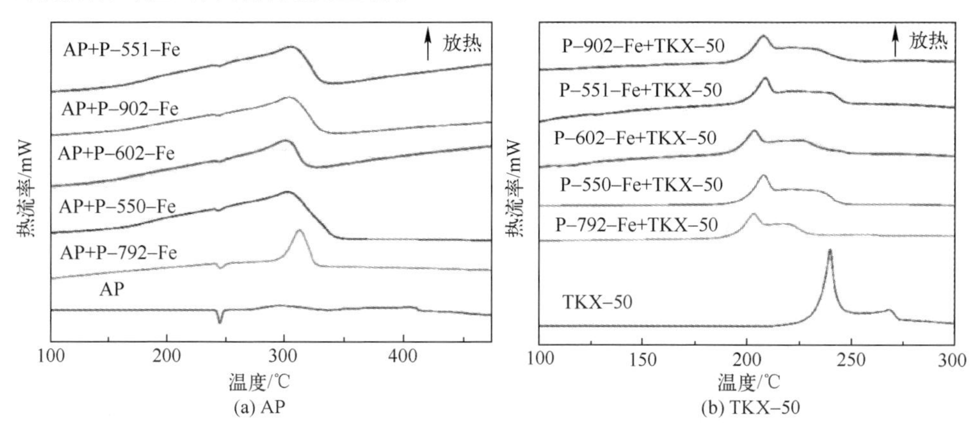

图6-11 与石墨烯-二茂铁配合物混合前后AP和TKX-50的DSC曲线

表6-2 与石墨烯-二茂铁配合物混合前后AP的DSC峰温

催化剂	T_p/℃	T_p/℃			
		β=5℃/min	β=10℃/min	β=15℃/min	β=20℃/min
—	T_{LDP}	280.2	296.3	304.4	310.6
	T_{HDP}	391.6	404.3	414.8	422.1
P-792-Fe	T_{LDP}	—	—	—	—
	T_{HDP}	302.7	312.8	320.8	328.1
P-550-Fe	T_{LDP}	—	—	—	—
	T_{HDP}	289.2	303.1	309.9	314.0
P-602-Fe	T_{LDP}	—	—	—	—
	T_{HDP}	288.7	301.0	304.7	310.0
P-551-Fe	T_{LDP}	—	—	—	—
	T_{HDP}	292.7	304.9	312.1	314.9
P-902-Fe	T_{LDP}	—	—	—	—
	T_{HDP}	291.5	303.8	308.4	312.1

通过 Kissinger 法和 Ozawa 法计算了与 P-792-Fe、P-550-Fe、P-551-Fe、P-602-Fe 和 P-902-Fe 混合前后 AP 的动力学参数，结果如表 6-3 所列。动力学结果表明，混合 P-792-Fe 和 P-550-Fe 后，AP 的高温分解表观活化能显著降低，P-792-Fe 和 P-550-Fe 分别使得 AP 的高温分解表观活化能降低了 14.4kJ/mol 和 20.8kJ/mol。由此可见，P-792-Fe 和 P-550-Fe 对 AP 热分解具有优异的催化活性，可更有效地降低 AP 的高温分解表观活化能。

表 6-3　通过 Kissinger 法和 Ozawa 法计算得到的 AP 动力学参数

催化剂	T_p/℃	Kissinger 法			Ozawa 法	
		E_a/(kJ/mol)	$\lg A$/s^{-1}	r	E_a/(kJ/mol)	r
—	T_{HDP}	162.3	10.3	0.996	163.0	0.997
P-792-Fe		147.9	11.1	0.993	147.9	0.994
P-550-Fe		141.5	10.8	0.996	143.6	0.996
P-602-Fe		169.7	13.5	0.992	170.4	0.993
P-551-Fe		157.4	12.2	0.995	157.8	0.996
P-902-Fe		173.1	13.7	0.993	173.7	0.993

6.3.2　对 TKX-50 热分解的影响

本节通过 DSC 研究了 P-792-Fe、P-550-Fe、P-551-Fe、P-602-Fe 和 P-902-Fe 对 TKX-50 热分解的催化性能（催化剂与 TKX-50 的质量比为 1∶10），相应的 DSC 曲线见图 6-11，DSC 峰温如表 6-4 所列。所制备的 5 种石墨烯-二茂铁配合物均可有效降低 TKX-50 的低温和高温分解峰温，而 P-792-Fe 对 TKX-50 热分解的催化作用最佳，在 10℃/min 的升温速率下，添加 P-792-Fe 复合物后，TKX-50 的低温和高温分解峰温分别为 203.6℃ 和 217.5℃，相较于纯 TKX-50 降低了 36.3℃ 和 50.5℃。这表明使用的硅烷偶联剂对所制备的石墨烯-二茂铁配合物的催化性能具有一定的影响，所制备的 5 种石墨烯-二茂铁配合物中，P-792-Fe 对 TKX-50 热分解的催化活性最高，可作为含 TKX-50 的固体推进剂的燃烧催化剂使用。

表 6-4　与石墨烯-席夫碱铁复合物混合前后 TKX-50 的 DSC 峰温

催化剂	T_p/℃	T_p/℃			
		β=5℃/min	β=10℃/min	β=15℃/min	β=20℃/min
—	T_{LDP}	232.3	239.9	245.1	248.5
	T_{HDP}	260.8	268.0	272.9	275.1

续表

催 化 剂	T_p/℃	T_p/℃			
		β=5℃/min	β=10℃/min	β=15℃/min	β=20℃/min
P-792-Fe	T_{LDP}	194.9	203.6	208.3	211.7
	T_{HDP}	207.5	217.5	223.4	228.1
P-550-Fe	T_{LDP}	199.9	208.2	210.9	215.3
	T_{HDP}	220.5	233.6	238.3	242.5
P-602-Fe	T_{LDP}	195.8	203.9	208.2	212.1
	T_{HDP}	215.8	225.9	231.9	237.6
P-551-Fe	T_{LDP}	201.1	209.0	214.5	218.1
	T_{HDP}	227.0	238.7	245.7	250.0
P-902-Fe	T_{LDP}	200.4	208.2	214.2	216.2
	T_{HDP}	221.6	232.8	243.0	246.7

通过 Kissinger 法和 Ozawa 法计算混合石墨烯-二茂铁配合物前后 TKX-50 的动力学参数，结果如表 6-5 所列。动力学结果表明，石墨烯-二茂铁配合物的添加可降低 TKX-50 的低温及高温分解表观活化能，且对高温分解表观活化能的降低作用更强。不同的石墨烯-二茂铁配合物对表观活化能的降低作用不同，P-792-Fe 对 TKX-50 的低温分解表观活化能的降低作用最显著，使得 TKX-50 的低温和高温分解表观活化能分别降低了 30.63kJ/mol 和 94.10kJ/mol。而 P-902-Fe 对 TKX-50 的高温分解表观活化能的降低作用最佳，使得 TKX-50 的低温和高温分解表观活化能分别降低了 23.72kJ/mol 和 116.27kJ/mol。结合 DSC 结果可知，P-792-Fe 和 P-902-Fe 对 TKX-50 热分解具有较为优异的催化活性，可更有效地降低 TKX-50 的热分解峰温和表观活化能。

表 6-5 与石墨烯-二茂铁配合物混合前后 TKX-50 的动力学参数

催 化 剂	T_p/℃	Kissinger 法			Ozawa 法	
		E_a/(kJ/mol)	$\lg A/s^{-1}$	r	E_a/(kJ/mol)	r
—	T_{LDP}	178.2	16.2	0.999	177.5	0.999
	T_{HDP}	221.4	19.5	0.998	219.1	0.998
P-792-Fe	T_{LDP}	147.5	14.3	0.999	147.8	0.999
	T_{HDP}	127.3	11.6	0.999	128.8	0.999
P-550-Fe	T_{LDP}	168.8	16.5	0.993	168.1	0.993
	T_{HDP}	123.8	10.8	0.992	125.7	0.993

续表

催化剂	T_p/℃	Kissinger 法			Ozawa 法	
		E_a/(kJ/mol)	$\lg A/s^{-1}$	r	E_a/(kJ/mol)	r
P-602-Fe	T_{LDP}	154.6	15.1	0.999	154.5	0.999
	T_{HDP}	125.3	11.1	0.998	127.1	0.998
P-551-Fe	T_{LDP}	149.2	14.2	0.999	149.5	0.999
	T_{HDP}	121.5	10.4	0.999	123.6	0.999
P-902-Fe	T_{LDP}	154.4	14.9	0.995	154.5	0.996
	T_{HDP}	105.1	8.7	0.994	107.9	0.995

6.4 石墨烯-二茂铁配合物在丁羟复合推进剂中的应用效果

6.4.1 AP-HTPB 推进剂配方

AP-HTPB 复合推进剂的制备方法见4.4.1节所述。其涉及的含S-792-Fe的AP-HTPB 复合推进剂配方如表6-6所列，基础配方含量500g，催化剂为在此基础上外加。

表6-6 含S-792-Fe的AP-HTPB复合推进剂配方

试样编号	AP/%			其他组分/%			
	100~140目	6~8μm	1μm	HTPB	Al	其他	P-792-Fe
F-01	70.5			9.63	15	4.87	—
F-08	70.5			9.63	15	4.87	1

6.4.2 燃烧特性

本节进一步研究P-792-Fe对AP-HTPB复合推进剂燃速和压强指数的影响，实验涉及的配方见表6-6，燃速测试结果见表6-7，催化效率见表6-8。图6-12所示为含P-792-Fe的AP-HTPB复合推进剂的燃速-压力指数曲线。配方F-08为含1%质量分数P-792-Fe的AP-HTPB推进剂试样，对比试样为空白配方F-01。从图中可以看出，P-792-Fe可有效提升推进剂的燃速，AP的热分解通常被认为其燃烧的第一步，因此P-792-Fe对AP热分解的优异催化活性是其提升AP-HTPB复合推进剂燃速的主要原因。

表6-7　与P-792-Fe混合前后AP-HTPB复合推进剂的燃速-压强指数

试样编号	燃速μ/(mm/s)					压强指数n			
	4MPa	7MPa	10MPa	13MPa	15MPa	4~7MPa	7~10MPa	10~13MPa	13~15MPa
F-01	7.38	8.75	10.37	12.18	13.87	0.30	0.47	0.61	0.90
F-08	9.24	11.20	13.36	15.71	17.28	0.34	0.49	0.61	0.66

表6-8　P-792-Fe的催化效率

试样编号	不同压强（MPa）下试样的催化效率（Z）				
	4MPa	7MPa	10MPa	13MPa	15MPa
F-01	1	1	1	1	1
F-08	1.26	1.28	1.29	1.29	1.25

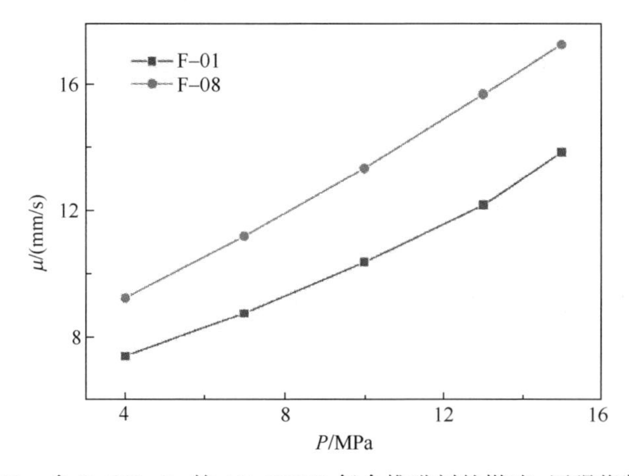

图6-12　含P-792-Fe的AP-HTPB复合推进剂的燃速-压强指数曲线

含P-792-Fe的配方F-08的压强指数见表6-7，空白配方F-01的燃速-压强指数较高，在4~15MPa范围内的燃速-压强指数为0.71，加入石墨烯-席夫碱铁复合物后推进剂的燃速-压强指数降低，加入1%质量分数的P-792-Fe可使燃速-压强指数降低为0.63。由此可见，石墨烯-二茂铁配合物对复合推进剂的燃烧性能具有一定的调节作用，可显著提升4~15MPa范围内的燃速，并使得燃速-压强指数降低，可归因于P-792-Fe对AP热分解的促进作用。

6.4.3　火焰形貌

本节研究了含石墨烯-二茂铁配合物的AP-HTPB复合推进剂的火焰结构，对比试样为不含催化剂的空白配方F-01。在2MPa压力下配方F-01和F-08的火焰照片如图6-13所示，由于4MPa下火焰亮度太高以致曝光过度，难以进行有效的分析，故本节中仅对 2MPa 压力下的火焰照片进行分析。试样 F-01 的火焰照片中，燃烧表面存在少量的发光颗粒，可归因于推进剂中金属燃料 Al 粉的燃烧。而添加 P-792-Fe 的 F-08 配方中，燃烧表面除了少量上述较小尺寸的发光颗粒外，出现了一些尺寸较大、亮度更高的发光颗粒，这些颗粒的存在来自所添加的 P-792-Fe 在燃烧过程中产生的催化活性物质，有助于燃速的提升。

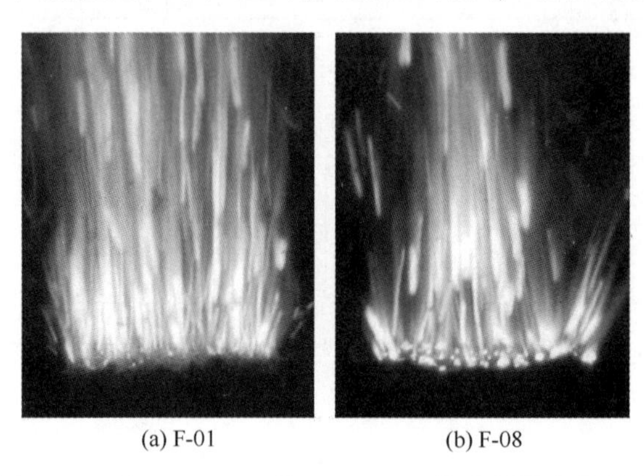

(a) F-01　　(b) F-08

图 6-13　含 P-792-Fe 的 AP-HTPB 推进剂的火焰照片

6.4.4　燃烧波结构

测试含 P-792-Fe 的配方 F-08 在 2MPa 和 4MPa 压力下的燃烧波温度分布曲线，经过数学处理，得到燃烧表面温度、气相温度及温度梯度，计算结果如表 6-9 所列。含有 P-792-Fe 的配方 F-08 的燃烧表面温度较空白配方 F-01 有所提高，这是因为 P-792-Fe 加速了 AP 的分解，促进了其燃烧，因此燃烧表面温度较高。与空白配方 F-01 不同，添加 P-792-Fe 后配方 F-08 的表面温度随着压强的升高显著升高，表明高压下 P-792-Fe 对 AP 热分解的促进作用更显著。

表 6-9　含 P-792-Fe 的 AP-HTPB 推进剂的燃烧波温度和梯度

样品编号	压强/MPa	T_s/℃	T_f/℃	$dT/dt(10^4℃/s)\downarrow$	$dT/dt(10^4℃/s)\uparrow$
F-01	2	524	2348	14. 56	33. 62
	4	521	2188	24. 17	50. 19
F-08	2	538	2212	26. 81	56. 08
	4	646	2204	28. 14	75. 79

注：表中 T_s代表燃烧表面温度，T_f代表燃烧火焰温度，$dT/dt\downarrow$ 代表凝聚相温度梯度，$dT/dt\uparrow$ 代表气相温度梯度

添加 P-792-Fe 后配方 F-08 的凝聚相和气相温度梯度明显增加，这表明 P-792-Fe 加强了凝聚相及表面放热反应的反应速度，突出了对燃速起重要作用的

表面反应区的主导地位。相较于配方 F-01，配方 F-08 的温度梯度明显增高，表明 P-792-Fe 有利于氧化剂 AP 的快速分解，生成更多的气相产物，进入气相区发生更为剧烈的氧化-还原反应，这也被 DSC 结果证实。此外，随着压强的升高，温度梯度显著增加，与随着压强升高燃速升高的变化规律相符。

6.4.5　抗迁移性能

二茂铁及其衍生物易于迁移的性质会影响 AP-HTPB 复合推进剂的燃烧稳定性，二茂铁衍生物卡托辛通常被用作燃速催化剂使用，虽然相较于二茂铁其迁移性具有一定的改善，但会带来静电感度提高的问题[15-20]。配方 F-02、F-03 和 F-08 分别为含有 1%二茂铁、卡托辛和 P-792-Fe 的推进剂配方，在室温下静置 60 天后的宏观形貌图如图 6-14 所示。黄色的二茂铁在 AP-HTPB 复合推进剂中出现了明显的迁移现象，而含有卡托辛和 P-792-Fe 的配方不能观测到明显的迁移现象，表明卡托辛和 P-792-Fe 在推进剂中的迁移现象有所改进。进一步通过 EDS 研究 Fe 元素在推进剂中的分布，结果如图 6-15～图 6-16 所示，Fe 元素含量如表 6-10 所列。

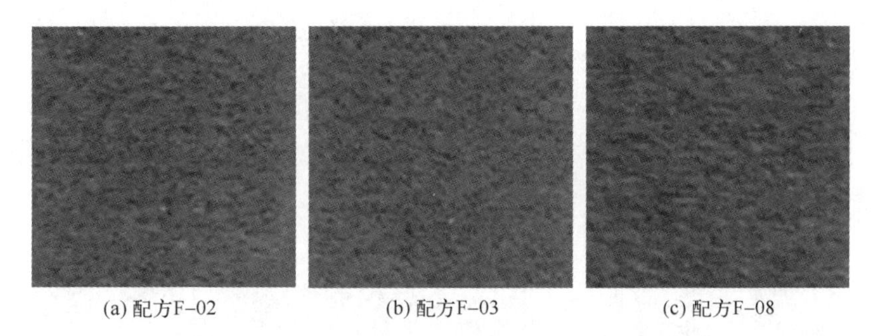
(a) 配方F-02　　(b) 配方F-03　　(c) 配方F-08

图 6-14　AP-HTPB 推进剂药条切片静置 60 天后的宏观形貌图（见彩插）

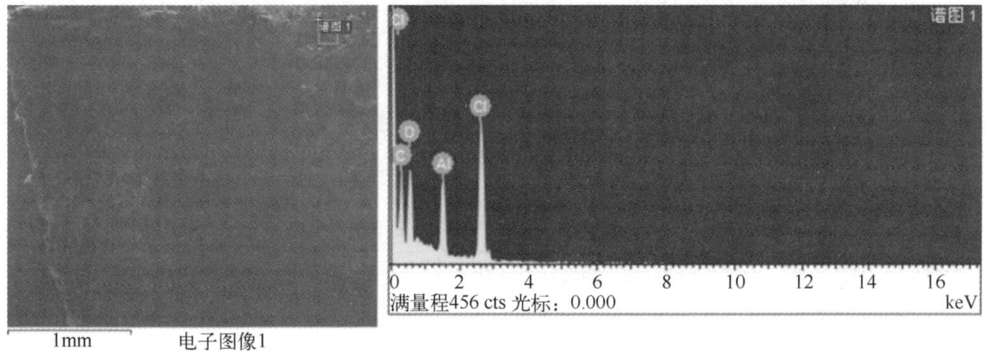

(a)

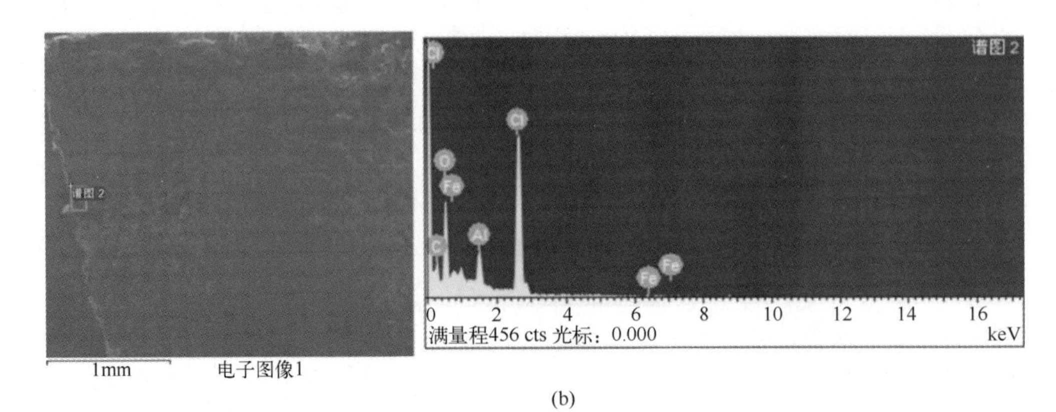

(b)

图 6-15　含卡托辛的 AP-HTPB 推进剂试样静置 60 天后的 EDS 谱图

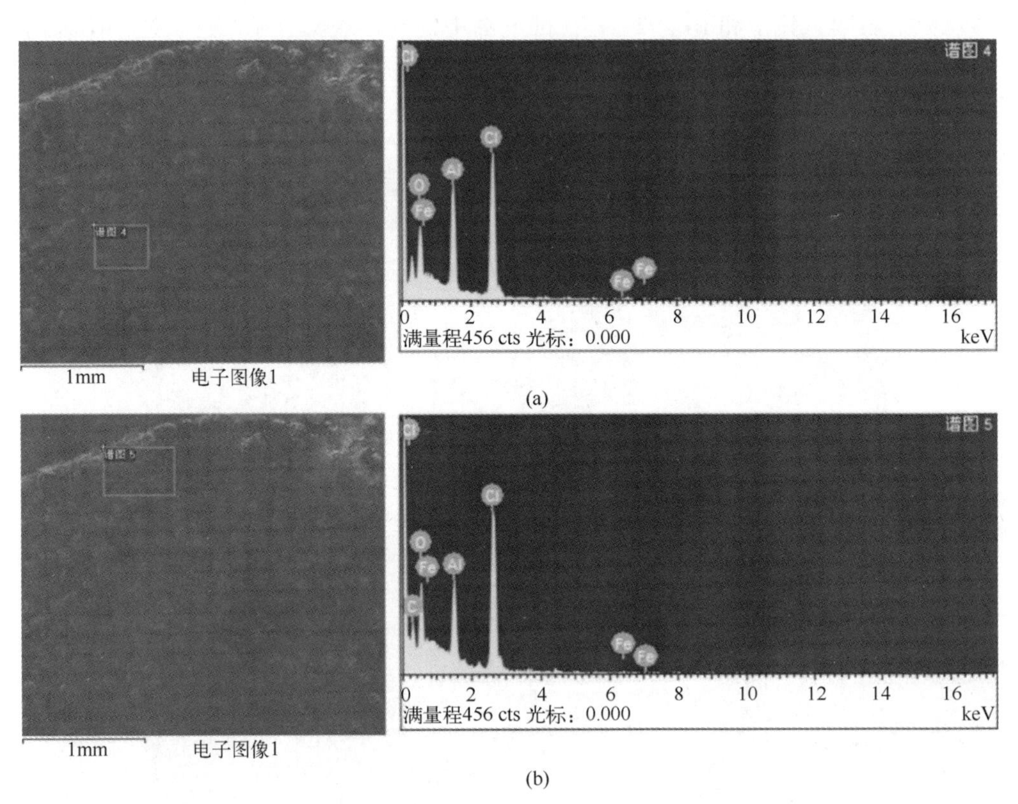

(b)

图 6-16　含 P-792-Fe 的 AP-HTPB 推进剂试样静置 60 天后的 EDS 谱图

表6-10　配方F-03和F-08静置60天后的EDS元素分布

配　方	催　化　剂	Fe元素含量/%	
		表层区域	内部区域
F-03	卡托辛	0.40	0
F-08	P-792-Fe	0.42	0.46

含有卡托辛的推进剂药条的边缘和内部区域呈现出不均匀的Fe元素分布，表层区域可测到Fe元素，而内部区域Fe含量较少，无法检测出，说明卡托辛在推进剂中仍旧存在较为明显的迁移现象。而含有P-792-Fe的推进剂试样的表层和内部区域的Fe含量基本一致，表明锚定于石墨烯表面可有效抑制小分子二茂铁的迁移。

6.4.6　力学性能

基于P-792-Fe对AP-HTPB复合推进剂燃烧性能优异的催化作用，本节进一步研究了含1% P-792-Fe的配方F-08的力学性能，对比样品为空白配方F-01和含1%卡托辛的配方F-03。20℃下测得的AP-HTPB复合推进剂的载荷-时间曲线如图6-17所示，最大拉伸强度σ_m、最大应力下延伸率ε_m和断裂延伸率ε_b如表6-11所列。

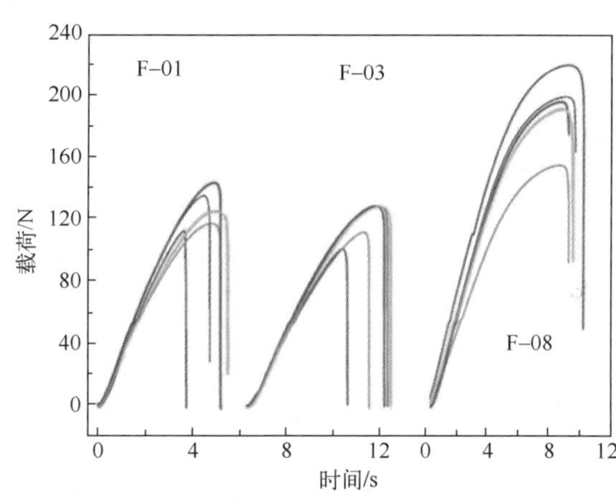

图6-17　20℃下配方F-01、F-03和F-08的载荷-时间曲线（见彩插）

表6-11　在20℃下测得的配方F-01、F-03和F-08的力学参数

样品编号	σ_m/MPa	ε_b/%	ε_m/%
F-01	1.33	10.68	11.33
F-03	1.26	12.45	13.21
F-08	2.01	21.03	22.74

空白配方 F-01 在 20℃下的最大拉伸强度 σ_m 为 1.33MPa，添加 1%的卡托辛后最大拉伸强度略微降低，而添加 1%的 P-792-Fe 后 AP-HTPB 复合推进剂的最大拉伸强度显著提升，且重复性优异，标准差仅为 0.01。此外，添加 P-792-Fe 后配方 F-08 最大应力下的延伸率和断裂延伸率较配方 F-01 和 F-03 均有显著的提升，这表明 P-792-Fe 可显著提升 AP-HTPB 复合推进剂的力学性能，可作为功能型燃烧催化剂使用。

本节采用 SEM 分析了配方 F-01、F-03 和 F-08 的断面特征，结果如图 6-18 所示。空白配方 F-01 和含 1%卡托辛的配方 F-03 中，小粒径 AP 和 Al 粉均匀分布在黏合剂 HTPB 基体中，而大粒径 AP 的颗粒出现裸露，断面上呈现出 AP 从黏合剂基体脱离所留下的凹陷。SEM 结果与拉伸实验结果吻合，说明了配方 F-01 和 F-03 的力学性能一般。而添加 1% P-792-Fe 的配方 F-08 断面凹陷相对较少，出现大尺寸 AP 颗粒内部的破裂，这表明在拉伸实验中，P-792-Fe 可有效地促进不同基体间的相互作用，且二维石墨烯材料本身优异的力学性能有助于提升 AP-HTPB 复合推进剂力学性能的提升[23]。

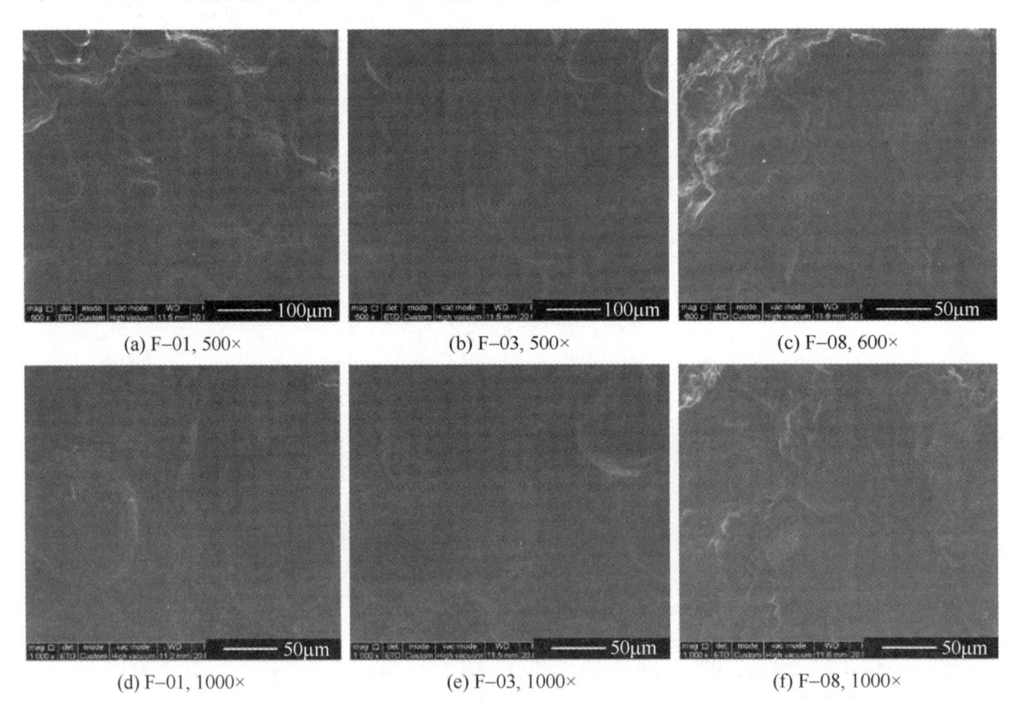

(a) F-01, 500×　(b) F-03, 500×　(c) F-08, 600×
(d) F-01, 1000×　(e) F-03, 1000×　(f) F-08, 1000×

图 6-18　20℃拉伸实验后配方 F-01、F-03 和 F-08 的断面 SEM 形貌图

通过酰胺化反应可将小分子二茂铁锚定于氨基化氧化石墨烯表面，结合二维石墨烯材料可有效抑制小分子二茂铁在 AP-HTPB 复合推进剂中的迁移和挥发，

相比含二茂铁的配方宏观可见的迁移以及含卡托辛的配方 Fe 元素的偏析，含 P-792-Fe 的配方中 Fe 元素分布较均匀。添加1%质量分数的 P-792-Fe 可显著提升 AP-HTPB 复合推进剂的最大拉伸强度，且推进剂在最大应力下的延伸率和断裂延伸率较空白配方与含卡托辛的配方均有显著的提升，这表明所制备的 P-792-Fe 可显著提升 AP-HTPB 复合推进剂的力学性能，可作为功能型燃烧催化剂使用。

参考文献

[1] YUAN Y, JIANG W, WANG Y J, et al. Hydrothermal preparation of Fe_2O_3/graphene nanocomposite and its enhanced catalytic activity on the thermal decomposition of ammonium perchlorate [J]. Applied Surface Science, 2014, 303 (6): 354-359.

[2] LAN Y F, LI X Y, LI G P, et al. Sol-gel method to prepare graphene/Fe_2O_3 aerogel and its catalytic application for the thermal decomposition of ammonium perchlorate [J]. Journal of Nanoparticle Research, 2015, 17 (10): 1-9.

[3] 兰元飞，邓竞科，罗运军．高氯酸铵/Fe_2O_3/石墨烯纳米复合材料簏制备及其热性能研究 [J]. 纳米科技，2015 (6): 14-18.

[4] 兰兴旺．石墨烯基复合物制备及其催化性能研究 [D]. 南京：南京理工大学，2013.

[5] 张建侃，赵凤起，徐司雨，等．两种 Fe_2O_3/rGO 纳米复合物的制备及其对 TKX-50 热分解的影响 [J]. 含能材料，2017, 25 (7): 564-569.

[6] ISERT S, XIN L, XIE J, et al. The effect of decorated graphene addition on the burning rate of ammonium perchlorate composite propellants [J]. Combustion and Flame, 2017, 183: 322-329.

[7] DEY A, ATHAR J, VARMA P, et al. Graphene-iron oxide nanocomposite (GINC): an efficient catalyst for ammonium perchlorate (AP) decomposition and burn rate enhancer for AP based composite propellant [J]. RSC Advances, 2015, 5 (3): 1950-1960.

[8] MEMON N K, MCBAIN A W, SON S F. Graphene oxide/ammonium perchlorate composite material for use in solid propellants [J]. Journal of Propulsion and Power, 2016, 32 (3): 1-5.

[9] DEY A, NANGARE V, MORE P V, et al. A graphene titanium dioxide nanocomposite (GTNC): one pot green synthesis and its application in a solid rocket propellant [J]. RSC Advances, 2015, 5 (78): 63777-63785.

[10] ZHANG M, ZHAO F Q, YANG Y J, et al. Effect of rGO-Fe_2O_3 nanocomposites fabricated in different solvents on the thermal decomposition properties of ammonium perchlorate [J]. CrystEngComm. 2018, 20 (13): 7010-7019.

[11] ZHANG M, ZHAO F Q, YANG Y J, et al. Catalytic Activity of Ferrates ($NiFe_2O_4$, $ZnFe_2O_4$ and $CoFe_2O_4$) on the thermal decomposition of ammonium perchlorate [J]. Propellants, Explosives, Pyrotechnics. 2020, 45 (3): 463-471.

[12] LIU X L, ZHAO D M, BI F Q, et al. Synthesis, characterization, migration studies and combustion cata-

lytic performances of energetic ionic binuclear ferrocene compounds [J]. Journal of Organometallic Chemistry, 2014, 762 (7): 1-8.

[13] LIU X L, ZHANG W Q, ZHANG G F, et al. Low-migratory ionic ferrocene-based burning rate catalysts with high combustion catalytic efficiency [J]. New journal of chemistry, 2015, 39 (1): 155-162.

[14] LIU X L, LI J Z, BI F Q, et al. Ionic ferrocene-based burning-rate catalysts with polycyano anions: synthesis, structural characterization, migration, and catalytic effects during combustion [J]. European Journal of Inorganic Chemistry, 2015 (9): 1496-1504.

[15] 刘学林. 二茂铁唑类富氮含能离子化合物的合成、结构表征、迁移性及其燃烧催化性能 [D]. 西安: 陕西师范大学, 2015.

[16] SHAO E S, LI D D, LI J Z, et al. Mono- and dinuclear ferrocenyl ionic compounds with polycyano anions. characterization, migration, and catalytic effects on thermal decomposition of energetic compounds [J]. Zeitschrift Für Anorganische Und Allgemeine Chemie, 2016, 642 (16), 871-881.

[17] 邵二莎. 新型二茂铁离子化合物的合成、结构、迁移性及其对含能化合物热分解的催化作用 [D]. 西安: 陕西师范大学, 2017.

[18] ZHANG N, ZHANG G F, LI J Z, et al. Ionic ferrocenyl coordination compounds derived from imidazole and 1, 2, 4-triazole ligands and their catalytic effects during combustion [J]. Zeitschrift Für Anorganische Und Allgemeine Chemie, 2018, 644 (6), 337-345.

[19] 张娜. 二茂铁甲基三氮唑(咪唑)离子型金属配合物的合成及其燃烧过程中的催化作用 [D]. 西安: 陕西师范大学, 2018.

[20] ZHOU L, WANG L, YU H J, et al. Ferrocene covalently functionalized graphene oxide: preparation, characterization and catalytic performance for thermal pecomposition of ammonium perchlorate [J]. Journal of Materials Science and Engineering, 2013, 60 (8): 1481-1484.

[21] 周磊. 含二茂铁的石墨烯、碳纳米管和炭黑的制备及性能研究 [D]. 杭州: 浙江大学, 2013.

[22] ZHOU Z P, ZHANG Y, WANG Z Y, et al. Electronic structure studies of the spinel $CoFe_2O_4$ by X-ray photoelectron spectroscopy [J]. Applied Surface Science, 2008, 254 (21): 6972-6975.

[23] 张云华. 改性硝化纤维素基固体推进剂及其凝胶/复合凝胶研究 [D]. 北京: 北京理工大学, 2015.

第 7 章

石墨烯基材料在其他领域中的应用

7.1 引　言

前面的章节中对石墨烯基燃烧催化材料及其在火炸药中的应用进行了介绍，由上可以清楚地看出：石墨烯在石墨烯基燃烧催化剂中发挥了重要作用，是该催化材料不可或缺的重要组成部分，石墨烯的引入为燃烧催化活性组分的防团聚、吸附气体、催化效率提升等做出了重要贡献。石墨烯在燃烧催化领域已展示了广阔的应用前景，而它在其他领域亦有显著的表现。为了更加深入了解石墨烯应用情况，以资设计石墨烯基燃烧催化材料时予以借鉴，本章将重点介绍石墨烯基材料在其他领域中的应用。

作为一种二维材料，石墨烯具有很多特殊的物理性能，包括较大的理论比表面积（$2630m^2/g$）、高热导率（$3\times10^3W/(m\cdot K)$）、高电子迁移率（$2\times10^5cm/(V\cdot s)$）与高杨氏模量（1060GPa）等。基于这些物理性能，石墨烯基材料在新能源、结构材料、环境治理等多个领域都表现出了潜在的应用价值。

7.2　石墨烯在新能源领域的应用

7.2.1　锂离子电池

正负极材料是锂离子电池的关键材料。其中，锂离子电池商品化正极材料主要包括钴酸锂、锰酸锂、磷酸亚铁锂等；而商品化的负极材料主要为碳材料，如天然石墨、人造石墨、炭黑、无定形碳、中间相碳微球等。碳纳米管和石墨烯属于一类特殊的新型碳材料，它们的出现也给锂离子电池的发展带来了新的机遇。

对于锂离子电池正极来说，碳纳米管已经表现出了重要的作用。钴酸锂

($LiCoO_2$)、锰酸锂($LiMn_2O_4$)和磷酸亚铁锂($LiFePO_4$)等传统锂电池正极材料电子电导率较低，仅为10^{-4}S/cm、10^{-6}S/cm和10^{-9}S/cm。碳纳米管具备高电导率和特殊的一维管状结构，可以替代导电介质炭黑，有效连接正极材料颗粒，建立导电网络，从而提高正极材料的电导性。导电网络的形成相较于传统导电介质炭黑的点-点接触，具有更好的性能。石墨烯拥有优异的导电性能；若将其加入正极材料中，其二维平面结构可与正极材料颗粒形成点-面接触，这样的接触形式也会带来导电性能的提升，从而降低接触电阻并提高电池的功率密度。从另一个角度看，以具备优异导电性能的石墨烯替代碳黑、碳纤维等导电剂，可以减少电池正极中导电剂的比例，亦有利于提高能量密度。例如，日本电器公司利用多孔石墨烯海绵作为锂离子电池电极材料的导电添加剂，发现其能有效提高电极的电子传导率，降低活性物质的电荷转移电阻，从而改善电池倍率性能和循环。

大部分碳材料均能与锂离子发生一定程度的电化学嵌入-脱嵌反应，其可为锂离子提供可逆的存储空间。对于锂离子电池负极来说，碳材料具有充放电可逆性好、比容量高、电压平稳、电位低等优点，是较好的电极材料。因此，碳材料的储锂行为反映了其作为电极材料的性能。Dahn等对碳材料的储锂行为进行了详细研究，并按照碳材料的结构及石墨化难易程度，将炭负极材料分为：石墨类炭负极、低温软炭负极、硬炭负极三类[1-2]。碳材料的电化学行为对其结构较为敏感，石墨烯具有特殊的结构，因此其锂离子的电化学嵌入-脱嵌过程具有如下优点：①高比容量，锂离子在石墨烯中可以实现非化学计量比的嵌入-脱嵌过程，其比容量可达到700~2000mAh/g，远超过石墨（372mAh/g）。②高充放电速率，多层石墨烯的层内结构与石墨相同，但其层间距离大于石墨片层的层间距，更有利于锂离子的快速嵌入和脱嵌。研究人员对于将石墨烯作为负极材料已开展了系列研究，对石墨烯进行功能化后获得了表面平滑且具有一定强度的纸状碳材料，将其应用于锂原电池的负极，能量密度可达到1162Wh/kg，放电容量可达到528mAh/g。然而，石墨烯的储锂行为也具有低库仑效率、初期容量衰减快和无电压平台及电压滞后等缺点。目前，商品化锂离子电池的负极材料多采用表面积较低的材料（大部分小于$2m^2/g$），而非石墨烯等具有较大比表面积的材料（$2m^2/g$的数百倍以上）。

除作为负极材料，将石墨烯与金属氧化物（如SnO_2、Co_3O_4、MnO_2、Fe_3O_4和NiO等）以及Si等负极材料复合，可以发挥石墨烯高储锂容量、大比表面积和优异导电性等优点。其作用包括：①负极材料在锂离子的嵌入-脱嵌过程中会发生体积变化，石墨烯可缓冲负极材料的体积变化，改善其循环性能；②石墨烯可以改善负极材料的导电性；③对于原位合成的电极材料，石墨烯可以作为载体，为其提供形核位置，抑制电极材料颗粒的长大，获得具备优异性能的微纳米材料。例如，Teng 等将 MoS_2垂直生长于石墨烯片层上，通过 C-O-Mo 的键合作用，一方面均匀分散了 MoS_2，还对充放电过程中电极的体积变化起到了缓冲的作用[3]。该 MoS_2/石墨烯负极材料在 100mA/g 的条件下经过 150 次循环后仍保持 1077mAh/g 的容量。然而，正如上文所述，以石墨烯作为负极材料存在库仑效率低的缺点，将石墨烯与其他负极材料复合可能也存在首次库仑效率下降的问题。

集流体也是电池电芯的重要组成部分，良好的集流体应具备一定的力学性能、稳定性好、导电导热性能好、成本低等特点，目前常用的集流体为金属集流体。如上文所述，石墨烯具有高导电性和优异的力学性能，因此其在集流体中也具备较大的应用潜力。2012 年，中国科学院金属研究所就开展了以三维石墨烯网络取代金属集流体，作为电池中的集流体的探索研究。Ruoff 等也利用泡沫石墨烯作为集流体，并应用在锂离子电池中[4]。

7.2.2　太阳能电池

太阳能是一种新型绿色能源，受到了国内外的广泛重视。目前，太阳能电池的主要种类包括晶体硅太阳电池、非晶硅薄膜太阳电池、染料敏化太阳电池和有机染料太阳电池等。石墨烯具有优异的电性能，在多类太阳能电池中都有应用。

透光导电极，即导电玻璃，广泛应用于太阳能电池领域。其主要由氧化铟锡（Indium Tin Oxide，ITO）、氧化氟锡（Fluorine Tin Oxide，FTO）等金属氧化物制成，技术较为成熟；但也存在 ITO 金属离子容易自发扩散、红外光吸收性强以及热稳定性偏低等局限。如上文所述，石墨烯电性能优异，且具有较好的透光性，也可用作透光导电极。Wu 等以旋涂法将石墨烯溶液均匀涂覆于石英基板上，通过热还原和化学还原过程得到了透明导电薄膜，薄膜的厚度小于 20nm，透明度大于 80%；将其用作有机光伏电池（Organic Photovoltaic Cell，OPVC）电极，测得的短路电流及填充因子相对于 ITO 还有一定差距[5]。Wang 等以染料敏化太阳能电池（Dye Sensitized Solar Cells，DSSCs）为背景，使用石墨烯制备了透光导电极，其电导率可达 550S/cm；与 ITO 和 FTO 电极相比，石墨烯透光导电极在 1000~3000nm 的波长范围内透光性更稳定，但其光电转化效率仍然较低[6]。可见，目前以石墨烯替代 ITO/FTO 作为透光电极，会在一定程度上降低太阳能电池的光电转化效率。研究结果表明，影响使用石墨烯透光电极的太阳能电池的效率主要因素有两方面：一是石墨烯透光薄膜的电阻；现有石墨烯透光薄膜的薄层电阻较高，影响了光电转化效率；通过优化石墨烯薄膜的制备方法，避免使用共价键法功能化导致石墨烯共轭结构的损坏，改善薄膜质量，有望提高能量转化效率。二是石墨烯表面的结构和性质；作为透光电极时，石墨烯与太阳能电池中的半导体材料、电解质、染料等直接接触，其表面结构和性质会影响光电转化过程。例如，Kavan 等发现，以石墨烯作为染料敏化太阳能电池（DSSC）的透光电极时，其与不同电解质的相互作用特性与匹配程度不同，表现出不同的电池转换效率[7]。Wang 等利用芘的衍生物（PBASE）与化学气相沉积法制备的石墨烯间的 π—π 键相互作用，对石墨烯进行非共价键功能化，用于 OPV 电池的阳极[8]。由于没有破坏石墨烯的共轭结构，电极的导电性很好，同时 PBASE 的亲水性也有助于石墨烯与聚 3，4-乙撑二氧噻吩：聚苯乙烯磺酸钠缓冲层（PEDOT：PSS）界面间的浸润。在 AM1.5、100mW/cm^2的光照条件下，OPV 电池的光电转化效率可达到 1.7%。Hong 等用另一种芘的衍生物（PB-）对石墨烯进行了非共价键功能化，将石墨烯和 PEDOT：PSS 缓冲层涂覆于 ITO 上作为 DSSCs 的极板；研究显示，石墨烯含量仅为 1%时，光电转化效率（Photon-to-Electron Conversion Efficieney，PCE）便高达 4.5%，接近铂极板的 PCE（6.3%）[9]。

除用作透光导电极，石墨烯还可以用作太阳能电池的受体材料。有机聚合物太阳能电池（Organic Polymer Solar Cell，OPSC）是一种混合异质结构电池，光照射 OPSC 的电子给体产生电子空穴对，其在给体与受体的界面分离，电子和空穴分别传导到两个电极上形成电流。电子给体的作用是产生电子空穴对，多采用共轭聚合物聚 3-己基噻吩（Poly 3-hexylthiophene，P3HT）或聚 3-辛基噻吩（Poly 3-octylthiophene，P3OT）。电子受体主要用于电子分离和传输，其功函数需处于给体的 HOMO 轨道（Highest Occupied Molecular Orbital）和 LUMO 轨道（Lowest Unoccupied Molecular Orbital）之间，以实现电子在不同分子间的传输；同时，受体应具有良好的传导电子能力，并且有较好的稳定性。目前，常用的受体主要是富勒烯的派生物 6，6-苯基 C61 丁酸甲酯（6，6-phenyl C61 Butyric Acid Methyl ester，PCBM）。石墨烯具有优异的电性能，通过改性功能化后，可替代 PCBM 作为有机聚合物电池的受体。Liu 等用异氰酸苯酯对氧化石墨烯进行共价键功能化后，与聚 3-己基噻吩（P3HT）共溶于 1，2-二氯代苯（DCB）中，然后将其制备的 BHJ 活性层应用于 OPV 电池中，在 AM1.5、100mW/cm^2的光照条件下，光电转化效率为 1.1%，证实石墨烯可以用作电子受体[10]。

此外，石墨烯也可用于各类太阳能电池的光阳极，旨在提高光电转换效率。研究发现，以 TiO_2-石墨烯复合材料作为光阳极，可以改善电子的传输速度、抑制电子—空穴的复合并强化光阳极对染料的吸附，从而提高光电转换效率。Zhu 等制备了 TiO_2-石墨烯复合物，用作硫化镉量子点染料敏化太阳能电池的光阳极，发现石墨烯可以有效提高光电转换效率，而且其含量对光电转换效率有明显影响；当石墨烯含量为 8%时，光电转换效率可达 1.44%，比以 TiO_2为光阳极的电池效率高 56%[11]。

7.2.3　储氢材料

氢元素是世界上最为丰富的元素之一，也是最清洁的能源载体。固态储氢技术的发展受到世界各国的广泛重视，其是指通过氢与固态材料之间的物理或化学作用，将氢储存在材料中的技术。根据氢与固态材料中作用机理的不同，可以将固态储氢材料分为两类：第一类是物理吸附储氢材料，如石墨烯、碳纳米管、活性炭、金属有机框架化合物（MOFs）、自具微孔聚合物（PIMs）和沸石类化合物等，基于非极性的氢分子与吸附剂之间的色散力作用，其吸放氢工作需要在低温或常温高压下进行。另一类固态储氢材料是化学吸附储氢材料，通过氢与物质之间的化学反应或作用来储氢。化学吸附储氢材料所涉及的物质范畴较广，包括金属氢化物、配位氢化物（铝氢化合物、硼氢化合物）、氮氢化合物、化学氢化物（氨硼烷以及相关的衍生物）等，它们的储氢特性主要由物质的物理化学性质以及吸放氢化学反应的热力学和动力学特征来决定。

对于石墨烯储氢技术的研究始于其本身在低温下的物理吸附储氢；2005 年，研究人员证明了这种新型的二维材料可在低温下存储氢，并在高温下释放氢。Ma 等利用化学剥离法制备了石墨烯片，并在低温和室温条件下，测定了单层石墨烯的储氢性能。结果发现，在 100kPa、77K 下，石墨烯的储氢量仅为 0.4%；在 6MPa、290K 下，石墨烯的储氢量低于 0.2%[12]。此外，研究也发现，多层石墨烯的储氢性能优于单层石墨烯，二者的吸放氢过程均受相应的能垒控制，而能垒的大小与层数密切相关。进一步研究发现，石墨烯片层间能产生“纳米泵”效应，使多层石墨烯具有更高的储氢密度。在室温下，石墨烯与氢分子之间的相互作用能只有-1.2kJ/mol，证明二者之间存在弱的相互作用。

引入金属，对石墨烯进行修饰或复合，可以有效地提高石墨烯的储氢量。Choucair 等发现，向石墨烯中掺杂纳米金属对其进行复合改性，能有效增加石墨烯的储氢容量[13]。此外，在石墨烯结构中引入缺陷也可提高其储氢量，这是因为缺陷的引入提供了更多的吸附活性位点。Kim 等研究了空位对金属原子和石墨烯与氢结合能的影响，发现石墨烯上的空位能为金属原子提供更强的结合位点，改善金属原子的分散性；具有空位的石墨烯能使碱土金属原子较好地稳定和分散，向石墨烯转移电荷，从而改善储氢性能[14]。

金属氢化物等化学储氢材料不仅具有较高的储氢容量，而且吸放氢过程也不需要低温或高压，但是相比物理吸附，金属氢化物的吸放氢化学反应动力学相对较差。除物理吸附储氢，石墨烯还可以与化学储氢材料复合，改善其储氢动力学性能。Singh 发现，石墨烯可以削弱镁基氢化物中的 Mg—H 键，降低放氢温度[15]。研究人员利用球磨法制备了 MgH_2-石墨烯复合材料并研究了其储氢性能，发现石墨烯的引入可以有效地降低起始放氢温度、提高放氢速率；机理分析显示，球磨过程中，一方面石墨烯嵌入 MgH_2 颗粒中，有效地抑制了颗粒的团聚和长大；另一方面球磨过程中石墨烯受机械力作用破碎成无序、不规则的石墨烯纳米片，其为 MgH_2 的吸放氢反应提供了更多的边缘位置和氢扩散通道，有效强化了吸放氢反应动力学性能。Huang 等利用二丁基镁［$(C_4H_9)_2Mg$］原位热分解，在石墨烯纳米片附着了 MgH_2 纳米颗粒；通过调节 MgH_2 与石墨烯的质量比、氢气压强和温度，可控制 MgH_2 的粒径大小；所得复合储氢体系具有较高的储氢性能和循环稳定性[16]。同时，利用氢化诱导、溶剂热法合成的石墨烯附着单分散纳米 MgH_2，其具有较高的储氢容量、显著的储氢性能、超长的循环寿命和较高的热导率。通过静电自组装实现了 r-GO（还原氧化石墨烯）对 Mg_2Ni 的包覆，有效改善了 Mg_2Ni 合金的整体储氢性能，提高了其在储氢领域的应用前景。理论计算也发现用 r-GO 包覆 Mg 纳米粒子，能够提高纳米复合物的机械强度和化学稳定性，进而增强其储氢性能。

7.3 石墨烯在催化领域的应用

在催化领域，石墨烯是一种常用且有效的纳米催化剂载体。与传统催化剂相比，石墨烯附着的纳米催化剂拥有高比表面积和高比例的表面原子数，表现出更高的催化活性。对于石墨烯附着纳米催化剂的合成来说，向石墨烯表面引入官能团，实现其功能化不仅可以解决石墨烯在制备过程中的分散溶解问题，还提供了能诱导催化剂附着或嵌入的功能团，甚至直接以共价键或非共价键使催化剂与石墨烯复合。Scheuermann 等对石墨烯功能化后，实现了钯（Pd）纳米粒子催化剂的附着；对比分析发现，与钯/活性炭的催化体系相比，石墨烯附着的 Pd 纳米粒子活性更高，交叉频率超过了 $39000h^{-1}$，还有效降低了 Pd 的浸出率[17]。基于芳香族分子间 π 键的相互作用，用具有电活性的甲烯绿（MG）对石墨烯进行非共价键功能化，同时赋予其水溶性和催化活性，测试结果表明，其对烟酰胺腺嘌呤二核苷酸有较好的电催化氧化效果；机理分析显示，甲烯绿和石墨烯之间的电子传递是产生这一效果的原因。基于 PTCA 的共轭环与石墨烯间的 π—π 键以及氢键的相互作用，利用 3，4，9，10-苝四羧酸（PTCA）对石墨烯进行功能化，随后在其表面实现了高覆盖率金纳米粒子的原位沉积，表现出良好的氧还原电催化活性。

石墨烯/无机半导体复合材料具备特殊的光催化性能，制备的二氧化钛纳米纤维附着石墨烯量子点的复合材料，在污水处理方面表现出优良的光催化特性。言文远等通过两步水热法制备了氧化石墨烯/纳米 TiO_2 复合材料，表现出较高的光催化活性；在紫外光照射下，该复合材料可使甲基橙溶液高效降解，25min内的降解率可达到94.4%[18]。

电极的催化性能和稳定性是质子交换膜燃料电池（PEMFCs）开发的研究重点。目前，PEMFCs的电极主要由铂（Pt）或Pt/碳黑电催化剂材料制成，其催化性能受低pH、高浓度氧以及高电极电势等影响。采用石墨烯作为PEMFCs电极催化剂的载体有助于改善其性能，采用浸渍法将Pt纳米粒子均匀附着于石墨烯上，Pt粒子的平均粒径为2nm；与商品化的催化剂相比，石墨烯附着纳米Pt催化剂展现出了更大的电化学活性面积和氧化还原活性等优点。

7.4　石墨烯在环境处理领域的应用

石墨烯具有比表面积高、易于功能化等优点，在环境处理领域有着光明的应用前景。采用水热法制备了磷酸乙醇胺功能化的石墨烯泡沫（PNGF），在石墨烯表面引入了大量的羟基、氨基和磷酸基等亲水基团，赋予该石墨烯泡沫良好的亲水性。研究发现，PNGF作为过滤材料，能够快速有效地去除污染水源中的Pb（Ⅱ）和Cd（Ⅱ）重金属离子。另外，用HCl即可将使用过的PNGF过滤材料上的重金属离子脱附，实现其再生。石墨烯可以用来制备超薄的氧化石墨烯膜（GO膜），用于净化水质；调节GO膜纳米通道，可以有效改善净化性能；与快沉积速率条件下得到的GO膜相比，慢沉积速率得到的GO膜的水的渗透速率高出2.5~4.0倍，脱盐速率高出1.8~4.0倍，这些发现为制备新型高流速和高选择性净化水质的超薄GO膜提供了实验依据。Zhu等采用2，2，6，6-四甲基哌啶氧自由基（TEMPO）氧化法制备了氧化纤维素纳米纤维（TOCNF），并与氧化石墨烯进行了自组装，得到的复合物对Cu（Ⅱ）离子有很好的吸附能力，可以用作开发新型的水净化膜[19]。

除重金属离子，石墨烯也非常适合作为吸附剂来吸附有机物（特别是大分子有机污染物）。迟彩霞等将抗坏血酸作为还原剂，通过还原诱导自组装法制备石墨烯气凝胶；该石墨烯气凝胶对于甲苯等有机物具有不错的吸附性能和循环使用性能[20]。杨彩霞采用溶胶-凝胶法，制备了生物相容性好的聚乙烯醇（PVA）和氧化石墨烯的复合水凝胶，该水凝胶对亚甲基蓝的吸附性能良好，吸附容量可达476mg/g；此外，与直接使用石墨烯吸附有机物相比，石墨烯水凝胶不仅具备更好的吸附性能，还避免了二次污染。通过氮掺杂制备的多孔石墨烯，密度可达2.1mg/cm^3，能吸附相当于其自身质量200~600倍的原油和有机溶剂。

7.5 石墨烯在复合材料领域的应用

铝合金具备低成本、低密度、高比强度、延展性和机加性能好等优点，在航空、航天等领域得到广泛应用。在前期碳纤维、碳纳米管增强铝基复合材料研究的基础上，因石墨烯强度更高、模量更大、比表面积更大，石墨烯增强铝基纳米复合材料受到了重视。研究发现，石墨烯是一种优异的铝基复合材料纳米增强材料，少量石墨烯的加入即可显著提高铝基体的抗拉强度和屈服强度等力学性能。影响石墨增强铝基纳米复合材料的力学性能的主要因素包括石墨烯分散度以及石墨烯和铝基体之间的界面结合强度。燕绍丸等采用快凝粉末冶金方法制备了石墨烯增强铝基纳米复合材料；研究结果显示，向 Al-Mg-Cu 系合金中引入 0.15%和 0.5%的石墨烯纳米片，可将抗拉强度从 373MPa 分别提升到 400MPa 和 467MPa，将屈服强度从 214MPa 分别提升到 262MPa 和 319MPa；此外，提升强度时，Al-Mg-Cu 系合金的塑性并未降低，说明此增强途径具有很好的实际应用价值。

橡胶是现代社会不可或缺的一种重要物资，广泛应用于国民经济和国防军工各个领域。炭黑（CB）和白炭黑（SiO_2）是目前橡胶主要的补强剂，广泛使用于各种橡胶制品。近年来，科学技术的发展对橡胶提出了抗静电、导电性或气体阻隔性等功能性需求，亟须开发新的先进填料。与 CB、SiO_2、CNTs 等填料相比，石墨烯的比表面积、强度、弹性、热导率和电导率等性能均更好。目前，石墨烯已用于多类橡胶基体的改性，包括天然橡胶、丁腈橡胶、乙丙橡胶、热塑性弹性体苯乙烯-丁二烯-苯乙烯共聚物等。在橡胶-石墨烯复合材料的制备中，主要采用溶液共混、直接加工和胶乳共混三种手段，以保证石墨烯在橡胶基体中均匀分散。研究已经证实，石墨烯可以有效地改善橡胶的力学性能，还可以赋予橡胶材料其他特性如导电性、导热性，改善其动态性能和气体阻隔性等。

采用溶液共混法，获得了石墨烯增强的聚氨酯（PU）复合材料和聚乙烯醇（PVA）复合材料，发现石墨烯对于 PU 和 PVA 两种材料的增强效果均很好。引入 0.7%的石墨烯后，聚乙烯醇复合材料的拉伸强度可增加 76%，弹性模量增加 62%；引入 1%的石墨烯后，聚氨酯复合材料的拉伸强度增加 75%，弹性模量增加 120%。杨波等研究了石墨烯-苯丙乳液复合导电膜；引入 5%的石墨烯后，其导电膜的表面电阻率可达到 0.29Ω · cm。对于石墨烯-聚合物复合材料来说，石墨烯的功能化是关键步骤，不仅提高了石墨烯的分散性，还可以增强石墨烯增强体与基体间的界面相互作用。Ramanathan 等将石墨烯与聚甲基丙烯酸甲酯（PM-

MA）和聚丙烯腈（PAN）复合，发现石墨烯表面上的含氧基团和褶皱结构强化了其与聚合物之间的界面相互作用[21]。对于PAN来说，引入1%的石墨烯后，其玻璃化转变温度提升了40℃；对于PMMA来说，引入0.5%的石墨烯后，其玻璃化转变温度提升了30℃。此外，石墨烯的引入还大幅度提升了杨氏模量、极限强度、热稳定性等，仅引入0.01%的石墨烯就可以将PMMA的弹性模量提高33%。Fang等首先将自由基聚合（ATRP）引发剂键合到石墨烯上，随后通过ATRP反应使聚苯乙烯（PS）链接枝于石墨烯上，接枝效率可达到82%；利用这种方法获得的石墨烯接枝聚苯乙烯的玻璃化转变温度相对纯的聚苯乙烯升高了15℃；将其引入聚苯乙烯中，发现可以显著提升力学性能，在石墨烯含量仅为0.9%时，聚合物的拉伸强度和杨氏模量即可提高70%和57%[22]。制备方法对于石墨烯基复合材料的性能也有明显的影响。原位制备石墨烯与水溶性聚氨酯（WPU）的原位制备复合物，发现石墨烯上的羟基和环氧基可与WPU单体发生反应，在石墨烯与聚合物基体间产生较强的相互作用，且石墨烯在复合材料中扮演了电子传输隧道的作用；当石墨烯含量为2%时，复合材料的电导率为1.31×10^{-5}S/cm，是水溶性聚氨酯的10^5倍；此外，石墨烯的引入可以增强WPU软段的结晶行为，而且其模量相对机械共混法制备的复合材料得到很大程度的提高。

除高分子聚合物基体，石墨烯还可以用于增强无机材料。Yang等用硅烷偶联剂氨丙基三乙氧基硅烷（APTS）对氧化石墨烯进行共价键功能化，使其可溶于水、乙醇、DMF、DMSO等溶剂以及APTS中；将0.1%的改性石墨烯作为增强体引入二氧化硅基体中，其与二氧化硅基体发生共价键作用，可将二氧化硅的耐压强度和韧性分别相对提升19.9%和92%[23]。

石墨烯是一种结构特殊的材料，拥有良好的热学（优异的导热性和热稳定性）、电学（优异的运输电子性能）和力学性能，在多个领域均有很好的应用前景。近年来，随着石墨烯的制备技术的进步，其产量不断增加，生产成本不断给降低，为其更广泛的应用研究和产业化开发提供了很好的支撑。相信未来，石墨烯的应用将越来越广泛。

参考文献

[1] DAHN J R, ZHENG T, LIU Y, et al. Mechanisms for lithium insertion in carbonaceous materials [J]. Science, 1995, 270 (5236), 590-593.

[2] XING W. Optimizing pyrolysis of sugar carbons for use as anode materials in lithium-Ion batteries [J]. Journal of The Electrochemical Society, 1996, 143 (10), 3046.

[3] TENG Y Q, ZHAO H L, ZHANG Z J, et al. MoS_2 nanosheets vertically grown on graphene sheets for lithium-ion battery anodes [J]. ACS nano, 2016, 10 (9), 8526-35.

[4] RUOFF R S. Graphene-based and graphene-derived materials for energy systems [J]. American Chemical Society Division of Fuel Chemistry Preprints, 2012, 57 (2), 12-12.

[5] WU J B, BECERRIL H A, BAO Z N, et al. Organic solar cells with solution-processed graphene transparent electrodes [J]. Appl. Phys. Lett., 2008, 92 (26), 263302-0.

[6] WANG X, ZHAN G, WANG Y, et al. Engineering core-shell Co (9) S_(8)/Co nanoparticles on reduced graphene oxide: efficient bifunctional mott-schottky electrocatalysts in neutral rechargeable Zn-Air batteries [J]. 能源化学：英文版, 2022 (5): 11.

[7] KAVAN L, LISKA P, ZAKEERUDDIN S M, et al. Low-temperature fabrication of highly-efficient, optically-transparent (FTO-free) graphene cathode for co-mediated dye-sensitized solar cells with acetonitrile-free electrolyte solution [J]. Electrochimica Acta, 2016, 195, 34-42.

[8] WANG X, PU H, LIU Q, et al. Demonstration of 4H-SiC thyristor triggered by 100-mW/cm^2 UV light [J]. IEEE Electron Device Letters, 2020, 99, 1-1.

[9] HONG W, XU Y, LU G, et al. Transparent graphene/PEDOT-PSS composite films as counter electrodes of dye-sensitized solar cells [J]. Electrochemistry Communications, 2008, 10 (10), 1555-1558.

[10] LIU C Y, HOLMAN Z C, KORTSHAGEN U R. Hybrid solar cells from P3HT and silicon nanocrystals [J]. Nano Letters, 2009, 9 (1), 449-452.

[11] ZHU G, TAO X, TIAN L, et al. Graphene-incorporated nanocrystalline TiO_2 films for CdS quantum dot sensitized solar cells [J]. Journal of Electroanalytical Chemistry, 2011, 650 (2): 248-251.

[12] MA L P, WU Z S, LI J, et al. Hydrogen adsorption behavior of graphene above critical temperature [J]. International Journal of Hydrogen Energy, 2009, 34 (5), 2329-2332.

[13] CHOUCAIR M, TSE N, HILL M R, et al. Adsorption and desorption characteristics of 3-dimensional networks of fused graphene [J]. Surface Science, 2012, 606 (1-2), 34-39.

[14] KIM H, BALGAR T, HASSELBRINK E. The stretching vibration of hydrogen adsorbed on epitaxial graphene studied by sum-frequency generation spectroscopy [J]. Chemical Physics Letters, 2011, 508 (1-3), 1-5.

[15] SINGH S, BHATNAGAR A, SHUKLA V, et al. Ternary transition metal alloy FeCoNi nanoparticles on graphene as new catalyst for hydrogen sorption in MgH2 [J]. International Journal of Hydrogen Energy, 2019, 45 (1).

[16] HUANG Y, XIA G, CHEN J, et al. One-step uniform growth of magnesium hydride nanoparticles on graphene [J]. Progress in Natural Science, 2017, 27 (1).

[17] SCHEUERMANN G M, RUMI L, STEURER P, et al. Palladium nanoparticles on graphite oxide and its functionalized graphene derivatives as highly active catalysts for the suzuki-miyaura coupling reaction [J]. Journal of the American Chemical Society, 2009, 131 (23), 8262-8270.

[18] 言文远．功能化 RGO/TiO_2 复合材料的可控制备与其气敏和光催化性能研究 [D]. 合肥：合肥工业大学, 2016.

[19] ZHU C, SOLDATOV A, MATHEW A P. Advanced microscopy and spectroscopy reveal the adsorption and clustering of Cu (II) onto TEMPO-oxidized cellulose nanofibers [J]. Nanoscale, 2017, 9.

[20] 迟彩霞，孔祥慧，乔秀丽，等．石墨烯气凝胶的制备与吸附性能研究 [J]. 应用化工，2017，46 (5)，4.

[21] RAMANATHAN T，STANKOVICH S，DIKIN D A，et al. Graphitic nanofillers in PMMA nanocompositesuan investigation of particle size and dispersion and their influence on nanocomposite properties [J]. Journal of Polymer Science Part B Polymer Physics，2012，50 (8)，589-589.

[22] FANG M，WANG K，LU H，et al. Covalent polymer functionalization of graphene nanosheets and mechanical properties of composites [J]. Journal of Materials Chemistry，2009，19 (38)，7098-7105.

[23] YANG H F，LI F H，SHAN C S，et al. Covalent functionalization of chemically converted graphene sheets via silane and its reinforcement [J]. Journal of Materials Chemistry，2009，19 (26)，4632-4638.

内容简介

本书以石墨烯基燃烧催化材料的制备、表征、催化热分解以及在固体推进剂中的应用等内容为重点，总结了作者及其课题组在含能材料领域的最新研究成果。这些成果涉及的石墨烯基燃烧催化材料主要包含单金属氧化物负载型燃烧催化材料、金属复合氧化物负载型燃烧催化材料以及石墨烯-有机酸金属配合物、石墨烯-席夫碱金属配合物和石墨烯-二茂铁配合物等配位型石墨烯基燃烧催化材料。涉及的固体推进剂主要有复合推进剂、双基推进剂和改性双基推进剂。性能评价手段包括石墨烯基燃烧催化材料的微观形貌、组成结构表征、单质含能材料的热分解以及固体推进剂的高压热分解性能、燃烧性能、机械感度、静电感度和力学等性能的评估。

本书可为从事石墨烯基材料和固体推进剂研发的专业技术人员提供有益的借鉴，也可作为高等院校相关专业教师和研究生的教学参考书。

This book summarizes the latest research achievements of the authors and their terms in the field of energetic materials from the aspects of preparation, characterization, catalytic thermal decomposition and application in solid propellants of graphene-based combustion catalytic materials. The graphene-based combustion catalytic materials involved in these achievements mainly includes single metal oxide supported combustion catalytic materials, metal composite oxide supported combustion catalytic materials, graphene organic acid metal complexes, graphene Schiff base metal complexes and graphene ferrocene complexes. The solid propellants include composite propellants, double base (DB) propellants and composite modified double base (CMDB) propellants. The evaluation methods involved micro morphology, composition and structure characterization of graphene-based combustion catalytic materials, thermal analysis of energetic components, high-pressure thermal decomposition performance, combustion performance, mechanical sensitivity, electrostatic sensitivity and mechanical performance evaluation of solid propellant.

The book is believed to be beneficial for researchers in the fields of graphene-based materials and solid propellants and it can also be used as a reference book for graduate students who major in energetic materials.

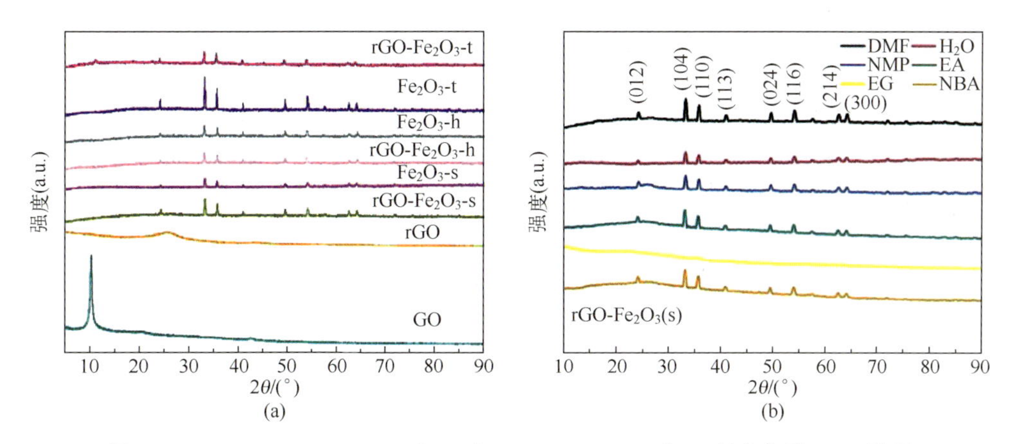

图 2-24　GO、rGO、Fe_2O_3(s、t 和 h)和 rGO-Fe_2O_3(s、t 和 h)复合物的 XRD 谱图

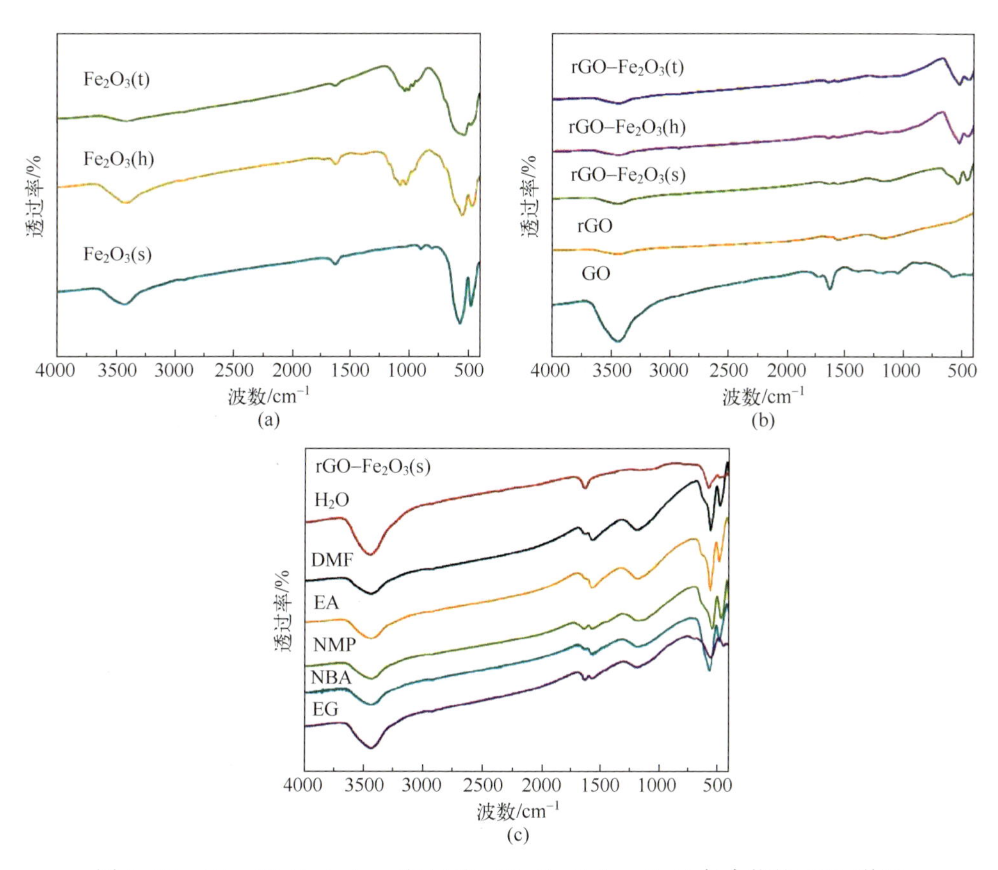

图 2-25　GO、rGO、Fe_2O_3(s、t 和 h)和 rGO-Fe_2O_3(s、t 和 h)复合物的 FTIR 谱图

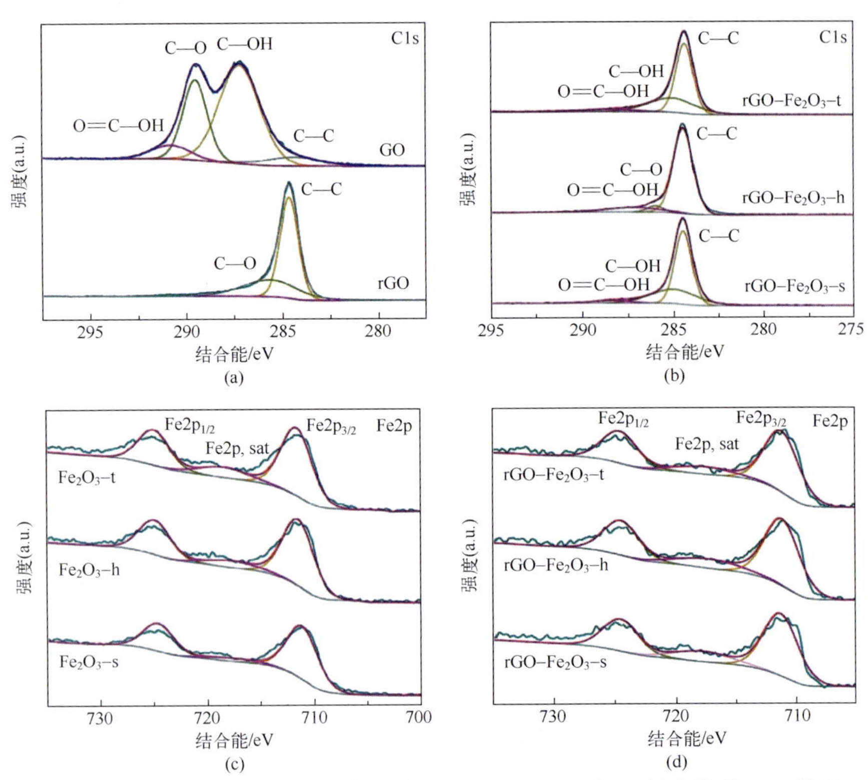

图 2-26　GO、rGO、Fe_2O_3(s、t 和 h)和 rGO-Fe_2O_3(s、t 和 h)复合物的 XPS 谱图

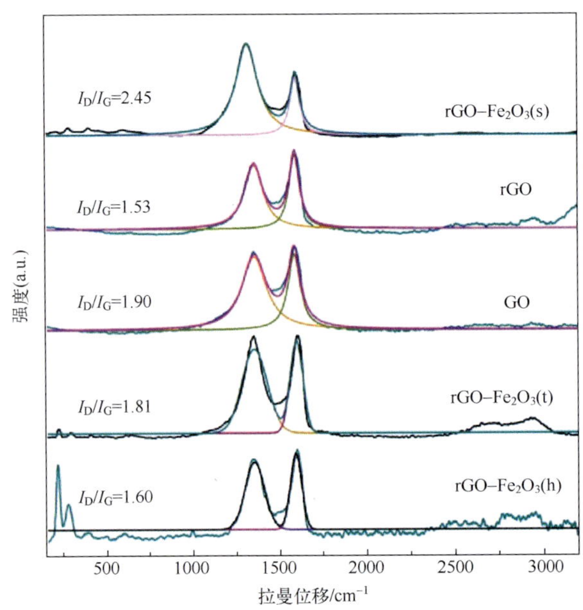

图 2-27　GO、rGO、Fe_2O_3 和 rGO-Fe_2O_3 复合物的 RAMAN 谱图

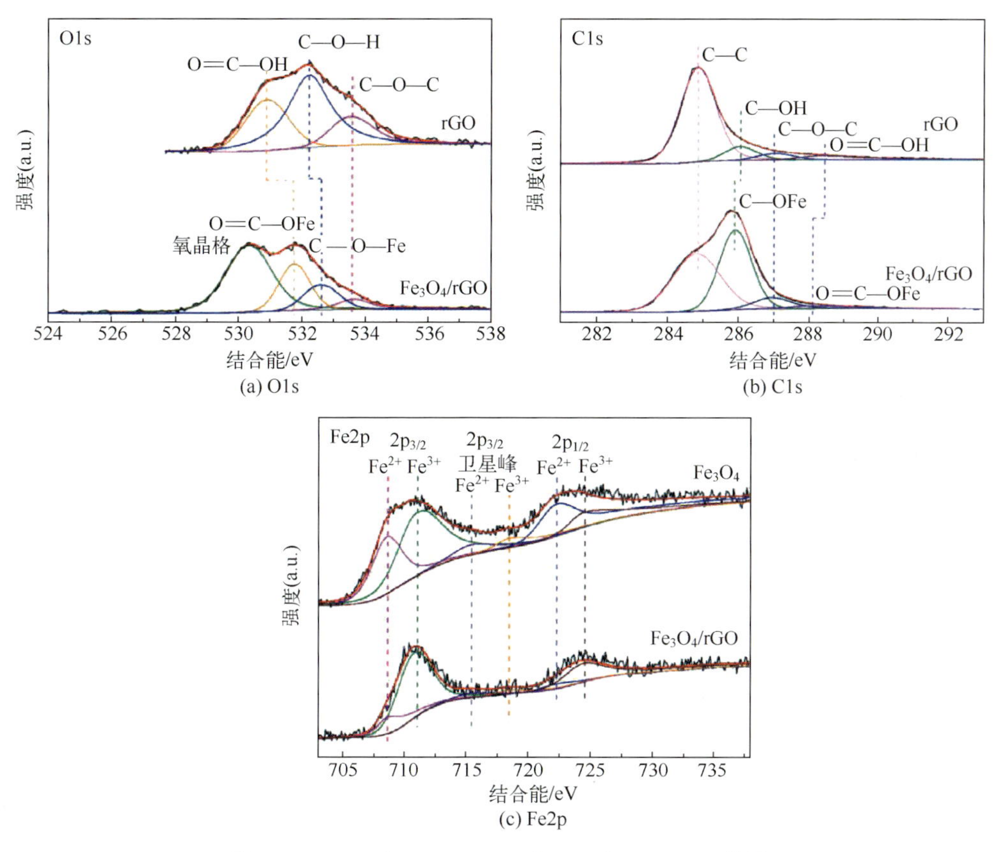

(a) O1s

(b) C1s

(c) Fe2p

图 2-31 rGO 和 Fe_3O_4/rGO 的 O1s 和 C1s XPS 谱图

以及 Fe_3O_4 和 Fe_3O_4/rGO 的 Fe2p XPS 谱图

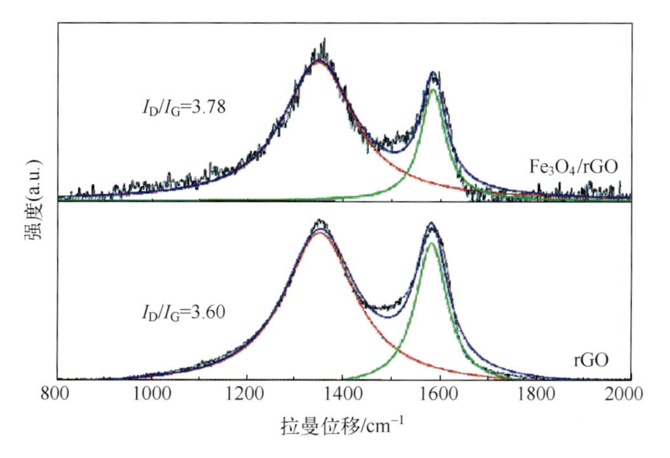

图 2-32 rGO 和 Fe_3O_4/rGO 的 RAMAN 谱图

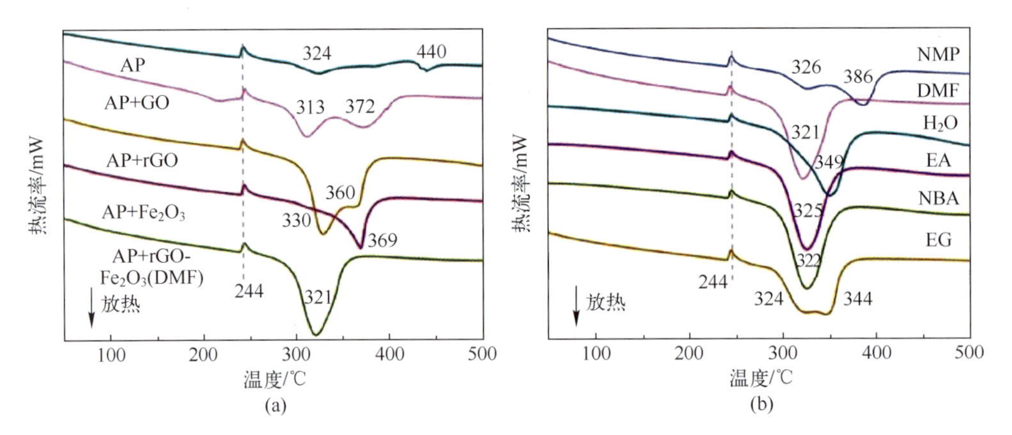

图 2-33　与 GO、rGO、Fe_2O_3(s)和 rGO-Fe_2O_3(s)复合物混合前后 AP 的 DSC 曲线

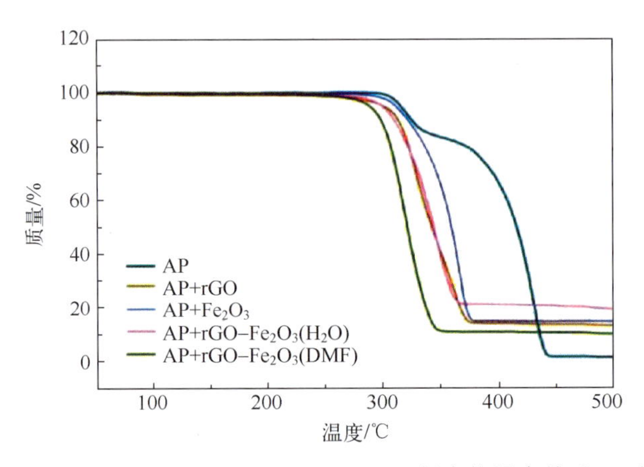

图 2-34　与 GO、rGO、Fe_2O_3(s)和 rGO-Fe_2O_3(s)复合物混合前后 AP 的 TG 曲线

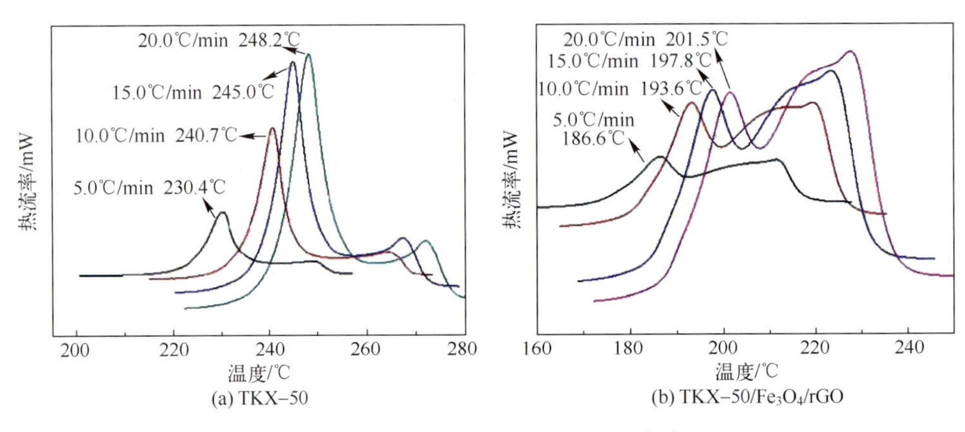

图 2-36　不同升温速率下的 DSC 曲线

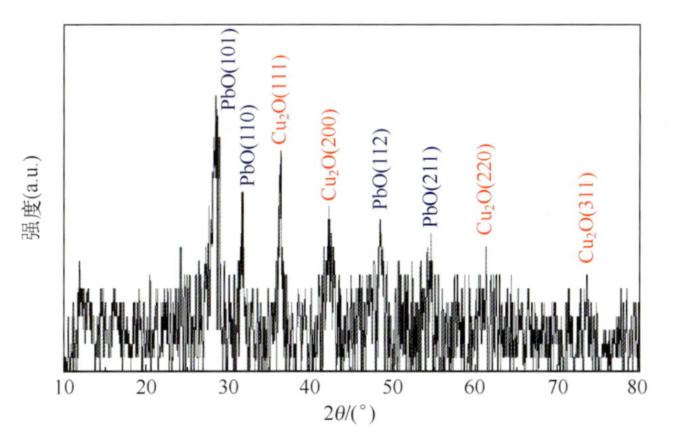

图 3-1　Cu_2O-PbO/GO 复合物的 XRD 图

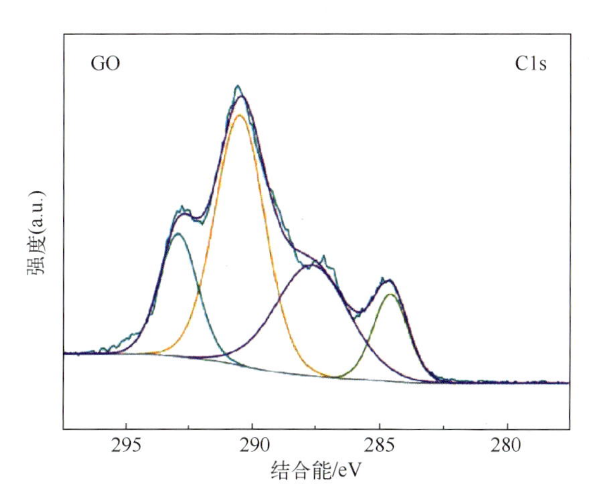

图 3-17　氧化石墨烯的 XPS 谱图

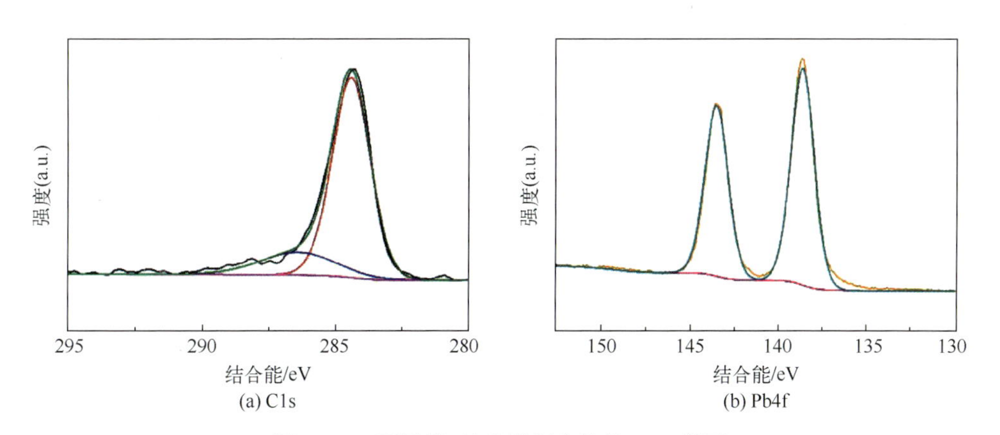

图 3-18　石墨烯-钨酸铅复合物的 XPS 谱图

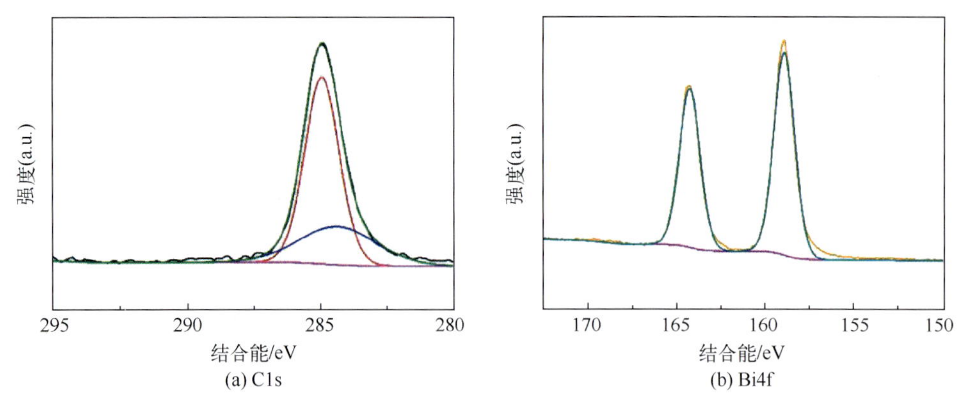

图 3-19　石墨烯-钨酸铋复合物的 XPS 谱图

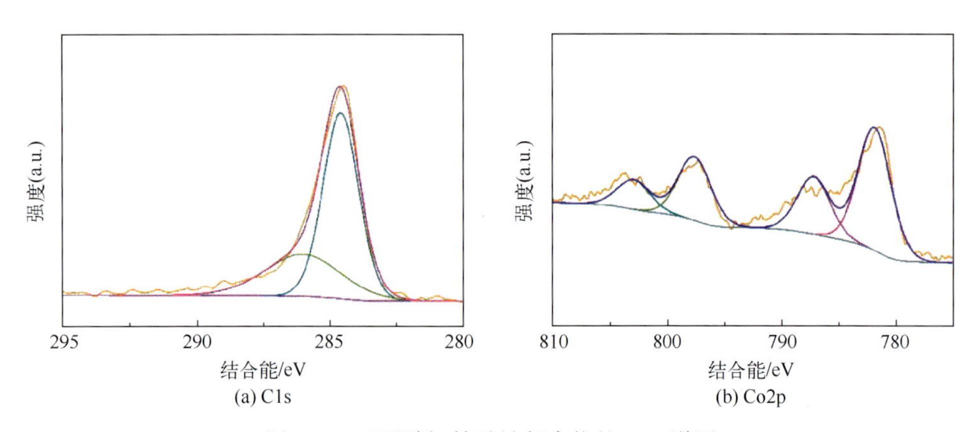

图 3-20　石墨烯-钨酸钴复合物的 XPS 谱图

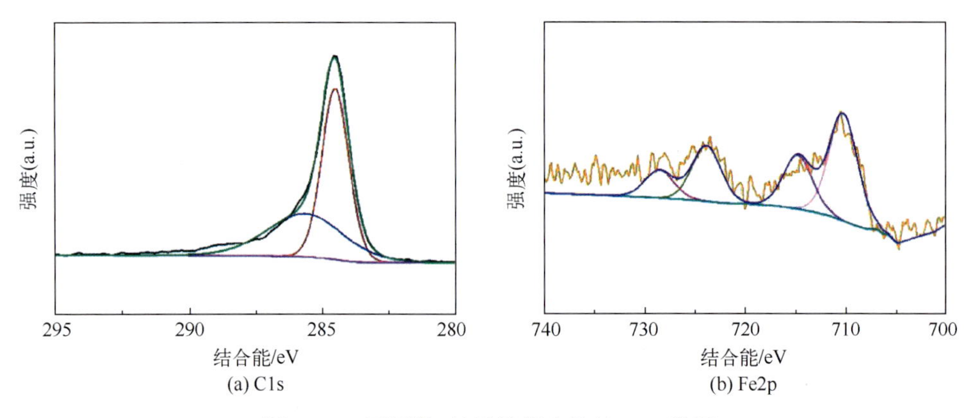

图 3-21　石墨烯-钨酸铁复合物的 XPS 谱图

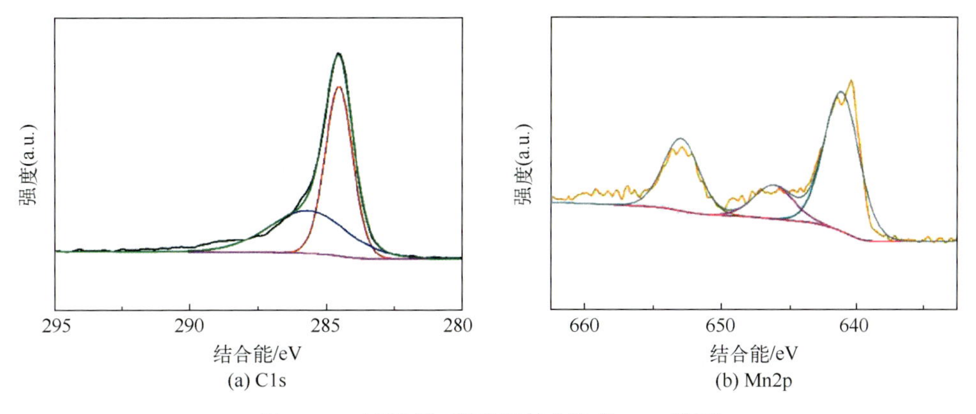

图 3-22 石墨烯-钨酸锰复合物的 XPS 谱图

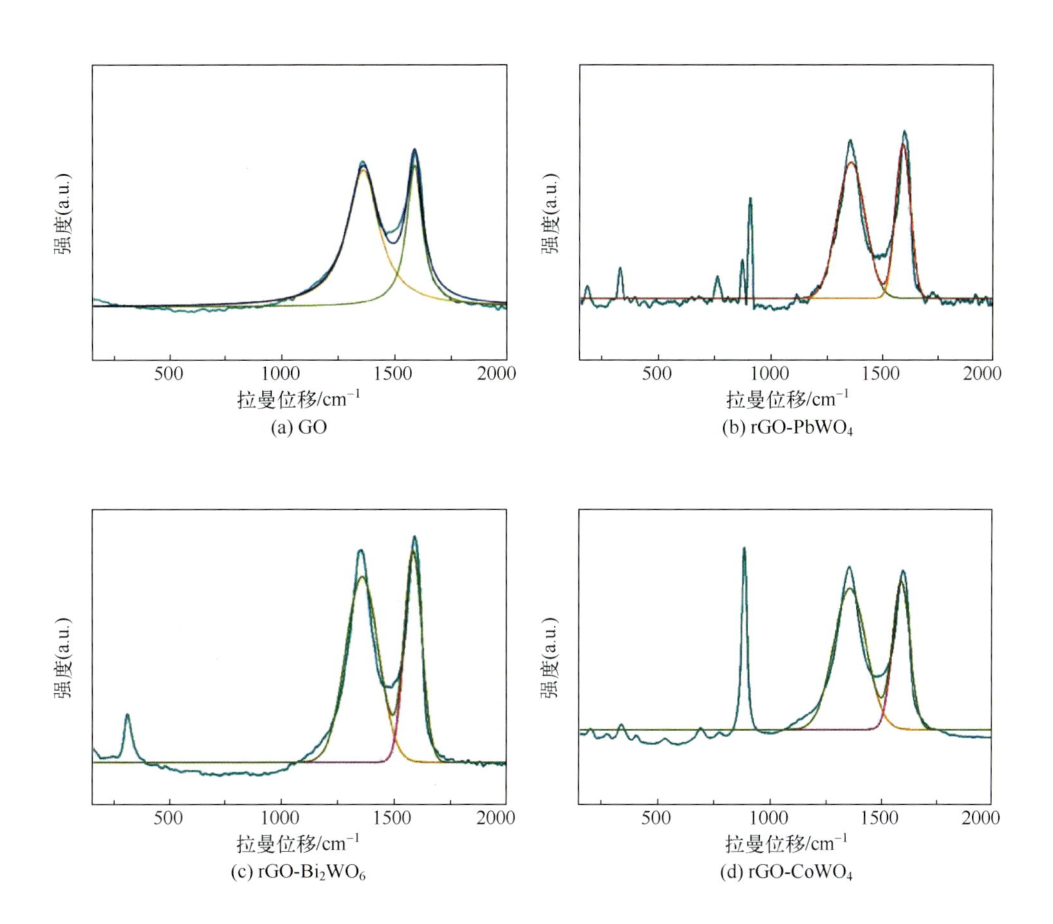

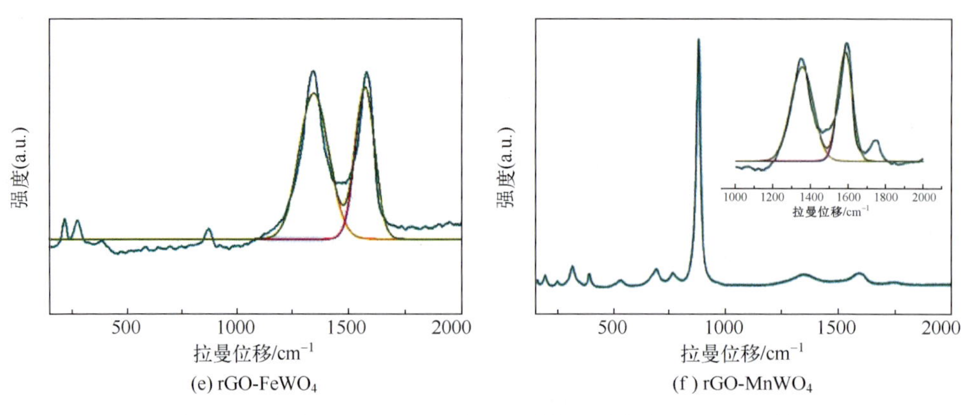

图 3-23 氧化石墨烯和石墨烯-钨酸盐复合物的 RAMAN 谱图

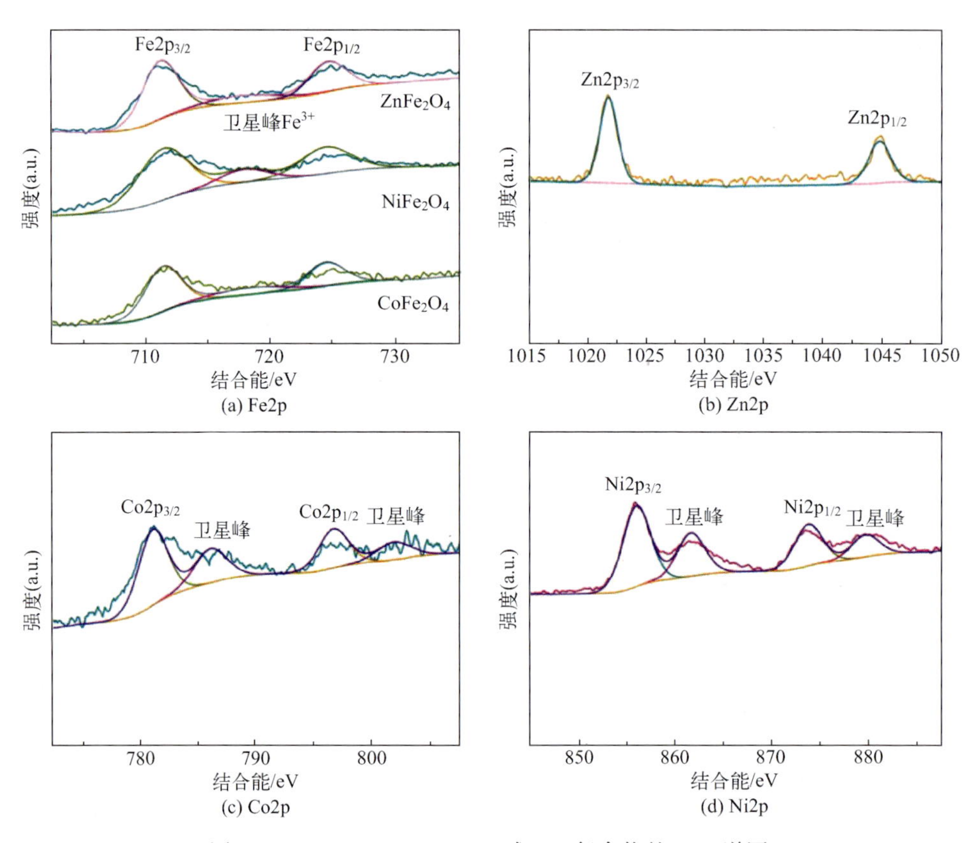

图 3-31 MFe_2O_4(M=Ni、Co 或 Zn)复合物的 XPS 谱图

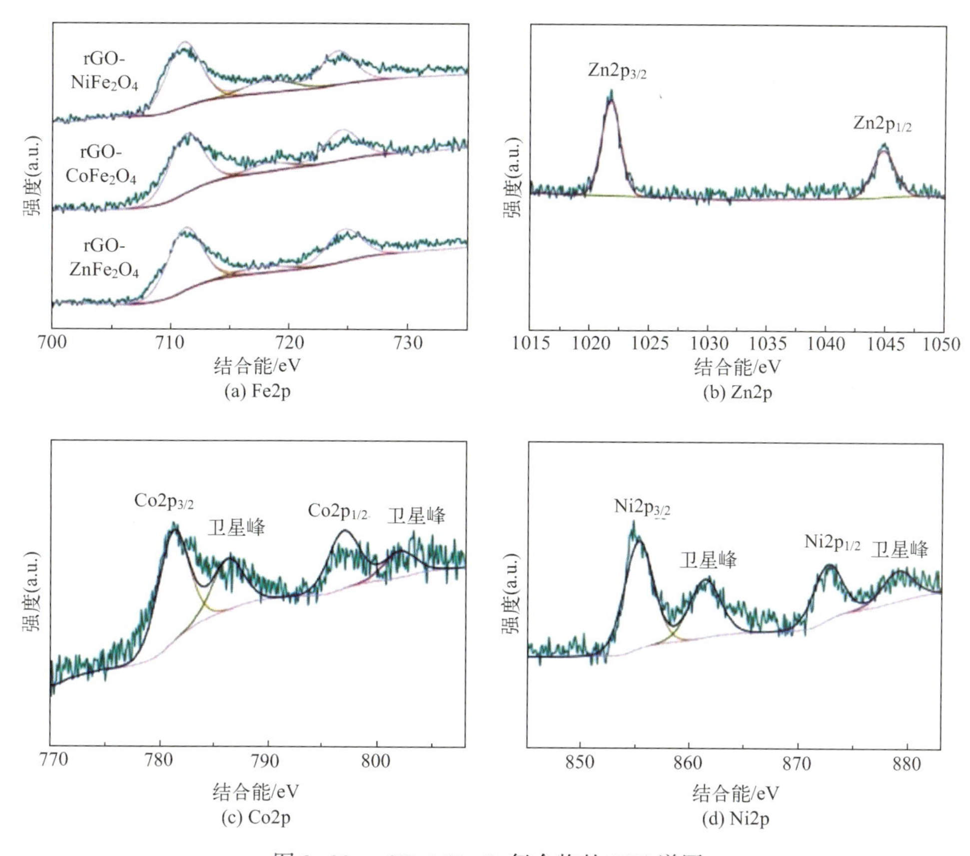

图 3-32　rGO-MFe_2O_4复合物的 XPS 谱图

图 3-36　Al、$CuFe_2O_4$、GO 和具有不同 GO 含量((d)~(h)；0~10%）的 Al/GO/$CuFe_2O_4$（Φ=1.50）悬浮液静置 4h 后的图片以及（(d)~(h)）离心干燥后（(d′)~(h′)）的图片

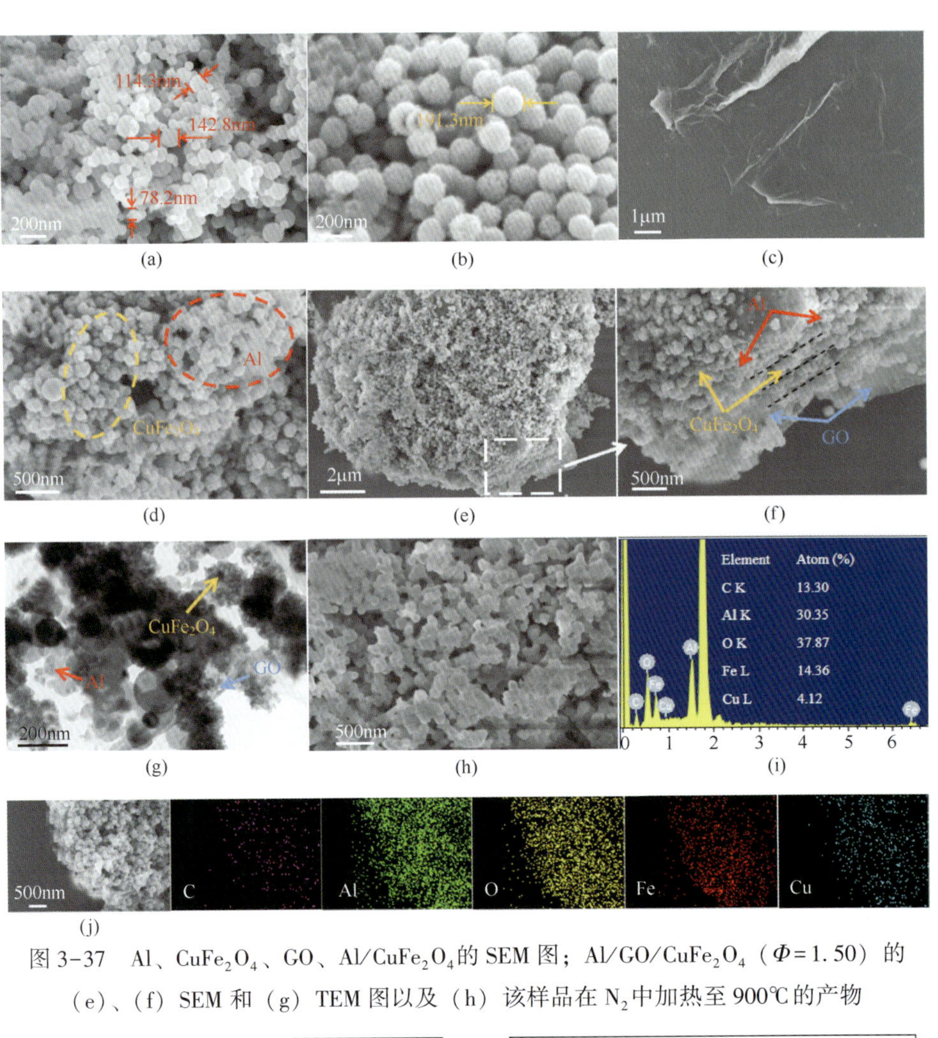

图 3-37　Al、$CuFe_2O_4$、GO、Al/$CuFe_2O_4$的 SEM 图；Al/GO/$CuFe_2O_4$（$\Phi=1.50$）的（e）、（f）SEM 和（g）TEM 图以及（h）该样品在 N_2中加热至 900℃的产物

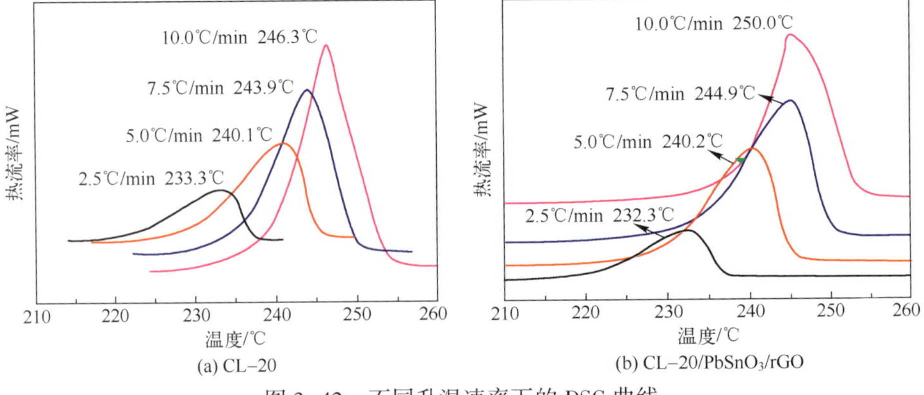

图 3-42　不同升温速率下的 DSC 曲线

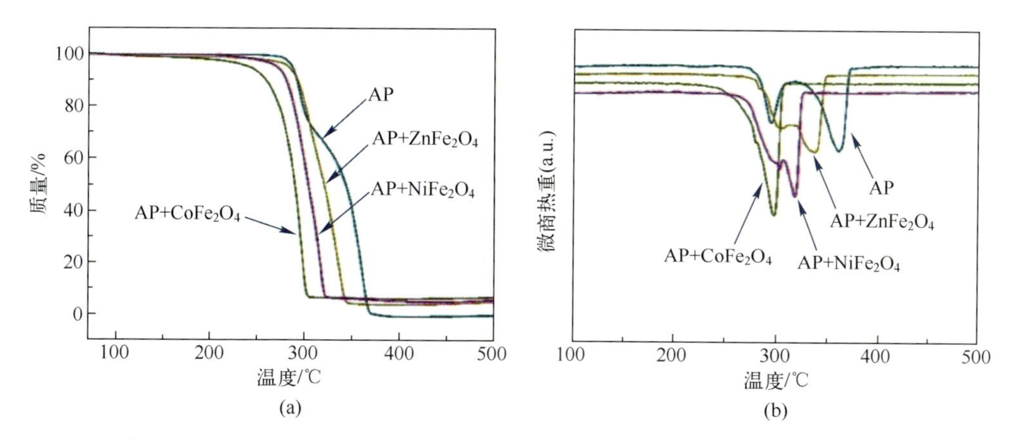

图 3-46 与 $NiFe_2O_4$、$ZnFe_2O_4$和 $CoFe_2O_4$混合前后 AP 的 TG 和 DTG 曲线

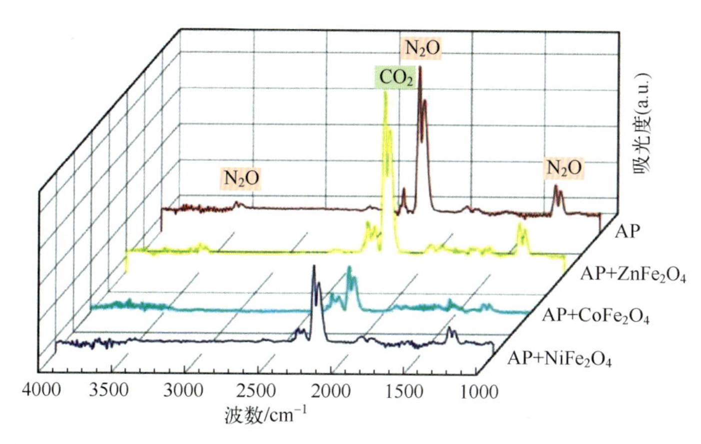

图 3-47 与 $NiFe_2O_4$、$ZnFe_2O_4$和 $CoFe_2O_4$混合前后 AP 分解产生气体产物的 FTIR 谱图

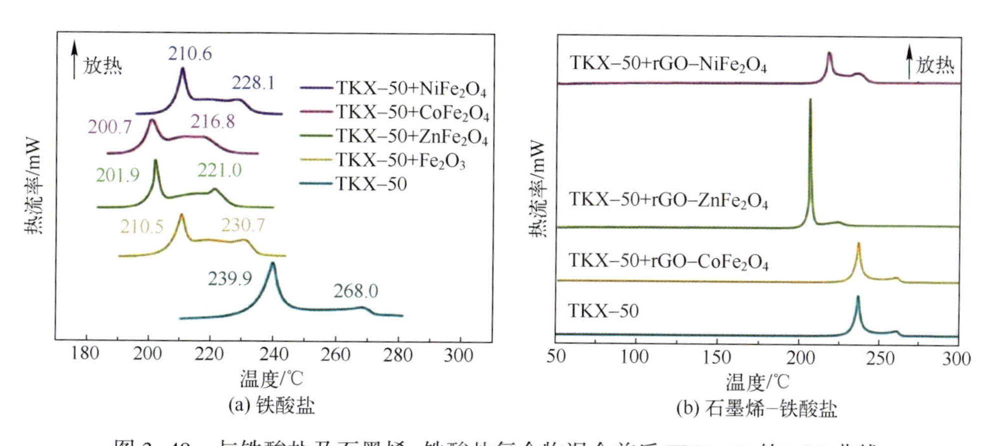

图 3-49 与铁酸盐及石墨烯-铁酸盐复合物混合前后 TKX-50 的 DSC 曲线

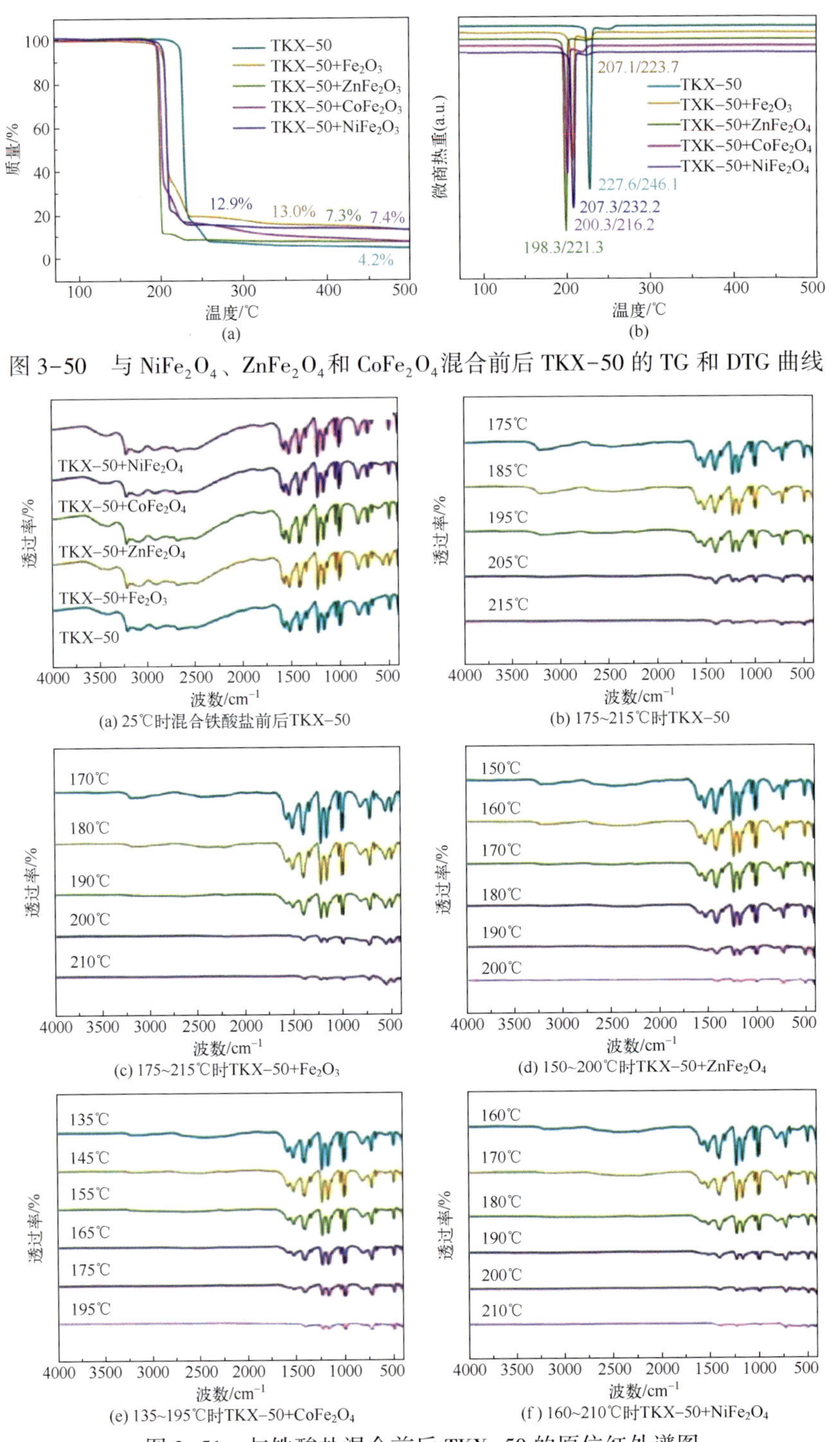

图 3-50 与 $NiFe_2O_4$、$ZnFe_2O_4$和 $CoFe_2O_4$混合前后 TKX-50 的 TG 和 DTG 曲线

图 3-51 与铁酸盐混合前后 TKX-50 的原位红外谱图

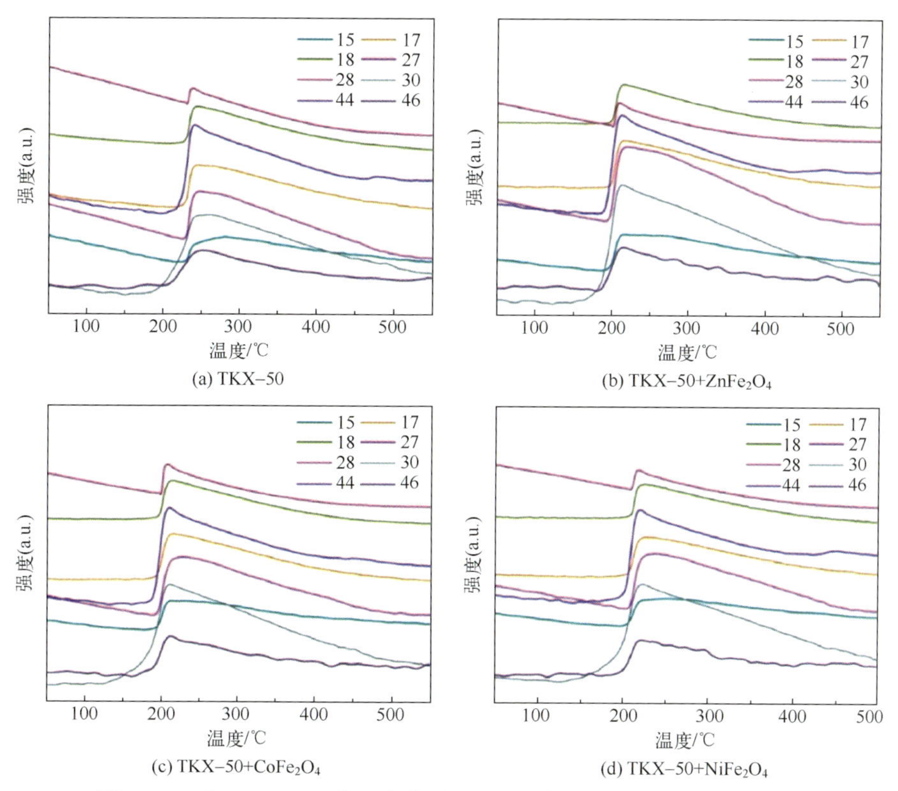

(a) TKX-50　(b) TKX-50+ZnFe₂O₄

(c) TKX-50+CoFe₂O₄　(d) TKX-50+NiFe₂O₄

图 3-52　在 10℃/min 升温速率下 TKX-50 气相离子产物的 MS 谱图

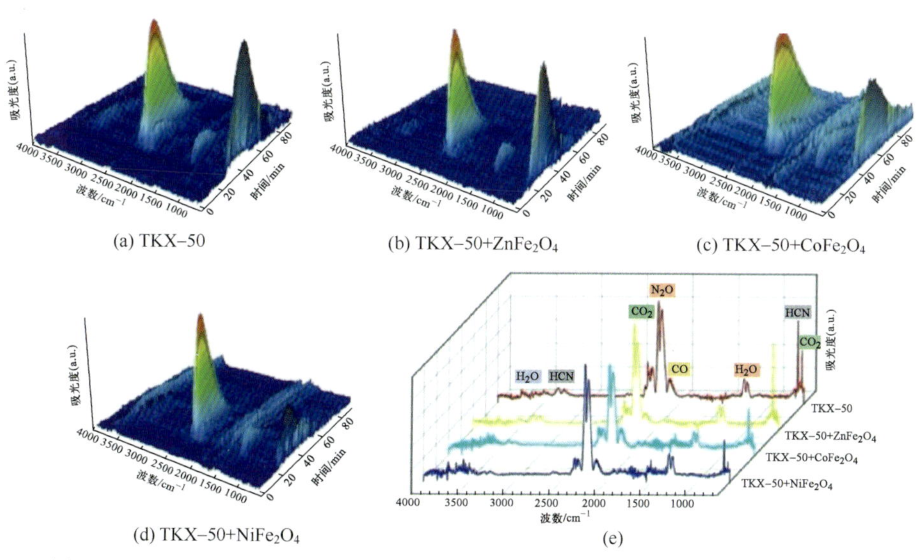

(a) TKX-50　(b) TKX-50+ZnFe₂O₄　(c) TKX-50+CoFe₂O₄

(d) TKX-50+NiFe₂O₄　(e)

图 3-53　TKX-50、TKX-50+$ZnFe_2O_4$、TKX-50+$CoFe_2O_4$、TKX-50+$NiFe_2O_4$的三维气相 FTIR 谱图以及 2237cm^{-1}峰最强时混合铁酸盐前后 TKX-50 的 FTIR 谱图

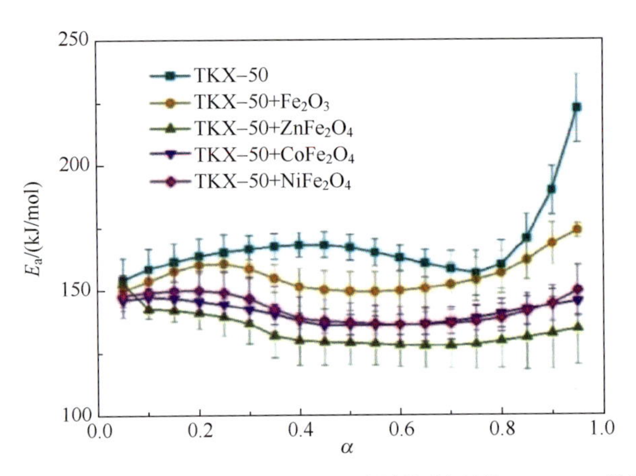

图 3-54 由非线性 Flynn-Wall-Ozawa 法计算得到的 TKX-50 的活化能

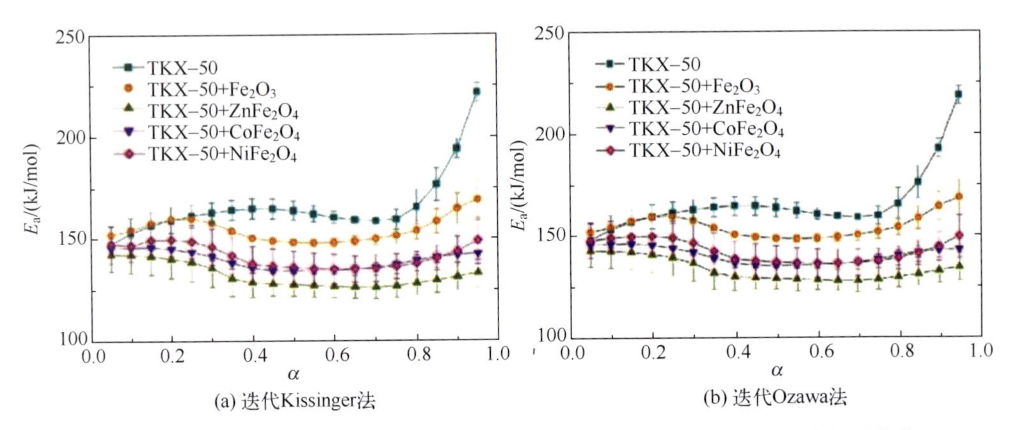

图 3-55 由迭代 Kissinger 法和迭代 Ozawa 法计算得到的 TKX-50 的分解活化能

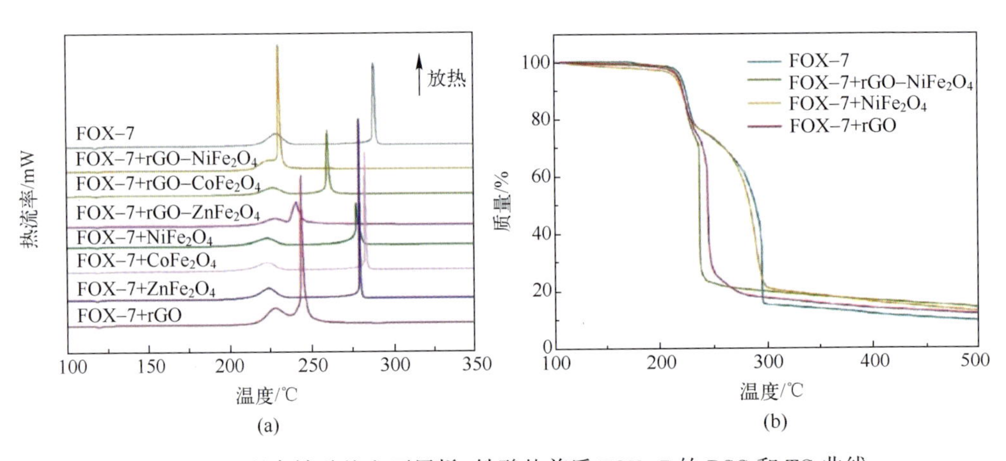

图 3-57 混合铁酸盐和石墨烯-铁酸盐前后 FOX-7 的 DSC 和 TG 曲线

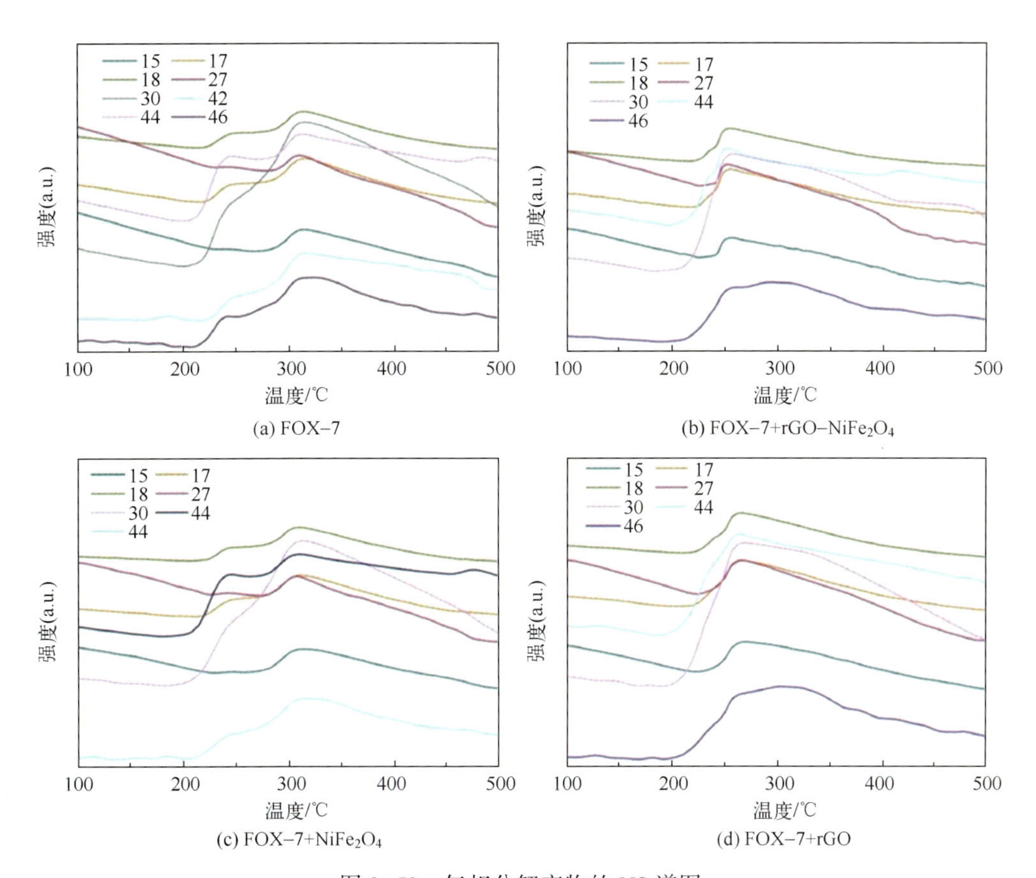

图 3-59　气相分解产物的 MS 谱图

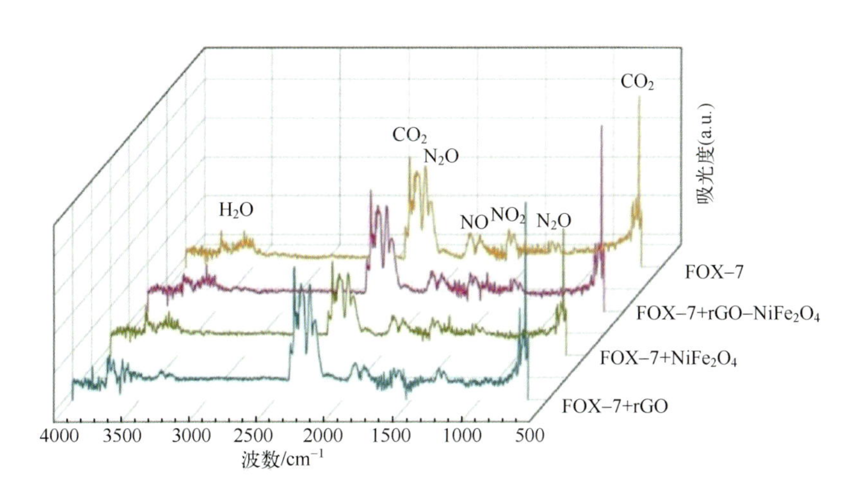

图 3-60　与 rGO、$NiFe_2O_4$和 rGO-$NiFe_2O_4$复合物混合前后 FOX-7 的 FTIR 谱图

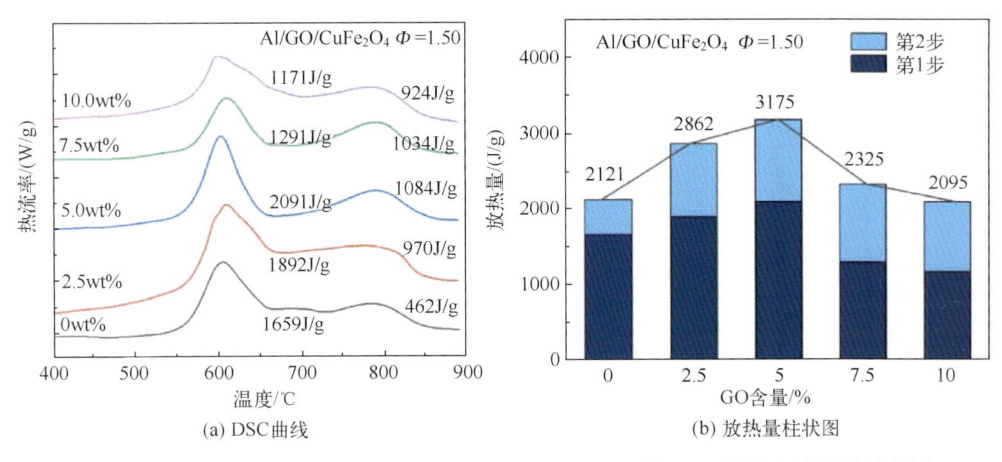

图 3-62　不同 GO 含量下 Al/GO/$CuFe_2O_4$（Φ=1.50）的 DSC 曲线和放热量柱状图

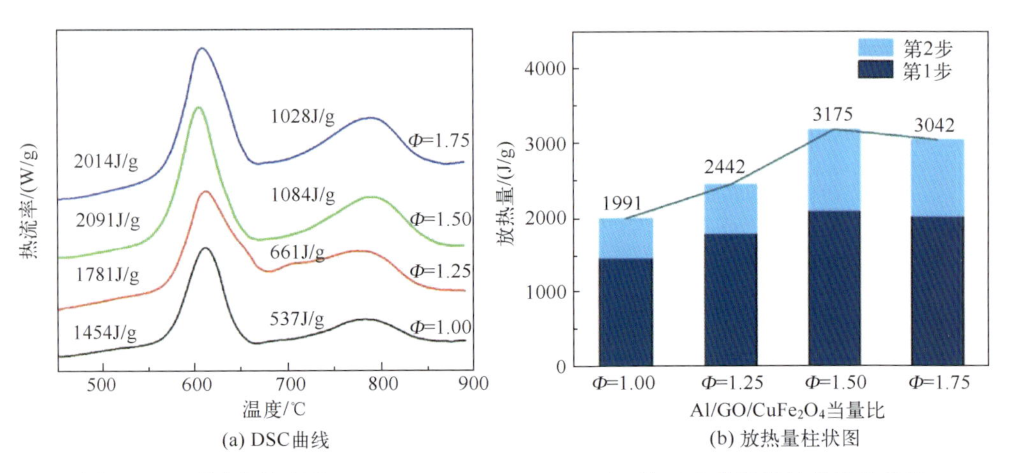

图 3-63　不同当量比下 Al/GO/$CuFe_2O_4$（ω_{GO}=5%）的 DSC 曲线和放热量柱状图

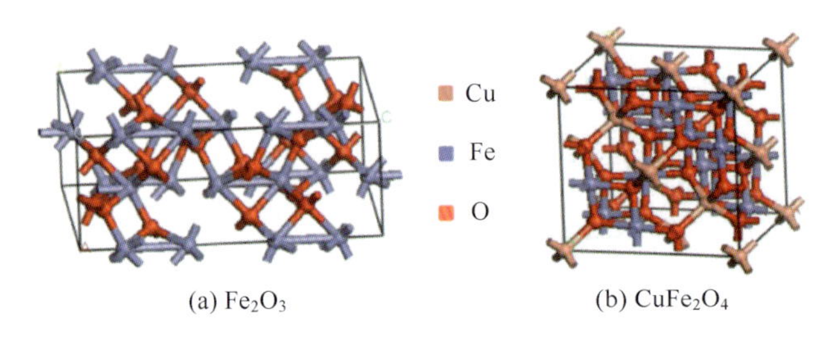

图 3-64　Fe_2O_3和 $CuFe_2O_4$的晶胞结构

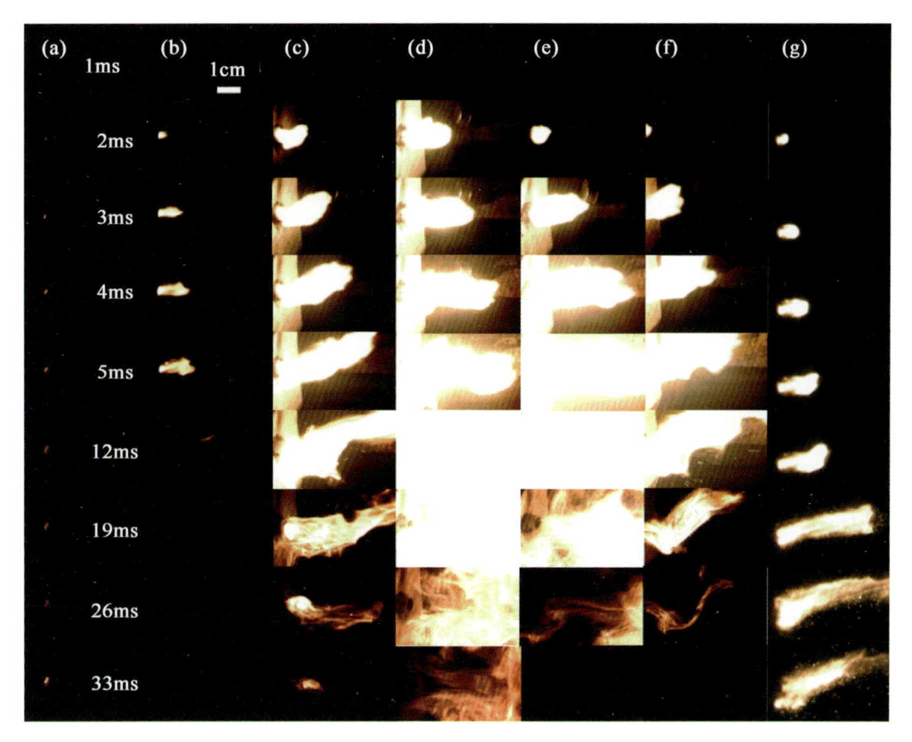

图 3-65 (a) 纯 Al、Al/GO/$CuFe_2O_4$ (Φ=1.00 (b)、1.25 (c)、1.50 (d) 和 1.75 (e)、(f)) 和 Al/$CuFe_2O_4$ (Φ=1.50, 对照样品) (g) 的激光点火图

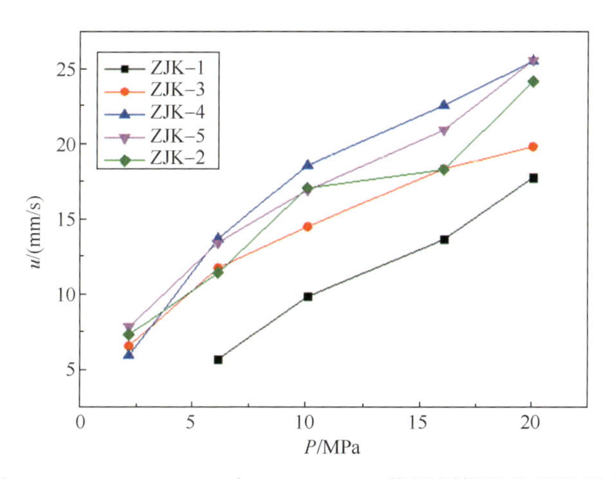

图 3-76 $PbSnO_3$/rGO 对 HMX-CMDB 推进剂燃烧性能的影响

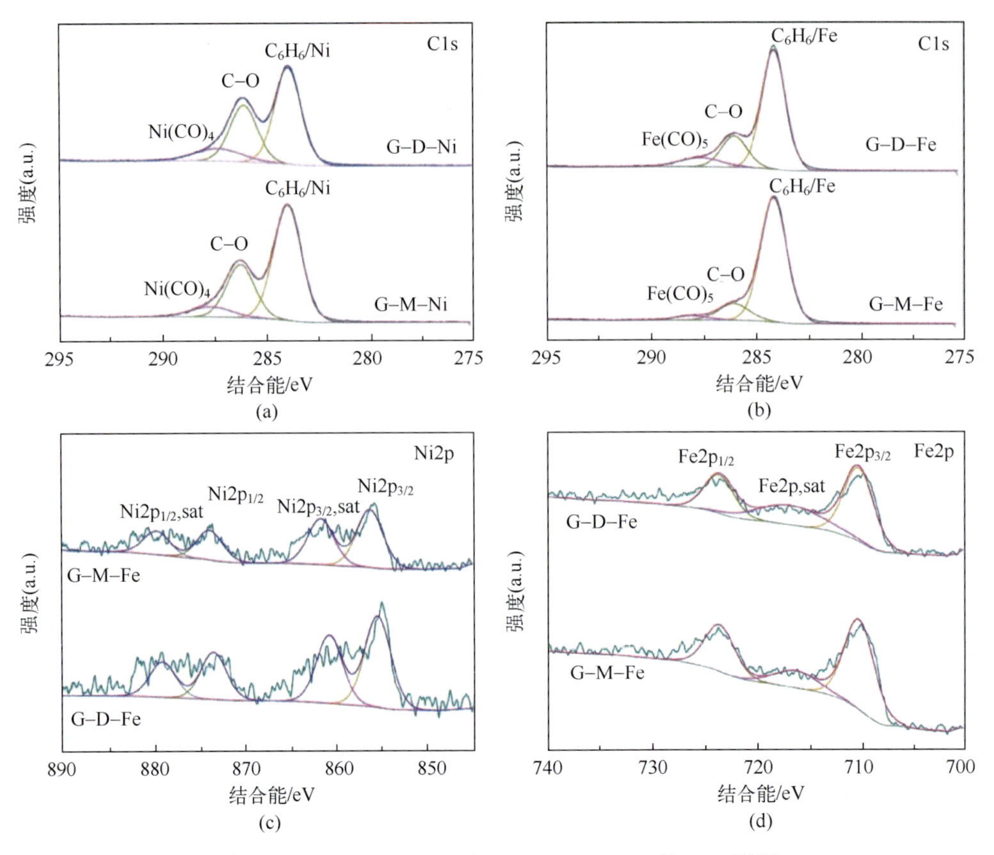

图 4-8　G-D-Fe（Ni）和 G-M-Fe（Ni）的 XPS 谱图

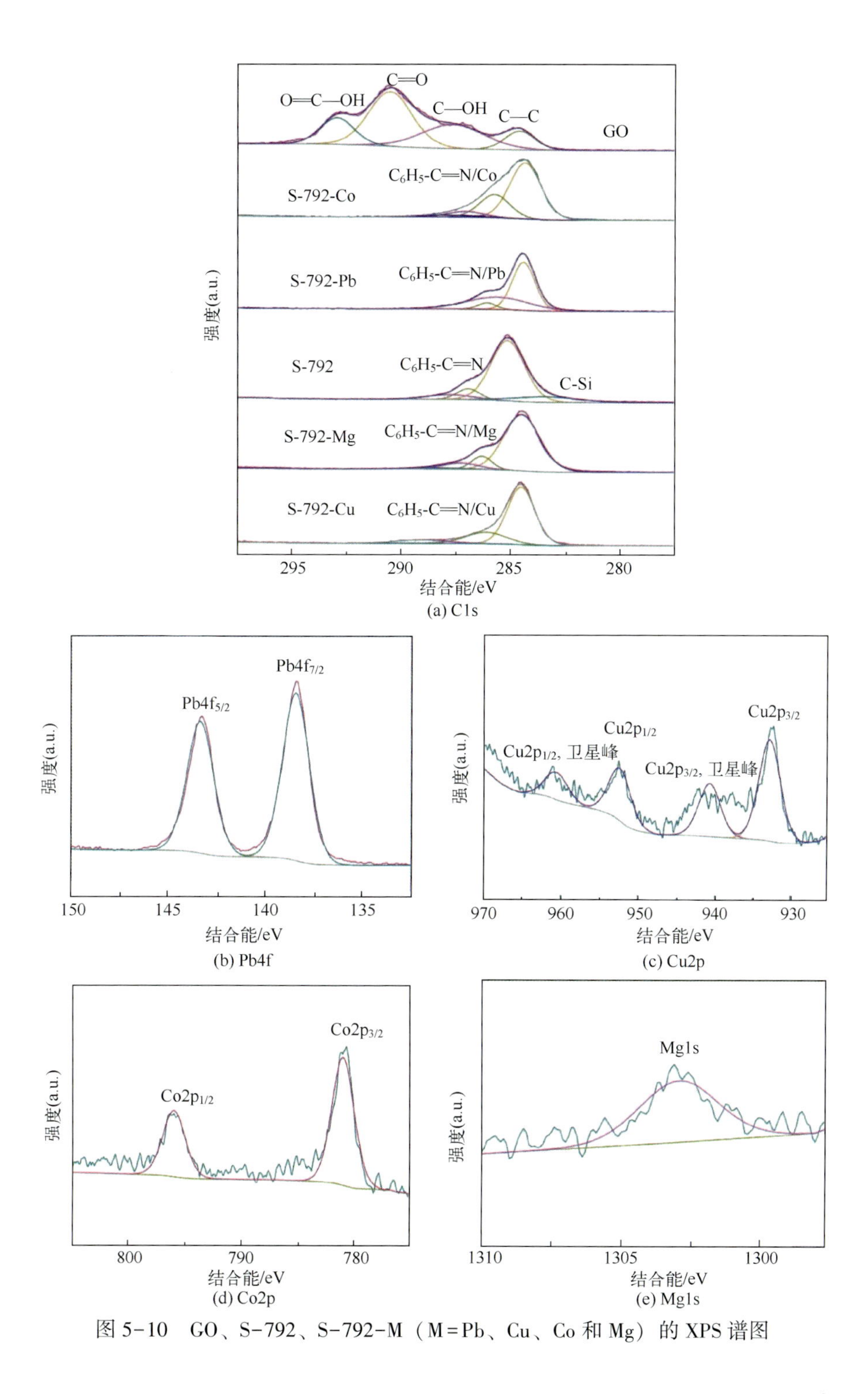

图 5-10　GO、S-792、S-792-M（M=Pb、Cu、Co 和 Mg）的 XPS 谱图

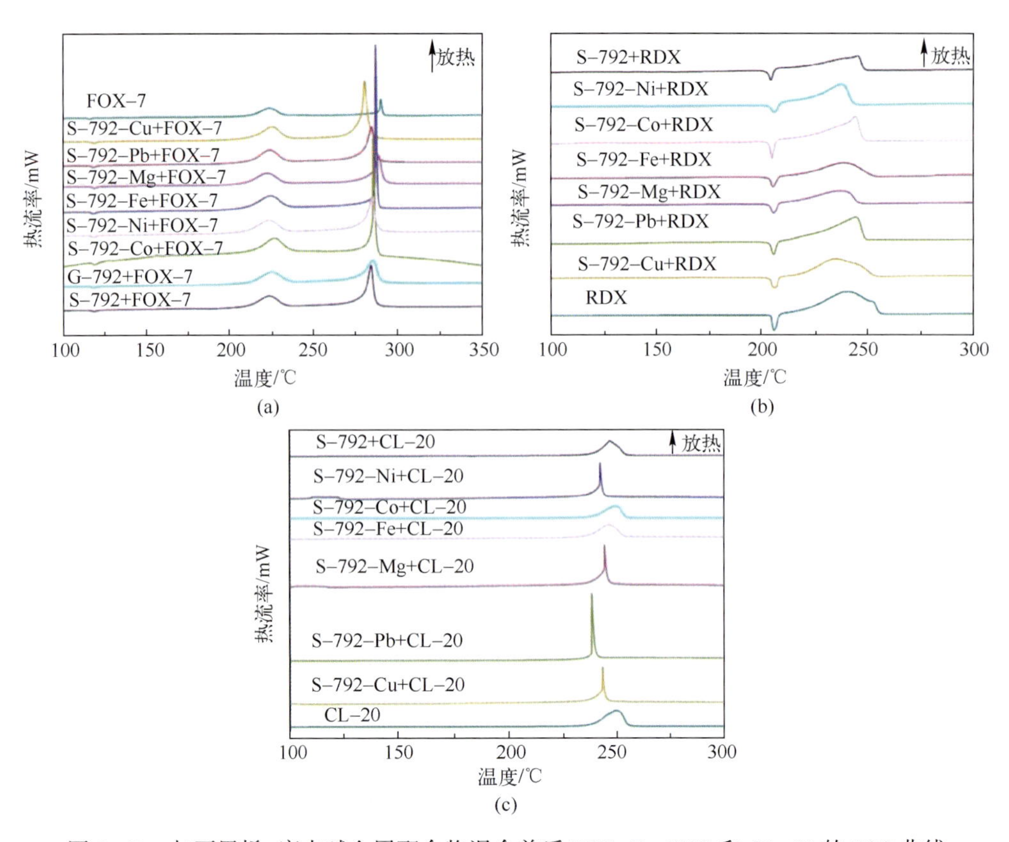

图 5-12　与石墨烯-席夫碱金属配合物混合前后 FOX-7、RDX 和 CL-20 的 DSC 曲线

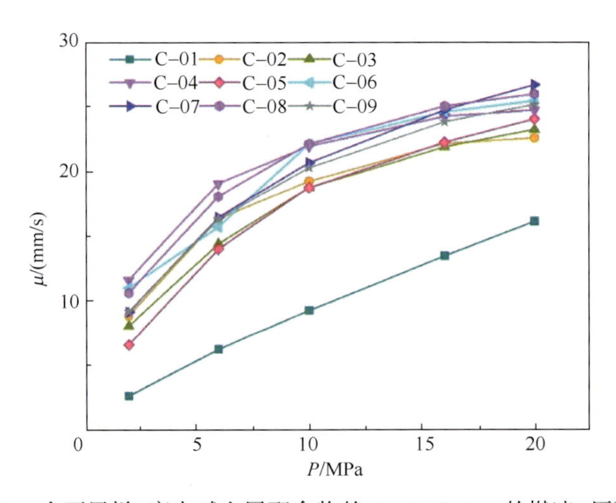

图 5-13　含石墨烯-席夫碱金属配合物的 HMX-CMDB 的燃速-压强曲线

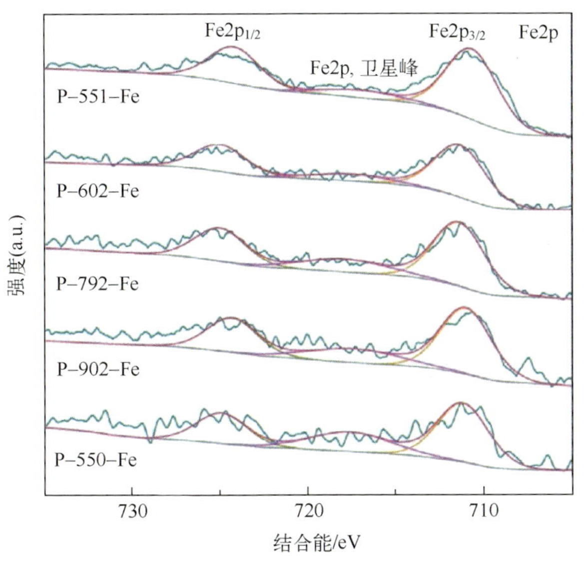

图 6-9 石墨烯-二茂铁配合物的 XPS 谱图

图 6-14 AP-HTPB 推进剂药条切片静置 60 天后的宏观形貌图

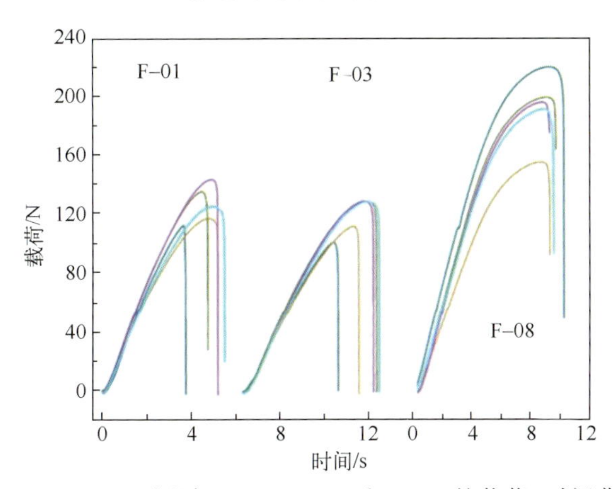

图 6-17 20℃下配方 F-01、F-03 和 F-08 的载荷-时间曲线